基于 FPGA 的数字图像处理原理及应用

牟新刚　周　晓　郑晓亮　著

电子工业出版社
Publishing House of Electronics Industry
北京·BEIJING

内 容 简 介

本书首先介绍 FPGA 程序设计和图像与视频处理的关键基础理论，然后通过实例代码详细讲解了如何利用 FPGA 实现直方图操作中的直方图统计/均衡化/线性拉伸/规定化、线性滤波器操作中的均值滤波器、Sobel 算子(滤波、求模、求角度)、非线性滤波器操作中的排序类算法/形态学滤波、图像分割算法中的局部自适应分割/Canny 算子等。本书在仿真测试部分设计了一种完善的通用测试系统，并利用此测试系统在每一章的仿真测试环节对所设计算法进行严格的测试和验证。本书在最后一章介绍了在视频处理领域常见的输入/输出接口。

本书偏向于工程应用，在书中有大量关于如何利用 FPGA 实现图像处理算法的实例及代码，并对这些算法的原理及其实现过程、算法测试等做了详细的介绍，全部的算法都进行了仿真测试验证。本书提供实例的全部源代码，可登录以下网址免费获取：http://www.hxedu.com.cn（华信教育资源网）。

本书适用于需要利用 FPGA 进行图像处理和视频分析的学者和工程开发人员。读者需要具备一定的嵌入式设计及 FPGA 设计的基础知识，特别是 Verilog 语言的语法基础。

图书在版编目（CIP）数据

基于 FPGA 的数字图像处理原理及应用/牟新刚，周晓，郑晓亮著. —北京：电子工业出版社，2017.1
ISBN 978-7-121-29335-1

I. ①基… II. ①牟…②周…③郑… III. ①数字图象处理 IV. ①TN911.73

中国版本图书馆 CIP 数据核字 (2016) 第 156215 号

责任编辑：郭穗娟
印　　刷：北京虎彩文化传播有限公司
装　　订：北京虎彩文化传播有限公司
出版发行：电子工业出版社
　　　　　北京市海淀区万寿路 173 信箱　邮编　100036
开　　本：787×1 092　1/16　印张：28.25　字数：720 千字
版　　次：2017 年 1 月第 1 版
印　　次：2021 年 4 月第 11 次印刷
定　　价：66.00 元

凡所购买电子工业出版社图书有缺损问题，请向购买书店调换。若书店售缺，请与本社发行部联系，联系及邮购电话：(010)88254888，88258888。

质量投诉请发邮件至 zlts@phei.com.cn，盗版侵权举报请发邮件至 dbqq@phei.com.cn。

本书咨询方式：(010)88254502，guosj@phei.com.cn

前　言

最近几年图像处理与机器视觉的发展非常迅速，图像处理领域也被认为是未来几十年最有前途的领域之一。

随着现代图像及视频处理技术的不断发展，人们对图像处理提出了新的要求，图像处理系统的硬件体积越来越小，实时性也越来越好。特别是最近几年，图像的分辨率和扫描频率都有了较大范围的提升，1080P 分辨率的视频已经非常流行，2K 甚至 4K 分辨率的图像也在火热发展中。目前，比较火热的 VR 技术更是需要双通道的高分辨率、高扫描频率的视频数据及处理能力。

这些新的要求给之前的图像处理平台带来了严重的挑战，传统的图像处理技术主要基于软件平台，一般运行在 Windows 平台的 PC 上。虽然现代 PC 的主频较高，但是用软件的串行化处理方法进行图像处理的效率还是非常低的。例如，用 PC 处理一个比较复杂的高分辨率图像处理算法花费半个小时或更多时间也是常见的事情。然而，对于实时图像处理，例如实时跟踪和视频显示，这个处理速度是远远不够的。

正是由于这个原因，嵌入式图像处理技术得到了广泛的应用，一些带有图像视频处理组件的嵌入式处理器开始在图像处理领域大显身手，例如，TI 公司生产的达芬奇系列的 DSP。这些组件实际上是图像处理硬核，但是大部分是标准化接口的硬核，针对数字视频、图像采样处理、视觉分析等应用进行了剪裁和优化。对于一个特定的图像处理任务，需要利用其内部的处理器来进行串行化软件处理。多核处理器的发展使得多个图像处理任务可以同时执行，也大大提高了图像处理的实时性。尽管这些嵌入式处理器的发展加快了图像处理和视频分析的实际应用，但其本质上仍为软件处理的串行方式，难以满足通用图像处理中大数据量计算的需求。

随着成像传感器技术和信号处理技术的迅猛发展，图像的分辨率、帧频和像元有效位数越来越高，图像处理算法越来越复杂，图像处理结果的实时性要求越来越高，基于 PC 和 DSP 软件平台的图像处理系统已难以满足要求。由于图像处理算法天然的并行性，FPGA 的加入给图像处理带来了新的活力，特别是针对图像处理底层一些并行特性的图像处理算法。例如二维卷积，FPGA 可以保证在极低主频下得到比 DSP 平台快得多的处理速度，利用其流水线技术可以在每个时钟输出一个处理后像素。然而，FPGA 并不适合进行串行化处理算法和部分其他的上层算法。因此，目前 DSP+FPGA 平台是图像处理平台的主流。此外，FPGA 在一些低成本的机器视觉领域也得到了广泛的应用。例如，著者所在实验室研究的利用线列 CCD 和激光实现高精度位移测量项目，该项目利用 FPGA 实现 CCD 时序驱动、A/D 转换和测量算法实现，并实现高速接口与上位机。

在 FPGA 上实现一个图像处理算法包括确定具体算法和对其进行并行性改造、将算法中计算和存储需求与 FPGA 内部可用资源相映射、将算法映射到硬件结构上等步骤。然而，目前只有很少的公开资料可供初学者学习该领域的知识，可以让初学者深入了解设计思路、过程、代码的文献资料更难找到。

为改变这一现状，本书从 FPGA 图像处理理论和分析入手，重点讲解图像处理算法移植到 FPGA 中的基本思路和方法，突出工程应用。每一章均附有 C/C++实现代码，同时用循序渐进、自顶向下的方式设计 FPGA 算法模块，针对每一个模块设计了详细的实现框图，确保读者能理解算法设计的原理。此外，每个算法都配有 Verilog 实现方法，并给出仿真结果。本书还提出了一个通用的利用 Modelsim 和 VS 实现图像处理的仿真测试平台。

本书内容概述如下：

（1）第 1～5 章是基础章节，重点介绍数字图像处理和 FPGA 程序设计的基础知识。

第 1 章简单介绍了图像处理的基础知识，包括图像处理的发展现状，还地介绍了图像从获取到显示存储的基本流程。

第 2 章首先介绍了 FPGA 的发展现状，生产厂家及其开发流程。接着介绍了基于 FPGA 的图像处理的基本开发流程。

第 3 章主要介绍了在 FPGA 中应用的编程语言。本章并没有详细介绍 Verilog 语法，而是从工程应用的角度介绍常用的设计方法和实例。

第 4 章主要介绍了把软件算法映射到 FPGA 常用的技巧。首先介绍了应用较广泛的流水线设计方法，接着介绍了 FPGA 硬件计算技术，包括一些常用的计算转换、查找表、浮点计算、Cordic 计算等方法。最后介绍了在图像处理中用途非常多的存储器映射，并提出了一些其他设计技巧。

第 5 章首先简要介绍了仿真测试软件 Modelsim 的使用，接着重点介绍了一个通用的视频图像处理仿真测试系统。这个测试系统包括完整的视频模拟、视频捕获，以及 testbench 设计，并结合基于 MFC 的 VC 上位机来实现测试系统的搭建。

（2）第 6～10 章主要介绍算法实现。

第 6 章介绍直方图操作，主要介绍几种常用直方图操作的 FPGA 实现：直方图统计、直方图均衡、直方图规定及直方图线性拉伸。

第 7 章介绍基于图像处理的线性滤波。首先，介绍了均值滤波算法、高斯滤波算法、Sobel 算子及 FFT 等常见的几种线性滤波原理。其次，介绍了均值滤波算法和 Sobel 算子的 FPGA 实现。

第 8 章主要介绍基于图像处理的非线性滤波算法，包括排序滤波的基本原理及其

FPGA 实现方法。

第 9 章主要介绍基于图像处理的形态学滤波算法，包括形态学滤波的基本概念，包括形态学膨胀、形态学腐蚀、开运算及闭运算等。重点介绍了基于 FPGA 的 Tophat 滤波的原理及实现方法。

第 10 章主要介绍基于图像处理的常见的分割算法，包括全局阈值分割、局部自适应阈值分割及 Canny 算子。重点介绍基于 FPGA 的局部自适应阈值分割和 Canny 算子的设计与实现。

第 11 章主要介绍与视频和图像处理相关的输入/输出接口，包括 CameraLink、火线接口、USB 接口、千兆以太网等视频输入接口和 CVT 标准，以及 VGA，PAL，DVI，HDMI 等视频输出接口。其中，给出了 VGA 和 PAL 接口的 Verilog 代码实现。

为了便于读者能够快速地掌握 FPGA 图像处理设计方法，本书提供了算法章节的源代码。

本书由武汉理工大学机电工程学院牟新刚、周晓和郑晓亮合著，全书由牟新刚统稿。本书的撰写得到了武汉理工大学机电工程学院及测控系领导的鼓励和支持，这些领导为本书提供了宝贵意见，特在此向他们表示衷心感谢。本书的出版还得到了电子工业出版社的大力支持，谨在此一并表示感谢。

本书参考了相关著作及资料的部分内容和图表，部分技术资料取材于互联网，在此对这些文献的作者一并表示谢意。尽管我们为编写本书付出了心血和努力，但仍然存在一些疏漏及欠妥之处，敬请读者批评指正。

著者

2016.10

目　录

第1章 图像处理基础

1.1 数字图像处理简介

光作用于视觉器官，使其感受细胞兴奋，其信息经视觉神经系统加工后便产生视觉（vision）。通过视觉，人和动物感知外界物体的大小、明暗、颜色、动静，获得对机体生存具有重要意义的各种信息。至少有 80%以上的外界信息经视觉获得，视觉可以说是人和动物最重要的感觉。

图像作为人类感知世界的视觉基础，是人类获取信息、表达信息和传递信息的重要手段。数字图像处理即用计算机对图像进行处理的发展历史并不长。数字图像处理技术源于 20 世纪 20 年代时通过海底电缆从英国伦敦到美国纽约传输了一幅照片，采用了数字压缩技术。然而，由于当时的计算技术和存储空间的限制，基于计算机的图像处理并没有得到很快的发展。直到 20 世纪 50 年代，当时的美国国家标准局的扫描仪第一次被加入一台计算机中，用于进行边缘增强和模式识别的早期研究。在 20 世纪 60 年代，处理大量对从卫星和空间探索取得的大尺寸图像的需求直接推动了美国航空航天局对图像处理的研究。与此同时，高能粒子的物理研究，需要对大量的云室照片进行处理以捕获感兴趣的事件。随着计算机计算能力的增加及计算成本的降低，数字图像处理的应用范围呈爆炸式增长，从工业检测到医疗影像，都称为数字图像处理的应用领域。

1.1.1 图像采样

多数图像传感器（如 CCD 等）的输出是连续的电压波形信号，这些波形的幅度和空间特性都与其所感知的光照有关。为了产生一幅数字图像，我们需要把连续的感知数据转换为数字形式，这个转换的过程被称为图像采样和量化。

采样和量化的过程如图 1-1 所示。

采样频率是指 1 秒内采样的次数（即图 1-1 中采样间隔的倒数），它反映了采样点之间的间隔大小。采样频率越高，得

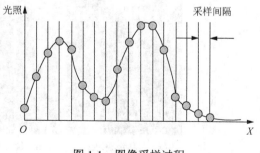

图 1-1 图像采样过程

到的图像样本越逼真，图像的质量越高，但要求的存储量也越大。图 1-2（a）、（b）、（c）是采样间隔分别为 16s、32s、64s 采样所获得的图像。

（a）采样间隔 16s　　（b）采样间隔 32s　　（c）采样间隔 64s

图 1-2　以不同分辨率采样获得的数字图像

在进行采样时，采样点间隔大小的选取很重要，它决定了采样后的图像能否真实地反映原图像的程度。一般来说，原图像中的画面越复杂，色彩越丰富，则采样间隔应越小。由于二维图像的采样是一维的推广，根据信号的采样定理，要从取样样本中精确地复原图像，可得到图像采样的奈奎斯特（Nyquist）定理：图像采样的频率必须大于或等于源图像最高频率分量的两倍。

1.1.2　图像量化

量化是指要使用多大范围的数值来表示图像采样之后的每一个点。量化的结果是图像能够容纳的颜色总数，它反映了采样的质量。

例如：如果以 4 位存储一个点，就表示图像只能有 16 种颜色；若采用 16 位存储一个点，则有 $2^{16}=65536$ 种颜色。因此，量化位数越来越大，表示图像可以拥有更多的颜色，自然可以产生更为细致的图像效果。但是，也会占用更大的存储空间。两者的基本问题都是视觉效果和存储空间的取舍。图 1-3 给出了量化级数分别为 2，8，64 所获得的数字图像。

（a）量化级数为 2　　（b）量化级数为 8　　（c）量化级数为 64

图 1-3　以不同的量化深度采样获得的数字图像

在实际应用中，常常用8位，24位和32位数字来存储一个像素。8位图像也就是常说的灰度图像，这个灰度图像包含了一幅图像的主要亮度信息。一般情况下，对数字图像进行算法处理，通常会将图像转换为灰度图像进行处理。24位图像也就是常说的真彩图像，包括RGB 3个通道的颜色信息。32位的图像还包含了Alpha通道，用来表示图像的透明度。此外，在红外图像的处理中，通常用14位的数字来表示一个像素。

从图像传感器出来的信号经过采样和量化之后，便获得了一系列的数字图像。这个数字图像通常情况下被取样为一个二维阵列 $f(x,y)$，该阵列包含 M 列和 N 行，其中 (x,y) 是离散坐标，M 也就是所说的图像宽度，N 是图像的高度。(x,y) 的取值范围为

$$0 \leqslant x \leqslant M-1, 0 \leqslant y \leqslant N-1$$

通常情况下，用一个二维矩阵来表示这个数字图像，如图1-4所示。

一般情况下，数字图像的原点位于左上角。数字图像的扫描方式是从左上角开始向右扫描，扫描完一行之后转到下一行的最左侧开始扫描，一直到达图像的右下角，即 x 坐标轴方向为自左向右，y 坐标轴方向为自上到下。这与传统的笛卡儿坐标系还是有区别的，如图1-5所示。

$$\begin{pmatrix} f(0,0) & f(1,0) & \cdots & f(M-1,0) \\ f(0,1) & f(1,1) & & f(M-1,1) \\ \vdots & \vdots & & \vdots \\ f(0,N-1) & & \cdots & f(M-1,N-1) \end{pmatrix}$$

图1-4 用矩阵表示的二维数字图像

图1-5 数字图像的坐标轴方向

1.1.3 数字图像处理

获得图像的下一步就是尽快对获得数字图像进行预期目的的处理。对一幅图像来说，从一个状态得到另一个状态的图像处理操作序列称为图像处理算法。

一般来说，数字图像处理常用方法有以下几种：

（1）图像变换。由于图像阵列很大，直接在空间域中进行处理，涉及计算量很大。因此，往往采用各种图像变换的方法，例如傅里叶变换、沃尔什变换、离散余弦变换等间接处理技术，将空间域的处理转换为变换域处理，不仅可减少计算量，而且可获得更有效的处理（如傅里叶变换可在频域中进行数字滤波处理）。新兴研究的小波变换

在时域和频域中都具有良好的局部化特性，它在图像处理中也有着广泛而有效的应用。

（2）图像编码压缩。图像编码压缩技术可减少描述图像的数据量（即比特数），以便节省图像传输、处理时间和减少所占用的存储器容量。压缩可以在不失真的前提下获得，也可以在允许的失真条件下进行。编码是压缩技术中最重要的方法，它在图像处理技术中是发展最早且比较成熟的技术。

（3）图像增强和复原。图像增强和复原的目的是为了提高图像的质量，例如，去除噪声及提高图像的清晰度等。图像增强不考虑图像降质的原因，突出图像中所感兴趣的部分。例如强化图像高频分量，可使图像中物体轮廓清晰、细节明显，以及强化低频分量可减少图像中噪声影响。图像复原要求对图像降质的原因有一定的了解，一般来说，应根据降质过程建立"降质模型"，再采用某种滤波方法，恢复或重建原来的图像。

（4）图像分割。图像分割是数字图像处理中的关键技术之一。图像分割是将图像中有意义的特征部分提取出来，其有意义的特征包括图像中的边缘、区域等，这是进一步进行图像识别、分析和理解的基础。虽然已研究出不少边缘提取、区域分割的方法，但是还没有一种普遍适用于各种图像的有效方法。因此，对图像分割的研究还在不断深入之中，是图像处理中研究的热点之一。

（5）图像描述。图像描述是图像识别和理解的必要前提。作为最简单的二值图像可采用其几何特性描述物体的特性，一般图像的描述方法采用二维形状描述，它有边界描述和区域描述两类方法。对于特殊的纹理图像可采用二维纹理特征描述。随着图像处理研究的深入发展，已经开始进行三维物体描述的研究，提出了体积描述、表面描述、广义圆柱体描述等方法。

（6）图像分类（识别）。图像分类（识别）属于模式识别的范畴，其主要内容是图像经过某些预处理（增强、复原、压缩）后，进行图像分割和特征提取，从而进行判决分类。图像分类常采用经典的模式识别方法，有统计模式分类和句法（结构）模式分类，近年来新发展起来的模糊模式识别和人工神经网络模式分类在图像识别中也越来越受到重视。

1.2　数字图像处理系统

1.2.1　图像处理系统构成

一个典型的图像处理系统由图像传感器、图像编码、图像处理器、显示设备、存储设备及控制设备几大部分组成，如图 1-6 所示。

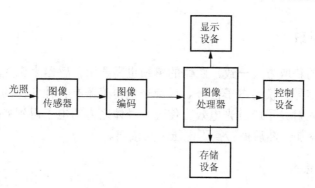

图1-6　典型的图像处理系统

（1）图像传感器。图像传感器负责采集光照信息，常用的图像传感器有 CCD 和 CMOS 等。在实际应用中，获取图像的方法不一定是传感器，可能是一个现成的图像采集卡、摄像机、数码相机、扫描仪或者一个专用的图像设备等。这一设备将待处理的图像场景或光照信息转换为数字或者模拟信号进行下一步的处理。

（2）图像编码。图像编码负责对图像传感器输出的图像进行采样和量化（对于模拟输出的图像传感器），将图像变换为适合图像处理器处理的数字形式。然后，将编码后的结果送入图像处理器进行进一步的处理。

（3）图像处理器。图像处理器是整个图像处理系统的核心，图像处理器将以取样和量化的结果作为数据源，根据图像处理任务的需求，对图像进行一系列的变换，例如图像预处理、图像分割及目标识别等。图像处理器还负责与图像显示设备、图像存储设备及控制设备进行交互。

图像处理器可以是以×86 为硬件平台的 PC，也可以是一个嵌入式图像处理器，例如，TI 公司的达芬奇系列专用数字视频处理器、ARM 处理器及本书所介绍的 FPGA 等。部分处理器有一系列现成的图像处理软件包，可以大大减轻开发的工作量。例如，如果图像处理系统以×86 作为硬件平台，处理系统就可以以 Windows 操作系统为软件平台，并在其基础上采用已经开发好的图像处理软件。

（4）显示设备。图像显示设备负责对图像进行显示。被显示的图像可能是最终的处理结果，或者原始图像，或者是中间处理结果。这个显示设备可以是一个视频显示器、打印机，或者使 Internet 上的其他设备等。

（5）存储设备。图像存储设备负责对视频或图像进行保存。

（6）控制设备。图像控制设备在一个图像处理系统中不一定是必需的。控制设备通常应用在一些专用的场合，例如工业自动化领域的自动控制系统。图像处理的算法往往要完成一个特定的检测目的，图像处理器根据图像处理的结果进行决策。决策的结果被输出到控制设备用来完成一些控制目的，这个控制设备可能是电机、语音提示系统、报警系统或者是军工领域的一些控制设备等。

1.2.2 原始图像获取

和其他信息的获取方式一致，图像的感知也需要用传感器来完成，图像传感器负责将感受到的光信号转换为电子信号。尽管光电传感器有各种各样的型号，其基本原理都是相同的：入射光子通过光电效应使硅半导体之内的电子得到释放，这些电子在曝光时间之内被累加，然后被转换为电压之后读出。

1. 可见光传感器

对于可见光的图像成像，目前的图像传感器市场主要被 CCD（Charge Coupled Device，电荷耦合元件）和 CMOS（Complementary Metal-Oxide Semiconductor，金属氧化物半导体元件）所占据。

1）CCD 传感器

CCD 于 1969 年在贝尔试验室研制成功，之后由日本的公司开始批量生产，其发展历程已经将近 40 年多。

CCD 传感器的基本单元是 MOS 电容器。CCD 内部的门电路的三相中的一个被加上偏压，在偏转的电路下面的硅衬底上产生势阱，即 MOS 电容器。该势阱吸引和存储光电子，直到它们被读出为止。通过在电路下一相加偏压，电荷被传递到下一个单元。该单元不断地重复，并连续地把电荷从每个像素传递到读出放大器并将其转换为电压信号。该读出过程的特点是像素必须被顺序读出。CCD 的内部结构如图 1-7 所示。

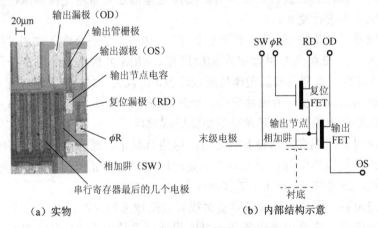

（a）实物　　　　　　　　　　（b）内部结构示意

图 1-7　典型 CCD 传感器内部结构

CCD 又可以分为以下几种：

（1）面阵 CCD。面阵 CCD 的结构一般有 3 种。第一种是帧转性 CCD。它由上、下两部分组成，上半部分是集中了像素的光敏区域，下半部分是被遮光而集中垂直寄存器的存储区域。其优点是结构较简单并容易增加像素数，缺点是 CCD 尺寸较大，易产生垂直拖影。第二种是行间转移性 CCD。它是目前 CCD 的主流产品，像素群和垂直寄存器在同一平面上，其特点是在 1 个单片上、价格低并容易获得良好的摄影特性。第三种是帧行间转移性 CCD。它是第一种和第二种的复合型，结构复杂，但能大幅度减少垂直拖影并容易实现可变速电子快门等优点。

（2）线列 CCD。线列 CCD 用一排像素扫描过图片，进行三次曝光——分别对应于红、绿、蓝三色滤镜，正如名称所表示的，线性传感器是捕捉一维图像。初期应用于广告界拍摄静态图像、线性阵列及处理高分辨率的图像时，受局限于非移动的连续光照的物体。

（3）三线传感器 CCD。在三线传感器中，三排并行的像素分别覆盖 RGB 滤镜，当捕捉彩色图片时，完整的彩色图片由多排的像素来组合成。三线 CCD 传感器多用于高端数码机，以产生高的分辨率和光谱色阶。

（4）交织传输 CCD。这种传感器利用单独的阵列摄取图像和电量转化，允许在拍摄下一图像时在读取当前图像。交织传输 CCD 通常用于低端数码相机、摄像机和拍摄动画的广播拍摄机。

（5）全幅面 CCD。此种 CCD 具有更多电量处理能力、更好的动态范围、低噪声和传输光学分辨率，全幅面 CCD 允许即时拍摄全彩图片。全幅面 CCD 由并行浮点寄存器、串行浮点寄存器和信号输出放大器组成。全幅面 CCD 曝光是由机械快门或闸门控制去保存图像，并行寄存器用于测光和读取测光值。图像投射到作投影幕的并行阵列上。此元件接收图像信息并把它分成离散的由数目决定量化的元素。这些信息流就会由并行寄存器流向串行寄存器。此过程反复执行，直到所有的信息传输完毕。然后，系统进行精确的图像重组。

2）CMOS 传感器

CMOS 传感器使用光电二极管检测光照。它并不是直接将电荷传输至输出端，而是每个像素有一个进行局部放大的嵌入式放大器。这意味着电荷被保留至传感元件本身，因此需要一个重置晶体管和连线连接至输出。CMOS 传感器的这种特点使其对像素进行单独寻址成为可能，从而更容易读出局部阵列或者随机存取像素。

CMOS 内部原理如图 1-8 所示。CMOS 传感器按为像素结构分被动式与主动式两种。

（1）被动式。被动式像素结构（Passive Pixel Sensor，PPS），又称为无源式。它由一个反向偏置的光敏二极管和一个开关管构成。光敏二极管本质上是一个由 P 型半导体和 N 型半导体组成的 PN 结，它可等效为一个反向偏置的二极管和一个 MOS 电容并联。当开关管开启时，光敏二极管与垂直的列线（Column Bus）连通。位于列线末端的电荷积分放大器读出电路（Charge Integrating Amplifier）保持列线电压为一常数，当光敏二极管存储的信号电荷被读出时，其电压被复位到列线电压水平。与此同时，与光信号成正比的电荷由电荷积分放大器转换为电荷输出。

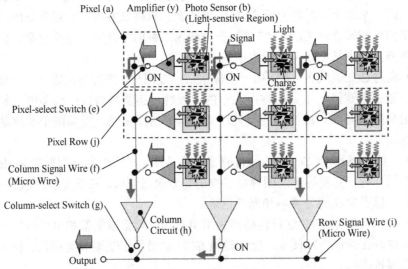

(a) Pixel: 一个完整的 CMOS 像素单元　(y) Amplifier: 嵌入式放大器　(b) Photo Sensor: 光电探测器,
一般为光电二极管　(e) Pixel-select Switch: 像素选择开关　(j) Pixel Row: 行方向像素
(f) Column Signal Wire: 列信号线　(g) Colunmn-select Switch: 列选择开关
(h) Colunmn Circuit: 列电路　(i) Row Signal Wire: 行信号线

图 1-8　CMOS 内部原理

（2）主动式。主动式像素结构（Active Pixel Sensor，APS），又称为有源式。几乎在 CMOS PPS 像素结构发明的同时，人们很快认识到在像素内引入缓冲器或放大器可以改善像素的性能，在 CMOS APS 中每一像素内都有自己的放大器。集成在表面的放大晶体管减少了像素元件的有效表面积，降低了"封装密度"，使 40%～50%的入射光被反射。这种传感器的另一个问题是，如何使传感器的多通道放大器之间有较好的匹配，这可以通过降低残余水平的固定图形噪声较好地实现。由于 CMOS APS 像素内的每个放大器仅在此读出期间被激发，因此 CMOS APS 的功耗比 CCD 图像传感器的还小。

（3）填充因数。填充因数（Fill Factor）又称为充满因数，它指像素上的光电二极管相对于像素表面的大小。量子效率（Quantum efficiency）是指一个像素被光子撞击后实际和理论最大值电子数的归一化值，被动式像素结构的电荷填充因数通常可达到 70%。因此，量子效率高。但光电二极管积累的电荷通常很小，很易受到杂波干扰。再说，像素内部又没有信号放大器，只依赖垂直总线终端放大器，因而输出的信号杂波很大，其 S/N 比低，更因不同位置的像素杂波大小不一样（固定图形噪声波 FPN）而影响整个图像的质量。而主动性像素结构与被动式相比，它在每个像素处增加了一个放大器，可以将光电二极管积累的电荷转换成电压进行放大，大大提高了 S/N 比值，从而提高了传输过程中抗干扰的能力。但由于放大器占据了过多的像素面积，因而它的填充因数相对较低，一般为 25%～35%。

3）CCD 与 CMOS 的区别

CMOS 针对 CCD 最主要的优势就是非常省电，不像由二极管组成的 CCD，CMOS 电路几乎没有静态电量消耗，只有在电路接通时才有电量的消耗。这就使得 CMOS 的耗电量只有普通 CCD 的 1/3 左右，这有助于改善人们心目中数码相机是"电老虎"的不良印象。CMOS 主要问题是在处理快速变化的影像时，由于电流变化过于频繁而过热。暗电流抑制得好就问题不大，如果抑制得不好就十分容易出现杂点。

此外，CMOS 与 CCD 的图像数据扫描方法有很大的差别。例如，如果分辨率为 300 万像素，那么 CCD 传感器可连续扫描 300 万个电荷，扫描的方法非常简单，就好像把水桶从一个人传给另一个人，并且只有在最后一个数据扫描完成之后才能将信号放大。CMOS 传感器的每个像素都有一个将电荷转化为电子信号的放大器。因此，CMOS 传感器可以在每个像素基础上进行信号放大。采用这种方法可节省任何无效的传输操作，只需少量能量消耗就可以进行快速数据扫描，同时噪声也有所降低。这就是佳能的像素内电荷完全转送技术。CCD 与 CMOS 传感器是被普遍采用的两种图像传感器，两者都是利用感光二极管（photodiode）进行光电转换，将图像转换为数字数据，而其主要差异是数字数据传送的方式不同。

CCD 传感器中每一行中每一个像素的电荷数据都会依次传送到下一个像素中，由最底端部分输出，再经由传感器边缘的放大器进行放大输出；而在 CMOS 传感器中，每个像素都会邻接一个放大器及 A/D 转换电路，用类似内存电路的方式将数据输出。造成这种差异的原因在于：CCD 的特殊工艺可保证数据在传送时不会失真，各个像素的数据可汇聚至边缘再进行放大处理；而 CMOS 工艺的数据在传送距离较长时会产生噪声。因此，必须先放大后再整合各个像素的数据。

由于数据传送方式不同，因此 CCD 与 CMOS 传感器在效能与应用上也有很多差异，这些差异如下：

（1）灵敏度差异。由于 CMOS 传感器的每个像素由 4 个晶体管与 1 个感光二极管构成（含放大器与 A/D 转换电路），使得每个像素的感光区域远小于像素本身的表面积，因此在像素尺寸相同的情况下，CMOS 传感器的灵敏度低于 CCD 传感器。

（2）成本差异。由于 CMOS 传感器采用一般半导体电路最常用的 CMOS 工艺，可以轻易地将周边电路（如 AGC、CDS、Timing Generator 或 DSP 等）集成到传感器芯片中。因此，可以节省外围芯片的成本。除此之外，由于 CCD 采用电荷传递的方式传送数据，只要其中有一个像素不能运行，就会导致一整排的数据不能传送。因此，控制 CCD 传感器的成品率比控制 CMOS 传感器的成品率困难很多。即使有经验的厂商也很难在产品问世的半年内突破 50% 的水平，CCD 传感器的成本高于 CMOS 传感器。

（3）分辨率差异。CMOS 传感器的每个像素都比 CCD 传感器复杂，其像素尺寸很难达到 CCD 传感器的水平。因此，当比较相同尺寸的 CCD 与 CMOS 传感器时，CCD

传感器的分辨率通常会优于 CMOS 传感器的水平。例如，市面上 CMOS 传感器最高可达到 210 万像素的水平（OmniVision 的 OV2610，2002 年 6 月推出），其尺寸为 1/2 英寸，像素尺寸为 4.25μm，但 Sony 在 2002 年 12 月推出了 ICX452，其尺寸与 OV2610 相差不多(1/1.8 英寸)，但分辨率却能高达 513 万像素，像素尺寸也只有 2.78μm 的水平。

（4）噪声差异。由于 CMOS 传感器的每个感光二极管都需搭配一个放大器，而放大器属于模拟电路，很难让每个放大器所得到的结果保持一致，因此与只有一个放大器放在芯片边缘的 CCD 传感器相比，CMOS 传感器的噪声就会增加很多，影响图像品质。

（5）功耗差异。CMOS 传感器的图像采集方式为主动式，感光二极管所产生的电荷会直接由晶体管放大输出，但 CCD 传感器为被动式采集，需外加电压让每个像素中的电荷移动，而此外加电压通常需要达到 12~18V；因此，CCD 传感器除了在电源管理电路设计上的难度更高（需外加 power IC），高驱动电压更使其功耗远高于 CMOS 传感器的水平。例如，OmniVision 推出的 OV7640（1/4 英寸、VGA），在 30 fps 的速度下运行，功耗仅为 40mW；而致力于低功耗 CCD 传感器的 Sanyo 公司推出的 1/7 英寸、CIF 等级的产品，其功耗却仍保持在 90mW 以上。因此，CCD 发热量比 CMOS 大，不能长时间在阳光下工作。

综上所述，CCD 传感器在灵敏度、分辨率、噪声控制等方面都优于 CMOS 传感器，而 CMOS 传感器则具有低成本、低功耗及高整合度的特点。不过，随着 CCD 与 CMOS 传感器技术的进步，两者的差异有逐渐缩小的态势，例如，CCD 传感器一直在功耗上作改进，以应用于移动通信市场（这方面的代表者为 Sanyo）；CMOS 传感器则改善分辨率与灵敏度方面的不足，以应用于更高端的图像产品。

2. 其他传感器

红外辐射是指波长为 0.75~1000μm，介于可见光波段与微波波段之间的电磁辐射。红外辐射的存在是由天文学家赫胥尔在 1800 年进行棱镜试验时首次发现。红外辐射具有以下特点及应用：

（1）所有温度在热力学绝对零度以上的物体都自身发射电磁辐射，而一般自然界物体的温度所对应的辐射峰值都在红外波段。因此，利用红外热像观察物体无需外界光源，相比可见光具有更好的穿透烟雾的能力。红外热像是对可见光图像的重要补充手段，广泛用于红外制导、红外夜视、安防监控和视觉增强等领域。

（2）根据普朗克定律，物体的红外辐射强度与其热力学温度直接相关。通过检测物体的红外辐射可以进行非接触测温，具有响应快、距离远、测温范围宽、对被测目标无干扰等优势。因此，红外测温特别是红外热像测温在预防性检测、制程控制和品质检测等方面具有广泛应用。

（3）热是物体中分子、原子运动的宏观表现，温度是度量其运动剧烈程度的基本物理量之一。各种物理、化学现象中，往往都伴随热交换及温度变化。分子化学键的振动、转动能级对应红外辐射波段。因此，通过检测物体对红外辐射的发射与吸收，可用于分析物质的状态、结构和组分等。

（4）红外辐射具有较强的热效应，因此广泛地用于红外加热等。

现代红外技术的发展，是从 20 世纪 40 年代光子型红外探测器的出现开始。第一个实用的现代红外探测器是二战中德国研制的 PbS 探测器，后续又出现了 PbSe、PbTe 等铅盐探测器。在 20 世纪 50 年代后期研制出 InSb 探测器，这些本征型探测器的响应波段局限于 8μm 之内。为扩大波段范围，发展了多种掺杂非本征型器件，如 Ge:Au、Ge:Hg 等，响应波长拓展到 150μm 以上。到 20 世纪 60 年代末，以 HgCdTe（MCT）为代表的三元化合物单元探测器基本成熟，探测率已接近理论极限水平。20 世纪 70 年代发展了多元线列红外探测器。20 世纪 80 年代英国又研制出一种新型的扫积型 MCT 器件（SPRITE 探测器），将探测功能与信号延时、叠加和电子处理功能结合为一体。之后，重点发展了所谓的第三代红外探测技术，主要包括大阵列凝视型焦平面、超长线列扫描型焦平面及非制冷型焦平面探测器。最近 20 年，3～5μm 波段的 InSb 和 MCT 焦平面探测器，8～12μm 波段的 MCT 焦平面探测器，以及 8～14μm 波段的非制冷焦平面探测器成为主流技术。同时，也先后出现了量子阱探测器（QWIP）、第二型超晶格探测器（T2SL），以及多色探测器、高工作温度（HOT）MCT 探测器等新技术并逐渐走向实用化。特别是非制冷焦平面探测器技术，在体积、成本方面大幅改善，使得红外热像仪真正大规模走进工业和民用领域。

非制冷红外焦平面探测器由许多 MEMS 微桥结构的像元在焦平面上二维重复排列构成，每个像元对特定入射角的热辐射进行测量。像元常用的制作材料有非晶硅、多晶硅和氧化钒，这里以非晶硅红外探测器为例说明非制冷红外探测器的基本原理，如图 1-9 所示。

（1）红外辐射被像元中的红外吸收层吸收后引起温度变化，进而使非晶硅热敏电阻的阻值变化。

（2）非晶硅热敏电阻通过 MEMS 绝热微桥支撑在硅衬底上方，并通过支撑结构与制作在硅衬底上的 COMS 独处电路相连。

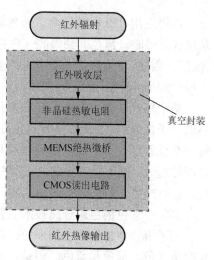

图 1-9　非晶硅红外探测器工作原理

（3）CMOS 电路将热敏电阻阻值变化转变为差分电流并进行积分放大，经采样后得到红外热图像中单个像元的灰度值。

为了提高探测器的响应率和灵敏度，要求探测器像元微桥具有良好的热绝缘性，同时为保证红外成像的帧频，需使像元的热容尽量小以保证足够小的热时间常数。因此，MEMS 像元一般设计成如图 1-10 所示的结构。利用细长的微悬臂梁支撑以提高绝热性能，热敏材料制作在桥面上，桥面尽量轻、薄以减小热质量。在衬底制作反射层，与桥面之间形成谐振腔，提高红外吸收效率。例如，元微桥通过悬臂梁的两端与衬底内的 CMOS 输出电路连接。因此，非制冷红外焦平面探测器是 CMOS-MEMS 单体集成的大阵列器件。

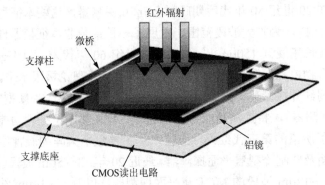

图 1-10　非晶硅红外探测器结构

3. 色彩分离技术

不管采用什么样的技术，传感器阵列上的所有感光点都是对灰度级强度敏感的，灰度级从最暗（黑色）到最亮（白色）。这些感光点对于灰度级敏感的程度被称为"位深度"。因此，8 比特的像素可以分辨出 2^8 即 256 个渐变的灰度。而 12 比特的像素则可以分辨出 4096 个渐变的灰度。

整个感光阵列上面有几层色彩过滤材料，将每个像素的感光点分为几个对颜色敏感的"子像素"。这种安排方式允许对每一个像素感光点测量不同的颜色强度。这样，每一个像素感光点上面的颜色就可以看做该点的红色，蓝色和绿色透光量的叠加和。位深度越大，则可以产生的 RGB 空间内的颜色就越多。例如，24 位颜色（RGB 各占 8 位）可以产生 2^{24} 即大约 1670 万种颜色。

实际中常见的色彩分离技术主要是拜尔分离技术。

为了恰当地描绘彩色的图像，传感器需要每个像素位置有 3 个颜色样本——最常见的是红色、绿色和蓝色。但是，如果在每个相机里面放置 3 个独立的传感器，在成本方面又是无法接受的（尽管这种技术越来越实用化）。更重要的是，当传感器的分辨率增加到 500 万以上时，就更加有必要利用某种图像压缩算法来避免在某个像素输出 3 字节（或者更坏的情况，在某些情况下，对于更高分辨率的传感器，可能需要输出 3 个 12 位的字）。

一个最常用的压缩方法是使用颜色过滤阵列（Color Filter Array，CFA）。这个阵列仅仅测量像素点的一个分量。然后，通过图像处理器对其进行插值得到其他颜色的分量，这样看起来"好像"每个像素点测量了三种颜色。

当今最流行的 CFA 是拜尔模式 Bayer Pattern，如图 1-11 所示，这种方法最早是由柯达公司发明的，其原理是利用人眼对绿色的分辨率高于对红色和蓝色的分辨率这一事实。在拜尔颜色过滤矩阵里，绿色的过滤点数是蓝色或者红色过滤点的 2 倍。这就产生了一种输出模式，也就是 4∶2∶2 格式，即每发送 2 个红色像素和 2 个蓝色像素就要发送 4 个绿色像素。

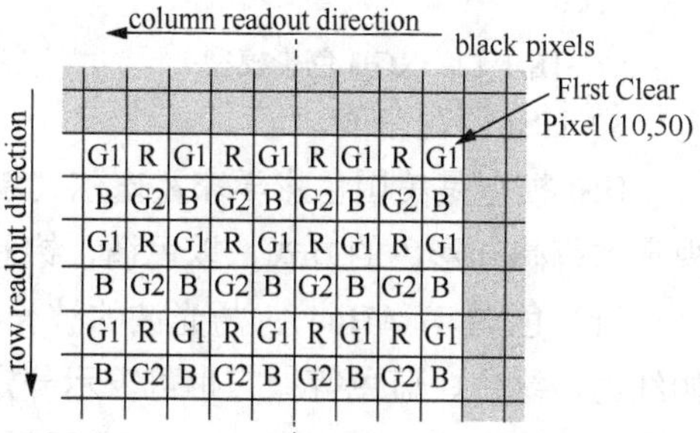

4. 色彩空间

"色彩空间"一词源于西方的"Color Space"，又称为"色域"。在色彩学中，人们建立了多种色彩模型，以一维、二维、三维甚至四维空间坐标来表示某一色彩，这种坐标系统所能定义的色彩范围即色彩空间。

奇数行包括 green（G）和 red（R）颜色的像素，偶数行包括 blue（B）和 green 颜色的像素。奇数列包括 green 和 blue 颜色的像素，偶数列包括 red 和 green 颜色的像素。图中读出方向为从右到左，从上到下。

图 1-11　拜尔模式图像传感器阵列

常见的色彩空间有以下几种。

（1）RGB。

（2）CMY 和 CMYK。

（3）HIS。

（4）YUV。

（5）YCbCr。

1）RGB 空间

RGB 色彩空间是工业界的一种颜色标准，是通过对红（R）、绿（G）、蓝（B）三个颜色通道的变化及它们相互之间的叠加得到各种各样的颜色的，RGB 代表红、绿、蓝三个通道的颜色。这个标准几乎包括了人类视力能感知的所有颜色，是目前运用最广的色彩空间之一。

若将 RGB 单位立方体沿主对角线进行投影，可得到六边形。这样，原来沿主对角线的灰色都投影到中心白色点，而红色点（1，0，0）则位于右边的角上，绿色点（0，1，0）位于左上角，蓝色点（0，0，1）则位于左下角，如图 1-12 所示。

2）CMY 和 CMYK 彩色空间

CMY 是青（Cyan）、洋红或品红（Magenta）和黄（Yellow）三种颜色的简写，是相减混色模式，用这种方法产生的颜色之所以称为相减色，是因为它减少了为视觉系统识别颜色所需的反射光。由于彩色墨水和颜料的化学特性，使得用三种基本色得到的黑色不是纯黑色，因此在印刷术中，常常添加一种真正的黑色（black ink），这种模型称为 CMYK 模型，广泛应用于印刷术。每种颜色分量的取值范围为 0～100；CMY 常用于彩色打印。

CMY 模型与 RGB 模型的关系如图 1-13 所示。

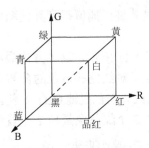

图 1-12　RGB 色彩模型

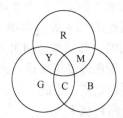

图 1-13　CMY 色彩模型与 RGB 色彩模型的关系

3）HSI 彩色空间

HSI 模型是美国色彩学家孟塞尔（H.A.Munseu）于 1915 年提出的，它反映了人的视觉系统感知彩色的方式，以色调、饱和度和亮度三种基本特征量来感知颜色。

（1）色调 H（Hue）：与光波的波长有关，它表示人的感官对不同颜色的感受，例如红色、绿色、蓝色等；它也可表示一定范围的颜色，例如暖色、冷色等。

（2）饱和度 S（Saturation）：表示颜色的纯度，纯光谱色是完全饱和的，加入白光会稀释饱和度。饱和度越大，颜色看起来就越鲜艳，反之亦然。

（3）亮度 I（Intensity）：对应成像亮度和图像灰度，表示颜色的明亮程度。

HSI 模型的建立基于两个重要的事实：

① I 分量与图像的彩色信息无关。

② H 和 S 分量与人感受颜色的方式是紧密相连的。这些特点使得 HSI 模型非常适合彩色特性检测与分析。

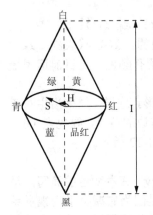

图 1-14　HIS 色彩模型

HSI 颜色模型可用双六棱锥表示，如图 1-14 所示。I 是强度轴，色调 H 的角度范围为 $[0, 2\pi]$，其中，纯红色的角度为 0，纯绿色的角度为 $2\pi/3$，纯蓝色的角度为 $4\pi/3$。饱和度 S 是颜色空间任一点与 I 轴的距离。若用圆表示 RGB 模型的投影，则 HSI 色度空间为双圆锥 3D 表示。

4）YUV 色彩空间

YUV 是被欧洲电视系统所采用的一种颜色编码方法（属于 PAL），是 PAL 和 SECAM 模拟彩色电视制式采用的颜色空间。在现代彩色电视系统中，通常采用三管彩色摄影机或彩色 CCD 摄影机进行取像，然后把取得的彩色图像信号经分色、分别放大校正后得到 RGB，再经过矩阵变换电路得到亮度信号 Y 和两个色差信号 B−Y（即 U）、R−Y（即 V），最后发送端将亮度和色差三个信号分别进行编码，用同一信道发送出去。这种色彩的表示方法就是所谓的 YUV 色彩空间表示。采用 YUV 色彩空间的重要性是它的亮度信号 Y 和色度信号 U、V 是分离的。

其中"Y"表示明亮度（Luminance 或 Luma），也就是灰阶值；而"U"和"V"表示的则是色度（Chrominance 或 Chroma），作用是描述影像色彩及饱和度，用于指定像素的颜色。"亮度"是透过 RGB 输入信号来建立的，方法是将 RGB 信号的特定部分叠加到一起。"色度"则定义了颜色的两个方面——色调与饱和度，分别用 Cr 和 Cb 来表示。其中，Cr 反映了 RGB 输入信号红色部分与 RGB 信号亮度值之间的差异。而 Cb 反映的是 RGB 输入信号蓝色部分与 RGB 信号亮度值之间的差异。

YUV 模型与 RGB 色彩模型的关系可以用以下两个矩阵来表示：

$$\begin{bmatrix} Y \\ U \\ V \end{bmatrix} = \begin{bmatrix} 0.299 & 0.587 & 0.114 \\ -0.148 & -0.289 & 0.437 \\ 0.615 & -0.515 & -0.100 \end{bmatrix} \begin{bmatrix} R \\ G \\ B \end{bmatrix}$$

$$\begin{bmatrix} R \\ G \\ B \end{bmatrix} = \begin{bmatrix} 1 & 0 & 1.140 \\ 1 & -0.395 & -0.581 \\ 1 & 2.032 & 0 \end{bmatrix} \begin{bmatrix} Y \\ U \\ V \end{bmatrix}$$

（1-1）

式（1-1）表示 YUV 模型与 RGB 模型的相互转换。

5）YCbCr 色彩空间

YCbCr 是在世界数字组织视频标准研制过程中作为 ITU-R BT.601 建议的一部分，其中，Y 是指亮度分量，Cb 指蓝色色度分量，Cr 指红色色度分量。人的肉眼对视频的 Y 分量更敏感，因此，在通过对色度分量进行子采样减少色度分量后，肉眼将察觉不到图像质量的变化。

YCbCr 模型其实是 YUV 模型经过缩放和偏移的翻版。其中，Y 与 YUV 中的 Y 含义一致。Cb,Cr 同样都指色彩，只是在表示方法上不同而已。在 YUV 家族中，YCbCr 是在计算机系统中应用最多的成员，其应用领域很广泛，JPEG,MPEG 均采用此格式。一般人们所讲的 YUV 大多是指 YCbCr。

YCbCr 模型与 RGB 色彩模型的关系可以用以下两个矩阵来表示：

$$\begin{bmatrix} Y \\ Cb \\ Cr \\ 1 \end{bmatrix} = \begin{bmatrix} 0.2990 & 0.5870 & 0.1140 & 0 \\ -0.1687 & -0.3313 & 0.5000 & 128 \\ 0.5000 & -0.4187 & -0.0813 & 128 \\ 0 & 0 & 0 & 1 \end{bmatrix} \begin{bmatrix} R \\ G \\ B \\ 1 \end{bmatrix}$$

$$\begin{bmatrix} R \\ G \\ B \end{bmatrix} = \begin{bmatrix} 1 & 1.40200 & 0 \\ 1 & -0.34414 & -0.71414 \\ 1 & 1.77200 & 0 \end{bmatrix} \begin{bmatrix} Y \\ Cb-128 \\ Cr-128 \end{bmatrix}$$

（1-2）

式（1-2）表示 YCbCr 模型与 RGB 模型的相互转换

1.2.3 图像传感器接口

一方面，CMOS 传感器通常会输出一个并行的像素数据流，格式一般为 RGB 或者 YCbCr，同时还有场行同步信号和一个像素时钟。有时候，也可以用外部时钟信号及同步信号来控制传感器数据的输出。

另一方面，由于 CCD 传感器直接输出模拟信号，因此，在进一步对其进行处理之前，需要先将模拟视频转换为数字视频。CCD 传感器一般要搭配一个 AFE 芯片，用以解决转换问题。这个 AFE 芯片通常是 CCD 专用芯片（例如 ADI 公司的 AD9978），里面配有专为 CCD 传感器设计的测量电路，例如，直流偏置电路、双相关采样电路、黑电平钳位电路及场行同步等信号。AFE 芯片和 CCD 的驱动时序配合，对 CCD 进行扫描，将输出的像素流数字化。一般情况下 AFE 芯片输出为并行像素数据或者 LVDS(Low Voltage Differential Signal：低压差分信号)。LVDS 的低功耗和高抗干扰能力使其在高分辨率的图像传感器领域的应用越来越广泛。

图 1-15 是一个以 AD9978A 作为 AFE，以 Xilinx 生产的 XCS400FPGA 为图像处理器的一个图像采集系统方案。

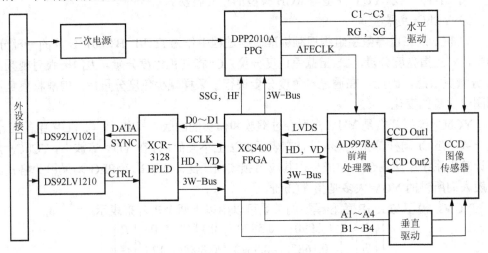

图 1-15　图像采集系统示例

图像处理器 FPGA 产生 CCD 传感器（FTT1010M）的工作时序，一般情况下，这个时序输出信号不会直接输送到 CCD 上，这主要是基于电平匹配和降低设计复杂度的考虑。普遍的解决方案是采用一个专用的 CCD 驱动器或是一个可编程的脉冲发生器，图 1-15 采用的方案是 Dalsa 公司生产的图像传感器专用芯片 DPP2010A，它可以产生 CCD 所需要的复位时钟、转移时钟及水平驱动和垂直驱动。同时，产生与 AD9978A 采样相位相关的场行同步信号。AD9978A 内部集成直流偏置电路、双相关采样电路及黑电平钳位电路，可以用来补偿 CCD 的暗电流噪声影响和输出放大器复位脉冲串扰信号。

同时，内部有可编程增益放大器 VGA 以便适应不同的 CCD 输入电压。

ADC 采样电路需要输入场行同步信号（例如图 1-15 中的 HD 和 VD 信号）进行像素对齐，同时 FPGA 通过一个类似于 SPI 的三线接口对 ADC 进行配置，这些配置包括内部的 VGA 增益设置、采样模式设置、上电时序、通道切换及启动转换等。整个 ADC 由 CCD 驱动器的输出时钟作为参考时钟，以适应不同的采样速率。ADC 直接输出 LVDS 信号到 FPGA 的 LVDS 输入管脚。

多数情况下，我们不直接与传感器打交道，就会直接得到一个指定接口的相机或者提前知道了一组视频的数据流的具体时序。这个相机可能有各种各样的接口，我们将在视频接口的章节详细讨论这个问题。

1.2.4　图像处理流水线

图像采集并不是在传感器处就结束了，正好相反，它才刚刚开始。我们来看看一幅原始图像在进入下一步图像处理之前要历经哪些步骤。有时候，这些步骤是在传感器电子模块内部完成的（尤其是用 CMOS 传感器时），而有时候这些步骤必须由图像处理器来完成。在数码相机中，这一系列的处理阶段被称为"图像处理流水线"，简称为"图像流水线"。图 1-16 给出了一种可能的数据流程。

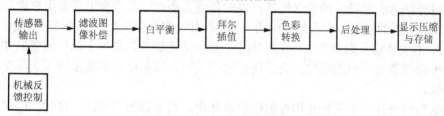

图 1-16　图像处理流水线示例

传感器输出模块通常包括传感器、前置放大器、自动对焦、预处理、时序控制等功能模块。后处理模块通常包括目标检测与跟踪、智能视频分析等高级图像处理任务。显示压缩与存储模块对采集的视频进行显示和压缩存储。下面对图像处理流水线中的通用模块进行详细阐述。

1）机械反馈控制

在松开快门之前，对焦和曝光系统连通其他机械相机组件并根据场景的特征来控制镜头位置。自动曝光算法测量各个区域的亮度，然后通过控制快门速度和光圈大小对过度曝光或者曝光不足的区域进行补偿。这里的目标是保持图像中不同的区域具有一定的对比，并达到一个目标的平均亮度。

2）自动对焦

自动对焦算法分为两类。主动方法利用红外线或者超声波发射器/接收器来估计相机和所要拍摄的对象之间的距离。被动方法则是根据相机接收到的图像进行对焦决策。

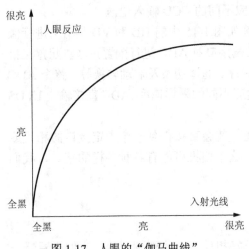

图 1-17 人眼的"伽马曲线"

在这两个子系统中，媒体处理器通过 PWM 信号控制各个镜头和快门电动机。对于自动曝光控制，也要调整传感器的自动增益控制（Automatic Gain Control，AGC）电路。

3）预处理

人眼对光线亮度的感应实际上是非线性的，人眼对光线的反应曲线称为"伽马曲线"，如图 1-17 所示。这个特性保证了人眼具有极宽的亮度分辨范围，可以分辨出亮度差别非常大的物体。

这个特性也决定了传感器的输出需要经过伽马校正才能用于显示（除非是采用逆伽马特性的 CRT 显示器）。

此外，由于传感器通常都具有一些有缺陷的像素点，因此需要对这些缺陷像素点进行预补偿。一种常用的预处理技术是中值滤波。

4）滤波与图像补偿

这组算法考虑了镜头的物理特性，也就是镜头会在一定程度上歪曲用户实际上看到的景象。不同的镜头可能引起不同的失真，例如，广角镜头会产生"桶状"或者"膨胀效应"，而长焦镜头则会产生"收缩效应"。镜头的阴影失真降低了周围图像的亮度，色差会引起图像周围出现条纹。为了纠正这些失真，媒体处理器需要运用数学变换来处理图像。

预处理的另外一个用处是图像的稳定性补偿，或者称为防抖动。这时，处理器会根据接收图像的平移云顶进行调整，这通常需要借助于外部传感器，例如通过陀螺仪或加速度传感器实时感知传感器的运动。

5）白平衡

预处理的另一个阶段就是白平衡。当我们看到一个场景时，不管条件如何，眼睛总会把看到的一切调整到同一组自然颜色下面的状态。例如，不管我们是在室内荧光灯下还是在室外阳光下，对于一个深红色的苹果，我们看起来都是深红色。但是，图像传感器对于颜色的感知却极大地依赖于光照条件，因此，必须将传感器获得的图像映射为"与光照无关"才能最终输出。这种映射处理可以手动也可以自动完成。

在手动系统中，一方面，可以指定相机要进行"白平衡"的对象，然后相机将调节整幅图像的"色温"以满足这种映射。另一方面，自动白平衡（Automatic White Balance，AWB）利用图像传感器的输入和额外的一个白平衡传感器来共同决定应该将图像中的哪一部分作为"真正的白色"。这实际上是调整了图像中 R，G 和 B 通道之间的相对增益。很显然，AWB 要比手动方法多一些图像处理的过程，这也是厂商专属算法的另外一个目标。

6）拜尔插值

对拜尔插值进行插值，可能是图像流水线中最重要的、数值计算最多的操作。每一个相机制造商一般都有自己独特的"秘方"，不过一般来讲这些方法最终可以分为几个主要的算法大类。

（1）非自适应算法，例如双线性插值或者双三次插值，是其中最简单的实现方法。在图像的平滑区域内使用这些算法效果很好。但是，边缘和纹理较多的区域则对这些直接实现的方法提出了巨大的挑战。

（2）自适应算法可以根据图像的局部特征自动改变行为，其结果会更好。自适应算法的一个例子是边缘指导重构（Edge-direction Reconstruction）。该算法会分析某个像素周围的区域，然后决定在哪个方向进行插值。若该算法发现附近有一个边缘，则会沿着边缘方向进行插值，而不会穿越这个边缘。还有一种自适应算法是假定一个完整的物体具有恒定的颜色，这样可以防止单个物体内颜色出现突变。

除此之外，还有很多其他的插值算法。其中，涉及频域分析、贝叶斯决策，甚至还与神经网络和遗传算法有关。

7）色彩转换

在这个阶段，插值后的 RGB 图像被转换到目标颜色空间（如果还不是在正确的颜色空间中）。通常情况下，人的眼睛对亮度比对颜色有更高的空间分辨率。因此，也常常把图像转换为 YCbCr 格式。

1.2.5 图像与视频压缩

一旦图像处理完毕，根据不同的设计需求，图像处理流水线可能会分为两条不同的分支。首先，经过处理后的图像将会输出到显示器上。其次，图像被存储到本地的存储介质（一般是非易失性闪存卡）之前，先用工业标准的压缩技术（如 JPEG）进行压缩处理。

图像压缩是指以较少的比特有损或无损表示原来的像素矩阵的技术，也称为图像编码。图像数据之所以能被压缩，就是因为数据中存在着冗余。图像数据的冗余主要表现如下：图像中相邻像素间的相关性引起的空间冗余；图像序列中不同帧之间存在相关性引起的时间冗余；不同彩色平面或频谱带的相关性引起的频谱冗余，如图 1-18 所示。

数据压缩的目的就是通过去除这些数据冗余来减少表示数据所需的比特数。由于图像数据量的庞大，在存储、传输、处理时非常困难，因此图像数据的压缩就显得非常重要。

1. 图像压缩

常见的图像压缩算法有以下几种。

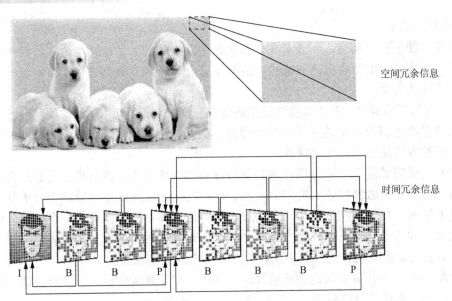

图 1-18　图像和视频的空间冗余与时间冗余

1）JPEG

　　JPEG 是当今比较流行的图像压缩格式之一。这种格式主要应用于照片，一般不用于简单的线条画和其他的调色板非常有限的图形。JPEG 格式的压缩比例为 10×～20×，当然，压缩比例越大，失真就越严重。即使在相当高的压缩比例之下，文件已经非常小，而与原始位图（BMP 格式文件）相比，JPEG 文件仍然保持了相当的视觉质量。JPEG支持无损压缩，无损压缩通常实现的压缩比例为 2×。

2）JPEG 2000

　　JPEG 2000 也称为 J2K，是 JPEG 的延续。它解决了 JPEG 标准中一些基本限制，同时具备向下兼容的能力。JPEG 2000 实现了更好的压缩比，对于二值图像、计算机图形和照片等性能表现都很好。和 JPEG 类似，JPEG 也有有损和无损模式。J2K 也支持"感兴趣区域"的压缩，也就是说，图像中选择的区域可以用比其他区域更高的质量进行编码。

3）GIF

　　GIF（Graphics Interchange Format）的原意是"图像互换格式"，是 CompuServe 公司在 1987 年开发的图像文件格式。GIF 文件的数据，是一种基于 LZW 算法的连续色调的无损压缩格式。其压缩率一般在 50%左右，它不属于任何应用程序。目前几乎所有相关软件都支持它，公共领域有大量的软件在使用 GIF 图像文件。GIF 图像文件的数据是经过压缩的，并且是采用了可变长度等压缩算法。GIF 格式的还有一个特点：在一个 GIF 文件中可以存多幅彩色图像。如果把存于一个文件中的多幅图像数据逐幅读出并显示到屏幕上，就可构成一种最简单的动画。

GIF 格式自 1987 年由 CompuServe 公司引入后，因其体积小而成像相对清晰，特别适合于初期慢速的互联网，从而大受欢迎。它采用无损压缩技术，只要图像不多于 256 色，就可既减少文件的大小又保持成像的质量（当然，现在也存在一些 hack 技术，在一定的条件下克服 256 色的限制）。但是，256 色的限制大大局限了 GIF 文件的应用范围，如彩色相机等（当然采用无损压缩技术的彩色相机照片也不适合通过网络传输）。在高彩图片上有着不俗表现的 JPG 格式却在简单的折线上效果差强人意。因此，GIF 格式普遍适用于图表、按钮等只需少量颜色的图像（如黑白照片）。

4）PNG

PNG 也是图像文件存储格式，其设计目的是试图替代 GIF 和 TIFF 文件格式，同时增加一些 GIF 文件格式所不具备的特性。PNG 的名称来源于"可移植网络图形格式（Portable Network Graphic Format，PNG）"，也有一个非官方解释"PNG's Not GIF"，是一种位图文件（bitmap file）存储格式，读作"ping"。PNG 用来存储灰度图像时，灰度图像的深度可多达 16 位，存储彩色图像时，彩色图像的深度可多达 48 位，并且还可存储多达 16 位的 α 通道数据。PNG 使用从 LZ77 派生的无损数据压缩算法，一般应用于 Java 程序、网页或 S60 程序中，原因是它压缩比高，生成的文件体积小。

2. 视频压缩

所谓视频编码方式就是指通过特定的压缩技术，将某个视频格式的文件转换成另一种视频格式文件的方式。视频流传输中最为重要的编解码标准有国际电联的 H.261、H.263、H.264，运动静止图像专家组的 M-JPEG 和国际标准化组织运动图像专家组的 MPEG 系列标准。此外，在互联网上被广泛应用的还有 Real-Networks 的 RealVideo、微软公司的 WMV 及 Apple 公司的 QuickTime 等。

1）H.261

H.261 标准由 ITU-T（ITU Telecommunication Standardization Sector 中文：国际电信联盟远程通信标准化组）的前身 CCITT（International Consultative Committee on Telecommunications and Telegraph：国际电报电话咨询委员会）下属 T VCEG 小组（Video Coding Experts Group：视频编码专家组）于 1988 起开发、ITU-T（VCEG）于 1990 制定的。H.261 主要在老的视频会议和视频电话产品中使用，H.261 是第一个使用的数字视频压缩国际标准。H.261 标准使用混合编码框架，包括了基于运动补偿帧间预测。它使用了常见的 YCbCr 颜色空间、4：2：0 的色度抽样格式、8 位的抽样精度、16×16 的宏块、分块的运动补偿、按 8×8 分块进行的离散余弦变换、量化、对量化系数的 Zig-zag 扫描、run-level 符号影射及霍夫曼编码。H.261 只支持逐行扫描视频输入。虽然目前已很少使用 H.261，但是它是视频编解码领域的鼻祖，之后的所有标准视频编解码器都是基于它设计的。

2）MPEG-1

MPEG-1 标准由 ISO/IEC（International Organization for Standards / International Electro-Technical Commission：国际标准化组织/国际电工委员会）下属 MPEG 小组（moving pictures experts group：动态图像专家组）制定的第一个视频和音频有损压缩标准。MPEG-1（Part2）视频压缩算法，ISO / IEC（MPEG）于 1990 年定义完成 MPEG-1 视频编码标准。1992 年底，MPEG-1（Part2）正式被定为国际标准。其原来的主要目标是在音频 CD（Compact Disc）光盘上记录图像，MPEG-1（Part2）视频压缩标准是 VCD（Video Compact Disc）光盘的技术核心。有些在线视频也使用 MPEG-1（Part2）这种格式。MPEG-1（Part2）编解码器的质量大致上和原有的 VHS 录像带相当，VCD 应用约定 MPEG-1（Part2）的分辨率 352×240，数字视频信号编码使用固定的比特率（1.15Mbps）。虽然只要输入视频源的质量足够好，编码的码率足够高，MPEG-1（Part2）可获得更大的画幅尺寸、更高的运动视觉感知质量，但是考虑到要让所有商业化的 VCD 播放机有一个统一的技术标准及硬件处理能力的限制，规定高于 1.15Mb/s 的视频码率或者高于 352×288 的视频分辨率都不被单体的 VCD 播放机（包括一些 DVD 播放机）使用。这样使得 VCD 在播放快速动作的视频时，由于数据量不足，令压缩时宏区块无法全面调整，视频画面出现模糊的方块。MPEG- 1（Part2）视频压缩算法具体应用在 VCD 时对运动视觉感知效果欠佳，这也许是 VCD 在发达国家未获成功的原因。而 MPEG-1 Layer 3 则是目前广泛使用的 MP3 音频压缩技术。如果考虑通用性，那么 MPEG-1 的视频/音频编解码器可以说是通用性最高的编解码器，几乎世界上所有的计算机都可以播放 MPEG-1 格式的文件。几乎所有的 DVD 机也支持 VCD 的播放。从技术上来讲，比起 H.261 标准，MPEG-1 增加了对半像素运动补偿和双向运动预测帧。和 H.261 一样，MPEG-1 只支持逐行扫描的视频输入。

3）H.262

H.262 视频压缩标准，是 ITU-T（VCEG）于 1994 年升级 H.261 后制定的视频压缩标准，它与 ISO/IEC（MPEG）制定的视频压缩标准 MPEG-2（ISO/IEC13818-2）在内容上相同，在 DVD、SVCD 和大多数数字视频广播系统和有线分布系统（Cable Distribution Systems）中使用。当在标准 DVD 上使用时，它支持较高的图像质量和宽屏；当在 SVCD 使用时，它的质量不如 DVD，但是比 VCD 高出许多。MPEG-2（ISO/IEC13818-2）也被使用在新一代 DVD 标准、HD-DVD 和 Blu-ray（蓝光光盘）上。从技术上来讲，比起 MPEG-1，MPEG-2（ISO/IEC13818-2）最大的改进在于增加了对隔行扫描视频的支持。MPEG-2（ISO/IEC13818-2）虽然是一个相当老的视频编码，但是它具有很大的普及度和市场接受度。ISO / IEC（MPEG）原先打算开发 MPEG-1、MPEG-2、MPEG-3 和 MPEG-4 这四个版本，以适用于不同带宽和数字影像质量的要求。继 MPEG- 2 之后打算开发的 MPEG-3 编码和压缩标准最初是为 HDTV 开发的编码和压缩标准，但由于 MPEG-2 已能适用于 HDTV，使得原打算为 HDTV 设计的 MPEG-3，还没出世就被抛弃了。

4）H.263

H.263 视频压缩标准，制定于 1995 年，主要用在视频会议、视频电话和网络视频上。在对逐行扫描的视频源进行压缩的方面，H.263 比它之前的视频编码标准在性能上有了较大的提升。尤其是在低码率端，它可以在保证一定质量的前提下大大地节约码率，对网络传输具有更好的支持功能。与之前的视频编码国际标准（H.261，MPEG-1和 H.262 / MPEG-2）比较 H.263 的性能有了革命性的提高。1998 年增加了新的功能的第二版 H.263+（或者称为 H.263v2），与初始版比较，显著地提高了编码效率，并提供了其他的一些能力。在 2000 年又完成了第三版 H.263++，即 H.263v3 它是在 H.263+的基础上增加了更多的新的功能。

5）MPEG-4

MPEG-4（ISO/IEC 14496-2）于 1999 年初正式成为国际标准。有时候也被称为"ASP"。它们可以使用在网络传输、广播和媒体存储上。比起 MPEG-2 第一版的 H.263，它的压缩性能有所提高。MPEG4 MPEG-4（ISO/IEC 14496-2）它是一个适用于低传输速率应用的方案。和之前的视频编码标准的主要不同点在于，MPEG-4（ISO/IEC 14496-2）更加注重多媒体系统的交互性和灵活性。MPEG-4（ISO/IEC 14496-2）是第一个含有交互性的动态图像标准，它的另一个特点是其综合性。从根本上说，MPEG-4（ISO/IEC 14496-2）可以将自然物体与人造物体在运动视觉感知上相融合。MPEG-4（ISO/IEC 14496-2）的设计目标还有更广的适应性和更灵活的可扩展性，它引入了 H.263 的技术和 1/4 像素的运动补偿技术。和 MPEG-2 一样，它同时支持逐行扫描和隔行扫描。

6）H.264

H.264 视频压缩标准和 MPEG-4（ISO/IEC 14496-10）是相同的标准，MPEG-4（ISO/IEC 14496-10）有时候也被称为 MPEG-4 AVC，简称 "AVC" 或 "JVT"。H.264/MPEG-4 AVC 制定于 2003 年，是 ISO / IEC（MPEG）和 ITU-T（VCEG）合作完成的性能优异的视频编码标准，并且已经得到了非常广泛的应用。该标准引入了一系列新的能够大大提高压缩性能的技术，并能够同时在高码率端和低码率端大大超越以前的诸标准。已经使用 H.264 技术的产品包括例如索尼公司的 PSP，Nero 公司的 Nero Digital产品套装，苹果公司的 Mac OS X v10.4，以及新一代 DVD 标准 HD-DVD 和蓝光光盘（Blu-ray）等。在通信、计算机、广播电视等不同领域 MPEG-4|/H264、AVC 是目前的主流视频压缩标准。而 MPEG-4|/H264、AVC 出台的新专利许可政策被认为过于苛刻导致产业化推广遭遇困难。促使相关企业和部门竞相研发自己独立的视频压缩标准。又由于 MPEG-4|/H264、AVC 是一个公开的平台，各公司、机构均可以根据 MPEG-4|/H264、AVC 标准开发不同的制式，从而促使了众多视频编码标准的产生，以往市面上出现了很多基于 MPEG-4（ISO/IEC 14496-2）技术的视频格式，例如 WMV 9、Quick Time、DivX、Xvid、3ivx 等。以后缀*.avi，*.mp4，*.ogm 或者 *.mkv 结尾的文件有一部分

也是使用 MPEG-4（ISO/IEC 14496-2）视频编解码器。

7）H.265

HEVC 也非正式地称为 H.265，H.NGVC 和 MPEG-H（Part2），是一种视频压缩标准草案。HEVC 标准是在 H.264 标准的基础上发展起来的，目前正在通过 ISO／IEC（MPEG）和 ITU-T（VCEG）联合开发。并且 ISO／IEC（MPEG）和 ITU-T（VCEG）成立了一个联合协作团队 JCT-VC（Joint Collaborative Team on Video Coding：视频编码联合协作团队）共同开发 HEVC 标准。2012 年 6 月 MPEG LA 宣布开始发放 HEVC 专利许可。2012 年 7 月 HEVC 提交了国际标准草案，2013 年 1 月 HEVC 最终草案有望被批准为新一代的国际标准。为便于高分辨率视频的压缩。HEVC 将宏块的大小从由 H.264 的 16×16 扩展到了 64×64，并采用灵活的块结构 RQT（Residual Quad-tree Transform）及采样点自适应偏移（Sample Adaptive Offset）方式提升性能，虽然增加了算法难度，但是减少了失真，提高压缩率，减少码流。HEVC 比 H.264 增加一倍的数据压缩比且具有更高的视频质量，HEVC 最高可以支持 7680×4320 分辨率。HEVC 是当今及今后一段时期最高视频压缩标准，是超高清电视发展的基础。

两大制定视频编码标准的国际组织 ITU-T（VCEG）与 ISO／IEC（MPEG）在不同时期制定的相关视频压缩标准技术的国际标准。ITU-T（VCEG）的标准包括 H.261，H.263，H.264，主要应用于实时视频通信领域；MPEG 系列标准是由 ISO／IEC（MPEG）制定的，主要应用于视频存储（DVD）、广播电视、因特网或无线网上的流媒体等（注：MPEG-1，MPEG-，MPEG-4 等系列标准是 MPEG 组织制定的一个大纲目，在每一纲目名称下又包含了多个相关领域的技术标准。因此，当我们讨论视频压缩标准时要具体到后面括号内的内容）。ITU-T（VCEG）与 ISO／IEC（MPEG）个组织也共同制定了一些标准，H.262 标准等同于 MPEG-2（ISO/IEC 14496-2）的视频编码标准，而 H.264 标准则被纳入 MPEG-4（ISO/IEC 14496-10）。

8）AVS

AVS（Audio Video coding Standard：音/视频编码标准）是原中国国家信息产业部数字音视频编解码技术标准工作组制定的音/视频压缩编码标准，其不仅仅包括视频编码标准。AVS（GB/T 20090.2）是一套包含系统、视频、音频、媒体版权管理在内的完整标准体系。它主要是通过采用与 MPEG-4 AVC/H.264 不同的专利授权方式，制定了具有中国自主知识产权的数字视频编解码技术国家标准，提出了按需纵向算法组合、简洁高效的混合编码技术体系，并被接受为国际上三大视频编码标准之一。在技术上，AVS 的视频编码部分采用的技术与 H.264、AVC 非常相似，其中十多项自主创新技术组成的低复杂度编码算法专利群，使编码效率在相当的条件下计算复杂度仅相当于同期国际标准的 30%～70%，适应于多种应用的灵活码流结构表示方法以及抗误码和内容保护技术，还提出了适合网络电视应用的多项专利技术。标准制定的同时，同步完成了 AVS 高清晰度解码芯片设计和实现，推动了 AVS 标准的产业化应用。2012 年 7

月发布的 AVS+（《广播电视先进音视频编解码第 1 部分：视频》）行业标准将满足高清晰度电视、3D 电视等广播电影电视新业务发展的需要。

9）WMV

WMV（Windows Media Video）是微软公司的视频编解码器家族，包括 WMV 7, WMV 8，WMV 9，WPV 10。这一族的编解码器可以应用在从拨号上网的窄带视频到高清晰度电视（HDTV）的宽带视频。使用 Windows Media Video 的用户还可以将视频文件刻录到 CD、DVD 或者其他一些设备上，它也适用于用作媒体服务器。WMV 可以被看做 MPEG-4 的一个增强版本。WMV-9 版本是 SMPTE（Society of Motion Picture and Television Engineers：电影电视工程师协会）于 2006 年正式通过的 VC-1 标准。从第七版（WMV1）开始，微软公司开始使用它自己非标准 MPEG-4Part2。但是，由于 WMV 第九版已经是 SMPTE 的一个独立标准（421M，也称为 VC-1），因此 WMV 的发展已经不像 MPEG-4 那样，它已是一个自己专有的编解码技术（刚推出的时候称为 VC-9，之后被 SMPTE 改称为 VC-1）。在技术上 VC-1 与 H.264 有诸多相似之处。VC-1 压缩技术整合了 MPEG 及 H.264 之优点，采用 Biliner 和 Bicubic 方式，次像素（Sub-Pixel）最小可达四分之一像素。VC-1 只有 4 种动作补偿（Motion Composition），压缩比无法胜过 H.264。压缩算法复杂度只有 H.264 的约 50%，但对特效电影有很杰出的效能表现。值得特别一提的是，SMPTE 组织是从电影领域向数字电影及数字电视运动视觉感知技术探索的前卫组织，由它制定的运动视觉感知技术的国际标准多数都是基于电影高画质。在当代影视领域内最新的超高清电视技术发展中随处可见其身影。由 SMPTE 于 2007 年首先提出的 UHDTV-2036 标准被进化为 UHDTV 2036-1 和 UHDTV 2036-2，即分别对应我们目前俗称的 4K 和 8K 的数字电视。UHDTV 于 2012 年 8 月 23 日被正式受理接纳为超高清电视的国际标准，ITU-T 定义格式为 ITU-R BT.2020。

10）Real Video

Real Video 是由 Real Networks 公司开发的视频编解码器。于 1997 年开发，到目前已有 Real Player 15 版。它从开发伊始就定位为应用为网络上视频播放上的格式。支持多种播放的平台，包含 Windows、Mac、Linux、Solaris 及某些移动电话。相较于其他的视频编解码器，Real Video 通常可以将视频数据压缩得更小。因此它可以在用 56Kbps MODEM 拨号上网的条件实现不间断的视频播放。一般的文件扩展名为.AM/RM/ RAM。现在广泛流行的是 RMVB 格式，即动态编码率的 Real Video。Real Video 除了可以以普通的视频文件形式播放，还可以与 Real Server 服务器相配合，在数据传输过程中边下载边播放视频影像，而不必像大多数视频文件那样，必须先下载然后才能播放，目前常见于网络的在线播放。

1.2.6 视频显示处理

1. 去隔行处理

1）隔行和逐行扫描

隔行扫描方式源于早期的模拟电视广播技术，这种技术需要对图像进行快速扫描，以便最大限度地降低视觉上的闪烁感。但是当时可以运用的技术并不能以如此之快的速度对整个屏幕进行刷新。于是，将每帧图像进行"交错"排列或分为两场，一个由奇数扫描线构成，而另一个由偶数扫描线构成，如图 1-19 所示。NTSC/（PAL）的帧刷新速率设定为约 30/（或 25）帧/秒。于是，大片图像区域的刷新率为 60（或 50）Hz，而局部区域的刷新率为 30（或 25）Hz，这也是出于节省带宽的折中考虑，因为人眼对大面积区域的闪烁更为敏感。

隔行扫描方式不仅会产生闪烁现象，也会带来其他问题。例如，扫描线本身也常常可见。因为 NTSC 中每场信号就是 1/60s 间隔内的快照，所以一幅视频帧通常包括两个不同的时间场。当正常观看显示屏时，这并不是一个问题，因为它所呈现的视频在时间上是近似一致的。然而，当画面中存在运动物体时，把隔行场转换为逐行帧（即解交织过程），会产生锯齿边缘。解交织过程非常重要，因为将视频帧作为一系列相邻的线来处理，这将带来更高的效率。

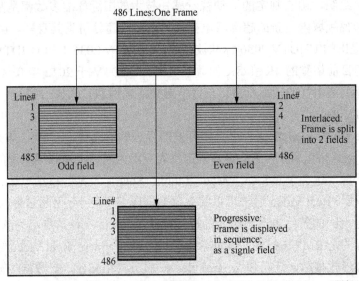

486 Lines One Frame——486 线：1 帧 Line——行，Interlaced：Frame is split into 2 field——隔行：图像帧被分离为两个视场；Progressive：Frame is displayed in sequence as a single field——逐行：图像帧作为一个视场依序显示。

图 1-19 隔行扫描与逐行扫描方式的对比

2）去隔行

将视频源数据从一个输出隔行 NTSC 数据的摄像机处取出时，往往需要对其进行去隔行处理，这样奇数行和偶数行将交织排列在存储中，而不是分别位于两个分离的视场缓冲区中。去隔行不仅仅是高效率的、基于块的视频处理所需要的，而且也是在逐行扫描格式中显示隔行视频所必需的（例如在一个 LCD 平板上）。去隔行处理有多种方法，包括行倍增、行平均、中值滤波和运动补偿。

2. 扫描速率转换

一旦视频完成了去隔行化，就有必要进行扫描速率的转换，以确保输入的帧速率与输出显示的刷新速率相匹配。为了实现两者的均衡化，可能需要丢弃场或者复制场。当然，与去隔行化类似的是，最好采用某种形式的滤波，以便消除由于造成突然的帧切换而出现的、高频的人为干扰。帧速率转换的一个具体情况是，将一个 24 帧/秒的视频流（通常是对应着 35mm 和 70mm 的电影录制），转换为 30 帧/秒的视频流，满足 NTSC 视频要求，这属于 3∶2 下拉（pulldown）。例如，若每个胶片（帧）在 NTSC 视频系统中只被用一次，则以 24fps 记录的电影的运动速度将提高 25%（＝30/24）。于是，3∶2 下拉被认为是一种让 24fps 视频流转换为 30fps 的视频序列的转换过程。它是通过以一定的周期化的样式重复各帧来实现的，如图 1-20 所示。

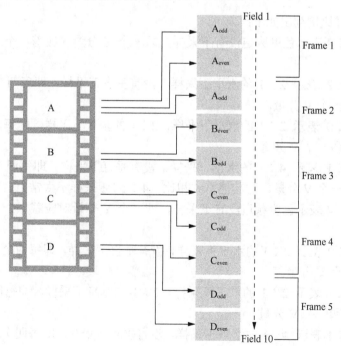

图 1-20　3∶2 下拉帧重复模式

3. 色度采样

1）色度下采样

由于人眼的杆状细胞要多于锥状细胞，故对于亮度的敏感能力要优于对色差的敏感能力。幸运的是（或者事实上通过设计可实现的是），YUV 颜色系统允许我们将更多的注意力投向 Y，而对 U 和 V 的关注程度不那么高。于是，通过对这些色度值进行子采样的方法，视频标准和压缩算法可以大幅度缩减视频带宽。

YUV 采用 A：B：C 表示法来描述 Y,U,V 采样频率比例。图 1-21 中展示了 4：4：4，4：2：2，4：2：0 这三种采样比例的区别。图中黑点表示采样像素点 Y 分量，空心圆表示采样像素点的 UV 分量。

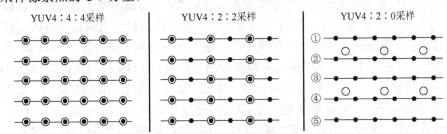

图 1-21　三种不同比例的 YUV 数据格式

常见的采样比例列出如下：

（1）4：4：4 表示色度频道没有下采样，即一个 Y 分量对应着一个 U 分量和一个 V 分量。

（2）4：2：2 表示 2：1 的水平下采样，没有垂直下采样，即每两个 Y 分量共用一个 U 分量和一个 V 分量。

（3）4：2：0 表示 2：1 的水平下采样，2：1 的垂直下采样，即每四个 Y 分量共用一个 U 分量和一个 V 分量。

（4）4：1：1 表示 4：1 的水平下采样，没有垂直下采样。即每四个 Y 分量共用一个 U 分量或一个 V 分量，与其他格式相比，4：1：1 采样不太常用。

（5）4：4：4 表示色度频道没有下采样，即一个 Y 分量对应着一个 U 分量和一个 V 分量。

（6）4：2：2 表示 2：1 的水平下采样，没有垂直下采样，即每两个 Y 分量共用一个 U 分量和一个 V 分量。

（7）4：2：0 表示 2：1 的水平下采样，2：1 的垂直下采样，即每四个 Y 分量共用一个 U 分量和一个 V 分量。

（8）4：1：1 表示 4：1 的水平下采样，没有垂直下采样。即每四个 Y 分量共用一个 U 分量或一个 V 分量，与其他格式相比，4：1：1 采样不太常用。

2）色度重采样

在某些情况下，显示器接口所支持的颜色空间域与当前颜色空间不匹配。这时就需要对颜色空间进行转换。前文提到的式（1-1）和式（1-2）展示了 RGB 颜色空间与 4：4：4YUV 颜色空间和 4：4：4 YCbCr 颜色空间的转换。

多数情况下，需要对色度进行重采样，例如，将 YCbCr 的 4：2：2 格式的视频转换为 4：4：4 的格式，这需要从那些缺乏 Cb 和 Cr 分量之一的 Y 样本中插值出 Cb 和 Cr 值。一个简洁的再采样方法是从最邻近的像素上借助简单的平均化方法插值出缺失的色度值。也就是说，在一个像素点上缺失的 Cb 值将被最接近的 2 个 Cb 值的平均值所取代。某些应用还需要更高阶的滤波器，但这一简化的方法往往也已经足够了。另一种方法是对邻近的像素点的色度值进行复制，以便得到这些在当前像素表示中缺失的量值。一般来说，从 4：1：1 空间到 4：2：2 或者 4：4：4 格式的转换，只需用一个一维的滤波器（tap 值和数量应与所希望的滤波水平相一致）。不过，若从 4：2：0 格式再采样为 4：2：2 或者 4：4：4 格式，则还需要用到垂直采样，于是就有必要采用二维卷积内核。由于色度的再采样和 YCbCr/RGB 的转换都是线性的运算，有可能将这些步骤组合起来，形成单个数学运算，从而高效率地实现 4：2：2 YCbCr/RGB 的转换。

4. 缩放与剪切

视频缩放可以生成一路分辨率与输入格式的分辨率不同的输出流。在理想情况下，固定缩放的要求（例如输入数据分辨率、输出平板显示的分辨率）都是事先已知的，以避免在输入和输出流之间进行任意的缩放所带来的计算上的负担。

缩放就是缩减和放大，具体是缩还是放则取决于应用。在缩放前，弄清楚待缩放图像的内容（如文字和细线的存在与否）很重要。不恰当的缩放会导致文字不可阅读或者造成图像某些水平线的消失。将输入帧尺寸的大小调整为幅面更小的输出帧时，最简单的方法是图像裁切。例如，如果输入的帧尺寸是 720×480 像素，输出就是 VGA 帧（640×480 像素），那么可以把每行的前 40 和后 40 个像素丢弃。这样做的一个优点是像素的丢失和复制不会造成人为的影响。当然，缺点就是将损失帧内 80 个像素（约 11%）的内容。有时，这并不是很大的问题，因为显示器的机械外壳的存在，所以屏幕的最左侧和最右侧的部分（还有顶部和底部区域）往往成为人们无法看清的地方。

如果无法选用裁切的方法，还可以通过若干种方法来对图像进行下采样（减少像素和/或行的数量）或者上采样（增加像素和/或行的数量），这使得人们可以在处理的复杂程度和相应的图像质量方面做出折中取舍。

1）增加或减少每行的像素数量

一种直接的方法是丢弃像素（下采样）或者复制现有的像素（上采样）。也就是说，当缩减为一个较低的分辨率时，每条线（和/或每帧中的一定数量的线）的一些像素将被丢弃。这当然会减少处理的负担，但结果造成了混叠和可见的人为影响。只令复杂程度有少量上升的方法，是利用线性内插法来改进图像质量。例如，在缩减一幅图像时，在水平和垂直方向上的滤波可以获得一个新的输出像素点，该像素随后取代了在插值过程中所用的像素点。与前述技术类似的是，信息仍然会被丢弃，依然会出现人为和混叠问题。如果图像品质极为重要，还有其他方法可用于在不降低品质的前提下实现缩放。这些方法都是努力维持图像的高频分量，使之在水平和垂直缩放中保持一致，同时减少混叠的影响。例如，假定要求对一幅图像以 $Y:X$ 为比例因子进行缩放。为了达到这一目标，图像可以 Y 为因数进行上采样（"插值"），通过滤波以防止混叠。然后，以比例因子 X 进行下采样（"抽样滤波"）。在实践中，这两个采样过程可以组合成为单个多比例滤波器。

2）增加或减少每帧的行数

增加或者减少每行像素点的指导原则，一般可以用于一幅图像每帧行数的修改。例如，每隔一行丢弃一行数据（或者整个隔行场）提供了一种可减少垂直分辨率的快速方法。然而，正如我们以前提到过的那样，在丢弃或者复制行时，应当采用某种垂直滤波方案，因为这些处理会在图像中引入人为影响。这里可以采用的同一种滤波策略是简单垂直平均、更高阶的 FIR 滤波器或者多比例滤波器，以便垂直方向上得到一个确切的缩放比率。

5. 其他显示处理

1）Alpha 混合

在显示之前往往需要将两种图像和/或视频缓冲区组合起来。这样做的一个实用例子是手机的图形显示叠加的图标，例如信号强度和电池电力指示等。一个涉及两路视频流的示例是画中画功能。将两路流组合起来后，需要决定在这些内容重叠的地方，哪路流将"胜出"。这就是 Alpha 混合发挥作用的地方。我们可以定义一个变量（α），用它表示出在叠放流和背景流之间的"透明因子"，如式（1-3）所示。

$$\text{输出值} = \alpha（前景显示的像素值）+(1-\alpha)(背景像素值) \tag{1-3}$$

式（1-3）表明，α 值为 0 时，可以实现完全透明的叠图，α 值为 1 时，则叠图完全是不透明的，完全不显示相应区域的背景图像。α 有时通过单独的通道与各像素的亮度和色度一起发送。这就造成了"4:2:2:4"的情形，其中最后一位值是一个伴随着每个 4:2:2 像素对象的 α 键。α 的编码形式与亮度分量的编码相同，但对于大多数应用来说，常常只需取少数几个透明度的离散级别（也许是 16 个）即可。有时一个视频叠图缓冲区要预先乘以 α，或者预先借助速查表进行映射，在这种情况下，它被称为一个"经过整形的"视频缓冲区。

2）合成操作

在合成操作中，需要定位一个叠图缓冲区到一个对应更大图像的缓冲区中。常见的一个实例是视频显示中的"画中画"模式，以及图形化图标（如电池和信号强度的指示标志） 在背景图像或视频中的位置安排。一般来说，合成功能在输出图像完全完成之前尚需若干次反复循环。换句话说，产生一个复合的视频可能需要将"多层"图像和视频叠放起来。二维的 DMA 功能对于合成功能来说是非常有用的，因为它容许在更大的缓冲区中定位出任意尺寸的矩形缓冲区。要记住的一点是，任何图像的裁切应该在合成过程之后进行，因为定位后的叠图可能会和此前裁切的边界发生冲突。当然，一个替代方法是确保叠图不至于和边界冲突，但有时这一要求实在难于达到。

3）色度键控

"色度键控"一词是指两幅图像合成时，其中一幅图像中的特定颜色（往往是蓝色或者绿色）被另一幅图像中的内容所取代的现象。这提供了一种能方便地将两幅视频图像合成起来的方法。其原理就是有意识地对第一幅图像进行剪裁，使之被第二幅图像的恰当区域所取代。色度键控可以在媒体处理器上以软件或者硬件形式来实现。

4）输出格式化

大多数针对消费类应用的彩色 LCD 显示（TFTLCD）都带有数字 RGB 接口。显示中的每个像素实际上都有 3 个子像素——每个都包含红、绿和蓝色滤波器，即人眼可以将其分辨为单色的像素。例如，一个 320×240 像素的显示实际上具有 960×240 像素分量，这包含了 R、G 和 B 子像素。每个子像素有 8bit 的亮度信号，这构成了常见的 24bit 的彩色 LCD 显示基础。在这 3 种最常见的配置中，要么是每个通道使用 8bit 来表示 RGB（RGB888 格式），要么是每通道 6bit 表示（RGB666 格式），或者 R 和 B 每通道用 5bit 表示，G 通道用 6bit 数据表示（RGB565 格式）。在这 3 种配置中，RGB888 提供了最好的色彩清晰度。这种格式总共有 24bit 的分辨率，可以提供超过 1600 万种色彩，它为 LCDTV 等高性能应用提供所需要的高分辨率和精度。RGB666 格式在便携式电子产品中非常流行，这种格式总共具有 18bit 的分辨率，可以提供 262000 种色彩。不过，由于其采用的 18 引脚（6+6+6）数据总线并不能很好地与 16bit 处理器数据通道兼容，因此在工业上采用一种常见的折中方法：R 和 B 通道 5bit，G 通道 6bit（5+6+5＝16bit 总线），以此来实现与 RGB666 平板的连接。这种情形具有很好的性能，因为在视觉上绿色是 3 种颜色中最重要的。红色和蓝色通道的最低位连接到平板上对应的最高位上，这确保了每个颜色通道上的全动态范围（全亮一直低至全黑）。

第 2 章　FPGA 与图像处理

随着图像分辨率的大幅度提升和图像处理算法复杂度的提升，传统的串行处理器已经越来越不能满足图像处理的实时性需求。多核结构处理、GPU 处理及 FPGA 在实时性图像处理领域得到了迅速的发展。本章将重点介绍基于 FPGA 的实时性图像处理。

FPGA 通过为每个功能建立单独的硬件来实现整个应用程序所需要的逻辑功能，这使其很适合图像处理，尤其是采用流水线来处理视频流，可以在同一个时刻进行多个算法的处理。

本章首先介绍 FPGA 及其生产厂家和开发流程，其次介绍基于 FPGA 的图像处理流程。

2.1　使用 FPGA 的原因

现场可编程门阵列简称 FPGA（Field Programmable Gate Array），它是在 PAL（Programmable Array Logic）、GAL（Generic Array Logic）、CPLD（Complex Programmable Logic Device）等可编程器件的基础上一步一步地发展起来的。PAL 是与阵列可编程或阵列固定，它的缺点是：采用熔丝工艺，只能一次编程，并且它的输出是固定的，不能编程；也就是说芯片一旦选定，输出结构将不可改变。GAL 是在 PAL 的基础上发展起来的，可以重复编程。与 PAL 的最大区别是输出结构可以由用户自己定义。但它结构简单，I/O 数目有限。CPLD 是在 GAL 的基础上发展起来的。它主要由输入/输出控制单元、宏单元和互连矩阵等组成。随着电子市场对功能要求的不断提高，CPLD 越来越不能满足市场的需求，它最大只有 512 个宏单元，大部分是组合逻辑，难以实现复杂的时序逻辑设计，并且功耗很大。随着工艺的发展，FPGA 登上了历史舞台并成为主角，它作为专用集成电路领域中的一种半定制电路而出现的，既解决了定制电路的不足，又克服了原有可编程器件门电路数有限的缺点。它内部资源丰富，不管是时序逻辑还是组合逻辑都很多，FPGA 拥有的丰富资源与较小的体积使其能非常好的应对复杂的高速控制应用和数据处理，小到 MP3，大到地球卫星、飞船都有其用武之地。

在最高层面上，FPGA 是可重新编程的硅芯片。使用预建的逻辑块和可重新编程布线资源，用户无须再使用电路试验板或烙铁，就能配置这些芯片来实现自定义硬件功能。用户在软件中开发数字计算任务，并将它们编译成配置文件或比特流。其中，包含元器件相互连接的信息。此外，FPGA 可完全重配置，当用户在重新编译不同的电路配置时，能够当即呈现全新的特性。过去，只有熟知数字硬件设计的工程师懂得使用 FPGA 技术。然而，高层次设计工具的兴起正在改变 FPGA 编程的方式，其中的新兴技术能够将图形化程序框图，甚至直接将代码转换成数字硬件电路。

各行各业纷纷采用 FPGA 芯片是源于 FPGA 融合了 ASIC 和基于处理器的系统的最大优势。FPGA 能够提供硬件定时的速度和稳定性，并且无需类似自定制 ASIC 设计的巨额前期费用的大规模投入。可重新编程的硅芯片的灵活性与在基于处理器的系统上运行的软件相当，但它并不受可用处理器内核数量的限制。与处理器不同的是，FPGA 属于真正的并行实现，因此不同的处理操作无须竞争相同的资源。每个独立的处理任务都配有专用的芯片部分，能在不受其他逻辑块的影响下自主运作。因此，添加更多处理任务时，其他应用性能也不会受到影响。

2.2　FPGA 技术优势

1. 性能

利用硬件并行的优势，FPGA 打破了顺序执行的模式，在每个时钟周期内完成更多的处理任务，超越了数字信号处理器（DSP）的运算能力。著名的分析与基准测试公司 BDTI，发布基准表明在某些应用方面，FPGA 每美元的处理能力是 DSP 解决方案的多倍。在硬件层面控制输入和输出（I/O）为满足应用需求提供了更快速的响应时间和专业化的功能。

2. 上市时间

尽管上市的限制条件越来越多，FPGA 技术仍提供了灵活性和快速原型的能力。用户可以测试一个想法或概念，并在硬件中完成验证，而无需经过自定制 ASIC 设计漫长的制造过程。由此用户就可在数小时内完成逐步的修改并进行 FPGA 设计迭代，省去了几周的时间。现成商用（COTS）硬件可提供连接至用户可编程 FPGA 芯片的不同类型的 I/O。高层次软件工具的日益普及降低了学习难度与抽象层，并经常提供有用的 IP 核（预置功能）来实现高级控制与信号处理。

3. 成本

定制 ASIC 设计的非经常性工程（NRE）费用远远超过基于 FPGA 的硬件解决方案所产生的费用。ASIC 设计初期的巨大投资表明了原始设备制造商每年需要运输数千种芯片，但更多的最终用户需要的是自定义硬件功能，从而实现数十至数百种系统的开发。可编程芯片的特性意味着用户可以节省制造成本以及漫长的交货组装时间。系统的需求时时都会发生改变，但改变 FPGA 设计所产生的成本相对 ASCI 的巨额费用来说是微不足道的。

4. 稳定性

软件工具提供了编程环境，FPGA 电路是真正的编程"硬"执行过程。基于处理器的系统往往包含了多个抽象层，可在多个进程之间计划任务、共享资源。驱动层控制着硬件资源，而操作系统管理内存和处理器的带宽。对于任何给定的处理器内核，一次只能执行一个指令，且基于处理器的系统时刻面临着严格限时的任务相互取占的风险。而 FPGA 不使用操作系统，拥有真正的并行执行和专注于每一项任务的确定性硬件，可减少稳定性方面出现问题的可能。

5. 长期维护

正如上文所提到的，FPGA 芯片是现场可编程的，无需重新设计 ASIC 所涉及的时间与费用投入。例如，数字通信协议包含了可随时间改变的规范，而基于 ASIC 的接口可能会造成维护和向前兼容方面的困难。可重新配置的 FPGA 芯片能够适应未来需要做出的修改。随着产品或系统成熟起来，用户无须花费时间重新设计硬件或修改电路板布局就能增强功能。

2.3　FPGA 的发展历程

1985 年 Xilinx 公司推出了世界上第一款真正意义上的 FPGA，还推出这款 FPGA 包括两个器件和支持布局布线的设计工具。FPGA 发展异常迅速，在不到十年时间里，时钟频率从不到 10MHz 提高到几百兆赫兹。设计工艺已经达到亚微米级别，FPGA 芯片的规模也从几千门增加到两万多等效门。大量功能强大且易用的软件也相继推出，使得 FPGA 很快占领了电子设计领域的部分高端市场。

20 世纪 80 年代推出的 FPGA 可以说是 Intel 公司于 1971 年推出的第一款商用微处理器的延续。那个时期，典型的微处理器包含微处理器、存储器和一些特殊功能的中小规模（MSI/SSI）器件。为追求更小的尺寸、更低的成本、更快的错误恢复能力、更高的可靠性，以及更快更易于使用的原型，集成电路的设计者都意识到一定会有一种器件要取代当时的中小规模电路。这个概念的第一次尝试是 Signetics 公司于 1975 年推出的 83S100FPLA（现场可编程逻辑阵列）。这款可编程器件实际上是一款 PLA 结构的器件，它由 16 个输入、48 个乘积项与阵列、8 个输出、48 个乘积项或阵列组成，通过 Ni-Cr（镍-铬）熔丝实现连续的断开或连接。这种方法在以降低速度和增加功耗为代价的前提下，给设计师以较大的设计空间。但是这款可编程器件需要人工设置熔丝的断开或连接，因此实现起来比较复杂而且容易出错。

鉴于当时各种可编程器件的速度和结构都不能很好地满足市场的需求，Xilinx 于 1985 年推出 2000 系列的 FPGA。该系列的 FPGA 是世界上第一块基于 SRAM 的可编程 FPGA，包括两个器件：第一个器件是由 8×8 的可配置逻辑模块（Configurable Logic Block，CLB）构成，并在芯片的周边提供了 58 个输入/输出接口模块（I/O Block，IOB）；第二个器件由 10×10 的 CLB 构成，并提供了 74 个 IOB 单元。自 Xilinx 推出第一款 FPGA 后，其他公司也相继推出各自的 FPGA 产品。例如，Actel 推出很有特色的反熔丝（Anti-fused）FPGA。FPGA 市场内的竞争越来越激烈，IC 的制造商都意识到必须提供更强大的新产品才能占据市场。在这种形势下，Xilinx 在第二年就推出了它的第二款 3000 系列的 FPGA，距第一款 FPGA 的推出只有两年的时间。也就是在那时，AT&T 成功地获得了这款 FPGA 器件的设计使用权，并开始提供自己的芯片和开发系统，即 AT&T3000 系列 FPGA。

　　自从第二代 FPGA 问世以来，各种 FPGA 的应用层出不穷，电路复杂度也相继上升。这时，Xilinx 就开始研制第三代 FPGA 产品，AT&T 也开始研发自己的下一代 FPGA。Xilinx 的第三代 FPGA 产品于 1991 年问世，而 AT&T 的下一代产品直到 1992 年才研制成功。认识到 FPGA 市场潜在的广阔空间，很多 IC 厂家和软件厂商也开始向 FPGA 进军，包括一些著名的公司，例如 Actel、AMD、Altera、Intel、Mento Graphics、TI 及 Toshiba。

　　目前，比较典型的 FPGA 器件是 Xilinx 公司的 FPGA 器件系列和 Altera 公司的 FPGA 器件系列，它们开发较早，占据了较大的 PLD/FPGA 市场份额。截至目前，在欧洲用 Xilinx 的人多，在亚太用 Altera 的人多，在美国则是平分秋色。全球 PLD/FPGA 产品 60% 以上是由这两家公司提供的。可预见，这两家公司将共同决定可编程逻辑器件技术的发展方向。当然其他众多 IC 厂商也在不断为技术的进步而努力，如 Lattice、Vantis、Actel、Quicklogic、Luccent 等。

2.4　FPGA 生产厂家及其产品

　　目前世界上有十几家生产 FPGA 的公司，最大的三家是 Altera、Xilinx 和 Lattice，其中 Altera、Xilinx 占据了主流的市场份额。

2.4.1　Altera

　　总部位于硅谷的 Altera 公司的产品广泛应用于通信、网络、云计算和存储、工业、汽车和国防等领域。Altera 公司目前提供了 3 个系列的 FPGA：低成本的 Cyclone 系列，中间的 Arria 系列和高性能的 Stratix 系列。

　　Altera 产品线分类如表 2-1～表 2-3 所示：

表 2-1 Stratix 系列

器件类型	Stratix	Stratix GX	Stratix II	Stratix II GX	Stratix III	Stratix IV	Stratix V	Stratix 10
推出年份	2002 年	2003 年	2004 年	2005 年	2006 年	2008 年	2010 年	2013 年
工艺技术	130nm	130nm	90nm	90nm	65nm	40nm	28nm	14nm

表 2-2 Arria 系列

器件类型	Arria GX	Arria II GX	Arria II GZ	Arria V GX,GT,SX	Arria V GZ FPGA	Arria 10 GX,GT,SX
推出年份	2002 年	2003 年	2004 年	2005 年	2006 年	2008 年
工艺技术	130nm	130nm	90nm	90nm	65nm	40nm

表 2-3 Cyclone 系列

器件类型	Cyclone	Cyclone II	Cyclone III	Cyclone IV	Cyclone V
推出年份	2002 年	2003 年	2004 年	2005 年	2006 年
工艺技术	130nm	130nm	90nm	90nm	65nm

（1）Cyclone 系列：该系列的目标为低成本的应用，适用于简单的嵌入式系统的设计。目前该系列最新的 Cyclone V FPGA 实现了业界最低的系统成本和功耗，其性能水平使得该器件系列成为理想选择。与前几代产品相比，总功耗降低了 40%，具有高效的逻辑集成功能，提供集成收发器型号及具有基于 ARM® 的硬核处理器系统（HPS）的 SoC FPGA 型号，满足了目前大批量应用对最低功耗、最低成本及最优性能水平的需求。

（2）Stratix 系列：该系列的 FPGA 的基本结构类似于 Cyclone 系列，但是 Stratix 系列包含了 DSP 模块和一个较大的存储器模块。该系列的最新一代为 Stratix 10，它具有高性能四核 64 位 ARMCortex-A53 处理器系统、浮点数字信号处理（DSP）模块和高性能 FPGA，它的架构是目前最高端的 FPGA 之一。Stratix 10 在性能、功耗、密度和集成方面具有突破性优势。其革命性的 HyperFlex 内核架构采用了 Intel 14 nm 三栅极工艺，性能是前一代 FPGA 的 2 倍，同时功耗降低了 70%。

（3）Arria 系列：该系列设计用于对成本和功耗敏感的收发器及嵌入式应用。Arria FPGA 系列提供丰富的存储器、逻辑和数字信号处理（DSP）模块资源和主要用于串行通信的增强高速收发模块。最新的 Arria 10 系列在性能上超越了前一代高端 FPGA，而功耗低于前一代中端 FPGA，重塑了中端器件。

2.4.2　Xilinx

　　成立于 1984 年的 Xilinx 是最大的可编程逻辑器件供应商之一，Xilinx 提供综合而全面的多节点产品系列充分满足各种应用需求。Xilinx 的 FPGA 分为两大类，侧重低成本应用、容量中等，性能可以满足一般的逻辑设计要求的 Spartan 系列；侧重于高性能应用、容量大、性能能满足各类高端应用的 Virtex 系列。在新一代产品中，即第七代产品中 Spartex 系列被 Artix 和 Kintex 系列所取代。Xilinx 产品线分类如表 2-4 所示。

表 2-4　Xilinx 产品线分类

系列 ＼ 工艺	45nm	28nm	20nm	16nm
产品	SPARTAN	Artix	VIRTEX	VIRTEX
	—	Kintex	KINTEX	KINTEX
		Virtex	—	—

　　（1）Artix 系列：该系列的 Artix-7 器件在 28nm 节点实现最低功耗和成本，并且经过优化，可以在低成本 FPGA 中实现最佳性能/功耗组合、AMS 集成，以及收发器线速。此系列为各类成本功耗敏感型应用提供最大价值，包括软件定义无线电、机器视觉照相及低端无线回传。

　　（2）Kintex 系列：该系列的 Kintex-7 FPGA 能在 28nm 节点实现最佳成本/性能/功耗平衡，同时提供高 DSP 率、高性价比封装，并支持 PCIe Gen3 和 10 Gigabit Ethernet 等主流标准。Kintex-7 系列是 3G / 4G 无线、平板显示器和 video over IP 解决方案等应用的理想选择。

　　（3）Virtex 系列：该系列的 Virtex-7 FPGA 针对 28nm 系统性能与集成进行了优化，提供了业界最佳的功耗性能比架构、DSP 性能及 I/O 带宽。该系列可用于 10～100G 联网、便携式雷达及 ASIC 原型设计等各种应用。

2.4.3　Lattice

　　Lattice 半导体公司提供业界最广范围的现场可编程门阵列（FPGA）、可编程逻辑器件（PLD）及其相关软件，包括现场可编程系统芯片（FPSC）、复杂的可编程逻辑器件（CPLD），可编程混合信号产品和可编程数字互连器件。Lattice 还提供业界领先的 SERDES 产品。FPGA 和 PLD 是广泛使用的半导体元件，最终用户可以将其配置成特定的逻辑电路，从而缩短设计周期，降低开发成本。Lattice 最终用户主要是通信、计算机、工业、汽车、医药、军事及消费品市场的原始设备生产商。Lattice 带来一揽子最棒的东西，为当今系统设计提供全面的解决方案，包括能提供瞬时上电操作、安全性和节省空间的单芯片解决方案的一系列无可匹敌的非易失可编程器件。

2.4.4　Atmel

Atmel 公司在系统级集成方面所拥有的世界级专业知识和丰富的经验使其产品可以在现有模块的基础上进行开发，保证最小的开发延期和风险。凭借业界最广泛的知识产权(IP)组合，Atmel 提供电子系统完整的系统解决方案。Atmel 集成电路主要集中在消费，工业，安全，通信，计算机和汽车市场。

Atmel 公司是世界上高级半导体产品设计、制造和行销的领先者，产品包括了微处理器、可编程逻辑器件、非易失性存储器、安全芯片、混合信号及 RF 射频集成电路。通过这些核心技术的组合，Atmel 生产出了各种通用目的及特定应用的系统级芯片，以满足当今电子系统设计工程师不断增长和演进的需求。Atmel 在系统级集成方面所拥有的世界级专业知识和丰富的经验使其产品可以在现有模块的基础上进行开发，保证最小的开发延期和风险。

通过分布于超过 60 个国家的生产、工程、销售及分销网络，Atmel 承诺面向客户，为北美、欧洲和亚洲的电子市场服务。确保及时介绍产品及对客户持续的支持已经使 Atmel 的产品成为最新电子产品的核心器件。这些产品进而帮助最终用户完成更多的工作，享受更多的便利并保持与外界的沟通，不论身在何处。Atmel 帮助客户设计更小、更便宜、更多特性的产品来领导市场。因此，那些领导全球革新的公司都选择 Atmel 的高性能产品来加快自身产品上市，并使自己的产品能够从竞争的产品之中区分出来，不论是传统的市场还是正在发展的市场。

2.4.5　Actel

Actel 公司成立于 1985 年，位于美国纽约。之前的 20 多年里，Actel 一直效力于美国军工和航空领域，并禁止对外出售。国内一些特殊领域的企业都是采用其他途径购买军工级型号。目前 Actel 开始逐渐转向民用和商用，除了反熔丝系列，还推出可重复擦除的 ProASIC3 系列（针对汽车、工业控制、军事航空行业）。

2.5　FPGA 开发流程

FPGA 的开发流程是利用 EDA 开发软件和编程工具对 FPGA 芯片进行开发的过程。本节首先介绍 FPGA 设计方法，其次给出典型 FPGA 开发流程，最后对基于 FPGA 的 SOC 所涉及方法和基于 IP 核的设计方法进行介绍。

2.5.1　FPGA 设计方法

FPGA 作为可编程逻辑器件，其设计包括硬件设计和软件设计两部分。硬件包括

FPGA 芯片电路、存储器、输入/输出接口电路及其他设备，软件即是相应的 HDL 程序及嵌入式 C 程序。硬件设计是基础，但其方法比较固定，本书主要介绍软件的设计方法。

　　总的来说，在 FPGA 设计中，一般有两种方法：自上向下设计或者自下向上设计。对较大规模的设计，一般采用前者，首先进行模块分割，把模块分割成子模块，然后再把子模块分割成下一级子模块，依次逐级划分。利用模块分割可以简化设计，提高程序的可读性、逻辑综合效率和程序的可移植性，从而便于理解设计所完成的功能，便于读懂程序及调试，有利于提高设计的性能和可靠性。

　　目前微电子技术已经发展到 SOC 阶段，即集成系统阶段，相对于集成电路的设计思想有着革命性的变化。SOC 是一个复杂的系统，它将一个完整产品的功能集成在一个芯片上，包括核心处理器、存储单元、硬件加速单元及众多的外部设备接口等，具有设计周期长、实现成本高的特点。因此，其设计方法必然是自顶向下的从系统级到功能级的软/硬件协同设计，达到软/硬件的无缝结合。

　　这么庞大的工作量显然超出了单个工程师的能力，因此需要按照层次化、结构化设计方法来实施。先由总设计师将整个软件开发任务划分为若干个可操作的模块，并对其接口和资源进行评估，编制出相应的行为或结构模型，再将其分配个下一个层次的设计师。这就允许多个设计者同时设计一个硬件系统中的不同模块，并为自己所设计的模块负责，然后由上层设计师对下层模块进行功能验证。

　　自顶向下的设计流程从系统设计开始，划分为若干个二级单元，然后再把各个二级单元划分为下一级的基本单元，直到能够使用基本模块或者 IP 核直接实现为止。目前流行的 FPGA 开发工具都提供了层次化管理，可以有效地梳理错综复杂的层次，能够方便地查看某一层次模块的源代码以便修改错误。

　　在工程实践中，还存在软件编译时间很长的问题。由于大型设计往往包含多个复杂的功能模块，其时序手链与仿真验证复杂度很高。为了满足时序指标的要求，往往需要反复修改源文件，再对所修改的版本进行重新编译，直到满足所有要求为止。这里存在两个问题：首先，软件编译一次长达数小时甚至数天时间，这是开发所不能容忍的；其次，重新编译和布局不嫌后结果差异很大，会将已满足要求的时序电路破坏掉。因此必须提出一种有效提高设计性能、集成已有结果、便于团队管理的软件工具。FPGA 厂商意识到这类需求，有次开发出了相应的逻辑锁定和增量设计的软件工具。

2.5.2　典型的 FPGA 开发流程

　　FPGA 开发流程一般包括设计定义、设计输入、功能仿真、综合优化、综合后仿真、实现、布线后仿真、板级仿真及芯片编程与调试等主要步骤。图 2-1 为 FPGA 设计流程图，图中各步骤涉及的工具说明如下：

（1）HDL 语言指 VHDL 和 Verilog HDL 等。

（2）逻辑仿真器主要指 ModelSim 等。

（3）逻辑综合器主要指 Synplify、FPGA Express/FPGA Compiler 等。

（4）FPGA 厂家工具指的是如 Altera 的 Quartus II，Xilinx 的 Alliance 和 ISE 等。

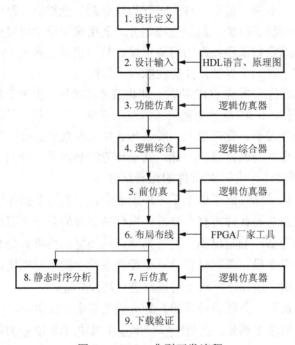

图 2-1   FPGA 典型开发流程

1. 设计定义

这是由系统概要设计指导和详细设计具体规定下的 FPGA 模块必须完成的功能，以及与外围器件的接口，包括接口信号规格、处理时钟频率、时序要求、管教分配锁定等，是对 FPGA 进行编程设定的依据。对设计定义的要求是合理、清晰、准确。

2. 设计输入

设计输入是指将所设计的系统或电路以开发软件要求的某种形式表示出来，并输入给 EDA 工具的过程。常用的方法有硬件描述语言与原理图输入两种方式。HDL 设计方式是现今设计大规模数字集成电路的常用形式，除 IEEE 标准中 VHDL 与 Verilog 外，还有各自 FPGA 厂家推出的专用语言，如 Altera 公司推出的 AHDL。HDL 语言描述在状态机、控制逻辑、总线功能方面较强，使其描述的电路能在特定综合器作用下以具体硬件单元较好地实现。原理图输入方式是一种最直接的描述方式，在可编程芯片发展的早期应用比较广，它将所需的器件从元件库中调出来，画出原理图。原理图输入在顶层设计和手工最优化电路等方面具有图形化直观、单元接口简洁、功能明确等特点，但效率很低，且不易于维护，不利于构造和重用。更主要的缺点是可移植性差，当芯片升级后，所有的原理图都需要做一定的改动。

目前的设计趋势是以 HDL 语言为主，原理图为辅，进行混合设计以发挥两者各自的长处。在 HDL 语言中，VHDL 的数据类型丰富，对大型系统的描述能力强；Verilog 对 RTL 和门级电路描述能力强，风格类似 C 语言。

3. 功能仿真

功能仿真也称为前仿真，是在编译之前对用户所设计的电路进行逻辑验证，此时的仿真没有延迟，仅对初步的功能进行检测。仿真前，要先利用波形编辑器和 HDL 等建立波形文件和测试向量，仿真结果将生成报告文件和输出波形，从中可以观察各个结点信号的变化。若发现错误，则返回设计修改逻辑设计。图 2-2 为 FPGA 典型的功能仿真流程。

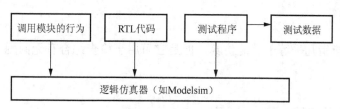

图 2-2　FPGA 典型的功能仿真流程

从广义上来讲，设计验证包括功能与时序仿真和电路验证。仿真是指使用设计软件包对已实现的设计进行完整测试，模拟实际物理环境下的工作情况。前仿真是指仅对逻辑功能进行测试模拟，以了解其实现的功能是否满足原设计的要求，仿真过程没有加入时序信息，不涉及具体器件的硬件特性，如延时特性；而在布局布线后，提取有关的器件相应延迟、连线延迟等时序参数，并在此基础上进行的仿真称为后仿真，也称为时序仿真，它是最接近真实器件运行的仿真。Mentor 公司的 ModelSim 被公认为最强大的最方便的仿真工具，它支持 VHDL 和 Verilog 两种语言混编仿真，并有清晰的图形显示供使用者观察仿真结果。

4. 逻辑综合

综合就是针对给定的电路实现功能和实现此电路的约束条件，例如速度、功耗、成本及电路类型，通过计算机进行优化处理，获得一个能满足上述要求的电路设计方案。也就是说，被综合的文件是 HDL 文件（或相应的原理图文件），综合和依据是逻辑设计的描述和各种约束条件。综合的结果则是一个硬件电路的实现方案，该方案必须同时满足预期的功能和约束条件。对于综合来说，满足要求的方案可能有多个，综

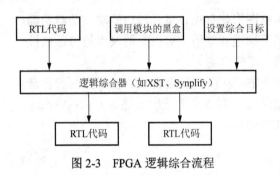

图 2-3　FPGA 逻辑综合流程

合器将产生一个最优的或接近最优的结果。因此，综合的过程也就是设计目标的优化过程，最后获得的结构与综合器的工作性能有关，图 2-3 为 FPGA 逻辑综合流程示意。

综合时以 HDL 语言或原理图作为输入，输出网标文件供后续的"实现"使用。综合对设计实现后的 FPGA 性能有很重要的影响，同时又不与 FPGA 的内部硬件结构直接关联。因此，不仅 FPGA 制造厂商，例如 Xilinx、Altera 都投注了大量的研发力量开发良好的综合工具嵌入自己的设计软件中，还有很多并不出产 FPGA 芯片的公司也研究综合技术，开发了很强大的第三方综合工具，其性能甚至超过了制造商自己的综合工具，例如 Synplify。

5．前仿真

一般认为这一步几乎等于功能仿真，但是它可用于检查综合有无问题。

6．布局布线

FPGA 布局布线流程如图 2-4 所示。

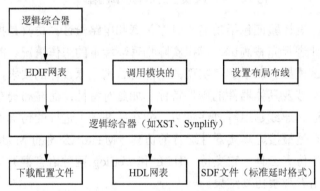

图 2-4　FPGA 布局布线流程

布局布线在 FPGA 设计中有时又称为设计"实现"。"实现"可理解为利用实现工具把逻辑映射到目标器件物理结构的资源中，决定逻辑的最佳布局，选择逻辑与输出功能连接的布线通道进行连线，并产生相应文件（如配置文件与相关报告）。"实现"的步骤其实不止包括布局布线，但是核心处理是 FPGA 片内的布局布线，"实现"中的大部分时间也都花在布局布线中，其他的步骤还包括转换、映射及产生配置文件。

布局是指从映射去除定义的逻辑和输入/输出块，并把它们分配到 FPGA 内部的物理位置，通常基于某种先进算法，如最小分割、模拟退火和一般的受力方向张弛等来完成；布线是指利用自动布线软件使用布线资源选择路径完成所有的逻辑连接。最新的设计实现工具是时序驱动的，即在器件的布局布线器件对整个信号通道执行时序分析。因此，可以使用约束条件操作（不限软件），完成设计规定的性能要求，在布局布线过程中，可同时提取时序信息并形成报告。

7. 后仿真（时序仿真）

后仿真的重要性大于功能仿真，因为功能仿真仅仅验证了设计输入的逻辑是否符合要求，而后仿真不仅要保证逻辑上的正确，而且还要在加入了器件的物理延迟特性的前提下保证正确的时序关系。此外，仿真工具进行时序仿真所耗费的时间也远大于功能仿真。图 2-5 为后仿真流程示意。

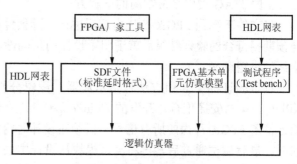

图 2-5　FPGA 后仿真流程

8. 静态时序分析

在设计实现过程中，在映射后需要对一个设计的实际功能块的延时和估计的布线延时进行时序分析；而在布局布线后，也要对实际布局布线的功能块延时和实际布线延时进行静态时序分析。从某种程度上来说，静态时序分析可以说是整个 FPGA 设计中最重要的步骤，它允许设计者详细地分析所有关键路径并得出一个有次序的报告，而且报告中含有其他调试信息。例如，每个网络节点的删除或容性负载等。静态时序分析器可以用来检查设计的逻辑和时序，以便计算各通路的性能，识别可靠的踪迹，检测建立和保持时间的配合，时序分析器不要求产生输入激励或者测试向量。虽然 Xilinx 和 Altera 在 FPGA 开发套件上拥有时序分析工具，但是在拥有第三方的专门时序分析工具的情况下，可以利用 FPGA 厂家的设计工具进行布局布线，而使用第三方的专门时序分析工具。一般 FPGA 厂家在其设计环境下都有与第三方时序分析工具的接口。利用第三方分析工具查看关键路径或设计者感兴趣的通路时序，并对其进行分析，再次对原来的设计进行时序约束，可以提高工作效率和减少关键路径的延时。与综合过程相似，静态时序分析也是一个重要的过程，它与布局布线步骤紧密相连，这个操作通常要进行多次直到时序约束得到很好的满足。时序分析的难度很大，要求设计者不仅要对设计中的关键信号、关键时序有很清楚的认识，还要深入了解 FPGA 的内部物理结构和布线延时的影响。

9. 下载和调试

下载是在功能仿真与时序仿真正确的前提下，将"实现"完成后形成的文件下载到板上的 FPGA 中，也称为芯片配置。FPGA 设计有两种配置形式：一种是直接由计算机经过专用的下载电缆进行配置；另一种是由外围配置芯片进行上电时自动配置。掉电时 FPGA 具有信息丢失的特性，可在验证初期使用电缆直接下载，等到形成产品时再将配置文件烧录到配置芯片中。FPGA 大多支持 IEEE 的 JTAG 标准，因此，使用芯片上的 JTAG 接口是最常用的下载方式。

将文件下载到 FPGA 芯片内部后进行实际器件的物理测试即为电路验证，当得到与预期相符合的验证结果后就证明了设计的正确性。电路验证对 FPGA 投入生产具有最终的决定意义。

调试验证的工具和方法包括示波器、逻辑分析仪和使用实施触发采样软件（如 Xilinx 公司与安捷伦合作开发的 ChipScope）。现在看来实时触发采样软件的采用极大的方便了 FPGA 片内的所有信号，只须在设计时附加测试模块，以及进行相关的引脚映射。最后调试通过后，再将测试模块从设计中去掉。从这个角度看，选择芯片和设计时应预留一定的逻辑资源余量，以便加入测试部分等。这也是硬件设计区别于软件设计的一个重要特征。

2.6　FPGA 常用开发工具

FPGA 开发工具包括软件工具和硬件工具。其中硬件工具主要是 FPGA 厂商或者第三方厂商的 FPGA 开发板或者下载线。此外，还包括示波器、逻辑分析仪等板级的调试仪器。在软件方面，针对 FPGA 设计的各个阶段，FPGA 厂商和 EDA 软件公司提供了很多优秀的 EDA 工具。如何充分的利用各种工具的优点，如何进行多种 EDA 工具的协同设计，对 FPGA 的开发非常重要，能够提高系统性能和开发效率。FPGA 开发可能使用的软件工具如表 2-5 所示。

表 2-5　FPGA 开发工具

公司	软件	简要说明
Xilinx	ISE	集成开发环境
	EDK	嵌入式系统开发工具
	System Generator	信号处理开发软件
	ChipScope	嵌入式逻辑分析仪
Altera	Quartus II	集成开发环境
	SOPC Builder	嵌入式系统开发工具
	DSP Builder	数字信号处理开发软件
	SignalTap II	嵌入式逻辑分析仪

续表

公司	软件	简要说明
Lattice	IspLever	集成开发环境
Actel	Libero IDE	集成开发环境
Mentor Graphics	ModelSim	仿真软件
Aldec	ActiveHDL	仿真软件
Synopsys	FPGA Compiler II、Synplify Pro	综合软件
其他	…	…

在 FPGA 设计的各个环节都有不同公司提供不同的 EDA 工具。每种 EDA 工具都有自己的特点，一般由 FPGA 厂商提供的集成开发环境，如 Altera 的 Quartus II 和 Xilinx 的 ISE，厂商提供的 EDA 工具在逻辑综合和设计仿真方面都不是非常优秀，因此一般都会主动提供第三方的 EDA 工具接口，让用户更方便地利用 EDA 工具。为了提高设计效率，优化设计结果，很多厂家提供了各种专业软件，以便配合 CPLD/FPGA 芯片厂家提供的工具进行更高效的设计。比较常见的方式有 FPGA 厂商提供的集成开发环境与专业逻辑仿真软件与专业逻辑综合软件一起使用，进行多种 EDA 工具的协同设计，例如 Quartus II + ModelSim + FPGA Compiler II、ISE + ModelSim + Synplify Pro。

Xilinx、Altera、Lattice、Actel 这几个主要的 FPGA 厂商都推出各自的 FPGA 器件集成开发环境软件，并且都在自己的开发软件中为一些第三方软件预留接口。其他 EDA 厂商为这些 FPGA 厂商提供各自产品的定制版本，例如 Mentor Graphics 公司的逻辑仿真软件 ModelSim、Aldec 公司的逻辑仿真软件 Active HDL、Synopsys 公司的逻辑综合工具 Synplify Pro、Synopsys 公司的综合工具 FPGA Compiler II 等。

下面从代码输入工具、综合工具、仿真工具和实现与优化工具等几个方面来介绍 FPGA 的常用开发工具。

2.6.1 代码输入工具

设计输入是工程设计的第一步，常用的设计输入方法有 HDL 语言输入、原理图输入、IP Core 输入和其他输入方法。

（1）HDL 语言输入。HDL 语言输入的方法应用最广泛，目前业界最流行的 HDL 语言是 Verilog 和 VHDL 语言。一般来说，任何文本编辑器都可以完成 HDL 语言的输入。Quartus II 内嵌的文本编辑器是 Text Editor，它能根据语法来彩色显示关键字。另外一款比较常用的文本编辑器还有 Ultra Edit，通过谢盖 Ultra Edit 的 WORDFILE.TXT 也可以支持彩色语法显示。

（2）原理图设计输入。原理图设计输入方式在早起应用广泛，目前已经逐渐被 HDL 语言输入方式所取代，仅仅在有些设计的顶层描述时才会用。Quartus II 内嵌的原理图编辑器是 Schematic Editor。

（3）IP Core 输入。IP Core 输入方式是 FPGA 设计中的一个重要设计输入方式。所谓 IP Core 是指 MegaFunction/Mega Wizard，它能生成的 IP 核功能之多，从简单的基本设计模块到复杂的处理器等一应俱全，适当地使用 IP 核，能大幅度地减轻工程师的设计工作量，提高设计质量。

（4）其他辅助性设计。其他辅助型设计输入方法还有状态机输入、真值表输入和波形图输入等。比较流行的状态机输入工具是 StateCAD，设计者只须画出状态转移图，状态机编辑器就能自动生成相应的 VHDL、ABEL 或 Verilog 语言模型。并且状态机编辑器能生成状态转移的测试激励文件，验证寄存器传输级（RTL）模型，优化并分析状态机设计结果。合理使用状态机输入方式，能在一定程度上缓解设计者的工作量。使用真值表输入方法时，用户在工具中填充设计对应的真值表，即可自动生成 HDL 代码。波形输入方法如下：用户画出输入的激励波形和输出的相应波形，波形输入工具自动生成输入/输出关系的功能代码。这些输入方式目前已经被逐步淘汰。

2.6.2 综合工具

主流的综合工具主要有 Synopsys 公司的 FPGA Compiler II/Express 和 Synplify/Synplify Pro、Exemplar Logic 公司的 LeonardoSpecteum。此外，Quartus II 还内嵌了自己的综合工具。

1）Synplify/Synplify Pro

Synplify/Synplify Pro 作为新兴的综合工具在综合策略和优化手段上有较大幅度的提高，特别是其先进的 Timing Driven（时序驱动）和 BEST（Behavior Extraction Synthesis Technology，行为级综合提取技术）算法引擎，使其综合结果往往面积较小、速度较快，在业界口碑很好。如果结合 Synplcity 公司的 Amplify 物理约束功能，对很多设计就能大幅度减少资源，优化面积达到 30%以上。

2）FPGA Express

Synopsys 公司的 FPGA Express 是最早的 LeonardoSpectrum 也是一款非常流行的综合工具。它的综合结果比较忠实于原设计，其升级版本 FPGA Compiler II 是最好的 ASIC/FPGA 设计工具之一。

3）LeonardoSpectrum

Mentor 的子公司 Exemplar Logic 出品的 LeonardoSpectrum 也是一款非常流行的综合工具。它的综合优化能力也非常高，随着 Exemplar Logic 与 Altera 的合作日趋紧密，LeonardoSpectrum 对 Altera 器件的支持也越来越好。

4）Quartus II 内嵌综合工具

虽然 Altera 设计综合软件的经验还不够丰富，但是只有 Altera 自己对其芯片的内部结构最了解，因此其内嵌综合工具的一些优化策略甚至优于其他专业综合工具。

2.6.3　仿真工具

业界最流行的仿真工具之一是 ModelSim。此外，Aldec 公司的 ActiveHDL 也有相当广泛的用户群。其他如 Cadence Verilog-XL、NC-Verilog 仿真工具，Synopsys VCS/VSS 等仿真工具也具备一定的影响力。还有一些小工具和仿真相关，例如激励测试生成器等。

1）ModelSim

ModelSim 主要特点是仿真速度快，仿真精度高。ModelSim 支持 VHDL、Verilog HDL 及 VHDL 和 Verilog HDL 混合变成的仿真。ModelSim 的 PC 版仿真速度也很快，甚至和工作站不相上下。

2）ActiveHDL

ActiveHDL 也是一款比较有特色的仿真工具。其状态机分析视图在调试状态及时非常方便。此外，值得一提的是，Aldec 公司还开发了许多比较著名的软硬件联合仿真工具。

3）测试激励生成器

测试激励生成器是一种根据电路设计输入，自动生成测试激励的工具，它可以在一定程度上分担工程师书写测试激励文件的繁重工作。比较常用的激励生成器是 HDLBencher。

2.6.4　实现与优化工具

实现与优化工具包含面比较广。如果能较好地掌握这些工具，将大幅度提高设计者的水平，使设计工作更加游刃有余。Quartus II 集成的实现工具主要有 Assignment Editor（约束编辑器）、LogicLock（逻辑锁定工具）、FowerFit Fitter（布局布线器）、Timing Analyzer（时序分析器）、Floorplan Editor（布局规划器）、Chip Editor（底层编辑器）、Design Space Explorer（设计空间管理器）和 Design Assistant（检查设计可靠性）等。

1）Assignment Editor

Assignment Editor 是图形化界面的用户约束输入工具。约束文件包含时钟属性、延时特性、管教位置、寄存器分组、布局布线要求和特殊属性等信息，这些信息用于指导实现过程，决定了所实现电路的目标与标准。设计约束文件有较高的技巧性，如果约束文件设计得当，就会帮助 Quartus II 达到用户的设计目标，如果约束不得当，就会影响电路的性能。

2）LogicLock

Quartus II 内嵌的 LogicLock 用以完成模块化设计流程，通过划分每个模块的设计区域，然后单独设计和优化每个模块，最后将每个模块融合到顶层设计中。模块化设计方法是团队协作、并行设计的集中体现。LogicLock 支持模块化设计流程、增量设计流程、团队设计流程等设计方法，合理利用这些方法，能在最大限度地继承以往设计成果，并行分工协作，有效利用开发资源，缩短开发周期。

3）PowerFit Fitter

PowerFit Fitter 是 Quartus II 内嵌的布局布线器。

4）Timing Analyzer

Timing Analyzer 是 Quartus II 内嵌的 STA 分析工具，用以定位、分析并改善设计的关键路径，从而提高设计的工作频率。

5）Floorplan Editor

Floorplan Editor 用以观察、规划、修改芯片内部实际布局布线情况，是用户分析设计结构和指导布局布线的重要工具。

6）Chip Editor

Chip Editor 也是分析修改芯片内部布线情况的重要工具。通过 Chip Editor 可以观察芯片时序的关键路径，将 Chip Editor 与 SignalTap II 和 SignalProbe 调试工具配合使用，可以加快设计验证及强化修改在设计验证器件未解决的错误。

7）DSE

DSE（Design Space Explorer：设计空间管理器）是控制 Quartus II 布局布线的另一种有效方法。DSE 创建一个名为 dse.tcl 的脚本，可以使用 guarcus_sh 可执行文件从命令行运行它，用以优化设计。DSE 界面能自动实验一系列的 Quartus II 选项和设置，从而确定优化设计的最佳参数设置。

8）Design Assistant

Design Assistant 内嵌工具，用以检查设计的可靠性，在 HardCopy 设计流程中非常有用。

2.6.5　EDA 工具

20 世纪 90 年代，电子和计算机技术较先进的国家一直在积极探索新的电子电路设计方法，并在设计方法、工具等方面进行了彻底的变革，取得了巨大的成功。在电子技术设计领域，可编程逻辑器件如 CPLD 和 FPGA 的应用，已得到广泛的普及，这些器件为数字系统的设计带来了极大的灵活性。这些器件可以通过软件编程而对其硬件结构和工作方式进行重构，从而使得硬件的设计可以如同软件设计一样方便快捷。这一切极大地改变了传统数字系统设计方法、设计过程和设计观念，促进了 EDA 技术的迅速发展。

EDA（Electronic Design Automation：电子设计自动化），在 20 世纪 90 年代初从计算机辅助设计（CAD）、计算机辅助制造（CAM）、计算机辅助测试（CAT）和计算机辅助工程(CAE)的概念发展而来的。EDA 技术就是以计算机为工具，设计者在 EDA 软件平台上，用硬件描述语言 HDL 完成设计文件，然后由计算机自动地完成逻辑编译、化简、分割、综合、优化、布局布线、仿真，甚至对于特定目标芯片的适配编译、逻辑映射和编程下载等工作。EDA 技术的出现，极大地提高了电路设计的效率和可行性，减轻了设计者的劳动强度。

EDA 技术就是依赖功能强大的计算机，在 EDA 工具软件平台上，对以硬件描述语言 HDL 为系统逻辑描述手段完成的设计文件，自动地完成逻辑编译、化简、分割、综合、布局布线，以及逻辑优化和仿真测试，直至实现既定的电子线路系统功能。

FPGA 的 EDA 开发步骤：

（1）文本/原理图编辑与修改。首先利用 EDA 工具的文本或图形编辑器将设计者的设计意图用文本或图形表达出来。

（2）编译。完成设计描述后即可通过编译器进行排错编译，变成特定的文本格式，为下一步的综合做准备。

（3）综合。这是将软件设计与硬件的可实现性关联起来，将软件转化成硬件电路的关键步骤。综合后 HDL 综合器可生成 ENIF、XNF、或 VHDL 等格式的网标文件，它们从门级开始描述了最基本的门电路结构。

（4）行为方针和功能仿真。利用产生的网标文件进行功能仿真，以便了解设计描述与设计意图的一致性。

（5）适配。利用 FPGA/CPLD 布局布线适配器将综合后的网标文件针对某一具体的目标器件进行逻辑映射操作，其中包括底层器件配置、逻辑分割、逻辑优化、布局布线。该操作完成后，EDA 软件将产生针对此项设计的适配报告和 JED 下载文件等多项结果。适配报告指明了芯片内资源的分配与利用、引脚锁定、设计的布尔方程描述情况。

（6）功能仿真和时序仿真。该仿真接近真实器件运行，仿真过程已经将器件的硬件特性考虑进去，因此仿真精度要高很多。

（7）下载。如果以上所有的过程都没有发现问题，就可以将适配器产生的下载文件通过下载电缆载入目标芯片中。

（8）硬件仿真与测试。

2.7　FPGA 图像处理的开发流程

2.7.1　需求分析及问题描述

无论最后的系统是基于硬件还是基于软件来实现的，对问题或者应用的详细描述都是最重要的阶段。如果没有恰当的问题描述或需求分析，那么就不可能衡量问题解决得好还是坏。

问题描述应该清楚地描述问题而不是解决方法。它应该包括系统需要做什么、为什么要做，而不包括怎么做。为使描述更具体，至少需要讨论三个方面。第一是系统功能，也就是系统需要做什么。在一个图像处理应用中，需要详细说明图像处理后的预期结果。第二，必须讨论系统的性能，即说明系统完成这些功能的指标是什么。对于实时图像处理来说，允许的最大延时和每秒需要处理的帧数是两个很重要的指标。如果涉及分类，那么对于非一般的问题来说，错分是避免不了的，分类成功率就是一个设计指标。如果结果是二元的，那么允许错误率应该具体到错误接收率和错误拒绝率两方面。第三个需要考虑的方面是系统将要运行的环境。应用图像处理不仅仅包含图像处理算法，它是一个需要对整个系统进行考虑和说明的系统工程问题。其他需要考虑的重要方面包括照明、光学及所支持的硬件和机械接口。图像处理系统之间及其与整个工程系统其他部分之间的联系也需要认真地说明和定义。

问题说明必须全面，不仅要考虑常运作，还要考虑在特殊环境下系统该怎么运作。如果系统是交互式的，那么用户和系统之间的接口需要定义清楚。描述不仅应该考虑系统的运作，而且应该讨论系统的可靠性和超过系统预期寿命所需要的维修。同样，系统所有的方面都应该讨论，而不仅仅是图像处理部分。

由问题描述定义的系统必须是可实现的，这样才能可观地评估整体系统以证实它满足描述。因此需求定量，并且要尽量避免使用一些含糊的词，如过多的、充分的、耐久的，等等。确定系统的约束条件是很重要的，对于嵌入式实时系统，包括帧频、系统延迟、尺寸、量、功耗及成本约束。要求组成的集合也必须是相容的。强约束条件和弱约束条件应该有区别。不同的约束条件可能有冲突，尤其是实时操作，一个常见的冲突是速度和精度之间。这些冲突必须在开发之前解决。

重构的问题描述需要全面了解问题或任务。这种了解是很重要的，因为它是提高应用层鲁棒性的前提。它用来选择具有代表性的图像采集用于开发和检测图像处理算法。在算法开发过程中，也能用来指导要检测的图像特征的选择。没有对这些问题的了解很容易对任务本身做出无效的假设。系统开发者如果对问题了解地不够全面，往往会导致算法只能在特定的条件下运行，缺乏足够的鲁棒性和适用性。在这种情况下，与客户或者其他问题领域专家进行定期的反馈和验证是十分有必要的，尤其是在算法开发阶段。

2.7.2　软件算法设计及验证

实际上，软件开发及验证会适当地在硬件设计之前进行，这是由于软件的复杂性会对系统硬件架构、硬件选型及资源和消耗产生影响。

我们往往不是急着去设计和开发 FPGA，实际上很少直接在 FPGA 上开发图像处理算法，这主要是由于在 FPGA 上调试算法周期过长，即使仅仅做仿真工作所消耗的时间也远远比软件多。如果在硬件上进行映射，其综合、编译和布局布线的时间花费更是无法令人接受。大部分情况下，FPGA 更多的是仅仅作为一个映射工具。

将算法开发和 FPGA 实现分离出来的好处之一是在将算法映射到目标硬件之前可以完全测试应用层算法。这些测试在基于软件的图像处理环境中更容易实现，特别是在需要大批量的图像样本时。

通常情况下，Windows 的图像处理开发平台是 Matlab 或 Visual Studio。硬件平台需要至少一个相机来捕获图像，软件平台只需一个简单的接口即可获得图像源。硬件映射的软件开发尽可能少地使用 OpenCV 等开源项目接口，除非对这些接口非常熟悉，否则将会使硬件映射工作变得异常复杂。此外，避免使用一些复杂的数据结构或是基于 C++ 机制的接口。之所以有这个方面的考虑，主要是因为在整个系统中的上层应用可能有 DSP 等处理的部分。虽然 DSP 支持 C++，但是其效率相对于 C 语言比较低，采用基于 C 语言的代码风格可以大大减轻下位机的移植工作量。

在软件设计的过程中，另一个需要重点关注的问题是算法的精度，这就需要我们小心地处理浮点运算。在图像处理算法中，大部分的算法都涉及浮点运算，而在 FPGA 中，浮点运算是非常昂贵的（详见映射技术相关章节），这时将浮点运算转换为定点运算是十分有必要的。定点转换带来的首要问题就是计算精度的下降，精度的丢失很有可能造成算法失效，在软件测试的时候要仔细评估计算精度的丢失对整个系统带来的影响，并以此评估在 FPGA 中定点转换的位数。

2.7.3　硬件平台设计

硬件平台的设计往往会和软件开发同时进行。硬件平台的设计需要依赖于软件的复杂度，通常一个算法的测试及改进是一个周期很长的任务，如果硬件平台的设计等步骤到软件完全成熟时再进行，那么时间成本是非常高的。硬件平台的设计在算法开发基本功能验证之后就可以对其进行整体评估。实际上，在进行硬件结构设计时算法已经成熟，做硬件映射工作或对算法有足够的了解，就可以直接利用经验来设计硬件平台。

1．软件与硬件的划分

硬件平台设计的第一步是合理地划分硬件和软件。这里的硬件是指算法由 FPGA 逻辑实现，软件是指算法由 DSP、ARM 或单片机软件编程实现。规则的底层图像处理操作（如形态学滤波、Sobel 算子、均值滤波等）具有计算数据量大、结构规则并行等特点，非常适合于用 FPGA 硬件实现。不规则的底层图像处理操作（如具有动态可变长度循环的算法）和串行顶层图像处理操作（如弹道计算、任务判决融合等）用 FPGA 实现会非常繁琐且效率较低，此类操作用软件实现效率较高，开发难度较低。

在软件中实现的常用两类操作或任务是高级图像处理操作和结构复杂的通信协议。高级图像处理操作的特点是数据量小但控制模式较为复杂。许多操作的并行性有限，并且通常来说计算所采用的步骤取决于数据。类似地，通信协议如 USB，TCP/IP，需要一个复杂的协议栈来支持上层协议。虽然这些任务能够在 FPGA 中实现，但是就资源利用率上来说在软件中实现更有效且简单。用 FPGA 来管理和操作一个复杂的协议是非常令人头疼的一项工作。

应用程序的软件与硬件划分所采用的主要方法主要取决于系统级结构，尤其是软件处理器和可编程逻辑之间的耦合程度。软件处理器可以包括一个独立的 CPU，如外部的 ARM 或是 DSP 处理器。此外，有的 FPGA 内部集成了 CPU 硬核，如 Xinlinx Virtex Pro 内的 PowerPC。用 FPGA 实现的软核处理器也达到了一定程度的应用，如 Altera 的 FPGA 大部分器件支持其自家的软核处理器 NIOS。此外，还有很多已经在 FPGA 上面实现的可用标准处理器，例如 80C51，PIC 等。使用标准处理器的一个好处是，针对这个处理器开发的所有应用软件都可以使用，尤其是使用处理器集成的高级语言开发和仿真工具，可加快软件部分的代码开发和调试。

无论怎么划分层级，清楚地定义软件与硬件之间的接口与通信机制是基本的要求。尤其有必要设计同步和数据交换机制来促进数据流的平滑。在最终的设计中，考虑所设计的硬件和软件之间的通信开销也是必不可少的。

2. 资源评估与 FPGA 选型

在硬件方案确定之后，在确定具体的 FPGA 型号之前，对整个系统所消耗的资源进行预估是十分必要的。对于图像处理系统来讲，比较敏感的资源是存储器资源。无论是处理算法中的行缓存、帧缓存还是显示缓存，都不可避免地要用到片上存储器。此外，系统需预留一定的资源作为调试资源。通常情况下，资源比较多的 FPGA 成本比较高，因此，将图像缓存放在片外也是常用的解决方法之一。

此外，FPGA 所拥有的一些高速接口资源也是重要的考虑因素，这主要考虑到视频处理的高带宽特点。

2.7.4　FPGA 映射

FPGA 映射是将软件算法转换为 FPGA 设计的过程。这个过程并不是直接简单地把操作级算法移植到 FPGA（除非这些算法是用硬件的方式开发的），而是把软件的功能通过修改算法映射到硬件上面。

映射在不同抽象层上需要进行不同的考虑。在较高级上，应用级算法在映射到硬件之前应该全部基于软件的平台上进行测试。在一些情况下，也许需要修改不同的图像处理操作来获得统一的计算结构。通常情况下，应用级算法在映射过程中不应该改变很多。

映射个别的图像处理操作又是另一种过程。利用并行性操作级算法可以改变很多。对于一些操作，从串行到并行算法的转换是直接的，然而对于其他操作完全是一个崭新的方法并且算法可能需要重新开发。

在映射过程中，不仅考虑操作本身，有时候也需要将它们作为一个序列来考虑。通过合成邻近的操作并且开发一个算法来实现这个合成操作有可能简化处理过程。在其他实例中通过将一个操作分离成一系列简单的操作有可能简化处理过程。例如，将一个可分离的滤波器分离成两个简单的滤波器。在一些情况下，交换操作的顺序可以减少硬件需求。例如，与等价的先完成阈值操作再使用二值形态学滤波器相比，由阈值处理跟随的灰度形态学滤波器需要一个更复杂的滤波器。

任何实时应用都有时序约束问题。这个约束分为两类：吞吐量和延迟。流操作有吞吐量约束，通常每个时钟周期处理一个像素。如果不能维持这个速度，那么从相机流出的数据可能丢失，或者流向显示器的数据可能错过。由于处理操作每个像素所用的时间要远远长于一个时钟周期，因此，有必要采用流水线结构来保持吞吐量。另外一个时序约束是延迟。这是指从采集图像到输出结果或者完成一个动作的最大可容许空间。延迟对于使用图像处理结果反馈以控制状态的实时控制应用来讲尤为重要。控制系统反馈的延迟会影响闭环系统的响应时间，并且使得控制困难，过长的延时还会影响系统的稳定性。

与时序约束紧密相关的是存储器带宽约束，每个时钟周期仅能访问一个存储器端口。片上存储器遇到这样的问题通常会少一点，因为这些存储器包括很多相当小的模块，每个模块都能独立访问。但是片外存储器的访问一般都在较大的整片模块上进行，对于计算顺序和操作窗口顺序不相关的操作通常需要缓存整帧图像。大尺寸的图像缓存通常放在片外。因此，每个时钟要读取多于一个的像素是很难的。流水线式的存储结构更为复杂，其中在数据可用之前，地址需要提前几个时钟周期提供。由于片上存储器的带宽约束比较宽松，因此，将片外存储器的数据转移到片上的多个模块通常是很有必要的。

此外，还有一个约束与 FPGA 上可利用的资源有关。一个 FPGA 的成本通常是随着尺寸的增加而增加的，因此，充分利用资源是十分必要的。使用较少的资源可以通过两个方案提高时序。第一个方案，也是较明显的方案，是使用较少资源的算法，由于其较窄的逻辑深度因而通常有较短的延迟。第二个方案是采用较规律的设计以便在FPGA 上更容易地布线，并且获得较短的布线延迟。随着设计的深入，FPGA 的容量逐渐用完，有效布线变得越来越难，并且所设计的最大时钟也会变得越来越低。

与资源有关的第二个问题是共享资源之间的竞争。一个并行的实现会有多个并行的模块同时工作。尤其是，在任何一个时钟周期，只有一个过程能够访问存储器或者写入存储器。对共享资源的同时访问必须规划好以避免冲突，或者可以设计额外的仲裁电路来限制对一个操作的访问。仲裁设计会延迟一些操作，使得确定任务的延时变得更难。

2.7.5　仿真及验证

在 FPGA 映射之后，接下来的重点工作是对设计的系统进行仿真和验证。在 FPGA 代码撰写完毕时对其进行功能测试是十分有必要的。我们将在仿真测试章节详细介绍功能仿真。

在硬件中的在线调试也是十分必要的。最简单的方法是将主信号布线到不用的 IO 口上，使得它们从 FPGA 外部是可观测的，在外部使用一个示波器或是逻辑分析仪来监控信号。此外，Xilinx 和 Altera 厂商提供的 IDE 中也提供了虚拟的逻辑分析仪来辅助调试。不过，辅助调试手段需要占用片内的存储器资源。

第 3 章　FPGA 编程语言

虽然本书不是一本专门介绍硬件和描述语言语法及应用的教材，但是考虑到本书中会较多地出现一些算法和测试代码，因此有必要首先介绍下主要的开发语言及常用的语法（本书仅对硬件描述语言进行介绍）。

实际上，本书中介绍的大部分案例是以 Verilog 语言作为基础的。因此，本书将会针对 Verilog 语言列出一些常见的语法及应用，方便读者理解实例中的代码。

3.1　HDL 语言简介

HDL 语言即硬件描述语言，在传统的电子 GUI 设计已经越来越不能满足人们更大的"胃口"之后，硬件描述语言应运而生。这里的"大胃口"指的是更高层面的更加抽象的建模与设计，例如图像处理中的算法处理流程。

硬件描述语言产生于 20 世纪 80 年代，需要注意的是这个名字"硬件描述"很好地总结了这种语言的精髓。有些初学者在刚开始学 Verilog 的时候，可能把它当成一门类似于 C 的"软件"语言。实际上几乎所有的关于 Verilog 的介绍都要把它和 C 语言扯上一点关系，这样就给初学者一种错觉：这个语言是类似于 C 语言的一门语言，C 语言的设计思想和思维都可以"移植"过来。这种想法对于初学者是极其危险的。硬件描述语言的本质就是绘制电路，只是很多电路直接用传统的 GUI 设计工具，如 Cadance，PADS 等绘制起来比较复杂或是难以加以描述，硬件描述语言就负责把这些需求给"描述"出来。这就是为什么我们在设计工具里面会有原理图设计方法，并可以和其他的硬件描述文件无缝对接。

VHDL 和 Verilog 无疑是 FPGA 和 ASIC 设计领域最为广泛应用的硬件描述语言，并且都有各自的 IEEE 标准。就从笔者的应用经验来讲，两个语言没有太大的区别。一般情况下，在各类高校，研究机构，和军工院，使用 VHDL 的较多。而在国内大部分公司，使用 Verilog 比较多。就语法而言，Verilog 紧凑易学，上手快，但是比起 VHDL 不够严谨，因此初学者往往更容易犯错误。

初学者往往为选择哪个语言而纠结。实际上，如何选择语言是根据需求方来定的。例如客户要求，或是公司的规定。所有的语言都是工具，最重要的是编程的思想和思维，也就是解决事情的方法。因此，建议两门语言最好都要学，在实践中，精通一门常用的语言，但是要做到能够熟练阅读另外一门语言。

非常幸运的是，我们已经有了"先驱者"解决两门语言的转换问题，这个软件就是 HDL-X，可以完美实现 Verilog 与 VHDL 的相互转换，使用方法也很简单，X-HDL 使用界面如图 3-1 所示。

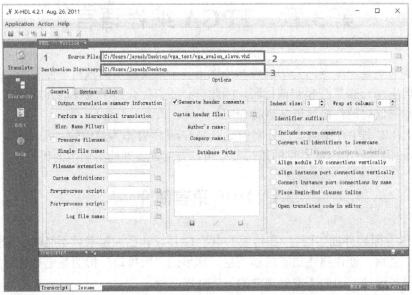

序号 1 所示为选择转换方向：可以得 Verilog 文件转换为 VHDL 文件，也可以将 VHDL 文件转换为 Verilog 文件。
序号 2 所示为选择源文件路径。
序号 3 所示为选择目标文件路径，在菜单栏 Action 中选择 Translate 即可。

图 3-1　X-HDL 使用界面

选择转换方向、源文件和目标路径，在菜单栏 Aciton 中选择 Translate 即可。这个转换工具并不能保证成功率和转换效率，在转换完成之后还需要对一些细节进行修正处理。一般情况下，在阅读另外一种语言的设计文件时，可把它转换为自己所熟悉的程序语言来提高可读性。

3.2　模块化设计

和软件编程一样，在硬件系统设计中，模块化的思维也是十分重要的。特别是对于图像处理这样的大型系统，模块化不仅可大幅度增加代码的可读性（尤其是硬件描述语言这样"晦涩"的语言），还可以提高代码的可重用性、可维护性和可移植性。此外，模块化测试是在测试工作中必不可少的一环，把大的工作任务划分为小的模块进行测试，可大大减轻测试和调试 bug 的工作量。值得注意的是，在软件中，封装和模块化会带来一定程度的效率问题，而在硬件模块化的过程中，将涉及少量因布局布线而带来的硬件成本问题。

在模块化的过程中需要注意的有以下几点：

（1）子模块的划分要十分合理。模块设计的首要考虑因素是功能，需实现真正的高内聚低耦合。模块仅留出对外接口，同时内部调用其他的模块。硬件描述语言描述的一个模块就是一个拥有输入/输出接口的"IC"，很难想象这个 IC 出现一个莫名其妙的与本模块无关的信号，或是需要一个很复杂的非标准机制才能正常工作。

（2）顶层逻辑设计中，建议只出现布局布线资源，尽量避免不必要的逻辑处理。就像画电路图一样，普遍的做法是直接把现成的封装好的器件拖进来，使得在电路图中很少能看到芯片内部的结构设计。这样不仅会使整个图纸看起来很"不雅"，而且顶层文件都是相对比较复杂的系统连接，模块化连接会使系统的可读性和调试工作变得更加简单。

（3）在顶层文件中，除非是比较简单的系统，尽量使用硬件描述语言文件来代替电路图文件。电路图文件在处理比较大的系统时极易出错，不够灵活，维护性也比较差。

（4）避免太多层次的模块调用，一般情况下建议子层深度不超过 5，不然会使代码可读性变得极差。

3.3　可移植性

模块化设计带来的显著优势就是代码的可移植性和可重用性。在 FPGA 领域的可移植性和嵌入式软件领域的可移植性还是有所不同。硬件的可移植性要考虑的问题非常之多。嵌入式软件的可移植性主要是通过屏蔽硬件平台的差异性，常用的方法包括将硬件操作抽象成标准的文件流操作等。对于 FPGA 来说，可移植性就没有那么简单了。虽然说 VHDL 和 Verilog 都已经有了 IEEE 标准，但是 FPGA 本身的硬件差异性就非常之大。单不说有数十家的 FPGA 生产厂商，就是在两大主流厂商 Altera 和 Xilinx 中，不同型号的 FPGA 差异性也都比较大。在一个图像处理系统中，不可避免地要用到很多硬件 IP 核，包括锁相环、内部 Fifo、内部 Ram、内部 Rom、DSP 单元及滤波器等。而这些 IP 核是系统对于不同厂家的 FPGA 来说是肯定不可移植的，对相同厂家的不同型号，可移植性问题也得十分小心地处理。

对于外部硬件设备和用户自定义逻辑，可移植性不是什么难题。在 FPGA 的图像处理中，典型的可移植的对象有数据位宽、图像宽度、图像高度、缓存深度、处理窗口（size）及视频流处理阈值等。以下是两个典型的可移植性实例。

示例 1　局部总线控制 vga 控制器

```
module vga_ctrl(
    clk,
    rst_n,
```

```
    rgb_din,
    din_valid,
    vsync,
    hsync,
    rgb_out,
    blank
);
parameter DW = 8;                    //像素流数据位宽
parameter IW = 640;                  //图像宽度
parameter IH = 512;                  //图像高度
```

示例2 符合 Altera Avalon 总线标准的 vga 控制器

```
module vga_avalon_slave (
    clk,
    disp_clk,
    reset_n,
    vga_reset_n,
    vga_vsync,
    vga_hsync,
    vga_balnk,
    vga_rgb_out,
    monitor_w,
    monitor_h,
    image_w,
    image_h,
    scan_freq,
    sys_err,
    master_address,
    master_burstcount,
    master_byteenable,
    master_chipselect,
    master_write_n,
    master_writedata,
    master_write_waitrequest
);
parameter DW = 8;                       //像素流数据位宽
parameter FIFO_DEPTH = 4096;            //显存 FIFO 的深度
parameter FIFO_DEPTH_LOG2 = 12;         //显存 FIFO 位宽
parameter BURST_WIDTH = 10;             //突发传输位宽
```

读者可能已经注意到以上两个示例的些许差别：在示例 1 中视频的宽度和高度是通道宏参数传入的，而在示例 2 中是作为输入接口传入模块。通常来说，从代码的规范性和完善性角度考虑，示例 2 无疑是比较好的选择，但是在实际应用中，可能示例 1 用的概率更大一点。这是基于两个方面的考虑：一方面在实际用途中，我们已经知道了这个视频处理的分辨率，再做输入端口意义不大，还会增加不必要的逻辑资源。另一方面，示例 2 无疑会带来更多的输入接口，耗用更多的布线资源，这往往是我们所不希望看到的。当然，如果想做一个通用的跨平台的控制器，示例 2 的方法无疑是首选。

　　但是，示例 2 定义的模块是否可以移植到不同的硬件平台上，答案显然是不确定的。这是因为这个显示控制器往往会设置一片显示缓存。如果这个缓存控制是用户自定义的逻辑，那么这个模块将会拥有非常完美的可移植性。而事实上我们经常会"懒得"写出自己的逻辑，往往会调用更为安全可靠且能节省资源的 IP 核。在调用 IP 核的时候，利用 GUI 界面进行配置往往比较直观和安全，但是不如直接例化来得方便一点，特别是在我们需要对某些参数进行自定义例化的时候（IP 核生成器这一块往往做得很差劲）。

　　直接用 HDL 代码对其进行例化是一种很好的解决办法，另外一个比较实用的方法是在 GUI 例化后手动修改。修改后的例化参数必须满足 IP 核的要求。

　　以下的参考代码是一个同步 FIFO 作为行缓存的设计实例（基于 Altera 器件）。

```verilog
// synopsys translate_off
'timescale 1 ps / 1 ps
// synopsys translate_on
module line_buffer_fifo (
    aclr,
    clock,
    data,
    rdreq,
    wrreq,
    empty,
    full,
    q,
    usedw);

    parameter DW = 8;//can not be modified here
    parameter DEPTH = 1024;
    parameter DW_DEPTH = 10;

    input    aclr;
    input    clock;
```

```verilog
input     [DW-1:0]  data;
input     rdreq;
input     wrreq;
output    empty;
output    full;
output    [DW-1:0]  q;
output    [DW_DEPTH-1:0]  usedw;

wire [DW_DEPTH-1:0] sub_wire0;
wire  sub_wire1;
wire  sub_wire2;
wire [DW-1:0] sub_wire3;
wire [DW_DEPTH-1:0] usedw = sub_wire0[DW_DEPTH-1:0];
wire  empty = sub_wire1;
wire  full = sub_wire2;
wire [DW-1:0] q = sub_wire3[DW-1:0];


scfifo  scfifo_component (
            .clock (clock),
            .wrreq (wrreq),
            .aclr (aclr),
            .data (data),
            .rdreq (rdreq),
            .usedw (sub_wire0),
            .empty (sub_wire1),
            .full (sub_wire2),
            .q (sub_wire3),
            .almost_empty (),
            .almost_full (),
            .sclr ()
        );
    defparam
        scfifo_component.add_ram_output_register = "OFF",
        scfifo_component.intended_device_family = "Stratix III",
        scfifo_component.lpm_numwords = DEPTH,
        scfifo_component.lpm_showahead = "OFF",
        scfifo_component.lpm_type = "scfifo",
        scfifo_component.lpm_width = DW,
        scfifo_component.lpm_widthu = DW_DEPTH,
        scfifo_component.overflow_checking = "ON",
        scfifo_component.underflow_checking = "ON",
        scfifo_component.use_eab = "ON";

endmodule
```

可以看到，系统也是通过实例化 altera_mf 库里面的 scfifo 模块来实现 fifo 模块的，和普通的用户逻辑并没有什么实质性的区别。一般情况下，位宽、深度和深度的位宽这几个参数也常常作为缓存模块的参数。细心的读者可能已经注意到了，在 dcfifo 实例化的过程中，有一个 intended_device_family 的参数可以选择，通过这个字符串参数可以选择不同的器件来屏蔽底层的器件差异性。

3.4　不可移植性

读到这里，读者可能已经非常欣喜：是否意味着大部分的代码都可以进行自由的移植和重用了？然而在图像处理的 FPGA 算法领域，现实是非常"骨感的"。通常情况下，在某个实际应用中，算法是确定的，而为了节省逻辑资源和减小计算复杂度，通常会首先对算法进行变形，例如，将除法操作转换为移位运算，去开方转化等。

下面举一个例子说明这个问题。假设现在要实现这样一个算法，该算法要计算一个 15×15 窗口内像素均值。计算公式如式（3-1）所示：

$$\mu = \frac{1}{(2r+1)^2} \sum_{i=-r}^{r} \sum_{j=-r}^{r} I(x+i, y+j) \tag{3-1}$$

其中，r 代表窗口的尺寸，x，y 代表窗口的中心像素。

这个算法非常简单，尤其是对于软件来讲，用两个 for 循环来实现窗口内像素相加，再将结果除以像素总数，也就是 15×15 = 225。然而在硬件计算中，通常不会这么做。除法操作在硬件计算是非常"吓人"的，为了追求计算效率和尽量节省资源，FPGA 通常会将算法转换为移位和加法操作来对除法进行近似。具体计算过程如下：

$$\mu = \frac{1}{225} \sum_{i=-r}^{r} \sum_{j=-r}^{r} I(x+i, y+j)$$

$$= \frac{1024}{225 \times 1024} \sum_{i=-r}^{r} \sum_{j=-r}^{r} I(x+i, y+j)$$

$$= 2^{-10} \times \frac{1024}{225} \sum_{i=-r}^{r} \sum_{j=-r}^{r} I(x+i, y+j)$$

$$= 2^{-10} \times 4.5511 \times \sum_{i=-r}^{r} \sum_{j=-r}^{r} I(x+i, y+j)$$

$$\approx 2^{-10} \times (2^2 + 2^{-1} + 2^{-5} + 2^{-6} + 2^{-8} + 2^{-11}) \times \sum_{i=-r}^{r} \sum_{j=-r}^{r} I(x+i, y+j) \tag{3-2}$$

误差为

$$\frac{1024}{225} - (2^2 + 2^{-1} + 2^{-5} + 2^{-6} + 2^{-8} + 2^{-11})$$

$$= -0.03625$$

可以想象，不同的算法的转换方法千变万化，不同的窗口尺寸所带来的转换方法是有很大差别的，而在软件中，这样的算法移植性是不费吹灰之力的一件事情。

读者需注意，在 FPGA 算法处理领域，上述处理是非常常见和实用的，在本书后面章节的算法介绍中，也会采用相同的处理方法。而把握好逻辑资源的使用和计算误差的平衡是在设计时所需要考虑的问题之一。

不可移植性不仅仅是前面所考虑的问题，更多的问题是由于硬件依赖所带来的不可移植性。在 FPGA 设计中，盲目地追求可移植性和代码重用的想法是大错特错的。这是由于 FPGA 是一个硬件设计平台，对硬件的依赖性非常强。用户应该尽可能熟悉 FPGA 内部的硬件资源并做到充分利用。一个典型的例子是 Altera 器件片内存储器的应用，用片内的寄存器资源实现深度较大的缓存模块虽然可以带来移植方便的好处，但无疑是非常不合理的。此外，一些 FPGA 内部的特有硬件，例如移位寄存器、DSP 块及除法器等，在实际应用时可以例化这些硬件模块来代替用其他资源生成的描述架构（部分综合器在进行编译时可以自动例化片内的硬件资源，例如乘法器和除法器等）。

3.5 测 试 逻 辑

通常，可调试性不是我们在设计代码的过程中主要的考虑因素，因为 FPGA 厂商所提供的开发工具都提供了非常完善的调试工具来实现在线调试。然而，在实际中一些冗余的测试逻辑是十分有用的。特别是在整个工程比较大的时候，虽然仿真工作可以发现大部分的 bug，但是由于部分仿真模型很难建立（例如一个复杂的外部接口），只能通过在线调试进行验证。然而每次的编译综合和下载过程十分耗时（一个比较大的工程可能会消耗半个小时以上），适当的测试逻辑可以对系统功能进行自我测试。

这个自我测试也称为内建自测试（Bulit-In Self-Test，BIST）。在这种方法中，可以通过特定的输入信号或者输入信号的组合激活芯片内部的一些测试电路。

在图像处理领域，我们有时候希望得到整个算法某个中间结果的输出进行分析（例如输出到显示器），特备是算法效果不太理想的时候，在分析问题的时候我们可能想知道中间结果是否正常，这个时候算法输出一路 debug 信号也是十分有用的。如下所示：

```
module Morph_Open_2D(
    clk,
    rst_n,
    din,
    din_valid,
    din_vsync,
    dout,                    //输出逻辑
```

```
            dout_valid,
            dout_vsync,
            dbg_sel,              //debug 输出选择 可以包含多个输出结果
            dbg_out,              //测试逻辑输出
            dbg_valid,
            dbg_vsync
        );
```

特别地，显示模块也可以接收多路的输入信号进行切换显示，切换可以通过板上的硬件（如按键或者拨码开关）来进行配合。

3.6　冗　余　逻　辑

冗余逻辑最常应用于在那些需要连续运行而不能出现任何问题的系统中（例如军事系统和银行系统），在这类系统中，逻辑是有备份的，在冗余硬件的后面有一个设备专门比较冗余硬件的输出。通常，这些系统中会有 3 个冗余模块，如果其中的一个出现了问题，而其他两个还在工作，那么出现问题的模块将会被忽略。用来比较的硬件被称为"投票逻辑"，因为它能比较这 3 个冗余模块的输出信号，并判断输出一致且占多数的信号具有正确的输出值，如图 3-2 所示。

除非是系统对稳定性有足够高的要求，冗余逻辑不是必需的，因为它会带来额外的资源开销。部分综合器会在综合的过程中将冗余逻辑给优化掉，这是在冗余逻辑设计的过程中需要考虑的问题。

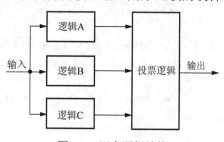

图 3-2　冗余逻辑结构

3.7　常　用　语　法

3.7.1　参数化

正如前面所述，图像宽度、高度、位宽和处理尺寸等参数最好作为可配置的参数，可达到代码易维护、易移植和可读性好的目的。参数化主要有两种方式：通过 define 关键字和 parameter 关键字定义参数。

parameter 关键字类似于 C 语言中的形参，可以在其他模块调用时实例化参数，不同的是这个参数是不可运行时更改的，而是编译时就确定好的。

示例如下：

```
//Canny 算子模块
module canny(
    rst_n,
    clk,
    din_valid,
    din,
    dout,
    vsync,
    vsync_out,
    dout_valid
);

parameter      DW = 14;          //图像数据位宽
parameter      KSZ = 3;          //Sobel 算子尺寸
parameter      IH = 512;         //图像高度
parameter      IW = 640;         //图像宽度
parameter      ThrHigh = 20;     //阈值化过程高阈值
parameter      ThrLow = 10;      //阈值化过程低阈值

//cordic module data width
parameter      DW_OUT = 20;      //output data width : 20 bits,with
                                 4 frac bits,can not be modified
parameter      DW_IN = 16;       //input data width : 16 bits,can
not                              be modified
//本地参数
localparam     NMS_LATENCY = 5;  //Non-Maximum Suppression
localparam     HT_LATENCY = 4;   //Hysteresis Thresholding
Latency

input          rst_n;
input          clk;
input          din_valid;
input [DW-1:0] din;
output [DW-1:0] dout;
input          vsync;
output         vsync_out;
output         dout_valid;
```

模块引用也有两种方式，分别如下：

方式 1：

```verilog
wire        canny_dvalid_in;
wire    [8 - 1:0]canny_data_in;
wire        canny_vsync_in;
wire        canny_dvalid;
wire    [8 - 1:0]canny_data;
wire        canny_vsync;
wire rst_n;
wire clk;
canny #(8,3,512,640,20,10,20,16)
    canny_ins(
        .rst_n (rst_l),
        .clk   (clk),
        .din   (canny_data_in),
        .din_valid (canny_dvalid_in),
        .dout_valid (canny_dvalid),
        .vsync(canny_vsync_in),
        .vsync_out(canny_vsync),
        .dout (canny_data)
    );
```

方式 2：

```verilog
canny  canny_ins(
        .rst_n (rst_n),
        .clk   (clk),
        .din   (canny_data_in),
        .din_valid (canny_dvalid_in),
        .dout_valid (canny_dvalid),
        .vsync(canny_vsync_in),
        .vsync_out(canny_vsync),
        .dout (canny_data)
    );
defparam  canny_ins.DW  = 8;
   defparam  canny_ins.KSZ = 3;
   defparam  canny_ins.IH = 512;
   defparam  canny_ins.IW = 640;
   defparam  canny_ins.ThrIligh - 20;
defparam  canny_ins.ThrLow  = 10;
defparam  canny_ins.DW_OUT  = 640;
defparam  canny_ins.DW_IN  = 640;
```

其中，第一种方式要求参数次序完全按照模块定义中的参数定义顺序来写，容易出错，并且相对于第二种方法不够直观，特别是在参数比较多的情况下，建议采用第二种方式实例化模块。

模块定义中的参数定义为默认参数，当调用模块时没有例化参数，将会例化默认参数。

另外一个关键字 define 类似于 C 语言中的 define，主要用于本地模块的一些参数定义，例如状态机及常量定义等。实例如下：

实例：SDRAM 的初始化操作状态机

```
'define      I_NOP       5'd0        //等待上电 200us 稳定期结束
'define      I_PRE       5'd1        //预充电状态
'define      I_TRP       5'd2        //等待预充电完成 tRP
'define      I_AR1       5'd3        //第 1 次自刷新
'define      I_TRF1      5'd4        //等待第 1 次自刷新结束 tRFC
'define      I_AR2       5'd5        //第 2 次自刷新
'define      I_TRF2      5'd6        //等待第 2 次自刷新结束 tRFC
'define      I_AR3       5'd7        //第 3 次自刷新
'define      I_TRF3      5'd8        //等待第 3 次自刷新结束 tRFC
'define      I_AR4       5'd9        //第 4 次自刷新
'define      I_TRF4      5'd10       //等待第 4 次自刷新结束 tRFC
'define      I_AR5       5'd11       //第 5 次自刷新
'define      I_TRF5      5'd12       //等待第 5 次自刷新结束 tRFC
'define      I_AR6       5'd13       //第 6 次自刷新
'define      I_TRF6      5'd14       //等待第 6 次自刷新结束 tRFC
'define      I_AR7       5'd15       //第 7 次自刷新
'define      I_TRF7      5'd16       //等待第 7 次自刷新结束 tRFC
'define      I_AR8       5'd17       //第 8 次自刷新
'define      I_TRF8      5'd18       //等待第 8 次自刷新结束 tRFC
'define      I_MRS       5'd19       //模式寄存器设置
'define      I_TMRD      5'd20       //等待模式寄存器设置完成 tMRD
'define      I_DONE      5'd21       //初始化完成

reg [4:0] init_state;                // SDRAM 初始化状态寄存器
always @ (posedge clk or negedge rstn)
if(!rstn) init_state <= 'I_NOP;
else
    case (init_state)
        'I_NOP: init_state <= done_200us ? 'I_PRE:'I_NOP;
                //上电复位后 200us
        'I_PRE: init_state <= (TRP_CLK == 0) ? 'I_AR1:'I_TRP;
                //预充电状态
```

```
'I_TRP: init_state <= ('end_trp) ? 'I_AR1:'I_TRP;
        //预充电等待 TRP_CLK 个时钟周期
'I_AR1: init_state <= (TRFC_CLK == 0) ? 'I_AR2:'I_TRF1;
        //第 1 次自刷新
'I_TRF1:init_state <= ('end_trfc) ? 'I_AR2:'I_TRF1;
        //等待第 1 次自刷新结束
'I_AR2: init_state <= (TRFC_CLK == 0) ? 'I_AR3:'I_TRF2;
        //第 2 次自刷新
'I_TRF2:init_state <= ('end_trfc) ? 'I_AR3:'I_TRF2;
        //等待第 2 次自刷新结束
'I_AR3: init_state <= (TRFC_CLK == 0) ? 'I_AR4:'I_TRF3;
        //第 3 次自刷新
'I_TRF3:init_state <= ('end_trfc) ? 'I_AR4:'I_TRF3;
        //等待第 3 次自刷新结束
'I_AR4: init_state <= (TRFC_CLK == 0) ? 'I_AR5:'I_TRF4;
        //第 4 次自刷新
'I_TRF4:init_state <= ('end_trfc) ? 'I_AR5:'I_TRF4;
        //等待第 4 次自刷新结束
'I_AR5: init_state <= (TRFC_CLK == 0) ? 'I_AR6:'I_TRF5;
        //第 5 次自刷新
'I_TRF5:init_state <= ('end_trfc) ? 'I_AR6:'I_TRF5;
        //等待第 5 次自刷新结束
'I_AR6: init_state <= (TRFC_CLK == 0) ? 'I_AR7:'I_TRF6;
        //第 6 次自刷新
'I_TRF6:init_state <= ('end_trfc) ? 'I_AR7:'I_TRF6;
        //等待第 6 次自刷新结束
'I_AR7: init_state <= (TRFC_CLK == 0) ? 'I_AR8:'I_TRF7;
        //第 7 次自刷新
'I_TRF7:init_state <= ('end_trfc) ? 'I_AR8:'I_TRF7;
        //等待第 7 次自刷新结束
'I_AR8: init_state <= (TRFC_CLK == 0) ? 'I_MRS:'I_TRF8;
        //第 8 次自刷新
'I_TRF8:init_state <= ('end_trfc) ? 'I_MRS:'I_TRF8;
        //等待第 8 次自刷新结束
'I_MRS: init_state <= (TMRD_CLK == 0) ? 'I_DONE:'I_TMRD;
        //模式寄存器设置
'I_TMRD:init_state <= ('end_tmrd) ? 'I_DONE:'I_TMRD;
        //等待模式寄存器设置完成
'I_DONE:init_state <= 'I_DONE;  //SDRAM 的初始化设置完成标志
default:    init_state <= 'I_NOP;
endcase
```

3.7.2 条件编译

条件编译在图像处理领域非常有用，特别是图像处理的算法处理方面。由于资源限制，处理尺寸不可能像软件那样达到运行时调整，但是有的时候需要对不同的尺寸进行测试，或者算法需要两个尺寸的算子进行配合。这个时候为两个尺寸算子设计两套独立的电路是非常麻烦的事情，用 Verilog 的 generate 语句可以实现条件编译功能，这个功能类似于 C 语言中的#ifdef 语句。

一个简单的例子是二维卷积的过程中，根据不同的处理尺寸例化不同数目的行缓存（关于行缓存的概念请参考映射技术的相关章节）。实例如下：

```verilog
parameter  KSZ =   3;//处理尺寸
reg      rst_all;
reg [DW-1:0] line_din[0:KSZ-2];
wire [DW-1:0] line_dout[0:KSZ-2];
wire [KSZ-2:0]line_empty;
wire [KSZ-2:0]line_full;
wire [KSZ-2:0]line_rden;
reg [KSZ-2:0]line_wren;
wire [9:0]   line_count[0:KSZ-2];

generate
begin : line_buffer
    genvar  i;
    for (i = 0; i <= KSZ - 2; i = i + 1)
    begin : buf_inst
        line_buffer #(DW, IW)
            line_buf_inst(
                .rst(rst_all),
                .clk(clk),
                .din(line_din[i]),
                .dout(line_dout[i]),
                .wr_en(line_wren[i]),
                .rd_en(line_rden[i]),
                .empty(line_empty[i]),
                .full(line_full[i]),
                .count(line_count[i])
            );
    end
end
endgenerate
```

此外，对于不同的参数，电路的细节可能不一致，如下所示：

```
generate
    if (KSZ == 3)
    begin : MAP16
        //针对尺寸为 3 的算法进行处理
    end
endgenerate

generate
    if (KSZ == 5)
    begin : MAP17
        //针对尺寸为 5 的算法进行处理
    end
endgenerate
```

3.7.3　位宽匹配

Verilog 与 VHDL 相比，位宽的匹配不够严格，也就是一个表达式两边的信号可能位宽不一致，这无疑带来了很大的潜在风险。在这种情形下，位宽匹配是必不可少的步骤。下面是一个位宽匹配的实例：

示例　1 个简单的计数器（计数宽度可根据参数例化）

```
parameter DW = 8;//数据位宽
reg [DW-1:0]trig_cnt;
always @(posedge clk or negedge reset_l)
if (reset_l== 1'b0)
        trig_cnt <= #1 {DW{1'b0}};
else
        trig_cnt <= #1 trig_cnt +  {{DW-1{1'b0}}, 1'b1 };
```

{DW{1'b0}}为位宽为 DW 的数字 0 ，{{DW-1{1'b0}}, 1'b1 }为位宽为 DW 的数字 1，将 1'b1 前面填充 DW−1 个 0 达到位宽匹配的目的，实际上是利用了 Verilog 的复制语法。

3.7.4　二维数组

图像处理是一个二维的计算领域，二维数组和 for 循环在 Verilog 电路的设计中十分有用。实际上在软件处理时，整幅图像是放在一个二维数组里面，这个数组的尺寸分别是图像的宽度和高度。在 FPGA 中我们很少会把整幅图像这样放，这是由于一幅图像尺寸通常会非常大，这样放会占用相当大的存储空间。

实际应用到的 FPGA 中的二维数组是处理算法中的窗口，例如一个典型的二维卷积矩形窗口，算法有时候需要对这个窗口的所有像素进行同时操作，这个时候就需要将窗口的数据放入一个二维数组中。如下所示：

```
parameter DW = 8;
parameter KSZ = 3;
reg [DW-1:0]window_buf[0:KSZ*KSZ-1];
```

window_buf 为定义的二维数组，数组的个数为矩形窗口内的像素总数，对于尺寸为 3 的窗口，这个数目为 9。

假定在某一时刻得到了当前窗口内所有的像素，则以下的代码展示了求取在当前窗口的像素和。

```
integer i;
reg  [DW+4-1:0]window_sum;
always @(posedge clk or negedge rst_n)
if ((~rst_n) == 1'b1)
   window_sum <= #1 {DW+4{1'b0}};
else
begin
   window_sum  <=  window_buf[0]  +  window_buf[1]  +  window_buf[2]+
window_buf[3] + window_buf[4] + window_buf[5] + window_buf[6] + window_buf[7]
+ window_buf[8];
   end
```

上述代码看起来有点冗长，实际上，这样写会使综合出来的组合电路非常长，综合出来的频率将会很低。一般情况下不会这么写，而是采用两两相加的方法进行处理。我们将在线性滤波的相关章节介绍这个问题。

3.8 应 用 实 例

本节将列举在本书的实例代码中应用比较多的实例（基于 Verilog 语言）。

3.8.1 信号边沿检测

1. 如何得到一个信号的上升沿

一般情况下，可以很容易地得到一个时钟的上升沿。然而在同步设计中，我们是以时钟的上升沿作为参考，这个时候如何得到另外一个信号的上升沿？新手常常会为此烦恼，因为同时检测两个信号上升沿的代码往往是不可综合的。考虑下面的代码：

```
input vsync;
reg vsync_r;
reg vsync_r2;
wire vsync_r2_n;
wire vsync_rise;
always @(posedge clk)
begin
    vsync_r  <= vsync
    vsync_r2  <= vsync_r;
end
assign vsync_r2_n = ~vsync_r2;
assign vsync_rise = vsync_r2_n & vsync_r;
```

以下的时序图（见图 3-3）展示了如何得到一个信号的上升沿。

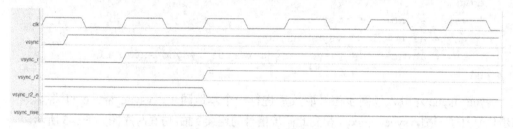

图 3-3 信号上升沿检测时序

首先，对待检测信号进行本地同步后，得到本地同步信号 vsync_r。其次，将同步信号打一拍得到 vsync_r2，对第二拍信号取反得到 vsync_r2_n。最后与 vsync_r 进行与运算即可得到 vsync 的上升沿脉冲。

2. 如何得到一个信号的下降沿

用同样的方法，可得到一个信号的下降沿，如图 3-4 所示。

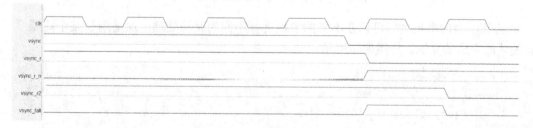

图 3-4 信号下降沿检测时序

3.8.2 多拍处理

1. 信号多拍处理

一个信号的多拍信号也就是将信号连续打多拍，这个操作在时序对齐和防止亚稳态的应用中十分常见。将信号打多拍是比较简单的事情，利用移位寄存器即可实现。

考虑下面的代码：

```
parameter    VSYNC_WIDTH = 9;
reg vsync_async;
reg vsync_async_r1;
reg [VSYNC_WIDTH:0]vsync_async_r;
input vsync;
always @(posedge clk)
begin
    vsync_async   <= ~vsync
    vsync_async_r1 <= vsync_async
    vsync_async_r  <= {vsync_async_r[8:0] ,vsync_async_r1};
end
```

vsync_async 对输入场同步信号取反后进行一个本地同步，vsync_async_r1 将本地同步信号打了一拍，vsync_async_r 得到此同步信号的连续9拍。仿真时序图如图3-5所示。

图3-5　信号多拍缓存仿真时序图

得到信号的多拍之后可以在不同的节拍进行不同的算法处理，这适用于某个需要 n 拍才能完成的算法。应用如下所示：

```
always @(posedge clk)
begin
    if(vsync_async_r[0]== 1'b1)
    begin
    //第一拍处理
    end
```

```
        if(vsync_async_r[1]== 1'b1)
        begin
        //第二拍处理
        end
        ...//其他节拍处理
    end
```

2. 数据多拍处理

数据多拍处理在图像处理中也十分常见，这主要用在算法的两个计算模块开销不一致的情况：如果一个模块计算速度较快，但是又需要等待另一个模块的计算结果，就需要首先把当前的计算结果进行缓存几拍。一般情况下这个拍数比较少。否则，就会占用比较多的硬件资源。

数据多拍也可以用类似的移位寄存方法来实现，对于拍数比较多的处理，占用逻辑资源比较多，需使用 FPGA 片内的移位寄存器来实现。

```
parameter DW_INFO = 3;
parameter LATENCY = 8;
integer n ;
input [DW_INFO-1:0]din_info;
reg  [DW_INFO-1:0]din_info_r[LATENCY -1:0];
always @(posedge clk)
begin
    din_info_r[0]   <= din_info;
    for( n = 1; n < LATENCY; n = n+1 )
        din_info_r[n] <= din_info_r[n-1];
end
```

3.8.3　图像行列计数

图像行列计数在图像处理中非常常见。大部分算法都需要做到精准的像素定位，行列计数法是像素定位的基本方法。另一个方法是像素计数，通常不会这样做，因为它将会给调试工作带来不便（庞大的像素计数当然没有较小的行列计数来得直观些）。

行列计数的最简单的方法是通过输入场行同步信号和像素有效信号进行计数（关于场行同步的概念读者可以参考仿真测试相关章节）。设计原则如下：

（1）每一场信号到来时清空行列计数。

（2）每一个行同步信号到来时行计数加 1，同时清空列计数。

（3）像素有效信号有效时列计数加 1。

有的时候，视频流并没有伴随行同步信息，这个时候需要通过像素有效信号进行行列计数。

图像行列计数的一个实例如下：

```
parameter IW = 640;
parameter IH = 512;
parameter DW = 8;
parameter IW_DW = 12;                    //列计数寄存器宽度
parameter IH_DW = 12;                    //行计数寄存器宽度
input clk;
input rst_n;
input vsync;
input hsync;
input dvalid;
input [DW-1:0]din;
reg [IH_DW-1:0]line_counter;             //行计数
reg [IW_DW-1:0]column_counter;           //列计数


reg rst_all;
//frame reset signal
always @(posedge clk or negedge rst_n)
if ((~rst_n) == 1'b1)
    rst_all <= #1 1'b1;
else
begin
   if (vsync == 1'b1)
        rst_all <= #1 1'b1;
else
        rst_all <= #1 1'b0;
end

wire  dvalid_rise;                       //像素有效数据到来信号
reg  dvalid_r;
always @(posedge clk or negedge rst_n)
if ((~rst_n) == 1'b1)
   dvalid_r <= #1 1'b0;
else
   dvalid_r <= #1 dvalid ;
```

assign dvalid_rsie = (~dvalid_r) & dvalid;//像素有效数据到来信号（也表示新的一行数据到来）

```
wire  hsync_rise;                        //行同步到来信号
```

```
reg    hsync_r;
always @(posedge clk or negedge rst_n)
if ((~ rst_n) == 1'b1)
        hsync_r <= #1 1'b0;
else
        hsync_r <= #1 hsync;


assign hsync_rise = (~hsync_r) & hsync;   //行同步到来信号

//用像素有效信号进行行计数
always @(posedge clk)
begin
   if (rst_all == 1'b1)                          //场同步清零行计数
        line_counter <= {IH_DW{1'b0}};
      else
        if(dvalid_rsie == 1'b1)
            line_counter <= line_counter +{ {IH_DW-1{1'b0}},1'b1};
end

//用像素有效信号进行列计数
always @(posedge clk)
begin
   if (rst_all == 1'b1)                          //场同步清零行计数
        column_counter <= {IW_DW{1'b0}};
    else
    begin
        if(dvalid_rsie == 1'b1)
            column_counter <= {IW_DW{1'b0}};
        else
        begin
            if(dvalid == 1'b1)
                column_counter                <=              column_counter
+{ {IW_DW-1{1'b0}},1'b1};
        end
    end
  end
```

图像行列计数电路仿真结果如图 3-6 所示。

用 dvalid 的上升沿得到的行计数从 1 开始，若采用其下降沿进行行计数，则会得到以 0 开始的行计数信息。

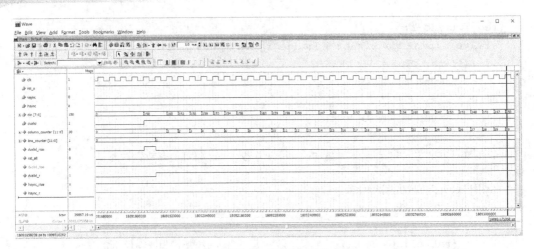

图 3-6　图像行列计数电路仿真图

　　图 3-6 中列计数延迟输入数据一个节拍，后续的电路中需要对这个节拍进行对齐。行列计数对于一个 FPGA 的图像处理系统来讲非常重要，由于每一个像素时钟都对后面的时序控制产生影响，行列计数不能有任何偏差（特别是对于列计数来讲）。因此，在时序对齐的时候，需要读者仔细对其进行核对，否则将会带来灾难性的后果。图 3-7 是一个每行的列计数少 1 的图像捕获结果。

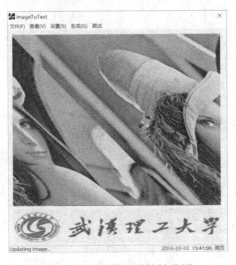

图 3-7　列计数出错的捕获图

　　如果最后的测试结果出现如图 3.7 所示的情况，那么行列计数电路很有可能出现了问题。实际上，在 Verilog 代码设计中，有相当一部分的工作都花在时序对齐上。可见，FPGA 设计是一个非常细致和严谨的工作，需要开发者有足够的耐心。

第4章 映射技术

将图像处理的算法转换为 FPGA 系统设计的过程称为算法映射。本章将详细介绍将软件图像处理算法转换为 FPGA 的映射技术。

4.1 系统结构

映射过程的首要目标便是确定系统设计的结构，在本书中，主要介绍在图像处理中常用的两种系统设计结构：流水线结构和并行阵列结构。

4.1.1 流水线设计

1. 基本概念

流水线处理源自现代工业生产装配线上的流水作业，是指将待处理的任务分解为相对独立的、可以顺序执行的而又相互关联的一个个子任务。流水线处理是高速设计中的一个常用设计手段，如果某个设计的处理流程分为若干步骤，并且整个数据处理是"单流向"的，即没有反馈或者迭代运算，前一个步骤的输出是下一个步骤的输入，那么可以考虑采用流水线设计方法来提高系统频率。流水线设计结构如图 4-1 所示。

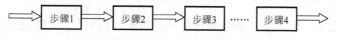

图 4-1　流水线设计结构

其基本结构是将适当划分的 n 个操作步骤单流向串联起来。流水线操作的最大特点是数据流在各个步骤的处理从时间上看是连续的，如果将每个操作步骤简化为通过一个 D 触发器，那么流水线操作就类似一个移位寄存器组，数据流依次经过 D 触发器，完成每个步骤的处理。流水线设计时序示意如图 4-2 所示。

图 4-2 中总共需要 4 个设计流水单元电路，从时刻 t_4 开始，所有的流水线单元开始进入工作状态。

将一幅图像的每个像素依次流过流水线即可得到以整幅图像的输出。

2. 采用流水线带来的好处

流水线处理采用面积换取速度的思想，可以大大提高电路的工作频率，尤其对于图像处理任务中的二维卷积运算、FIR 及 FFT 滤波器等，采用流水线设计可以保证一个时钟输出一个像素，相对于全并行处理电路占用资源又不会太多。对于大部分的图像处理任务而言，处理过程基本上也是一个"串行"的处理思路。因此，流水线设计无疑是最好的设计方式。图 4-3 是一个典型的图像处理任务的流程图。

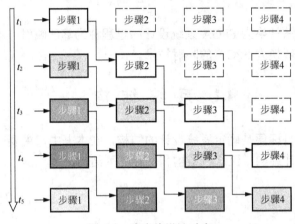

图 4-2   流水线设计时序

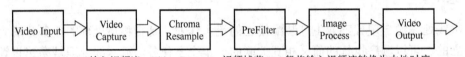

Video Input：输入视频流；Video Capture：视频捕获，一般将输入视频流转换为本地时序；
Chroma Resample：色度重采样，根据实际需求进行重采样；PreFilter：预滤波，典型的预滤波方法有中值滤波等；
Image Process：图像处理任务，包括图像增强、特征提取、分割、目标识别等；Video Output：视频处理结果输出。

图 4-3   典型的图像处理任务流程

本处理任务也是一个典型的图像处理任务。首先，我们从 CCD 或 CMOS 传感器得到需要处理的视频流输入 Video Input，并通过视频捕获模块 Video Capture 将输入视频同步为本地视频流。这些视频流"无等待"地流入下一个处理单元 Chroma Resample 进行色度重采样和空间变换，经过预处理 Pre Filter 和指定的处理算法 Image Process 后（例如预滤波、分割、目标识别、Alpha 混合等），转换为视频流输出 Video Output。

在这个过程中，输入视频流和输出视频流是连续的，流水线结构也保留了这种可能性。每一个处理单元独立为一块单独的电路，也降低了设计的复杂度。

3. 流水线时序匹配

流水线设计的关键在于整个设计时序的合理安排、前后级接口之间数据流速的匹配，这就要求每个操作步骤的划分必须合理，要统筹各个步骤间的数据量。如果前级操作的时间恰好等于后级的操作时间，那么设计最为简单，前级的输出直接接入后级的输入即可；如果前级的操作时间小于后级的操作时间，那么需要对前级的输出数据适当缓存，才能汇入后级，还必须注意数据速率的匹配，防止后级数据的溢出；如果前级的操作时间大于后级的操作时间，那么必须通过逻辑复制及串并转换等手段将数据分流，或者在前级对数据采用存储及后处理等方式。否则，就会造成与后级的处理节拍不匹配。

考虑以下的流水线处理模型：

$$\text{Step1} : \text{dout}_1 = f(\text{din})$$
$$\text{Step2} : \text{dout}_2 = g(\text{dout}_1)$$

如果处理单元 f 与 g 操作时间相同（例如，每个时钟输出一个数据，并且数据带宽等同），那就可以直接将前级流水线的输出接入后级的输入。这个模型在图像处理中十分常见，特别是在流水线运算处理的图像尺寸和带宽都是一致的场合。

但是，我们往往会遇到复杂一点的流水线。一个典型的处理情况是两级流水线的带宽不同。例如，如图 4-4 所示的图像缩放任务 Video Scaler：

```
Video Input  ⇒  Video Scaler  ⇒  Video Output  ⇒
```

Video Input：输入视频流；Video Scaler：图像缩放模块；Video Output：输出视频流

图 4-4　图像缩放任务

这个任务需要完成视频的缩放功能。图像缩放前后的带宽可能差别非常大（如果宽高缩放 2 倍，带宽可能会变化 4 倍之多），这个时候直接将流水线相接，带来的直接问题就是流水线阻塞或停滞，输出屏幕闪烁或是无信号。因此，在这种情况下，必须对流水线的数据流进行缓存。图 4-5 是一个典型的解决方案。

Frame Buffer 是帖缓存模块。通过 DDR2 作为视频缓存来解决带宽匹配问题，这也是目前的主流解决方案之一。

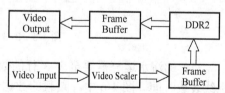

Video Input：输入视频流；

Video Scaler：图像缩放模块；

Frame Buffer：帧缓存（基于 DDR2）；

Video Output：输出视频流

图 4-5　典型图像缩放任务

4. 流水线装填与清空

虽然流水线是一个并行的计算结构，每一级都有单独的电路单元来实现，并且与其他级是并行运行的，但是从数据流的角度，最好把流水线看成串行的结构。与串行处理直接相关的是流水线的等待时间，它是指从数据输入到产生相应的输出所用的时间。这个等待时间的观点主要是基于源驱动的概念。

从目标驱动的角度看，等待时间意味着必须在输出前的一个预先指定时间内将数据输入到流水线结构中去。这段时间称为流水线的装填。如果输出是同步的，那么可以在输出端需要数据前的一个预设的时间开始装填。但是，当数据消耗点以异步方式请求数据时就不能使用这种方法。这种情况下，有必要使用数据装填流水线，然后在装填流水线完成后阻塞流水线直到输出端需要数据。如果不是在每个时钟周期都需要存在有效数据，那么源驱动处理也可能被阻塞。

在装填期间，有效的数据正在流水线上传播，因而在这期间，流水线输出是无效的。与装填对应的一个概念是流水线清空，在输入端数据结束之后继续进行运算直到相应的数据输出。装填和清空的结果是使流水线操作需要的时钟周期比数据元素的数目要多。

在很多时候，流水线填充和清空时间决定了图像处理算法的实时性。一个典型的例子是二维卷积运算。对于窗口尺寸为 $n×n$ 的图像处理任务，在理想情况下，我们需要等到前 n 行和前 n 列图像数据流过（在此之前必须对这些数据进行缓存）流水线才有第一个数据输出。这个数据缓存过程也是流水线的填装过程。

图 4-6 是流水线运算的一个实例：对分辨率为 640×512 的图像进行 3×3 膨胀运算，采用流水线方式。

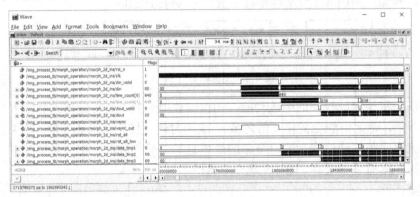

图 4-6　3×3 膨胀流水线开始时刻

3×3 的流水运算需要至少 3 行的数据进行运算，因此每帧的前两行数据时间为流水线装载时间。图 4-6 中，装载的数据装入 line_count(0) 和 line_count(1)，前两行为流水线装载过程，装满一行图像后停止装载，dout 有效数据开始输出，这个时候流水线已经正式开始流水运算，在流水运算的过程中，装载器的数据个数是不变的，这也符合流水线的设计初衷：每个时钟处理一个像素。

理论上，流水线也有对应的卸载过程，装载发生在图像的最后两行。但是，如果不考虑边界，就可以略去卸载过程，也就是不处理流水线上最后过来的两行，如图 4-7 所示。

在新的一帧到来时，重置流水线（由输入场同步信号进行重置），等待再次装载，如图 4-8 所示。

流水线的装载时间决定了整个流水线的等待时间，也就是整个算法的开销。理论上，对于上述情况，整个开销为 2 行图像的装载时间，在不考虑边界的情况下，算法的延迟为 1 行图像，这是由于我们默认第一行清零。

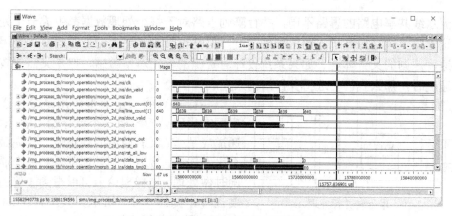

图 4-7　3×3 膨胀流水线结束时刻

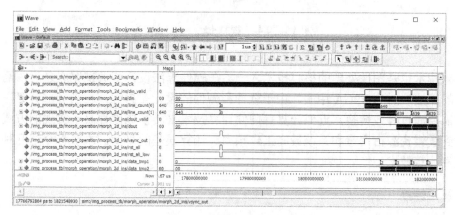

图 4-8　3×3 膨胀流水线重置

4.1.2　并行阵列

在并行阵列型电路中，多组并行排列的子电路同时接收整体数据的多个部分进行并行计算。并行阵列型电路中的子电路本身可以是简单的组合电路，也可以是复杂的时序电路，例如上面提到的流水线型电路。如果受逻辑资源限制，无法同时处理全部数据，那么也可以依次处理部分数据，直到完成全部数据的处理，如图 4-9 所示。

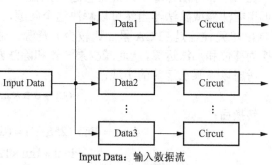

Input Data：输入数据流

Data1，Data2，Data3…：转换之后的并行数据

Circuit：同样的处理电路

图 4-9　并行阵列应用实例

和流水线共享电路的思路不同，并行阵列电路对于每个处理数据都生成一个处理电路，这无疑更大地提高了电路的处理速度，但是也带来了更大的资源消耗，是用面积换取速度原则的又一体现。如果系统设计对资源消耗相对不敏感，但是又需要较快的处理速度时，那么我们会选择并行结构来完成。

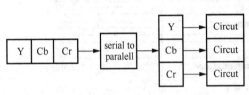

图 4-10　串行转并行处理

并行阵列的一个典型应用是多通道像素同时进行处理，对一个串行输入的 RGB 通道或是 YCbCr 通道的视频流，首先做一个串并转换，接着复制处理逻辑对三个通道同时做处理。这样理论上可以得到 3 倍的速度提升，如图 4-10 所示。其中，serial to paralell 是串并转换模块。

4.2　计 算 技 术

计算技术也是图像处理的核心技术之一。在软件算法设计和调试完成之后，需要将软件的算法映射到 FPGA 中去，由于软件和硬件的设计差异性，相当一部分算法在映射前需要通过等效转换，近似计算等硬件计算技术来转换成硬件易于实现的方式，从而达到逻辑资源占用量和系统最高工作频率、计算误差的平衡。本节将介绍几种常用的硬件计算技术。

4.2.1　算法转换

1. 定常数转换

在乘法和除法运算中，经常会遇到乘数、被乘数或分子与分母是常数的情况。直接调用乘法器或除法器当然可以解决这个问题，但是这会消耗一定的 DSP 运算单元，而 DSP 单元往往是 FPGA 里面比较少的资源。对于定常数，可以通过一定的转换将其转换为移位和加法运算，从而减少乘法器和除法器的使用。下面列举几个常用的例子。

考虑以下乘法运算的实现：

$$dout = din \times 255$$

转换后：

$$dout = din \times (256 - 1) = (din \ll 8) - din$$
$$dout = din \times 123$$

转换后：

$$dout = din \times (64 + 32 + 16 + 8 + 2 + 1)$$
$$= din \times (2^6 + 2^5 + 2^4 + 2^3 + 2^1 + 2^0)$$
$$= din \times \left[2^7 - (2^2 + 2^0) \right]$$

对于小数的处理则需要先将其转换为整形进行处理。

$$dout = din / 25$$

转换后：

$$dout = 2^{10} \times din / (25 \times 2^{10})$$

$$= \frac{2^{10}}{25} din \times 2^{-10}$$

$$= din \times 40.96 \times 2^{-10}$$

$$\cong din \times (2^5 + 2^3 + 2^{-1} + 2^{-2} + 2^{-3} + 2^{-4} + 2^{-6} + 2^{-7}) \times 2^{-10}$$

扩展的位宽也决定了最终计算的精度，这个位宽越大，精度越高，但是也会消耗相对多一点的资源，实际应用中根据精度需求进行选择。

2. 不等式等效转换

不等式等效转换是利用不等式，将复杂的算法转换为较为简单的等效不等式。这对去除根号和除法等 FPGA 难以处理的算法十分有用。

考虑下面的两个例子：

$$a > \sqrt{b}, b \geqslant 0$$

转换后：

$$a^2 > b$$

转换后，将开根号运算转换成乘法运算，直接调用 FPGA 内部的乘法器即可实现。

$$\frac{a}{b} > \frac{c}{d}, (b > 0, d > 0)$$

转换后：

$$a \times d > b \times d$$

除法器在 FPGA 里面是比较昂贵的资源，上述转换将其化为乘法运算。

4.2.2 近似计算

直接计算函数的一种替代方法是在感兴趣的作用域内，用另外一个较为简单的能得到相似结果的函数进行近似。与算法转换不同的是，算法转换是不会带来任何原理的误差，而近似则会带来一定的计算误差。通常情况下，在误差允许的范围内，采用近似计算带来的明显优势是计算复杂度的降低及资源消耗的降低。

1. 截断

用位数较少的近似值来代替位数较多或无限位数的数时，要有一定的取舍法则。在数值计算中，为了适应各种不同的情况，须采用不同的截取方法。

经常使用的截断方法就是四舍五入。四舍五入通常应用在需要对中间输出结果进行截断时（一般情况下，我们会在前面的计算步骤中预留一定的计算精度。）四舍五入法的基本原则是，若舍去部分小于保留部分最后一位的一个单位的二分之一时，则采用去尾法处理，使所保留的数不变。实际上，对于 FPGA 来讲，处理的都是二进制数据。因此，在小数位的第一位的值是 0 还是 1 决定了是否对结果进行进位。

一个简单的例子如下：（DW-1～4 为整数位，3～0 为小数位）

    assign dout = din[3]?din: (din[DW-1:4]+ 1'b1): din[DW-1:4];

2. 泰勒近似

在数学中，泰勒公式是一个用函数在某点的信息描述其附近取值的公式。如果函数曲线足够平滑，在已知函数在某一点的各阶导数值的情况下，那么泰勒公式可以用这些导数值作为系数构建一个多项式来近似函数在这一点的邻域中的值。泰勒公式还给出了这个多项式和实际的函数值之间的偏差。

泰勒公式定义如下：对于正整数 n，若函数 $f(x)$ 在闭区间 $[a,b]$ 上 n 阶连续可导，且在 (a,b) 上 $n+1$ 阶可导。任取 $x \in [a,b]$，它是一定点，则对任意 $x \in [a,b]$ 成立下式：

$$f(x) = \frac{f(a)}{0!} + \frac{f'(a)}{1!}(x-a) + \frac{f''(a)}{2!}(x-a)^2 + \ldots + \frac{f^{(n)}(a)}{n!}(x-a)^n + R_n(x)$$

其中，$f^{(n)}(x)$ 表示 $f(x)$ 的 n 阶导数，多项式称为函数 $f(x)$ 在 a 处的泰勒展开式，剩余的 $R_n(x)$ 是泰勒公式的余项，是 $(x-a)^n$ 的高阶无穷小。

当高阶项的数量级相对于低阶较小时，可以把高阶项去掉作为函数的近似。泰勒近似也称为多项式逼近。

使用泰勒公式展开的一个要点是如何选取截断阶数。这往往是由事先规定的计算误差决定的。以下是一个用泰勒展开进行近似计算的实例。

现在考虑对除以 3 的运算用泰勒近似进行计算，即

$$\frac{1}{3} = \frac{1}{4} \times \frac{1}{1-\frac{1}{4}}$$

$$= \frac{1}{4} \times \sum_{n=0}^{\infty} \left(\frac{1}{4}\right)^n$$

若要求计算误差不大于 10^{-4}，则取前 5 阶即可达到要求，展开如下：

$$\frac{1}{3} = \frac{1}{4} \times \frac{1}{1-\frac{1}{4}}$$

$$= \frac{1}{4} \times \sum_{n=0}^{\infty} \left(\frac{1}{4}\right)^n$$

$$\cong \frac{1}{4} \times \left(1 + \frac{1}{4} + \frac{1}{16} + \frac{1}{64} + \frac{1}{256} + \frac{1}{1024}\right)$$

计算误差为

$$\frac{1}{3}-\frac{1}{4}\times\left(1+\frac{1}{4}+\frac{1}{16}+\frac{1}{64}+\frac{1}{256}+\frac{1}{1024}\right)=8.138\times10^{-5}$$

3. 浮点转换

如果不采用拥有内部浮点硬核的 FPGA，那么用 FPGA 作为浮点运算的开销是巨大的，因为这会消耗巨大的逻辑资源。在计算精度能满足一定要求的情况下，通常会选择将浮点运算转换成定点运算。

在接下来的浮点计算的章节将会详细介绍浮点计算。

4.2.3 增量更新

增量更新是指在进行更新操作时，只更新需要改变的地方，不需要更新或者已经更新过的地方则不会重复更新，增量更新与完全更新相对。增量更新在流水线处理中，特别是二维卷积处理中特别有用。这是由于在两个连续的卷积窗口中有大量的相同元素，如图 4-11 所示。

a1'	a1	a2	a3	a4	a5

图 4-11　增量更新示例：一维卷积窗口

假定要计算连续 5 个数据流的和值，在上一个时刻，这 5 个待计算的数值是 a1',a1,a2,a3,a4，在本时刻，这 5 个待计算的数值是 a1,a2,a3,a4, a5。中间有 4 个计算值都是不变的，这时候如果再调用 4 个加法器进行 5 个数的加法就有点浪费资源。正确的做法是取上一个时刻的计算和值加上首尾的差值。这种增量更新的方法对于较大尺寸的计算带来的优势更加明显。

类似的技术可以用于递增的确定放射变换的输入位置。考虑下面的变换：

$$\begin{bmatrix} x' \\ y' \end{bmatrix}=\begin{bmatrix} A & B & C \\ D & E & F \end{bmatrix}\begin{bmatrix} x \\ y \\ 1 \end{bmatrix}$$

扫描线上与下一个像素对应的输入位置由下式给出：

$$x'=x'+A$$
$$y'=y'+D$$

这种情况下有必要增加保护位，以防止舍入误差累积后逼近 A 和 D。

4.2.4 查找表

1. 查找表的定义

在计算机科学中，查找表是用简单的查询操作替换运行时计算的数组或者

associative array 这样的数据结构。由于从内存中提取数值经常要比复杂的计算速度快很多，因此这样得到的速度提升是很显著的。

一个经典的例子就是三角表。每次计算所需的正弦值在一些应用中可能会慢得无法忍受，为了避免这种情况，应用程序可以在刚开始的一段时间计算一定数量的角度正弦值，譬如计算每个整数角度的正弦值，在后面的程序需要正弦值的时候，使用查找表从内存中提取临近角度的正弦值而不是使用数学公式进行计算。

由于查找表的高效率与方便易用性，它在实时性要求比较高的嵌入式系统中得到了广泛的应用。在 FPGA 中，主要是以下两种情况会用到查找表：一种是逻辑的时序要求非常高，例如，若用 Cordic 计算或是其他计算方式，则其延时不能满足要求时；另一种是计算的复杂度非常高，需要消耗相当一部分逻辑资源，而查找表只需建立一块的存储器，这可以用 FPGA 的片内存储器来构建，仅仅消耗很小一部分逻辑资源。

2. 查找表的构建

使用查找表的首要问题就是输入表的构建。输入表的构建需要首先得到输入函数的有效定义域，其次是将输入的定义域进行等分。这时就需要考虑等分步长，必须在计算精度和表的大小之间做一个最佳权衡。还有一个需要考虑的问题是，通常情况下，待求函数通常是用实数表示的，我们会首先将其转化为整形，这个过程也会带来一定的舍入误差。

虽然查找表在中低精度时很有效，但是随着输入宽度的增加，表的尺寸呈指数倍增长。实用的查找表尺寸需要减小输入的精度，一个简单的方法是简单地删除最低位来实现。没有必要对输入进行舍入，因为表的内容可以根据保留为作用域中的函数的适当值设置来获得最好的结果。

另外一个减小输入尺寸的方式是考虑对称性，例如对于对称的正余弦函数，对于有效定义域 $[0 \sim 2\pi]$，只要考虑第一象限范围 $\left[0 \sim \dfrac{\pi}{2}\right]$。在输入进入查找表之前首先进行象限判断，并保存其象限信息。同时，将其转换到第一象限，查表后根据象限信息恢复实际计算值。这样就将查找表的输入范围减小到原来的四分之一。

3. 查找表应用示例

下面是一个用查找表来实现正弦函数 sinx 的示例。

查找函数的生成可以用 MATLAB 或者 VC 等软件工具生成。对于 Altera 的器件来说，可以生成 mif 或 hex 格式的文件。以下是以 MATLAB 来生成 mif 文件的示例。

正如前面所述，只需建立 $\left[0 \sim \dfrac{\pi}{2}\right]$ 范围内的正弦函数查找表即可。这里取步长为

$0.1°$，将输出值整个[0:1]范围扩展到[0:16384]，即左移 14 位。

```
clear all
close all
clc
t=[0:0.1:90];%输入范围 0~90°，步长 0.1°
x=pi*t/180;
sin_val=sin(x);%取出正弦数组
fid=fopen('sine.mif','wt');
fprintf(fid,'width=14;\n');%转换后的数据位宽 14 位
fprintf(fid,'depth=1024;\n');%共 900 个点，深度最少需要 1024
fprintf(fid,'address_radix=uns;\n');%地址是无符号类型
fprintf(fid,'data_radix=dec;\n');%数据是十进制类型
fprintf(fid,'content begin\n');
for j=1:901
    i=j-1;
    k = round(sin_val(j)*16384);
    if(k==16384)
        k=16383;
    end
    fprintf(fid,'%d:%d;\n',i,k);
end
fprintf(fid,'end;\n');
fclose(fid);
```

FPGA 端例化一个 ROM 来实现查找表的存放。模块定义如下：

```verilog
module sin_lut (
    address,    //地址
    clock,      //时钟
    q);         //输出

    parameter DW = 15;
    parameter AW = 10;
    parameter DEPTH = 1024;
```

测试模块如下所示：

```verilog
'timescale 1 ps / 1 ps

module sin_lut_tb;

    parameter DW = 15;
    parameter AW = 10;
```

```verilog
parameter ADDR_MAX = 900;

parameter const_half_pi    = ADDR_MAX-1;      //90° 地址
parameter const_pi         = ADDR_MAX*2-1;    //180° 地址
parameter const_double_pi  = ADDR_MAX*4-1;    //360° 地址

reg [AW+2-1:0] address_tmp;
reg [AW-1:0]  address;
reg   clock;
wire    [DW-1:0]  q_tmp;
reg [DW+1-1:0] q_tmp1;
wire      [DW-1:0]  q;

initial
begin
    clock <= 1'b0;
    address_tmp <= {AW+2{1'b0}};
end

sin_lut u0(
        .clock(clock),
        .address(address),
        .q(q_tmp)
        );

always @(clock)
    clock <= #50 ~clock;
//根据输入地址判断输入请求的象限位置，根据象限映射到新的地址
always @(posedge clock)
if(address_tmp==const_double_pi)
begin
    address_tmp <= {AW+2{1'b0}};
    address   <= {AW{1'b0}};
end
else
begin
    address_tmp <= address_tmp+1'b1;
    if(address_tmp<=const_half_pi)
        address <= address_tmp[AW-1:0];       //第一象限 地址不变
    else if(address_tmp<=const_pi)            //第二象限
        address <= const_pi-address_tmp;
```

```
        else if(address_tmp<=(const_pi+const_half_pi)) //第三象限
            address <= address_tmp-const_pi;
        else
            address <= const_double_pi-address_tmp;    //第四象限
    end

    always @(posedge clock)
    if(address_tmp<=const_pi)                          //前两象限 输出大于0
        q_tmp1<= {1'b0,q_tmp};
    else
        q_tmp1<= {DW+1{1'b0}} - {1'b0,q_tmp};          //后两象限 输出小于0

    assign  q = q_tmp1[DW-1:0];

endmodule
```

仿真结果如图 4-12 所示。

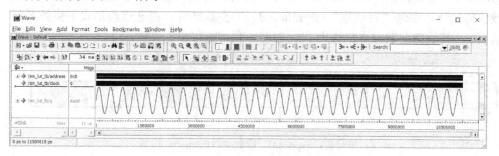

图 4-12　利用查找表实现正弦函数

4.2.5　浮点计算

有些算法的映射比较麻烦,这是由于在设计的过程中涉及大量的浮点运算。在映射为 FPGA 逻辑时,如果都把浮点运算转换为定点运算将会带来庞大的工作量。此外,在某些应用中,定点算法是不可行的。动态范围要求使用浮点算法的一个常见的例子是矩阵求逆运算。本节将介绍如何使用 FPGA 来实现浮点运算以便减少移植的工作量。

1. IEEE 754 标准

浮点数(float)是属于有理数中某特定子集的数的数字表示,在计算机中用以近似表示任意某个实数。具体来说,这个实数由一个整数或定点数(即尾数)乘以某个基数(计算机中通常是 2)的整数次幂得到,这种表示方法类似于基数为 10 的科学记数法。

IEEE 二进制浮点数算术标准（IEEE 754）是 20 世纪 80 年代以来最广泛使用的浮点数运算标准，为许多 CPU 与浮点运算器所采用。这个标准定义了表示浮点数的格式（包括负零-0）与反常值（denormal number））,一些特殊数值（无穷（Inf）与非数值（NaN））,以及这些数值的"浮点数运算符"；它也指明了四种数值舍入规则和五种例外状况（包括例外发生的时机与处理方式）。

IEEE 754 规定了四种表示浮点数值的方式：单精确度（32 位）、双精确度（64 位）、延伸单精确度（43 比特以上，很少使用）与延伸双精确度（79 比特以上，通常以 80 位实现）。只有 32 位模式有强制要求，其他都是选择性的。大部分编程语言都有提供 IEEE 浮点数格式与算术，但有些将其列为非必需的。例如，IEEE 754 在问世之前就有的 C 语言，现在有包括 IEEE 算术，但不算作强制要求（C 语言的 float 通常是指 IEEE 单精确度，而 double 是指双精确度）。

1）浮点格式

二进制浮点数是以符号数值表示法的格式存储——最高有效位被指定为符号位（sign bit）；"指数部分"，即次高有效的 e 个比特，存储指数部分；最后剩下的 f 个低有效位的比特，存储"有效数"（significand）的小数部分（在非规约形式下整数部分默认为 0，其他情况下一律默认为 1），如图 4-13 所示。

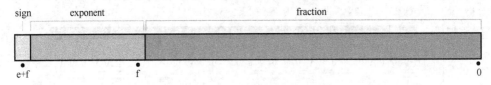

sign：符号位，exponent：指数位，fraction：尾数

图 4-13　浮点数组织结构

符号位 sign 表示数的正负（0 为正，1 为负）。exponent 表示科学计数法的指数部分，这里所填的指数并不是前面算出来的实际指数，而是等于实际指数加上指数偏移，偏移量为 $2^{e-1}-1$，其中 e 是 exponent 的宽度（位数）。例如，对于 32 位单精度浮点数，exponent 宽度为 8，因此偏移量为 127。之后的 fraction 表示尾数，即科学计数法中的小数部分。

2）单精度浮点数

单精度浮点数用 32 位二进制表示，其中最高位 Bit[31],MSB 为符号位，即 sign 域。Bit[30:23]为 exponent 域，这 8 位数据表示指数；最低的 23 位 Bit[22:0]为 fraction 域，用于表示浮点数的小数部分。

3）双精度浮点数

单精度浮点数用 64 位二进制表示，其中最高位 Bit[63],MSB 为符号位，即 sign 域。Bit[62:52]为 exponent 域，这 11 位数据表示指数；最低的 52 位 Bit[51:0]为 fraction 域，

用于表示浮点数的小数部分

4）单精度扩展浮点数

对于单精度扩展浮点数用 43～64 位二进制表示，其中最高 MSB 为符号位，即 sign 域。Bit[62:52]为 exponent 域，这 11 位数据表示指数；最低的 52 位 Bit[51:0]为 fraction 域，用于表示浮点数的小数部分。

2. 用 FPGA 实现浮点运算

当在 FPGA 实现图像处理计算时，尾数和指数的大小可以根据计算精度的需求进行调整，以便减少对硬件的需求。但是，这样做会使计算结果与使用 IEEE 标准在软件中执行同样的算法得到的结果不同。与定点数相同，这需要对近似误差进行仔细的分析，确保结果是有意义的。

对于浮点数来说，乘法和除法是相对比较简单的操作。对于乘法运算、位数相乘及指数相加，若位数结果大于 2，则需要重新规范化，将其右移一位并且增加指数。由于乘积的位数可能会比表示位多，因此，需要进行舍位处理。两个指数的和包括两个偏移量，因此必须减掉一个。输出值的符号位是输入符号位的异或。需要附加的逻辑来检测下溢出、上溢出及处理其他的错误情况，例如，处理无穷大和非数。除法与乘法类似，只是尾数相除，指数相减并且在重新规范化时可能包含左移。

加法和减法的实现要更加复杂。与原码表示相同，实际操作的执行取决于输入的符号。指数必须相同，因为数必须要对齐。根据指数位的差值，将较小的指数右移相应的位数。在 FPGA 上实现时，一个这样的移位或者较慢（用一些列较小的移位器实现）或者价格比较昂贵（用许多宽的多路复用器实现）。有必要为移位的数保留一个额外的位来减少操作引起的误差。然后根据操作对尾数进行加法或减法运算并对齐进行重新规范化。如果两个非常相近的数相减，许多高有效位可能会消失，因此需要确定最左边的 1 的位置，将其移动到最高位来重新规范化，并对指数进行相应的调整。

浮点操作相对于定点操作无疑要消耗更多的资源，这不是因为浮点操作有多复杂，而是因为处理异常时需要很多逻辑，尤其是在需要符合 IEEE 标准时。大部分 FPGA 在进行浮点运算时，为符合 IEEE 754 标准，每次运算都需要去归一化和归一化步骤，导致了极大的性能瓶颈。因为这些归一化和去归一化步骤一般通过 FPGA 中的大规模桶形移位寄存器实现，需要大量的逻辑和布线资源。通常一个单精度浮点加法器需要 500 个查找表(LUT)，单精度浮点要占用 30%的 LUT，指数和自然对数等更复杂的数学函数需要大约 1000 个 LUT。因此，随着 DSP 算法越来越复杂，FPGA 性能会明显劣化，对占用 80%～90%逻辑资源的 FPGA 会造成严重的布线拥塞，阻碍 FPGA 的快速互连，最终会影响时序收敛。图 4-14 为传统的计算浮点计算方法。

3. Altera 的浮点 IP 核

针对浮点计算的这个缺点，FPGA 厂家也提出了各种解决方案。Altera 的 DSP

Builder 高级模块库引入了融合数据通路设计。它将基本算子组合在一个函数或者数据通路中，通过分析数据通路的位增长，选择最优归一化输入，为数据通路分配足够的精度，尽可能消除归一化和去归一化步骤。这一优化平台将定点 DSP 模块与可编程软核逻辑相结合，避免了大量使用这类桶形移位寄存器。与使用几种基本 IEEE 754 算子构成的等价数据通路相比，减少了 50%的逻辑，延时减小了 50%。并且这一方法总的数据精度一般高于使用基本 IEEE 754 浮点算子库的方法。

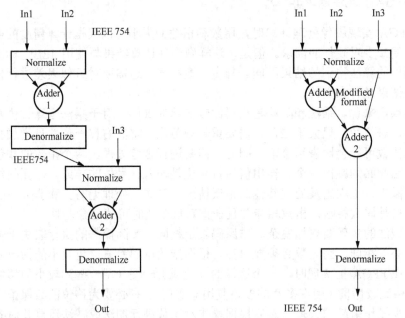

（a）两两进行归一化和去归一化的浮点计算　　　（b）多个数同时进行归一化和去归一化的浮点计算

Normalize：归一化；Denormalize：去归一化；Adder：加法器

图 4-14　传统浮点计算方式：归一化和去归一化步骤实例

Altera 在其 Arria 10 和 Stratix 10 系列器件中增加了硬核浮点 DSP 模块。浮点模式的一个 DSP 模块提供了 IEEE 754 单精度浮点乘法器及 IEEE 754 单精度加法器，可以实现单精度的乘法、乘加、乘减、累加、支持浮点矢量运算、卷积、点乘和其他线性算术函数，以及使用快速傅里叶变换的复数乘法等。硬浮点模块的出现大大降低了浮点运算的资源消耗，可以大大减轻设计人员对复杂耗时的算法的转换工作。

Altera 现在提供业界最全面的单精度和双精度浮点 IP 内核，其性能非常高。目前提供的浮点 IP 内核包括以下几项：

（1）加减乘除运算。

（2）倒数。

（3）指数与指数。

（4）三角函数。

（5）平方根与逆平方根。

（6）矩阵乘法与求逆。

（7）快速傅里叶变换（FFT）。

（8）定点与浮点转换。

altera 的浮点 IP 输入和输出均为浮点数，并且支持 32 位单精度浮点、64 位双精度浮点及自定义扩展性单精度浮点类型。在使用时首先需将定点数或整形数转换为浮点类型，调用浮点 IP 计算后，有必要时再将结果转换为整形，计算步骤如图 4-15 所示。

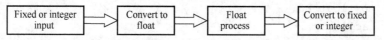

Fixed or integer input：定点或整形数据输入；Convert to float：利用 IP 核将其转换为浮点数；

Float process：进行浮点运算；Convert to fixed or integer：将浮点运算结果转换为整形或定点数

图 4-15　利用 Altera 的浮点 IP 核进行浮点运算

这里例化以下几个浮点运算 IP 核：sin，cos，sqrt，exp 分别求取正弦函数，余弦函数，求根号函数，指数函数。输入格式为定点小数：整数位 8 位，小数位 8 位。所调用的 IP 核分别为 ALTFP_CONVERT, ALTFP_CONVERT, ALTFP_SINCOS, ALTFP_SQRT, ALTFP_EXP。

设计 Testbench 如下：

```verilog
'timescale 1 ps / 1 ps

module float_tb;

    parameter DW = 16;
    reg [DW-1:0]din;
    reg   clock;
    reg   rst;
    wire    [DW-1:0]sin_dout;
    wire    [DW-1:0]cos_dout;
    wire    [DW-1:0]sqrt_dout;
    wire    [DW-1:0]exp_dout;

    wire    [32-1:0]float_temp;
    wire    [32-1:0]sin_temp;
    wire    [32-1:0]cos_temp;
    wire    [32-1:0]sqrt_temp;
    wire    [32-1:0]exp_temp;

    initial
```

```
begin
    clock <= 1'b0;
    din <= {DW{1'b0}};
    rst <= 1'b1;
    #12003;
    rst <= 1'b0;
end
//将输入数据转换为浮点
int_to_float u0(
    .aclr(rst),
    .clock(clock),
    .dataa(din),
    .result(float_temp)
);
//求正弦
sin sin_ins(
    .aclr(rst),
    .clock(clock),
    .data(float_temp),
    .result(sin_temp)
);
//求余弦
cos cos_ins(
    .aclr(rst),
    .clock(clock),
    .data(float_temp),
    .result(cos_temp)
);

//求根号
sqrt sqrt_ins(
    .aclr(rst),
    .clock(clock),
    .data(float_temp),
    .result(sqrt_temp)
);
//求指数，以 e 为底
exp_fp exp_ins(
    .aclr(rst),
    .clock(clock),
    .data(float_temp),
```

```
            .result(exp_temp)
        );
        //将结果转换为整形
        float_to_int u2(
            .aclr(rst),
            .clock(clock),
            .dataa(sin_temp),
            .result(sin_dout)
        );

        float_to_int u3(
            .aclr(rst),
            .clock(clock),
            .dataa(cos_temp),
            .result(cos_dout)
        );

        float_to_int u4(
            .aclr(rst),
            .clock(clock),
            .dataa(sqrt_temp),
            .result(sqrt_dout)
        );

        float_to_int u5(
            .aclr(rst),
            .clock(clock),
            .dataa(exp_temp),
            .result(exp_dout)
        );

        always @(clock)
            clock <= #50 ~clock;

        always @(posedge clock)
            din<=din+1'b1;

endmodule
```

仿真结果如图 4-16 所示。仿真结果与实际的函数波形是一致的，需要注意的是越界问题。

如果选择内部没有浮点硬核的 FPGA，那么系统会采用内部资源来实现浮点运算，单精度正弦和余弦函数的资源消耗情况分别如图 4-17 和图 4-18 所示。

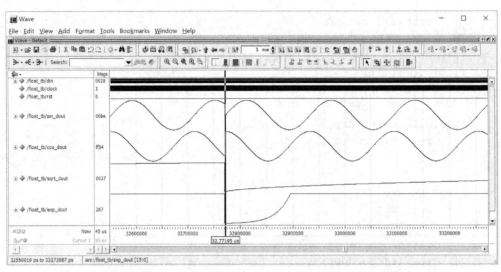

图 4-16　利用 Altera 的浮点 IP 核进行浮点计算

注：从上到下四个模拟波形分别为正弦、余弦、求根号和求指数

图 4-17　IP 核选择单精度正弦函数资源
消耗情况：32 个 9bitDSP 块，
6536 个 LUT，3554 个 reg

图 4-18　IP 核选择单精度余弦函数资源
消耗情况：32 个 9bitDSP 块，
5231 个 LUT，2349 个 reg

　　由资源消耗情况可见（左下角），浮点运算所消耗的逻辑资源是相当惊人的。这也是为什么在一般情况下宁愿采用定点计算的原因。需要注意的是，一个细节是余弦函数明显比正弦函数消耗的资源小，如果必须使用浮点三角运算，那么可以考虑将正弦函数转换成余弦进行计算，这样可以节省一定的资源。

4.2.6　Cordic 技术

　　Cordic（Coordinate Rotation Digital Computer；Volder，1959）是用于计算初等函数的一种迭代方法。最初被设计用于计算初等三角函数（Volder，1959），但后来被推广到包括双曲函数、乘法和除法操作上（Walther，1971）。

Cordic 计算的基本原理是基于向量旋转，考虑如图 4-19 所示的向量变换。

可用矩阵来表示这个旋转过程：

$$\begin{bmatrix} X_j \\ Y_j \end{bmatrix} = \begin{bmatrix} \cos\theta & -\sin\theta \\ \sin\theta & \cos\theta \end{bmatrix} \begin{bmatrix} X_i \\ Y_i \end{bmatrix}$$

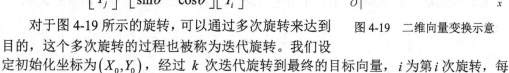

图 4-19　二维向量变换示意

对于图 4-19 所示的旋转，可以通过多次旋转来达到目的，这个多次旋转的过程也被称为迭代旋转。我们设定初始化坐标为 (X_0, Y_0)，经过 k 次迭代旋转到最终的目标向量，i 为第 i 次旋转，每次的旋转角度为 θ_i。则每次迭代的数学模型为

$$\begin{bmatrix} X_{i+1} \\ Y_{i+1} \end{bmatrix} = \begin{bmatrix} \cos\theta_i & -\sin\theta_i \\ \sin\theta_i & \cos\theta_i \end{bmatrix} \begin{bmatrix} X_i \\ Y_i \end{bmatrix}$$

算法的技巧在于选择合适的旋转角度，并重新整理上式使矩阵内的因数是 2 的负次幂，于是乘法操作可以通过简单的移位来实现：

$$\begin{bmatrix} X_{i+1} \\ Y_{i+1} \end{bmatrix} = \frac{1}{\cos\theta_i} \begin{bmatrix} 1 & -d_i\tan\theta_i \\ d_i\tan\theta_i & 1 \end{bmatrix} \begin{bmatrix} X_i \\ Y_i \end{bmatrix}$$

$$= \sqrt{1+2^{-2i}} \begin{bmatrix} 1 & -d_i\tan\theta_i \\ d_i\tan\theta_i & 1 \end{bmatrix} \begin{bmatrix} X_i \\ Y_i \end{bmatrix}$$

其中，d_i 是旋转的方向，+1 代表逆时针旋转，-1 代表顺时针旋转，而角度由以下式给出：

$$\tan\theta_i = 2^{-i}$$

在进行了 k 次旋转之后，总的旋转角度为每次旋转角度之和：

$$\theta = \sum_{i=0}^{k} d_i \tan^{-1} 2^{-i}$$

角度综合取决于每次迭代旋转的方向，因此，增加一个寄存器（标记为 z）用于累加角度是十分有用的。

那么合成向量为

$$\begin{bmatrix} X_k \\ Y_k \end{bmatrix} = \prod_{i=0}^{k} \left(\sqrt{1+2^{-2i}} \right) \begin{bmatrix} 1 & -d_i 2^{-i} \\ d_i 2^{-i} & 1 \end{bmatrix} \begin{bmatrix} X_0 \\ Y_0 \end{bmatrix}$$

$$= G \begin{bmatrix} \cos\theta & -\sin\theta \\ \sin\theta & \cos\theta \end{bmatrix} \begin{bmatrix} X_0 \\ Y_0 \end{bmatrix}$$

其中，缩放因子 G 是旋转增益，并且对于固定的迭代，此时，它是一个常数。

$$G = \prod_{i=0}^{k} \left(\sqrt{1+2^{-2i}} \right) \cong 1.64676$$

因此，最终的迭代公式为

$$X_{i+1} = X_i - d_i 2^{-i} Y_i$$

$$Y_{i+1} = Y_i + d_i 2^{-i} X_i$$

$$Z_{i+1} = Z_i - d_i \tan^{-1}(2^{-i})$$

有两种模式可以用于选择每步的旋转方向：旋转模式和向量化模式。

旋转模式始于 Z 寄存器中的一个角度，选择与 Z 符号相同的 d_i，随着向量的旋转，Z 逐渐减小直至为 0：

$$d_i = \text{sign}(Z_i)$$

k 次迭代后的结果为

$$X_k = G\left(X_0 \cos Z_0 - Y_0 \sin Z_0\right)$$

$$Y_k = G\left(X_0 \sin Z_0 - Y_0 \cos Z_0\right)$$

$$Z_k = 0$$

如果下面的条件满足，那么上式就会收敛（Z_k 在当前计算精度下能趋近于 0）：

$$\theta_i - \sum_{j=i+1}^{k} \theta_j < \theta_{k-1}$$

换句话说，如果当前角度为 0，经过一个旋转移动后，那么剩余的旋转必须能再次将该角度移回到 0。在这种情况下，该级数收敛，因为

$$\tan^{-1}(2^{-i}) < 2\tan^{-1}(2^{-(i+1)})$$

由 $X_0 = \dfrac{1}{G}$ 和 $Y_0 = 0$，旋转模式可以用来计算角度 Z_0 的正弦值和余弦值。当然它也可以用于将向量旋转一个角度，但会因为因数 G 而受限于复制的扩展。对于角度大于 90° 的情况，最简单的解决办法是将初始状态旋转 180°：

$$X_0 = -X_{-1}$$

$$Y_0 = -Y_{-1}$$

$$Z_{i0} = Z_0 \pm 180°$$

第二种模式是向量化模式。这时选择 d_i 与 Y 寄存器符号相反，确定所需要的角度使 Y 减小到 0：

$$d_i = -\text{sign}(Y_i)$$

结果为

$$X_k = G\sqrt{X_0{}^2 + Y_0{}^2}$$

$$Y_k = 0$$

$$Z_k = Z_0 + \tan^{-1}\left(\frac{Y_0}{X_0}\right)$$

该模式与旋转模式有同样的收敛域，因此，若 $X_0 < 0$，则有必要使该范围内的向

量旋转 $180°$。向量化模式相当于将向量从笛卡尔矩形坐标系转换为极坐标系。如果 X_0 和 Y_0 都非常小，那么舍入误差就会非常大，尤其是在计算反正切时（Kota 和 Cavallaro），如有必要，可以通过使用 2 的幂来缩放 X_i 和 Y_i 使其规范化来解决这个问题。

对于旋转模式和引导模式来说，每部迭代都把角度的精度提高了接近一个二进制位。Andraka（1998）提出了另外一种操作模式用于计算反正弦和反余弦。开始时，$X_0 = Y_0 = 1$，按照如下方式进行旋转：

$$d_i = \text{sign}(s - Y_i)$$

其中，s 是角度的正弦。收敛后的结果为

$$X_k = \sqrt{G^2 X_0{}^2 - s^2}$$
$$Y_k = s$$

$$Z_k = Z_0 - \sin^{-1}\left(\frac{s}{GX_0}\right)$$

如果 $X_0 = \dfrac{1}{G}$，那么结果还会更简单。

加速 Cordic 的一种方法是考虑将正弦和余弦在较小角度下使用泰勒公式展开（Walther，2000）：

$$\sin\theta = \theta\left(1 - \frac{1}{6}\theta^2 + \frac{1}{120}\theta^4 + \ldots\right) \cong \theta$$

$$\cos\theta = 1 - \frac{1}{2}\theta^2 + \frac{1}{24}\theta^4 + \ldots \cong 1$$

旋转模式经过 $\dfrac{N}{2}$ 次旋转迭代之后，Z 寄存器中的角度很小，且 θ^2 比最低有效保护位还小，因此可以忽略。那么剩余的 $\dfrac{N}{2}$ 迭代可以用小的乘法操作来代替。

$$X_N = X_{\frac{N}{2}} - Y_i Z_{\frac{N}{2}}$$
$$Y_N = Y_{\frac{N}{2}} + X_i Z_{\frac{N}{2}}$$

这里假设角度用弧度表示。要注意这种方法并不适用于向量化模式，因为这种方法要求角度趋向于 0。

1. 补偿 Cordic

Cordic 技术的一个主要限制是旋转增益。如有必要，在 Cordic 计算之前或计算之后可以用乘法将该常数因子剔除。补偿 Cordic 算法是指以不同的方式将这种乘法操作整合到基本的 Cordic 算法中去。

从概念上来说，最简单的方法（最初的步长 Cordic 算法）是在每步迭代中加入一个 1 ± 2^{-i} 形式的缩放因子。选择符号使得合并后的增益接近于 1。这可以归纳为两种

方式。第一种是在某些迭代中使用缩放因子，并且选择使增益为 2 的项，使其能用一个简单的移位移除。虽然电路复杂度会增加很多，但是由于符号是事先确定的，因此传播延迟仅仅增加了一点。

第二种是对于一些角度进行重复迭代来使得总增益 G 为 2。这种方法与原始 Cordic 使用相同的硬件，仅仅需要增加一小块逻辑控制来代替。这种方法的缺点是比非补偿算法花费更长的时间。一种混合的方法同时使用额外的迭代和缩放因子项，以便减少总的逻辑需求。这种方法最好用于展开的 Cordic 来实现。

2. 线性 Cordic

目前对 Cordic 的讨论都是基于圆形坐标空间的。Cordic 迭代也可以应用于线性空间：

$$X_{i+1} = X_i$$
$$Y_{i+1} = Y_i + d_i 2^{-i} X_i$$
$$Z_{i+1} = Z_i - d_i 2^{-i}$$

同样地，可以使用旋转模式或者向量化模式。旋转模式下的线性 Cordic 将 Z 减小到 0。这样就可以替代乘法运算，结果为

$$X_k = X_0'$$
$$Y_k = Y_0 + X_0 Z_0$$
$$Z_k = 0$$

向量化模式则是将 y 减小到 0，并且相当于执行除法运算，结果为

$$X_k = X_0'$$
$$Y_k = 0$$
$$Z_k = Z_0 + \frac{Y_0}{X_0}$$

3. 双曲 Cordic

Cordic 也可以用于双曲坐标空间，相关的迭代公式为

$$X_{i+1} = X_i + d_i 2^{-i} Y_i$$
$$Y_{i+1} = Y_i + d_i 2^{-i} X_i$$
$$Z_{i+1} = Z_i - d_i \tanh^{-1}(2^{-i})$$

使用该迭代公式同样存在收敛问题，需要重复执行某些迭代。同样需要注意，由于 $-1 < \tanh x < 1$，因此迭代从 $i = 1$ 开始。

由于这些限制，执行旋转模式得到如下结果：

$$X_k = G(X_0 \cosh Z_0 + Y_0 \sinh Z_0)$$
$$Y_k = G(X_0 \sinh Z_0 + Y_0 \cosh Z_0)$$

$$Z_k = 0$$

其中，增益因子为

$$G = \prod_{i=0}^{k}\left(\sqrt{1 - 2^{-2i}}\right) \cong 0.82816$$

执行向量化的结果为

$$X_k = G\sqrt{X_0^2 - Y_0^2}$$
$$Y_k = 0$$
$$Z_k = Z_0 + \tanh^{-1}\left(\frac{Y_0}{X_0}\right)$$

与圆形 Cordic 一样，可以通过选择合适的值初始化 Y 或者 X 寄存器（对于旋转模式）或者引入额外的补偿操作来补偿增益。上面讨论的很多补偿 Cordic 都适用于双曲坐标系统。

不同坐标系的 Cordic 迭代可以结合起来适用同一个硬件（多路复用器选择 X 寄存器的输入）。对于三种坐标空间都可以适用，当然也可以计算一些其他的常见函数，如下所示：

$$\tan\theta = \frac{\sin\theta}{\cos\theta}$$
$$\tanh\theta = \frac{\sinh\theta}{\cosh\theta}$$
$$e^x = \sinh x + \cosh x$$
$$\ln x = 2\tanh^{-1}\left(\frac{x-1}{x+1}\right)$$
$$\sqrt{x} = \sqrt{\left(x + \frac{1}{4}\right)^2 - \left(x - \frac{1}{4}\right)^2}$$

反正弦和反余弦函数可以分为两步来计算：

$$\sin^{-1}x = \tanh^{-1}\left(\frac{x}{\sqrt{1 - x^2}}\right)$$
$$\cos^{-1}x = \tanh^{-1}\left(\frac{\sqrt{1 - x^2}}{x}\right)$$

4. Cordic 的变换和推广

Cordic 的基础是通过的整数次幂来使能对一个任意的数进行移位从而减小乘法操作。这可以扩展到对其他函数的直接计算。关系式

$$\ln x(1 + 2^i) = \ln x + \ln(1 + 2^i)$$

允许用移位和加法计算对数。其思想是用一系列乘法操作连续将 x 减小到 1，并

累加从一个小表中获取相关的对数项。

迭代公式为

$$X_{i+1} = X_i \left(1 + d_i 2^{-i}\right)$$
$$Z_{i+1} = Z_i - \ln\left(1 + d_i 2^{-i}\right)$$

其中，

$$d_i = \begin{cases} 1, & X_i + X_i 2^{-i} < 1 \\ 0, & \text{其他} \end{cases}$$

另外，若使用因子 $\left(1 + d_i 2^{-i}\right)$，则迭代在 $= 1 \leqslant X_0 < 3.4627$ 时收敛。迭代公式也可以很容易通过改变累加到 Z 寄存器的常数表来求其他底数的对数。该算法也可以以其他方式运行，通过将 Z_i 减少到 0，给出指数函数。

Muller(1985)指出该迭代与 Cordic 迭代具有相同的原理，并将它们置于同一个框架内。由于三角函数可以使用欧拉公式由复指数导出：

$$e^{j\theta} = \cos\theta + j\sin\theta$$

因此，可以把迭代公式推广到复数范围，使得计算三角函数无须与 Cordic 相关的增益因子。这种实现的另一个好处是它允许使用冗余运算，可以利用"若 $d_i \in \{-1, 0, 1\}$，则 d_i 的选择范围区间会有重叠"这一事实。这意味着只需要计算少量的高有效位就能确定下一个数字，这就减少了进位传播延时的影响。

虽然 Cordic 和其他基于一维和加法的算法都具有相对简单的电路，但是它们的主要缺点是收敛速度比较慢。每次迭代结果只改进了 1 位。还有一个缺点是它们仅能计算几个初等函数，更复杂的函数或者符合函数则需要对许多初等函数求值。

5. Cordic 计算实例

本书将在第 7.3.3 章节中详细介绍 Cordic 的实现方法，这里仅列出利用 Cordic 计算正余弦函数的结果图，如图 4-20 所示（仅计算 $\left[-\dfrac{\pi}{2}, \dfrac{\pi}{2}\right]$ 区间）。

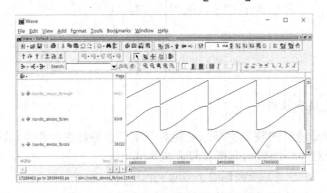

图 4-20　用 Cordic 方法计算正余弦函数

作为与浮点运算的对比,我们列出用 Cordic 计算正余弦的资源消耗情况,如图 4-21 所示。

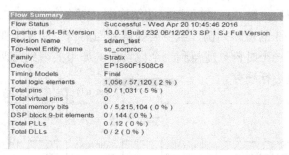

图 4-21　Cordic 计算正余弦资源开销:共消耗 1056 个逻辑资源

Cordic 内核仅需 1056 个逻辑单元就可以同时计算出正弦和余弦值,相对于浮点运算(包括定点与浮点的相互转换),可以节省 90%以上的资源。

4.3　存储器映射

一般情况下,我们希望当数据流过 FPGA 时,FPGA 尽可能多地处理数据,并且减少 FPGA 和外部设备之间的数据传输,采用流水线处理架构则可以很好地减少对存储器的频繁读写。然而在某些情况下,一个图像处理算法需要像素之间的行列同步或是帧同步,这个时候就必须要缓存部分图像或者是整幅图像。例如,在二维卷积运算的过程中,往往会缓存若干行图像,而在做直方图均衡或是连续帧求均值,带宽匹配的过程中,我们可能需要至少缓存若干帧图像。

在软件处理中,这个缓存通常情况下是放在内存中,需要的时候从内存进行读取。在 FPGA 中,可以选择将缓存放在 FPGA 内部或者外部。

以下是一个对连续三帧图像求均值的运算的结构图,电路采用了两个帧缓存电路 FrameBuffer 来实现前两帧的缓存,加上当前帧的像素值除以 3 即可得到最终的结果,如图 4-22 所示。

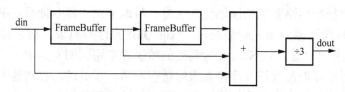

图 4-22　利用 FPGA 计算连续 3 帧的图像均值

虽然现在的 FPGA 内部有足够大的存储器资源,但是存放若干幅分辨率比较高的图像会稍显浪费。如果担心整个系统的成本较高,而不愿投入太多,那么所选取的 FPGA 内部存储器资源往往还不够存放一副图像。此外,在系统调试的过程中需要大量的存储器资源进行调试。鉴于以上原因，我们很少会把帧缓存放在 FPGA 内部（图像分辨率比较小的除外），而往往会将其存放在片外的静态存储器或动态存储器中。

以下是一个典型的二维 3×3 卷积运算的结构图（见图 4-23）。二维卷积通常会对图像进行开窗，以 3×3 的窗口为例，至少需要得到当前窗口的 9 个像素值，卷积操作的流水线性质决定了一个时刻只能得到一个像素值。如果要得到前两行的像素，就必要对前两行的像素值进行缓存。

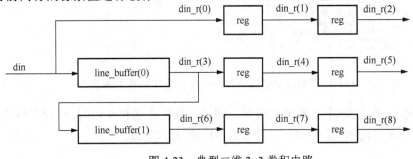

图 4-23　典型二维 3×3 卷积电路

行缓存通常会放在 FPGA 片内，这是由于行缓存通常不会很大，对于一个确定的算法，窗口尺寸往往已经确定。实际上，对于一个窗口尺寸为 3×3 的二维卷积算法，我们至少需要 2 个行缓存。

4.3.1　帧缓存

在上面也提到，对于帧缓存，通常情况下会将其放在片外进行读写。对于帧缓存，在成本不够敏感的情况下，最好使用静态存储器(SRAM)，尤其是用于需要频繁和随机地访问这些帧缓存的地方。静态存储器相对于动态存储器来说，通常情况下读写接口相对简单，读写速度要快，并且功耗相对较低。但是，由于静态存储器每一位要使用 6 个晶体管，而动态存储器每位只使用一个晶体管，因此静态存储器的价格要贵得多。这也限制了它在成本敏感场合的应用。由于静态存储器的读写时序比较简单，通常情况下会开发读写时序来实现最大的灵活性。

一个帧缓存控制电路要包括读地址发生器、写地址发生器及读写控制时序。一般情况下，这个写地址即为输入帧数据流 ImageDin 的行列地址，而读地址为输出流 Frame_buffer 的行列地址。以 SRAM 为基础的帧缓存电路如图 4-24 所示。

如果系统对于读取速度没有严格要求的缓存应用，那么动态存储器无疑是更好的选择。虽然动态存储器存取速度较慢，从主机提供地址到数据输出可能需要若干个时钟，但是当动态存储器工作在突发模式时，也可以提供较大的带宽，这对于图像处理这样的大数据应用场合非常有用。

动态存储器的接口设计相对比较复杂，这是由于动态存储器必须要间隔一段时间对其进行刷新来保持当前的存储器内容。此外，与静态存储器不同，动态存储器的行列地址通常是分开的。因此对动态存储器的寻址工作需要分别进行行列寻址工作。通常情况下，我们会直接采用 FPGA 厂家提供的 IP 核来实现外部的存储器驱动，这样可以大大提高开发的效率。

以动态存储器 DDR2 为基础的帧缓存电路如图 4-25 所示。

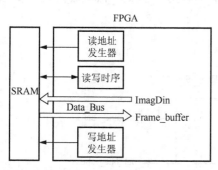

图 4-24　以 SRAM 为基础的帧缓存电路

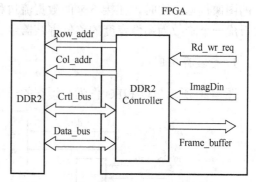

图 4-25　以 DDR2 为基础的帧缓存电路

4.3.2　行缓存

正如前面所述，行缓存通常情况下会放在片内。每一个行缓存有效地将输入延迟了一行。用阶数为图像宽度的移位寄存器是可以方便地实现这种延迟。但是在 FPGA 里面实现这种操作有几个问题。首先，移位寄存器是由一连串的移位寄存器来实现的，每个位都适用一个寄存器，而每个逻辑单元都只有一个寄存器，因此，采用移位寄存器的方式将会占用大量的逻辑资源，特别是在图像宽度比较大的时候，用内部资源来实现行缓存往往是不明智的选择。设计行缓存时，通常会选择利用 FPGA 片内的 RAM 块来实现。

行缓存里面存放正好一行的图像数据，其深度应该至少为图像的宽度。行缓存的写入时刻是当前行（待写入缓存的图像行）有效的时候，写满一行后停止写入，等待读出信号。一般情况下，读出信号要在下次写入之前发出，否则就会出错。出错的一种情况是，存储器写满造成写入失败，这种情况是针对 FIFO 形式的行缓存而言；另外一种情况是，数据覆盖造成读出错误，这种主要是针对 RAM 形式的行缓存而言。

如果采用 RAM 作为行缓存，就需要设计写入和读出地址产生电路。写入地址就是输入图像行的列地址，读出地址就是输出图像行的列地址。若采用 FIFO 作为行缓存，则顺序写入与读出即可：行缓存不存在随机存取的情形。由于 FIFO 形式节省了一定的外围电路，相对 RAM 形式的缓存则可以节省一定的资源。如果外围已经有行列计数电路，那么采用 RAM 形式的行缓存也不会带来额外的资源开销。

行缓存的理想工作状态也是流状态：也就是除了缓存装载和卸载，缓存内部的数据流入和流出是平衡的，这样才不至于破坏系统的流水线。输入图像数据的到来时刻是由上一级时序所控制，输出图像的数据流则与行缓存息息相关。为了达到理想的流状态，缓存的打出时刻应该刚好在缓存装载完毕，也就是装载完一整行的时候，此刻将数据打出作为输出图像行数据，打出的时刻也就是输出图像行数据有效信号。这个时刻的输入数据流和输出数据流正好完成对齐，也就是在同一时刻得到了连续两行对齐的图像数据。同时，在接下来的数据流过程中，行缓存一直处于流状态，也可以把它看成一个阶数为图像宽度的移位寄存器组。

1. 行缓存实例

图 4-26 所示是以 FIFO 作为行缓存的一个应用电路。

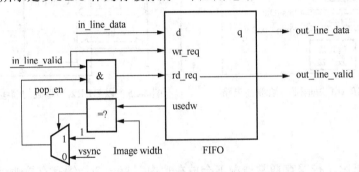

图 4-26　FIFO 实现行缓存电路

在构建内部缓存的时候要充分考虑 FPGA 厂家所提供的 RAM 块的物理结构，尽量做到资源利用最大化，有必要时可以将多个 FIFO 使用同一个 RAM 块来实现。同时结合所需位宽和深度进行综合考虑和设计，设计完成后可以根据实际的综合情况对其进行优化。以下是一个构建方法实例：

```
module line_buffer (
    rst,
    clk,
    din,
    dout,
    wr_en,
    rd_en,
    empty,
    full,
    count
);

parameter  DW = 14;
parameter  IW = 640;
```

```
    parameter  DEPTH = 1024;
    parameter  DW_DEPTH = 10;

    localparam DW_PER_FIFO = 8;//用8位位宽的FIFO模块进行拼接
localparam DW_PER_FIFO_LOG2 = 3;

    localparam FIFO_NUM = ((DW+DW_PER_FIFO-1)>> DW_PER_FIFO_LOG2);
    //所需FIFO的数目
    input  rst;
    input  clk;
    input  [DW-1:0] din;
    output [DW-1:0] dout;
    input  wr_en;
    input  rd_en;
    output empty;
    output full;
    output [DW_DEPTH-1:0]count;

    wire [DW_PER_FIFO-1:0]din_temp[0:FIFO_NUM-1];
    wire [DW_PER_FIFO*FIFO_NUM-1:0]dout_temp;

    assign din_temp[0] = din[DW_PER_FIFO-1-:DW_PER_FIFO];

    altera_fifo_640 #(DW_PER_FIFO,DEPTH,DW_DEPTH)//例化低8位
        buf_lsb(
            .aclr(rst),
            .clock(clk),
            .data(din_temp[0]),
            .rdreq(rd_en),
            .wrreq(wr_en),
            .q(dout_temp[DW_PER_FIFO-1:0]),
            .usedw(count),
            .empty(empty),
            .full(full)
        );

    assign dout = dout_temp[DW-1:0];

generate
  begin :fifo_generate
    genvar  i;
```

```
        genvar  j;

        for (j = 1; j <= FIFO_NUM - 2; j = j + 1)
        begin :xhdl1
            assign din_temp[j] = din[DW_PER_FIFO*(j+1)-1-:DW_PER_FIFO];
        end

        if(FIFO_NUM>1)
            assign din_temp[FIFO_NUM - 1] = {{DW_PER_FIFO*FIFO_NUM-
            DW{1'b0}},din[DW-1:DW_PER_FIFO*(FIFO_NUM-1)]};

        for (i = 1; i <= FIFO_NUM - 1; i = i + 1)
        begin :xhdl2
            altera_fifo_640 #(DW_PER_FIFO,DEPTH,DW_DEPTH)
            //参数分别为位宽，深度，深度的位宽
                buf_others(
                    .aclr(rst),
                    .clock(clk),
                    .data(din_temp[i]),
                    .rdreq(rd_en),
                    .wrreq(wr_en),
                    .q(dout_temp[DW_PER_FIFO*(i+1)-1-:DW_PER_FIFO])
                );
        end
    end
endgenerate

endmodule
```

2. 利用行缓存实现图像行列对齐

行缓存最常见的应用之一是实现行列对齐，实际上，对于二维的图像处理来说，图像的行列对齐是时序对齐的关键步骤，读者阅读本书的后面章节就会发现，相当一部分的图像处理算法涉及图像的行列对齐操作（这是由于算法需要对图像进行开窗的缘故）。本节将以行缓存为基础给出图像行列对齐的一个方法。

行列对齐的关键点是同时得到若干行像素数据，这可以理解为行对齐。同时每行的第一个像素实现对齐，这也是列对齐。

行对齐可以通过上面介绍的行缓存来实现，列对齐可以通过合理控制各个行缓存的读出时刻来实现。实际上，我们在上面介绍行缓存实例的时候，已经给出了一个行缓存的应用电路：行缓存的设计原则是保证流水线的通畅。

对于多行图像的对齐，一个简单的方法就是将行缓存连接成菊花链式，即将前一个行缓存的输出接入下一个行缓存的输入（实现一个 n 行图像的对齐需要 $n-1$ 个行缓存），如图 4-27 所示。

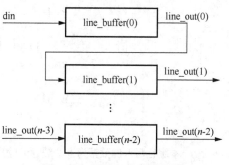

图 4-27 行缓存菊花链结构

在图 4-27 中，din, line_out(0), line_out(1) …line_out(n-2)即为待对齐的 n 行图像数据。

下一个问题是行缓存的读出与写入时刻。我们在前面已经讨论过行缓存的读出时刻：为了不破坏流水线的流通性，每个行缓存需要在装满一整行图像后开始读出，直到所有的行缓存装满后流水线开始流通。

第一个行缓存 line_buffer(0)的写入时刻显然是输入数据 din 的有效时刻。其他的行缓存的写入时刻发生在上一个行缓存的读出时刻。这样就可以保证：在流水线开始工作的第一个时刻，line_out(n-2)输出的是第一行的第一个像素，line_out(n-1)输出的是第二行的第一个像素，line_out(0)输出的是第（n-1）行的第一个像素，din 输出的是第 n 行的第一个像素，由此完成了行列方向上的时序对齐。

Verilog 示例代码如下：

```verilog
generate
    begin : xhdl1
        genvar i;
        for (i = 0; i <= n- 2; i = i + 1)/*共n-1个行缓存*/
        begin : buffer _inst
            //第一个行缓存
            if (i == 0)
            begin : MAP12
//输入数据接入第一个行缓存
                always @(*) line_din[i] <= din;
                //输入数据有效时将数据写入第一个行缓存
                    always @(valid)
                    line_wren[i] <= valid;
            end
            //其余的行缓存，接成菊花链形式
            if ((~(i == 0)))
            begin : MAP13
                always @(posedge clk)
                begin
                    if (rst_all == 1'b1)
```

```verilog
            begin
                line_wren[i] <= 1'b0;
                line_din[i] <= {DW{1'b0}};
            end
            else
            begin
                //上一个缓存读出时，本缓存写入
                line_wren[i] <= #1 line_rden[i - 1];
//本缓存写入的数据为上个缓存的输出
                line_din[i] <= line_dout[i - 1];
            end
        end
    end
    //本缓存的读出时刻为当前缓存装满且输入有效的时刻
    assign line_rden[i] = buf_pop_en[i] & valid ;
    //对缓存内的数据进行计数，装满一行后允许打出
    always @(posedge clk)
    begin
        if (rst_all == 1'b1)//新的一帧到来时复位
            buf_pop_en[i] <= #1 1'b0;
        else if (line_count[i] == IW)//数据装满一行 Image Width
            buf_pop_en[i] <= #1 1'b1;
    end
    //例化当前行缓存
    line_buffer #(DW, IW)
        line_buf_inst(
            .rst(rst_all),
            .clk(clk),
            .din(line_din[i]),
            .dout(line_dout[i]),
            .wr_en(line_wren[i]),
            .rd_en(line_rden[i]),
            .empty(line_empty[i]),
            .full(line_full[i]),
            .count(line_count[i])
        );
    end
end
endgenerate
```

以上的代码并未考虑流水线卸载的过程，流水线的卸载发生在当前输入图像帧结束之后，流水线没有新的数据输入。在接下来的若干行时间段内，流水线处于卸载状态。卸载的一个目的是保持输入和输出数据的带宽平衡：在流水线装载阶段输出处于停滞状态（边界信息除外）。

　　为了说明这个问题，以 3×3 的图像对齐为例来进行说明；要完成 3 行图像的对齐要例化两个行缓存，如图 4-28 所示。

　　在输入行结束之后 line_buffer(0)不再有数据输入，即 din 数据无效。这个时候 line_buffer(0)和 line_buffer(1)里面正好存有两整行图像数据（最后两行图像数据）。若需要对这两行图像进行卸载，则这个过程称为卸载过程。在介绍流水线原理的时候也提到，实际应用时多数情况下不会对着两行数据进行卸载，因为这两行数据往往不够最少的处理单元（3×3 的窗口处理需要最少 3 行图像），普遍的做法是将其搁置不管，并将最后一行输出数据置 0（当然也有其他的边界处理方法，有兴趣的读者可以查阅相关文献）。

　　这个边界行也称为溢出行（flush_line），溢出行是完成输入/输出带宽匹配的必要行。

　　在介绍行列对齐的过程中多次提到图像的边界，图像的边界是图像处于处理边界的像素。设定 radius 为图像处理算法的半径，则边界像素为图像边界宽度为 radius 的外环，如图 4-29 所示。

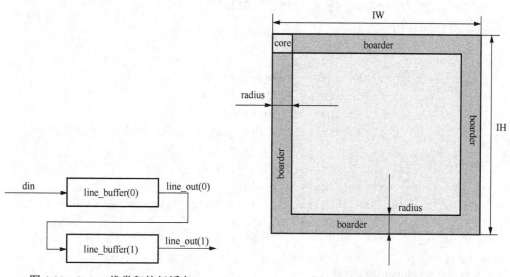

图 4-28　3×3 二维卷积的行缓存　　　　　　　图 4-29　图像边界示意

　　外框为输入图像，左上角的小方框即为处理核 core，处理核从图 4-29 所示位置出发一直移动到图像的右下角即完成整幅图像的处理。图中矩形框的"外环"（图中阴影部分）即为图像的边界。很明显，这些边缘像素包括以下几种：

　　（1）行数在处理半径以内的。

（2）列数在处理半径以内的。

（3）行数在图像宽度-处理半径之内的。

（4）列数在图像高度-处理半径之内的。

当然，这些都是针对输出行列计数而言。

//行列计数及边界判决实例代码如下：

```verilog
always @(posedge clk)
  begin
      if (rst_all == 1'b1)
          in_line_cnt <= #1 {11{1'b0}};
      else if (((~(valid))) == 1'b1 & valid_r == 1'b1)
          in_line_cnt <= #1 in_line_cnt + 11'b00000000001;//输入行计数
  end
  //溢出行计数
always @(posedge clk)
  begin
      if (rst_all == 1'b1)
      begin
          flush_line <= #1 1'b0;
          flush_cnt <= #1 {16{1'b0}};
      end
      else
      begin
          if (flush_cnt >= ((IW - 1)))
              flush_cnt <= #1 {16{1'b0}};
          else if (flush_line == 1'b1)
              flush_cnt <= #1 flush_cnt + 16'b0000000000000001;

          if (flush_cnt >= ((IW - 1)))
              flush_line <= #1 1'b0;
          else if (in_line_cnt >= IH & out_line_cnt < ((IH - 1)))
              flush_line <= #1 1'b1;
      end
  end
  //输出行计数和输出像素计数
always @(posedge clk)
  begin
      if (rst_all == 1'b1)
      begin
          out_pixel_cnt <= #1 {16{1'b0}};
          out_line_cnt <= #1 {11{1'b0}};
```

```
            end
        else
        begin
            if (dout_valid_temp_r == 1'b1 & ((~(dout_valid_temp))) == 1'b1)
                out_line_cnt <= #1 out_line_cnt + 11'b00000000001;
            else
                out_line_cnt <= #1 out_line_cnt;
            if (dout_valid_temp_r == 1'b1 & ((~(dout_valid_temp))) == 1'b1)
                out_pixel_cnt <= #1 {16{1'b0}};
            else if (dout_valid_temp == 1'b1)
                out_pixel_cnt <= #1 out_pixel_cnt + 16'b0000000000000001;
        end
    end
    //边界判决
    assign is_boarder = (((dout_valid_temp == 1'b1) & (out_pixel_cnt <=
((radius - 1)) | out_pixel_cnt >= ((IW - radius)) | out_line_cnt <= ((radius
- 1)) | out_line_cnt >= ((IH - radius))))) ? 1'b1 : 1'b0;
```

4.3.3 异步缓存

异步缓存主要应用在跨时钟的场合。对于一些设计，在不同的部分使用不同的时钟是不可避免的。这个问题主要出现在视频输入、视频输出及与外部的异步接口等场合。

一般来说，外部的视频输入数据流都会附带一个视频流的参考时钟，而这个时钟与本地逻辑时钟是异步的。同时，处理完的视频流要进行显示，显示驱动电路的时钟与本地系统时钟往往也是不同的。系统与外部的一些异步接口，例如异步存储器等，都是跨时钟域的场合（我们将在时序约束的章节讨论异步时钟域的设计问题）。

异步时钟带来的一个问题就是有效的读写速率不一致。一般情况下，这种场合是读取速度要小于写入速度。解决异步时钟的一个方法就是建立异步缓存器，用一个异步 FIFO 即可实现。

设计异步缓存时的基本原则是防止缓存上溢（overflow）和下溢（underflow）。增加 FIFO 的深度可以有效解决溢出问题，但这往往会增加存储器的资源消耗。而有的时候，缓存必须要设置地很大才能解决问题，或是由于系统设计的不合理，导致无法对读写速率进行有效匹配。实际上，在设计时我们会根据实际的读写速率事先对缓存所需要的深度做一个预估。

在对异步 FIFO 的深度进行估算时要考虑到最坏的情况，也就是读写速率差别最大的时候。一般情况下，用以下公式来计算 FIFO 深度。

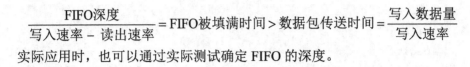

$$\frac{FIFO深度}{写入速率 - 读出速率} = FIFO被填满时间 > 数据包传送时间 = \frac{写入数据量}{写入速率}$$

实际应用时，也可以通过实际测试确定 FIFO 的深度。

4.3.4 增加存储器带宽

在实际应用中，经常会遇到存储器带宽不够的情况。例如由于成本限制，外部的一个存储器最多只能存放一张完整的图像，而我们又需要至少两个帧缓存。这种情况下，存储器的带宽就成为了设计瓶颈，必须想办法增加存储器的带宽。

1. 增加存储器个数

增加多个并行的存储器系统是增加存储器带宽的最简单的方法。如果每个存储器都有独立的地址和数据总线连接到 FPGA，那么每个存储器都可以独立并行地与 FPGA 进行数据交互。虽然对于片外存储器来说，这不是最高效的存储结构，但是也是最简单可靠的实现方式。考虑以下情况：实现连续 3 帧图像的均值运算，图 4-30 所示的电路可以保存若干个图像帧缓存，只要这些图像的总大小不会超过 SRAM 的容量。但是，如果要利用当前电路实现流水操作，那么上述存储器系统只能实现连续两帧数据的流水运算。而如图 4-30 所示的存储器系统，通过增加一个物理存储器，可同时得到连续 3 帧的图像数据，实现连续三帧的流水运算。

2. 增加存储器字宽

进一步增加存储器带宽的方法是增加其字宽。这样一来，每次对存储器的访问可以同时读写多个像素。这样做的效果等同于并行地连接多个存储器，但是存储器被划分为了多个分区。与多个物理存储器不同的是，这些分区共享相同的地址线，只是在数据线上进行区分。

在像素数据的读取和写入方面，比单纯的多个物理存储器复杂。这是基于以下考虑：要将多个像素进行合并写入存储器，并在读取后将像素数据从总线上解出。

以 8 位的数据存入 16 位的存储器为例，系统结构如图 4-31 所示。

3. 使用多端口存储器

使用多端口存储器并不能"真正意义"上地提高存储器的带宽，实际上，存储器的位宽和大小均没有发生变化。但是多端口存储器提供了多个存取接口，也就是多个数据总线和地址总线。多个端口可以同时提供读写功能，理论上将带宽提升了一倍。但是也要注意，需要小心处理访问冲突问题。

还有一种方法是将存储器划分为不同的地址区间，多个端口可以同时访问不同的地址分区，这在一定程度上可以简化设计。对于连续 3 帧的流水运算，可以将第一帧数据放在上半区，第二帧数据存放在下半区来实现连续两帧的缓存。但是通常情况下不会这么做，这是因为如果存储器可以存得下两幅图片，那么通过简单的逻辑即可实现单口存储，而双口 RAM 的成本比单口 RAM 高得多。

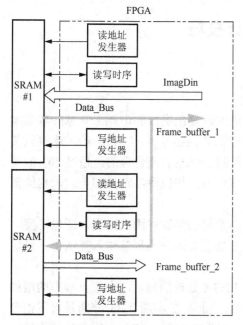

图 4-30　利用多个存储器实现多帧缓存

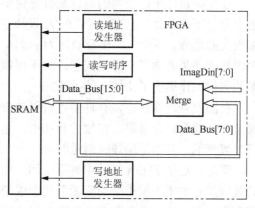

图 4-31　有效利用存储器带宽

双口 RAM 的一个典型应用是完成双边主机的通信，例如 DSP 与 FPGA 协作系统中，完成 DSP 与 FPGA 的数据交互。

4. 提高时钟速率

将存储器以一个与系统其他部分更高的速度运行，可以允许在一个系统时钟内对存储器进行两次或多次访问。存储器应该和时钟同步，这样能避免同步问题。双倍数据速率（DDR）存储器就是这样的一种存储器。它能在时钟的上升沿和下降沿各传送一次数据，即每个时钟周期传送两次数据。对于时钟速度较低或者具有高速存储器的系统来说，使用一个较高频率的 RAM 时钟才是可行的。

此外，当数据每隔几个时钟进入到流水线处理时，整个设计都能以较高的时钟速率运行。这种方法称为"多阶段"设计，时钟周期的数目或阶段与像素时钟有关。多阶段设计不仅增加了带宽，而且在不同阶段重复使用硬件而减少了计算硬件。

4.3.5　存储器建模与仿真

对于外部存储器的建模与仿真对于整个系统的稳定性至关重要。一般情况下，客户很少对所用到的存储器进行建模，存储器的仿真模型一般情况下可以通过存储器的生产厂家或者第三方（如专门进行仿真模型建立的组织 Free Model Foundry 或是 Altera，Xilinx 等 FPGA 厂家）得到。

4.4 其他设计技巧

4.4.1 合理处理参数

在实际设计中，资源的消耗是首先需要考虑的问题：资源的消耗上升意味着成本的上升。不仅如此，当在一个 FPGA 设计中，资源消耗过多时，往往会给时序收敛带来很大的挑战。原则上，资源消耗为 FPGA 总资源 50%左右是合理的，超过 80%的资源消耗就必须考虑资源优化问题。对于图像处理任务，往往资源消耗相当大，也给资源的优化工作提出了比较大的挑战。

在图像处理算法中，有许多可设置的参数，常用的参数有图像宽度、图像高度、阈值和处理窗口尺寸等。在软件算法中，这些参数通常是作为形参传入算法中，是运行时可变的，并不是编译时指定的。

但是，这在 FPGA 设计中并不适用。由于 FPGA 处理的特点，图像分辨率的增加和处理尺寸的增加所带来的资源消耗会成倍增加，图 4-32 和图 4-33 分别是对图像分辨率为 640×512、位宽为 8 位、处理窗口尺寸分别为 3×3 和 5×5 的二维求和模块的综合资源消耗统计图。

Flow Summary	
Flow Status	Successful - Tue Apr 19 10:37:05 2016
Quartus II 64-Bit Version	13.0.1 Build 232 06/12/2013 SP 1 SJ Full Version
Revision Name	sdram_test
Top-level Entity Name	sum_2d
Family	Stratix
Device	EP1S60F1508C6
Timing Models	Final
Total logic elements	473 / 57,120 (< 1 %)
Total pins	31 / 1,031 (3 %)
Total virtual pins	0
Total memory bits	32,768 / 5,215,104 (< 1 %)
DSP block 9-bit elements	0 / 144 (0 %)
Total PLLs	0 / 12 (0 %)
Total DLLs	0 / 2 (0 %)

Flow Summary	
Flow Status	Successful - Tue Apr 19 10:38:28 2016
Quartus II 64-Bit Version	13.0.1 Build 232 06/12/2013 SP 1 SJ Full Version
Revision Name	sdram_test
Top-level Entity Name	sum_2d
Family	Stratix
Device	EP1S60F1508C6
Timing Models	Final
Total logic elements	766 / 57,120 (1 %)
Total pins	31 / 1,031 (3 %)
Total virtual pins	0
Total memory bits	65,560 / 5,215,104 (1 %)
DSP block 9-bit elements	0 / 144 (0 %)
Total PLLs	0 / 12 (0 %)
Total DLLs	0 / 2 (0 %)

图 4-32 尺寸为 3×3 的综合结果：共消耗　　　图 4-33 尺寸为 5×5 的综合结果：共消耗
473 个逻辑资源，32768 个内存单元　　　　　766 个逻辑资源，65560 个内存单元

在处理尺寸为 3×3 时，模块消耗的逻辑单元为 473 个，而 5×5 的处理尺寸，模块消耗的逻辑单元为 766 个，提升了将近一倍。同时，存储块消耗也提升了一倍（由于增加了一个行缓存）。

如果在 FPGA 中考虑处理尺寸和分辨率的运行时调整，那么系统设计的资源消耗必然是资源消耗最大时的参数，同时也给设计带来了挑战。因此，正确的设计方式是在编译时就确定好参数，参数的确定和调试工作交给软件来完成（实际上，我们在开始 FPGA 设计时参数已经是经过调试好的稳定参数）。因此，在图像处理模块设计中，通常会将这些参数作为编译时参数，如下所示为一个典型的模块定义：

```
module sum_2d(

        rst_n,
        clk,
        din_valid,
        din,
        dout,
        vsync,
        vsync_out,
        is_boarder,
        dout_valid
    );


parameter       DW  = 8;          //数据位宽
parameter       KSZ = 5;          //求和窗口尺寸
parameter       IH  = 512;        //图像高度
parameter       IW  = 640;        //图像宽度
```

在实际中，当然会遇到运行时参数不同的场合，例如，在视频缩放的时候，图像分辨率会随着缩放比例而变化。庆幸的是，如果采用流水线的设计方式，图像分辨率的变换对处理逻辑资源带来的变化不会很大，除非是需要对图像进行存储或缓存（将会消耗更多的片上块 RAM）。一般情况下，目前的视频或图像分辨率不会超过 4K×4K，也就是 4096×4096，因此 2 个 12 位的寄存器就可以存放分辨率参数。

还有一种情况是算法要求有不同的配置参数，或是算法要调用两个不同尺寸的模块进行进一步处理（例如双均值滤波），这时模块设计就必须考虑不同尺寸的处理。

4.4.2　资源及模块复用

通过使用复用器可以使设计中的多个部分共享一个昂贵的资源。要达到这个目的需要三个条件。第一个条件是共享资源所用复用器的资源更少。例如，在大多数情况下共享加法器是不现实的，因为建立一个加法器所需的开销通常比需要共享这个加法器所需复用器的开销少。共享一个复杂的功能模块则是很实用的。第二个条件是每个实用该资源的单元必须只是部分使用该资源。如果资源的实例完全被使用，那么多个单元之间共用一个实例会减慢系统的速度。第三个条件是需要考虑使用资源的时序。

如果设计的多个部分必须同时使用该资源，那么该资源不能被复用，必须创建该资源的多个副本。

共享资源的一个限制是进制对资源进行多个同时访问，就得设计仲裁电路，这无疑会增加设计的复杂性和消耗一定的资源。防止冲突的一个简单思路是计划性访问。采用这种方法时，通过设计算法使访问能独立进行或者安排在不同的时间进行来避免冲突。

4.4.3 防止亚稳态

在 FPGA 系统中，如果数据传输中触发器的 T_{su} 和 T_h 不满足，或者复位过程中复位信号的释放相对于有效时钟沿的恢复时间（recovery time）不满足，就可能产生亚稳态。此时，触发器输出端 Q 在有效时钟沿之后比较长的一段时间处于不确定的状态。在这段时间里 Q 端在 0 和 1 之间处于振荡状态，而不是等于数据输入端 D 的值。这段时间称为决断时间（resolution time）。经过 resolution time 之后 Q 端将稳定到 0 或 1 上。但是稳定到 0 或者 1 是随机的，与输入没有必然的关系。亚稳态的产生原理如图 4-34 所示。

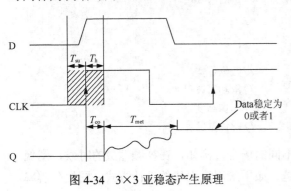

图 4-34　3×3 亚稳态产生原理

亚稳态的主要危害是破坏了系统的稳定性。存在亚稳态的输出信号对后续信号的处理带来的影响，可能是由于引入毛刺、振荡或固定的错误电压而造成的。因此，亚稳态将导致逻辑误判。在严重情况下，输出 0～1 的中间电压值还会使下一级产生亚稳态。另外，在亚稳态状态下，对于任何噪声诸如环境，只要系统中有异步元件，亚稳态就是无法避免的。亚稳态主要发生在异步信号检测、跨时钟域信号传输及复位电路等常用设计中。

在 FPGA 设计中，通常用以下几个主要方法来尽量避免亚稳态。

1. 异步多拍处理

多拍处理也是降低亚稳态发生概率的经典处理方法。模块引入异步信号（与本地时钟不同域的信号）必须进行多拍处理防止亚稳态。三级寄存器同步是常用的同步方法，经过三级寄存器之后，亚稳态出现的概率基本为 0，如图 4-35 所示。

图 4-36 所示为一个正常第一级寄存器发生了亚稳态，第二级、第三级寄存器消除亚稳态时序模型。

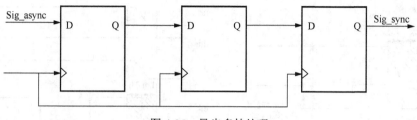

图 4-35　异步多拍处理

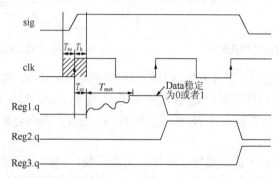

图 4-36　三级寄存器消除亚稳态时序模型

在一些对系统稳定性要求更高的场合（例如军工领域），可能还会要求更多拍处理，以便进一步提高系统稳定性。

2. FIFO 异步缓存

对于同频不同相的异步时钟域，可以采用三级寄存器对齐进行本地同步，这种同步方式仅仅适用于对少量错误不敏感的功能单元。

对异步时钟域的处理，更可靠的方式是采用异步缓存。一般情况下，我们会选择一个异步 FIFO 作为异步缓存。

对于不同频不同相的异步时钟域，只能用异步缓存来进行同步，这是由于需要缓存来进行带宽匹配。

3. 异步复位，同步释放

单纯的同步复位和异步复位都会带来亚稳态问题，异步复位亚稳态现象如图 4-37 所示。

如果异步复位信号的撤销时间在 $T_{recovery}$（恢复时间）和 $T_{removal}$（移除时间）之内，那势必造成亚稳态的产生，输出在时钟边沿的 T_{co} 后会产生振荡，振荡时间为 T_{met}（决断时间），最终稳定到 "0" 或者 "1"，就会可能造成复位失败。

同步复位亚稳态现象如图 4-38 所示。

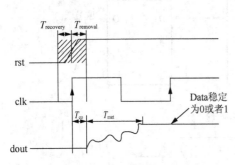

图 4-37 异步复位的亚稳态时序

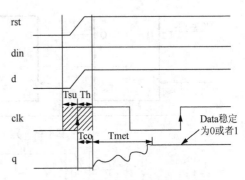

图 4-38 同步复位的亚稳态时序

当输入端 din 为高电平，而且复位信号的撤销时间在 clk 的 T_{su} 和 T_h 内时候，亚稳态就随之产生。如图 4-38 时序所示，当复位撤销时间在 clk 的 T_{su} 和 T_h 内，输入数据为"1"，通过和输入数据相与后的数据也在 clk 的 T_{su} 和 T_h 内。因此，势必会造成类似异步信号采集的亚稳态情况。

最常用的复位处理方式是采用异步复位、同步释放，同时为保证系统有效复位，在实际应用时，我们还需对复位信号进行展宽。一般情况下，展开的宽度在几百毫秒以上，如图 4-39 所示为一个常用的复位电路。

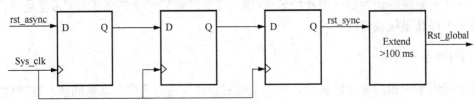

图 4-39 工程应用中的实用复位电路

第5章 系统仿真

仿真与调试在 FPGA 开发过程中的作用不言而喻。毫不夸张地说，仿真与调试在实际开发中所占的时间远远大于开发过程。

FPGA 的仿真工作又可以分为前仿真和后仿真。前仿真即功能仿真，是在不考虑器件延时和布线延时的理想情况下对源代码进行逻辑功能的验证；后仿真即时序仿真，时序仿真主要是在布局布线后进行，它与特定的器件有关，在仿真时要包含器件和布线的延时信息，主要用来逼近系统的实际工作情况。其余的仿真步骤有综合后仿真和映射后仿真等，但这两个仿真意义不大。

在 FPGA 图像处理的应用场合，由于涉及二维图像的行列对齐，以及比较复杂的图像处理算法，我们会把大部分的精力花在功能仿真上面。因此，功能仿真也是本书介绍的重点。

5.1 Modelsim 使用基础

5.1.1 Modelsim 简介

Mentor 公司的 Modelsim 是业界最优秀的 HDL 语言仿真软件，它能提供友好的仿真环境，是业界唯一的单内核支持 VHDL 和 Verilog 混合仿真的仿真器。它采用直接优化的编译技术、Tcl/Tk 技术和单一内核仿真技术，编译仿真速度快，编译的代码与平台无关，便于保护 IP 核，个性化的图形界面和用户接口，为用户加快调错提供强有力的手段，是 FPGA/ASIC 设计的首选仿真软件。

Modelsim 的主要特点如下：

（1）RTL 和门级优化，本地编译结构，编译仿真速度快，跨平台跨版本仿真。

（2）单内核 VHDL 和 Verilog 混合仿真。

（3）源代码模版和助手，项目管理。

（4）集成了性能分析、波形比较、代码覆盖、数据流 ChaseX、Signal Spy、虚拟对象 Virtual Object、Memory 窗口、Assertion 窗口、源码窗口显示信号值、信号条件断点等众多调试功能。

（5）C 和 Tcl/Tk 接口，C 调试。

（6）对 SystemC 的直接支持和 HDL 任意混合。

（7）支持 SystemVerilog 的设计功能。

（8）对系统级描述语言的最全面支持：SystemVerilog，SystemC，PSL。

（9）ASIC Sign off。

（10）可以单独或同时进行行为（behavioral）、RTL 级、和门级（gate-level）的代码。

ModelSim 分为几种不同的版本：SE、PE、LE 和 OEM，其中 SE 是最高级的版本，而集成在 Actel、Atmel、Altera、Xilinx 及 Lattice 等 FPGA 厂商设计工具中的均是其 OEM 版本。SE 版和 OEM 版在功能和性能方面有较大差别，例如对于大家都关心的仿真速度问题，以 Xilinx 公司提供的 OEM 版本 ModelSim XE 为例，对于代码少于 40000 行的设计，ModelSim SE 的仿真速度比 ModelSim XE 的快 10 倍；对于代码超过 40000 行的设计，ModelSim SE 的仿真速度比 ModelSim XE 的快近 40 倍。ModelSim SE 支持 PC、UNIX 和 LINUX 混合平台；提供全面完善及高性能的验证功能；全面支持业界广泛的标准；Mentor Graphics 公司提供业界最好的技术支持与服务。

本书中所采用的 Modelsim 的软件版本为 Modelsim SE 10.1a。

5.1.2 Modelsim 图形界面及仿真示例

本节将介绍如何利用 Modelsim SE 的 gui 图形界面进行仿真。首先熟悉一下 Modelsim 的主界面，如图 5-1 所示。

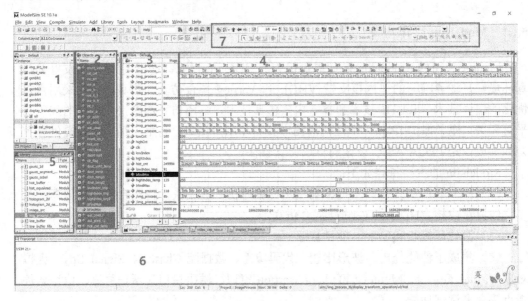

图 5-1 Modelsim 的主界面

序号 1 所指方框是 sim 及 project 窗口：sim 窗口主要是查看当前仿真实例及单元，project 窗口则提供了当前工程中的设计文件，包括设计源文件及 testbench，标准时延文件等。

序号 2 所指方框是 object 窗口：主要查看当前 sim 窗口所选中的仿真实例所包含的信号、常量及变量等。

序号 3 所指方框是 Wave 窗口：当前活跃的仿真信号窗口。

序号 4 所指方框是 Wave 波形窗口：仿真波形窗口。

序号 5 所指方框是 Library 窗口：当前工程所用的库。

序号 6 所指方框是 Transport 窗口：命令行的接口、输入执行命令、标准脚本命令及查看运行结果等。

序号 7 所在方框是工具栏：常用的功能包括缩放、执行、停止及信号边缘查找、光标管理等功能。

以下是一个典型的仿真流程，以一个简单的加法器电路仿真流程来进行讲解。

1. 新建工程和编译 IP 库

功能仿真不建议直接用 quartus 或是 ISE 调用 Modelsim 进行仿真，实践证明这样做不仅耗时费力，还会出现各种意想不到的问题。最好的方法是首先在 Modelsim 里面新建一个工程，在这个工程里面设计代码、编译和进行功能仿真。

Modelsim 新建工程的选项如图 5-2 所示。

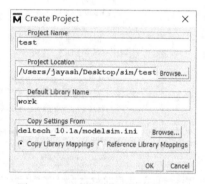

图 5-2　Modelsim 新建工程的选项

需要指定的内容有工程名字、工程地址（不能包含中文路径）、默认库名字（一般情况下为 work）和 modelsim.ini 文件路径。需要说明的是最后一个选项 modelsim.ini，该文件是整个 Modelsim 的配置文件，每次打开工程时软件都会去读取这个指定的配置文件，主要是用来映射设计库，包括系统默认的 IEEE 库、Altera 和 Xilinx 的 IP 库及用户的设计库等。

以下为 Modelsim 中的库文件指定选项示例：

```
;标准库，$MODEL_TECH 代表 Modelsim 的安装路径
std = $MODEL_TECH/../std
ieee = $MODEL_TECH/../ieee
vital2000 = $MODEL_TECH/../vital2000
;altera IP 库
altera_mf_ver = $MODEL_TECH/../altera/verilog/altera_mf
altera_ver = $MODEL_TECH/../altera/verilog/altera
220model_ver = $MODEL_TECH/../altera/verilog/220model
alt_ver = $MODEL_TECH/../altera/verilog/alt_vtl
;用户设计库
img_process = C:/Users/jayash/Desktop/sim/work
```

我们在新建工程的时候其实已经新建了一个库，这个库的名字就是 work（当然也可以进行手动修改）。实际上，我们自行设计的逻辑也都封装到了这个库里面，上述实例中的 img_process 库即为用户的设计库，这里封装了一些基本的图像处理的算法，在设计比较复杂的算法时，可以直接将该库包含进来，并直接调用里面的设计模块。

在我们的设计中，使用 FPGA 厂家提供的 IP 核是不可避免的。这时就必须首先将需要用到的 IP 库进行编译，并添加到当前的工程中，最好的办法是直接将编译好的库目录写入 modelsim.ini 文件中去（正如前面的示例）。

Xilinx 公司提供的仿真库编译工具可以直接对其支持的所有器件进行直接编译，编译工具打开后如图 5-3 所示。

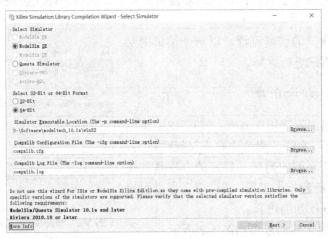

图 5-3　Xilinx 仿真编译工具

所选择的 Modelsim 版本为 Modelsim SE，选中 Modelsim 的安装路径下的 win32 文件夹，默认配置文件和日志文件，单击"下一步"。选择编译语言，如图 5-4 所示。

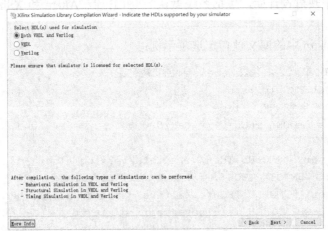

图 5-4　选择编译语言

根据所用的语言选择编译语言，接着，单击"下一步"，选择编译的器件，如图 5-5 所示。

图 5-5　选择编译的器件

选择需要编译的器件，可以取消选择不用的器件，以便节省编译时间。接着单击"下一步"，指定编译库，如图 5-6 所示。

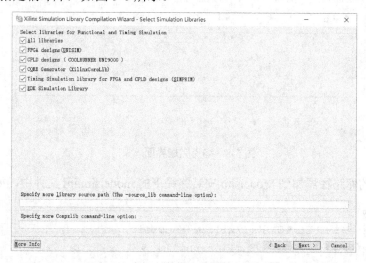

图 5-6　指定编译库

指定编译后的四个库，直接单击"下一步"，指定输出路径，如图 5-7 所示。

选择编译后的输出路径（我们选择将其保存到 Modelsim 的安装目录下的 xilinx 文件夹），单击"Launch Compile Process"。接下来就是漫长的编译过程了。编译完成后的界面如图 5-8 所示。

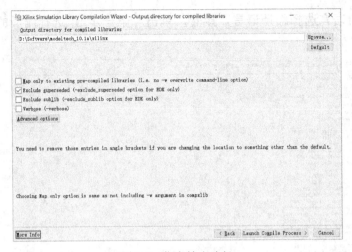

图 5-7   指定输出路径

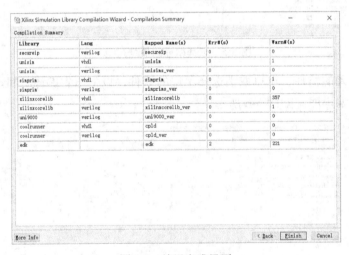

图 5-8   编译完成界面

将编译好的库路径添加到 Modelsim 安装路径下的 modelsim.ini 文件中，如下所示：

```
[Library]
secureip = $MODEL_TECH/../xilinx/secureip
unisim = $MODEL_TECH/../xilinx/unisim
unimacro = $MODEL_TECH/../xilinx/unimacro
unisims_ver = $MODEL_TECH/../xilinx/unisims_ver
unimacro_ver = $MODEL_TECH/../xilinx/unimacro_ver
simprim = $MODEL_TECH/../xilinx/simprim
simprims_ver = $MODEL_TECH/../xilinx/simprims_ver
xilinxcorelib = $MODEL_TECH/../xilinx/xilinxcorelib
xilinxcorelib_ver = $MODEL_TECH/../xilinx/xilinxcorelib_ver
```

```
uni9000_ver = $MODEL_TECH/../xilinx/uni9000_ver
cpld = $MODEL_TECH/../xilinx/cpld
cpld_ver = $MODEL_TECH/../xilinx/cpld_ver
```

重新启动 Modelsim，即可出现新的 Xilinx IP 库，如图 5-9 所示。

Altera 公司并没有提供相应的编译工具，因此，必须手动进行编译。Altera 的仿真库存放目录为 quartus\eda\sim_lib。编译过程首先需要新建库，并找到 sim_lib 文件夹的相应文件添加到指定库里面，进行编译，编译完成后将编译后的文件夹路径添加到 modelsim.ini 文件中去。下面以 altera_mf_ver 库为例来进行说明。

（1）首先新建一个工程。

（2）将 quartus\eda\sim_lib\altera_mf.v 添加到工程中并编译。

（3）找到工程目录，work 文件夹下即为编译好的库文件。可以将此文件夹重命名为 altera_mf_ver，并将其复制到 Modelsim 的安装路径下的 altera\verilog 文件夹（新建）下面。

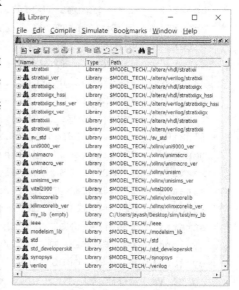

图 5-9　新加入的器件库

（4）在 Modelsim 中[Library]段下面添加如下部分：

```
altera_mf_ver = $MODEL_TECH/../altera/verilog/altera_mf
```

（5）重新启动软件即可（需关闭当前工程）。

鉴于整个过程比较繁琐，本书提供已经编译好的 Altera 的仿真库和器件库，可登录 http://www.hxedu.com.cn 下载。读者只需把整个文件夹复制到 Modelsim 安装目录下，并修改目录下的 modelsim.ini 文件即可。添加内容如下：

```
apex20k = $MODEL_TECH/../altera/vhdl/apex20k
apex20ke = $MODEL_TECH/../altera/vhdl/apex20ke
apexii = $MODEL_TECH/../altera/vhdl/apexii
220model = $MODEL_TECH/../altera/vhdl/220model
alt_vtl = $MODEL_TECH/../altera/vhdl/alt_vtl
flex6000 = $MODEL_TECH/../altera/vhdl/flex6000
flex10ke = $MODEL_TECH/../altera/vhdl/flex10ke
max = $MODEL_TECH/../altera/vhdl/max
maxii = $MODEL_TECH/../altera/vhdl/maxii
stratix = $MODEL_TECH/../altera/vhdl/stratix
stratixii = $MODEL_TECH/../altera/vhdl/stratixii
```

```
stratixiigx = $MODEL_TECH/../altera/vhdl/stratixiigx
cyclone = $MODEL_TECH/../altera/vhdl/cyclone
stratixiigx_hssi = $MODEL_TECH/../altera/vhdl/stratixiigx_hssi
apex20k_ver = $MODEL_TECH/../altera/verilog/apex20k
apex20ke_ver = $MODEL_TECH/../altera/verilog/apex20ke
apexii_ver = $MODEL_TECH/../altera/verilog/apexii
altera_mf_ver = $MODEL_TECH/../altera/verilog/altera_mf
altera_ver = $MODEL_TECH/../altera/verilog/altera
220model_ver = $MODEL_TECH/../altera/verilog/220model
alt_ver = $MODEL_TECH/../altera/verilog/alt_vtl
flex6000_ver = $MODEL_TECH/../altera/verilog/flex6000
flex10ke_ver = $MODEL_TECH/../altera/verilog/flex10ke
max_ver = $MODEL_TECH/../altera/verilog/max
maxii_ver = $MODEL_TECH/../altera/verilog/maxii
stratix_ver = $MODEL_TECH/../altera/verilog/stratix
stratixii_ver = $MODEL_TECH/../altera/verilog/stratixii
stratixiigx_ver = $MODEL_TECH/../altera/verilog/stratixiigx
cyclone_ver = $MODEL_TECH/../altera/verilog/cyclone
cycloneii_ver = $MODEL_TECH/../altera/verilog/cycloneii
sgate_ver = $MODEL_TECH/../altera/verilog/sgate
stratixiigx_hssi_ver = $MODEL_TECH/../altera/verilog/stratixiigx_hssi
stratixiii_ver = $MODEL_TECH/../altera/verilog/stratixiii
stratixiii = $MODEL_TECH/../altera/vhdl/stratixiii
```

当然也可以根据需要屏蔽不需要的库（前面加分号即可）。

2. 添加和编译设计文件

所用到的设计源文件如下：

```
//test.v
`timescale 1ns/1ns

module test(
    clk,
    rst_n,
    din_a,
    din_b,
    sum
);
```

```verilog
    parameter DW = 8;

    input  [DW-1:0]din_a;
    input  [DW-1:0]din_b;
    input  clk,rst_n;
    output reg[DW:0]sum;

    always @(posedge clk or negedge rst_n)
    begin
        if(~rst_n)
            sum <= {DW+1{1'b0}};
        else
            sum <= #1 {1'b0,din_a} + {1'b0,din_b};
    end

endmodule
```

测试用的例子如下：

```verilog
//test_tb.v
'timescale 1ns/1ns

module test_tb;
parameter DW = 8;

    reg  clk;
    reg  rst_n;
    reg  [DW-1:0]din_a;
    reg  [DW-1:0]din_b;
    wire [DW:0]sum;

test u0(
        .clk(clk),
        .rst_n(rst_n),
        .din_a(din_a),
        .din_b(din_b),
        .sum(sum)
    );
    defparam u0.DW = DW;

    initial
    begin: init
```

```
        rst_n <= 1'b0;
        #(50000);//reset the sysytem
        rst_n <= 1'b1;//release the system
    end

    //clk generate : 25MHz
always @(rst_n or clk)
begin
  if ((~(rst_n)) == 1'b1)
    clk <= 1'b0;
  else
    clk <= #20 (~clk);
end

    always @(posedge clk or negedge rst_n)
    begin
        if(~rst_n)
        begin
            din_a <= {DW{1'b0}};
            din_b <= {DW{1'b0}};
        end
        else
        begin
            din_a <= #20 {$random} % {1'b1,{DW{1'b0}}};//生成随机数
            din_b <= #20 {$random} % {1'b1,{DW{1'b0}}};//生成随机数
        end
    end

endmodule
```

在 project 窗口内，单击鼠标右键，选择 Add to Project->ExitingFile，选择写好的 test.v 和 test_tb.v，如图 5-10 所示。单击右键进行编译即可。

3. 进行仿真

编译完的下一步就可以进行仿真了，在 library 窗口，选中 test_tb，用右键选择 Simulate without Optimization，即不进行优化，如图 5-11 所示。

如果设计时用到了 IP 核或是外部库，就可能会报错而找不到设计单元，这时候需要指定仿真库（虽然本例不需要）。方法是单击菜单栏的 Simulate->Start Simulation，如图 5-12 所示。

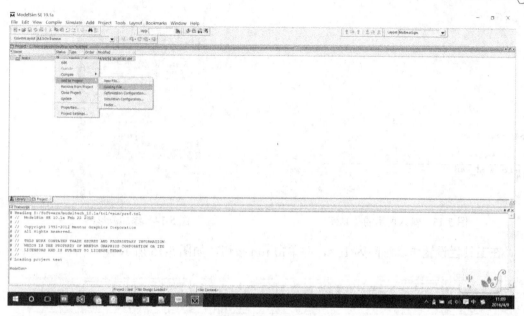

图 5-10　添加设计文件

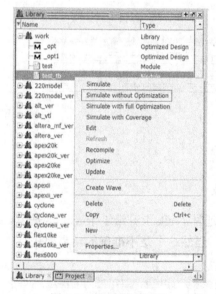

图 5-11　仿真顶层文件

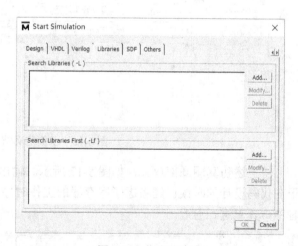

图 5-12　指定仿真库

在 Library 选项卡添加需要用的库，例如需要用到 altera_mf_ver 库，如图 5-13 所示。然后选择设计单元 test_tb 进行仿真即可。

加载成功后，在 sim 窗口选中 test_tb 设计实例，用右键选择 Add Wave，将顶层文件添加到 Wave 窗口，如图 5-14 所示。

图 5-13　输入所用的仿真库　　　　　　　　图 5-14　添加波形图

在工具栏设置仿真时间为 1ms，并单击 run 按钮，如图 5-15 所示。

图 5-15　开始仿真

仿真结果如图 5-16 所示。

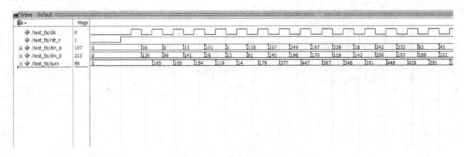

图 5-16　示例仿真结果

将上述仿真图局部放大，如图 5-17 所示。输出延时了 clk 上升沿 1 个 ns，这是由于在代码设计的时候已经考虑了寄存器的工作时序。当然这个是不准确的，需要进行时序仿真来进行逼近。

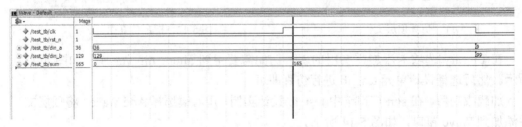

图 5-17　软件延时图

5.1.3 使用脚本命令来加速仿真

Modelsim 完美支持 tcl 脚本语言及批处理命令 do 文件。使用脚本文件可以大大减轻工作量，提高仿真效率。

gui 界面操作起来非常繁琐，特别是在调试过程中，常常有一些重复性的工作。例如，在发现问题并修改代码后，重新进行仿真，这个用 gui 单步操作就会显得乏味和耗时。此外，在大型的设计中，要找出并添加一个特定的信号往往是令人崩溃的。在某些情况下，还可能只是对模块进行一些简单的激励测试，这时候写 testbench 就比较麻烦，可以用简单的测试激励脚本来实现。

用户可以在脚本窗口来输入命令，如图 5-18 所示。

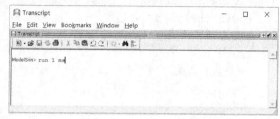

图 5-18　在脚本窗口输入命令

1. 常用 tcl 脚本命令

下面将会列出一些常用的脚本命令。

```
#打开现有工程
project open C:/Users/jayash/Desktop/sim/ImageProcess
#新建一个库
vlib my_lib
#将其映射到 work
vmap my_lib work
#删除指定库
vmap -del my_lib
#添加指定设计文件
project addfile src/verilog/test.v
#编译工程内的所有文件
project compileall
#编译指定 verilog 文件
vlog src/verilog/test.v
#编译指定 vhdl 文件，同时检查可综合性
vcom -check_synthesis  src/video_cap.vhd
//仿真 work 库下面的 test_tb 实例，同时调用 220model_ver 库，不进行任何优化，仿
真分辨率 1ns
vsim  -t 1ns -L 220model_ver -gui -novopt work.test_tb


#取消 warning，例如'x','u','z'信号的警告，对提高编译速度很有帮助
set StdArithNoWarnings 1
```

```
#查看 objects
view objects
#查看局部变量
view locals
#查看 source
view source
#添加模块顶层所有信号到波形图
add wave *
#10 进制无符号显示
radix unsigned
#16 进制显示
radix hex
#重新进行仿真
restart
#开始仿真
run
#仿真指定时间
run 1 ms
#时钟激励 50ns 周期 占空比 50%
force -repeat 50 clk 0 0,1 25
#指定信号置 0
force rst_n 0
run 200 ns
#指定信号置 0
force rst_n 1
#指定信号赋值
force din_a 123
force din_b  39
```

2. do 文件

在实际情况下，通常会直接运行 do 文件。do 文件是由一系列的顺序命令脚本，例如，打开工程，编译指定文件，添加指定信号，添加信号后开始执行。这对于很多重复的机械性工作的效率提升是非常之大的。

在 Modelsim 中执行 do 文件也是十分简单的，直接在控制台输入即可，如图 5-19 所示。

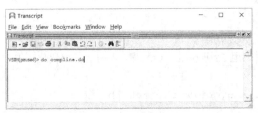

图 5-19 do 命令格式

当然，图5-19所示命令要保证compline. do文件要放在当前工程的目录下，也可以利用绝对路径或相对路径执行do文件。

除此之外，还可以利用windows平台下的批处理文件来执行do文件，这样可以省去打开Modelsim和输入执行do文件命令的麻烦。

示例批处理文件内容如下所示：

```
vsim  -do C:\Users\jayash\Desktop\sim\compline.do
```

将上述内容复制到txt文件，另存为bat格式的批处理文件，双击此文件，系统就会自动调用Modelsim并运行指定do文件。

一个典型的do文件内容如下所示：

```
#切换至工程目录
cd C:/Users/jayash/Desktop/sim/
#打开工程
project open  C:/Users/jayash/Desktop/sim/ImageProcess

#编译相关文件（一般情况下为频繁改动的文件）
vlog C:/Users/jayash/Desktop/sim/vht/img_process_tb.v
vlog C:/Users/jayash/Desktop/sim/src/verilog/canny.v
vlog C:/Users/jayash/Desktop/sim/ip/hist_buffer.v

#开始仿真
vsim -novopt -L altera_mf_ver work.img_process_tb

#添加顶层所有的信号
add wave *

#取消警告
set StdArithNoWarnings 1
#开始运行
Run
```

上述do文件是重新打开一个工程，编译指定文件后开始仿真。实际中经常遇到的情况是：

发现问题->修改代码->重新编译->重新仿真

同时，面对很多个信号，我们可能只对某一些信号感兴趣，而不是一股脑地添加所有信号，此时的do文件如下所示：

```
#退出当前仿真
quit -sim
#编译修改后的文件
```

```
vlog C:/Users/jayash/Desktop/sim/vht/img_process_tb.v
#开始仿真
vsim -novopt -L altera_mf_ver work.img_process_tb
#添加指定信号
add wave -position insertpoint  \
sim:/img_process_tb/display_transform_operation/u0/clk

add wave -position insertpoint  \
sim:/img_process_tb/display_transform_operation/u0/highCnt
add wave -position insertpoint  \
sim:/img_process_tb/display_transform_operation/u0/lowCnt
#取消警告
set StdArithNoWarnings 1
#运行 18 ms
Run 18 ms
```

此外，不必每次都输入执行 do 文件命令，在脚本控制台直接按上键就会显示上一个执行过的命令。

5.1.4 其他加速仿真的方法

针对图像处理的仿真速度会非常之慢，特别是针对一些比较复杂的算法或是较大分辨率的图像。

除了采用 SE 版本的 Modelsim 和使用 do 文件，常用的提高仿真速度的方法还有以下几种。

（1）降分辨率处理：通常情况下，可以对低分辨率的图像进行仿真验证，这也是为什么一定要将图像高度和图像宽度参数化的原因。

（2）提高 timescale：尽可能地提高 timescale 来提高仿真速度。

（3）降频仿真：在不影响处理结果的情况下降频处理。

5.2 视频图像处理仿真测试系统

5.2.1 仿真测试系统框架

一个完善稳定的仿真测试系统对于图像处理算法的设计至关重要。这个测试系统至少要完成以下功能：

（1）模拟可配置的视频流（单帧的视频即为一幅图像）。

（2）模拟视频捕获，生成视频数据。

（3）测试系统与 testbench 及视频流的数据共享。

（4）可视化的图像及视频操作。

（5）对 FPGA 的处理结果进行验证。

通常情况下会在 VC 平台或是 Matlab 平台下开发图像处理算法。这些软件也提供了良好的 gui 界面及图像处理可视化工具包。因此，可以考虑将测试系统搭建在上述两个平台的基础上，在本书中所采用的平台是基于 VS2015 的 MFC 平台。

视频流的模拟是测试平台的差异性部分：这是由于视频流的时序是由具体的视频输入接口所决定的，不同的接口输入就决定了我们要采取不同的视频流时序模拟。但是，在某些情况下，视频流的时序非常复杂，例如 USB 接口和千兆以太网接口，而这些接口在实际的相机中是十分常见的。我们没必要花精力在这个时序模拟上面，实际上，这基本上是不可能完成的任务（这些工作往往会交给专用芯片来做）。

在测试系统中往往会屏蔽这个差异，也就是会采用统一的视频模拟时序。第二个考虑是测试系统，即 VS 平台与 FPGA 模拟视频源及处理结果的数据共享问题，这个自然使用文件来实现共享。Verilog 也提供了基本的文件读写操作，实际情况下，会采用文本形式的文件，这样也可以直接打开文件查看结果。

可视化的图像及视频操作用微软的 MFC 平台实现是很简单的，而对于处理结果的验证则会负责把用 C++的软件算法处理结果与 FPGA 的处理结果进行逐像素比对，并输出比对结果。

整个测试系统的框架如图 5-20 所示。

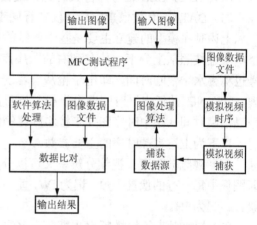

图 5-20 仿真测试系统结构

5.2.2 视频时序模拟

1）基本视频时序

从根本上来说，视频信号其实就是一个二维数组，数组的内容是按照一定的帧率刷新的亮度和色度数据。

一个典型的 CMOS 传感器输出视频流（并行 LVDS 接口）时序如图 5-21 所示。

以下为上述时序的信号说明：

（1）HSYNC。HSYNC 是水平同步信号，它规定了一个视频帧中每一行视频的有效起始点。HSYNC 为高电平说明数据线上的像素数据为有效的显示像素。

（2）FILED。FIELD 是场信号，常用各行扫描，用来表示当前的场是奇数场还是偶数场。

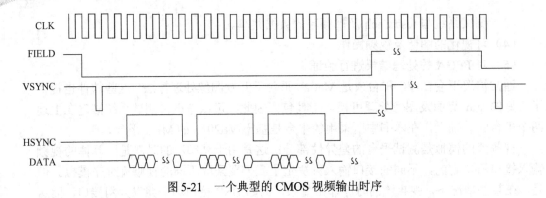

图 5-21　一个典型的 CMOS 视频输出时序

（3）VSYNC。VSYNC 是垂直同步信号，它规定了一幅新视频图像（也称为一帧图像）的起始点。

（4）CLK。CLK 信号即像素时钟，数据在时钟上升沿进行采样。

（5）DATA。有效像素数据，仅在行同步有效时才有效。

上述时序模型的建立主要是基于传统的 CRT 模拟显示器。模拟电视信号会控制一个电子束按照从上到下、从左到右的顺序点亮屏幕上的荧光粉，HSYNC 的低电平信号也称为水平消隐时间，即电子枪从屏幕的右侧返回到下一行的左侧所用的时间。同理，VSYNC 的低电平时间即电子枪从屏幕的右下角返回到左上角所用的时间，称为垂直消隐时间（图中时序图并未按实际比例绘制）。

以下为上述视频时序的主要参数。

（1）视频分辨率。视频分辨率又可以分为水平分辨率和垂直分辨率。水平分辨率即图像中每一行的像素个数，记为 IW，垂直分辨率即每一帧图像中有多少个水平的像素行，记为 IH。

（2）扫描频率。扫描频率也即每一场的频率，常见的扫描频率有 30Hz，50Hz，60Hz，100Hz，120Hz 等。一般情况下，扫描频率在 50Hz/60Hz 以上时，人眼才不会感觉到闪烁。扫描频率主要由图像分辨和像素时钟决定，其余的时序参数影响不大。

（3）其他时序参数

① Horizontal Total：总行时间，记为 h_total。

② Vertical Total：总列时间，记为 v_total。

③ 行消隐脉冲：即各行之间的低电平时间 sync_h。

④ 场同步脉冲：即每帧场同步信号的低电平时间，记为 sync_v。

⑤ 场前肩：从场计数开始到场同步的时间 torch_f。

⑥ 场后肩：从场同步结束到行同步开始的时间 torch_b。

上述几个时序参数定义如图 5-22 所示。

在进行时序模拟的时序上述几个参数最好是可手动配置的，我们注意到 sync_h 记为 h_total-IW，因此，这个参数是冗余参数。同时，我们在模拟时往往会忽略场信号。

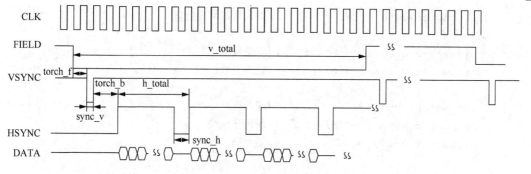

图5-22 几个重要的时序参数定义

2. Verilog 示例代码

以下的代码实现了上述视频流的模拟时序（像素数据从文件中得到）。

```
/*
****************************************************************
**      Input file     : None
**      Component name : image_src.v
**      Author         : ZhengXiaoliang
**      Company        : WHUT
**      Description     : to simulate dvd stream
****************************************************************
*/
'timescale 1 ns/1 ns

'define SEEK_SET 0
'define SEEK_CUR 1
'define SEEK_END 2


module  image_src(
     reset_1,              //全局复位
     clk,                  //同步时钟
     src_sel,              //数据源通道选择
     test_vsync,           //场同步输出
     test_dvalid,          //像素有效输出
     test_data,            //像素数据输出
     clk_out               //像素时钟输出
   );

    parameter iw = 640;    //默认视频宽度
    parameter ih = 512;    //默认视频高度
```

```verilog
    parameter dw = 8;                    //默认像素数据位宽


    parameter h_total = 1440;            //行总数
    parameter v_total = 600;             //垂直总数


    parameter sync_b = 5;                //场前肩
    parameter sync_e = 55;               //场同步脉冲
    parameter vld_b = 65;                //场后肩


    input reset_l,clk;
    input [3:0]src_sel;                  //to select the input file
    output test_vsync,test_dvalid,clk_out;
    output [dw-1:0]test_data;


    reg [dw-1:0]test_data_reg;
    reg test_vsync_temp;
    reg test_dvalid_tmp;
    reg [1:0]test_dvalid_r;


    reg [10:0]        h_cnt;
    reg [10:0]        v_cnt;


    integer fp_r;
    integer cnt=0;
//输出像素时钟
assign clk_out = clk;                    //output the dv clk
//输出像素数据
assign test_data = test_data_reg; //test data output

//当行同步有效时，从文件读取像素数据输出到数据线上
always @(posedge clk or  posedge test_vsync_temp )

if (((~(test_vsync_temp))) == 1'b0)  //场同步清零文件指针
   cnt<=0;//clear file pointer when a new frame comes
else
begin
   if (test_dvalid_tmp == 1'b1)             //行同步有效，说明当前时钟数据有效
   begin
      case (src_sel)  //选择不同的数据源
          4'b0000 :fp_r = $fopen("txt_source/test_src0.txt",  "r");
          4'b0001 :fp_r = $fopen("txt_source/test_src1.txt",  "r");
```

```
        4'b0010 :fp_r  = $fopen("txt_source/test_src2.txt",  "r");
        4'b0011 :fp_r  = $fopen("txt_source/test_src3.txt",  "r");
        4'b0100 :fp_r  = $fopen("txt_source/test_src4.txt",  "r");
        4'b0101 :fp_r  = $fopen("txt_source/test_src5.txt",  "r");
        4'b0110 :fp_r  = $fopen("txt_source/test_src6.txt",  "r");
        4'b0111 :fp_r  = $fopen("txt_source/test_src7.txt",  "r");
        4'b1000 :fp_r  = $fopen("txt_source/test_src8.txt",  "r");
        4'b1001 :fp_r  = $fopen("txt_source/test_src9.txt",  "r");
        4'b1010 :fp_r  = $fopen("txt_source/test_src10.txt",  "r");
        4'b1011 :fp_r  = $fopen("txt_source/test_src11.txt",  "r");
        4'b1100 :fp_r  = $fopen("txt_source/test_src12.txt",  "r");
        4'b1101 :fp_r  = $fopen("txt_source/test_src13.txt",  "r");
        4'b1110 :fp_r  = $fopen("txt_source/test_src14.txt",  "r");
        4'b1111 :fp_r  = $fopen("txt_source/test_src15.txt",  "r");
        default :fp_r  = $fopen("txt_source/test_src0.txt",  "r");
    endcase

    $fseek(fp_r,cnt,0);  //查找当前需要读取的文件位置
    $fscanf(fp_r, "%02x\n", test_data_reg);
                        //将数据按指定格式读入 test_data_reg 寄存器
    cnt <= cnt + 4 ;    //移动文件指针到下一个数据
    $fclose(fp_r);      //关闭文件
    //$display("%02x",test_data_reg);  //for debug use
  end
end


//水平计数器, 每来一个时钟就+1 加到 h_total 置零重新计数
  always @(posedge clk or posedge reset_l)
  if (((~(reset_l))) == 1'b1)
   h_cnt <= #1 {11{1'b0}};
  else
  begin
    if (h_cnt == ((h_total - 1)))
       h_cnt <= #1 {11{1'b0}};
    else
       h_cnt <= #1 h_cnt + 11'b00000000001;
  end

//垂直计数器：水平计数器计满后+1，计满后清零
  always @(posedge clk or posedge reset_l)
  if (((~(reset_l))) == 1'b1)
   v_cnt <= #1 {11{1'b0}};
  else
  begin
```

```verilog
        if (h_cnt == ((h_total - 1)))
        begin
            if (v_cnt == ((v_total - 1)))
                v_cnt <= #1 {11{1'b0}};
            else
                v_cnt <= #1 v_cnt + 11'b00000000001;
        end
    end

//场同步信号生成
    always  @(posedge clk or posedge reset_l)
    if (((~(reset_l))) == 1'b1)
        test_vsync_temp <= #1 1'b1;
    else
    begin
        if (v_cnt >= sync_b & v_cnt <= sync_e)
            test_vsync_temp <= #1 1'b1;
        else
            test_vsync_temp <= #1 1'b0;
    end

    assign test_vsync = (~test_vsync_temp);

//水平同步信号生成
    always @(posedge clk or posedge reset_l)
    if (((~(reset_l))) == 1'b1)
        test_dvalid_tmp <= #1 1'b0;
    else
    begin
        if (v_cnt >= vld_b & v_cnt < ((vld_b + ih)))
        begin
            if (h_cnt == 10'b0000000000)
                test_dvalid_tmp <= #1 1'b1;
            else if (h_cnt == iw)
                test_dvalid_tmp <= #1 1'b0;
        end
        else
            test_dvalid_tmp <= #1 1'b0;
    end
//水平同步信号输出
    assign test_dvalid = test_dvalid_tmp;

    always @(posedge clk or posedge reset_l)
    if (((~(reset_l))) == 1'b1)
```

```
      test_dvalid_r <= #1 2'b00;
   else
      test_dvalid_r <= #1 ({test_dvalid_r[0], test_dvalid_tmp});

endmodule
```

3. 视频流仿真

以一个分辨率为 640×512、扫描频率为 60Hz、数据位宽为 8 位的模拟时序来对上述设计的模块进行仿真。

主要时序参数如下：

```
parameter iw        = 640;   //图像宽度
parameter ih        = 512;   //图像高度
parameter dvd_dw    = 8 ;    //数据位宽
//视频时序参数
parameter h_total = 1440;
parameter v_total = 600;
parameter sync_b  = 5;
parameter sync_e  = 55;
parameter vld_b   = 65;
```

首要的问题是我们需计算出视频像素时钟。根据我们的时序参数，单场所需时钟总数为

$$pixel\_total = h\_total*v\_total = 86400$$

扫描频率为 60Hz，也即 1s 之内的数据总量为

$$pixel\_total = 60*h\_total*v\_total = 51\,840\,000$$

也就是我们需要的时钟频率最少为 5184000，也就是 51.84MHz 才能完成分辨率为 640×512，扫描频率为 60Hz 的视频扫描。

为此，我们设计 testbench 如下：

```
reg clk;
//时钟产生:≈ 51.84MHz
always @(reset_l or clk)
begin
   if ((~(reset_l)) == 1'b1)
      clk <= 1'b0;
   else
      clk <= #9645 (~(clk));
end

  wire       dv_clk;
  wire       dvsyn;
```

```
wire        dhsyn;
wire   [dvd_dw-1:0]dvd;

/*根据时序参数例化一个视频源 */
image_src #(iw,ih,dvd_dw,h_total,v_total,sync_b,sync_e,vld_b)
img_src_ins(
    .clk(clk),
    .reset_l(reset_l),
    .src_sel(src_sel),
    .test_data(dvd),
    .test_dvalid(dhsyn),
    .test_vsync(dvsyn),
    .clk_out(dv_clk)
    );
```

仿真结果如图 5-23 和图 5-24 所示。

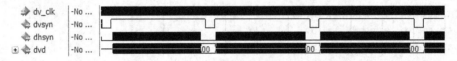

图 5-23　模拟视频仿真结果——场同步

图 5-24　模拟视频仿真结果——行同步

用 Modelsim 的测量工具来测试一下每场的扫描时间，如图 5-25 所示。

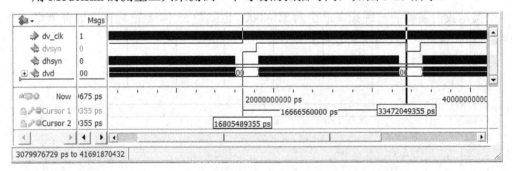

图 5-25　每场扫描频率

可见，扫描频率正好为 60Hz。

5.2.3 视频捕获模拟

本模块的目的主要是负责对上一节产生的视频信号进行捕获并解析，为什么不直接采用视频信号进行后续处理？这主要是基于以下因素的考虑。

（1）异步时钟域转换：本地处理逻辑和视频源往往不是由一个时钟驱动，实际上，输入像素时钟往往没有足够大的功率来驱动本地逻辑，而采用 FPGA 的 PLL 产生的本地时钟则驱动能力更强，更加稳定可靠。

（2）图像格式解析：捕获模块还需要负责像素数据的格式解析。例如，RGB 数据格式为 24 位，对于 8 位的视频流，则每三个数据代表一个像素的 RGB 值。而对于红外视频数据，一般情况下数据位宽为 14 位，则视频源往往会分成高低两个字节来扫描。在后续处理中会希望直接对有效像素值进行处理，因此，本地逻辑需要首先对数据源进行合并。

（3）色度重采样：色度重采样是在视频处理中降低传输带宽时常用的手段之一。

（4）处理其他辅助信息：有的视频源附加了其他的辅助信息，例如命令行及字符叠加信息等。本模块要负责对这些信息进行处理，例如缓存等。

本节以一个实际的视频捕获任务来说明视频捕获的原理。

假定输入视频分辨率为 640*512*24Bit RGB 数据，传输数据位宽为 8 位，扫描频率为 60Hz，那么每一帧的像素数为

$$pixel\_total = 3*640*512*60$$

同时，在视频的有效数据之后加入一行传输控制命令，那么视频数据为 512 行，命令行为 1 行，总共需要 513 行。

我们定义视频输入参数如下：

```
parameter iw          = 640*3;      //图像宽度，3 个通道
parameter ih          = 513        //图像高度+1 行命令行
parameter dvd_dw      = 8  ;        //数据位宽
//视频时序参数
parameter h_total = 2000;
parameter v_total = 600;
parameter sync_b  = 5;
parameter sync_e  = 55;
parameter vld_b   = 65;
```

那么 1s 之内的数据总量为

$$pixel\_total = 60*h\_total*v\_total = 72,000,000$$

即像素时钟最少需要 72MHz。

首先提出我们的捕获需求：

（1）输出每个像素的 RGB 三个通道的数据流。

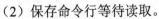
（2）保存命令行等待读取。

其次，我们需计算出本地处理逻辑的时钟。本地时钟设计的原则是确保本地带宽要大于输入视频的带宽。计算出输入带宽：

$$BW_{in} = 72M*8Bit/s = 72MB/s$$

实际上，也可以计算出有效像素带宽：

$$BW_{valid} = 60*IW*(IH+1)*24Bit/s = 59.0976MB/s$$

根据要求，需将三个 RGB 通道分别解出，也就是捕获后的数据位宽为 24Bit，则很容易地计算出本地时钟所需的最小频率：

$$CLK_{local} \geqslant CLK_{pixel}/3 = 24MHz$$

如果选择 25MHz 作为本地处理逻辑的时钟，那么本地的最大带宽为

$$BW_{local} = 75M*8Bit/s = 75MB/s$$

为什么不直接选 24MHz 的时钟？本来在理想情况下是可以的，但是，实际时钟的差异性决定了我们不能这样冒险。

本地时钟也不宜选得过大，否则，会造成带宽匹配困难：可能需要一块很大的缓存来进行带宽匹配。一般情况下，输出带宽略大于输入带宽即可。

确定了本地时钟之后，接下来便是如何捕获的问题。首先，必须需要进行跨时钟域的转换，即将输入视频流同步到本地时钟域。其次，由于输入带宽略小于输出带宽，如何进行输入/输出带宽的匹配也是需要首要考虑的问题。输入是 8 位的像素数据，需要将 8 位的像素数据转换为 3 个同时输出的 RGB 通道，位宽转换电路也是必不可少的。由于要对命令行保存，模块还需一个行缓存来保存命令行信息。整个模块的设计框图如图 5-26 所示。

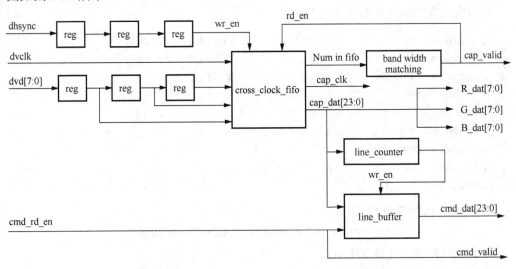

图 5-26　视频捕获电路

1. 位宽转换电路

位宽转换电路相对比较简单,我们的目的是将 8 位的 DV 数据转换为 24 位的 RGB 数据,因此只需将输入数据缓存两拍与当前数据合并即可。

2. 跨时钟域转换电路

我们通常会用一个异步的 fifo 来完成异步时钟转换。异步 fifo 就是读写时钟分开的 fifo,采用 Altera 和 Xilinx 所提供的 IP 核可以很容易实现。以下的代码为 Altera 的异步 fifo 示例代码。

```verilog
module cross_clock_fifo(
    aclr,
    data,
    rdclk,
    rdreq,
    wrclk,
    wrreq,
    q,
    rdempty,
    rdusedw,
    wrfull
);

parameter DW       = 16;
parameter DEPTH    = 512;
parameter DW_DEPTH = 9;

input   aclr;
input   [DW-1:0]data;
input   rdclk;
input   rdreq;
input   wrclk;
input   wrreq;
output  [DW-1:0]q;
output  rdempty;
output  [DW_DEPTH-1:0]rdusedw;
output  wrfull;

wire    sub_wire0;
wire    sub_wire1;
wire    [DW-1:0]sub_wire2;
```

```
    wire    [DW_DEPTH-1:0]sub_wire3;

    assign rdempty = sub_wire0;
    assign wrfull = sub_wire1;
    assign q = sub_wire2[DW-1:0];
    assign rdusedw = sub_wire3[DW_DEPTH-1:0];

    dcfifo  dcfifo_component(
            .wrclk(wrclk),
            .rdreq(rdreq),
            .aclr(aclr),
            .rdclk(rdclk),
            .wrreq(wrreq),
            .data(data),
            .rdempty(sub_wire0),
            .wrfull(sub_wire1),
            .q(sub_wire2),
            .rdusedw(sub_wire3)
    );

    defparam dcfifo_component.intended_device_family = "Stratix III";
    defparam dcfifo_component.lpm_numwords = DEPTH;
    defparam dcfifo_component.lpm_showahead = "OFF";
    defparam dcfifo_component.lpm_type = "dcfifo";
    defparam dcfifo_component.lpm_width = DW;
    defparam dcfifo_component.lpm_widthu = DW_DEPTH;
    defparam dcfifo_component.overflow_checking = "ON";
    defparam dcfifo_component.rdsync_delaypipe = 5;
    defparam dcfifo_component.underflow_checking = "ON";
    defparam dcfifo_component.use_eab = "ON";
    defparam dcfifo_component.wrsync_delaypipe = 5;
    defparam dcfifo_component.write_aclr_synch = "ON";
```

我们通常情况下会将 fifo 的数据位宽、深度及深度位宽作为可配置参数。

3. 带宽匹配

根据我们的设计目标，本地所能提供的最大带宽要大于输入视频流的带宽，这时就必须进行带宽匹配。异步 fifo 是解决带宽匹配问题的关键部件，如何控制此 fifo 的读写时机是匹配的核心问题：不能在 fifo 空时去读 fifo，也不能在 fifo 满时写数据。

由于本地带宽略大，本地逻辑负责从异步 fifo 中读取数据，因此我们很容易地知道,读速度要大于写速度,从而读操作必然要延迟于写操作,这样不至于出现"读空"。同时,读时机也不能太迟,因为"写满"也是我们所不能接受的。

我们不会在 fifo 中只要一有数据就去读,这样会出现数据断流。实际上,合理的设计是每次读取一整行像素数据后停止,再等待一段固定间隔后读取下一行。这样可以保证输出数据为连续的像素流和行消隐,同时可以对图像进行行计数,保证我们可以有效地掌控视频流。

这个"固定的间隔"的设计非常重要,它保证了整个输出视频流的连续性。如果这个间隔很小,读取速率频繁,那么行消隐时间就比较窄,可能出现的问题是"读空"。如果间隔设计比较大,那么行消隐时间就比较长,这个情况下,增加 fifo 的深度有可能避免"写满"的问题,但是过长的消隐时间可能会"侵占"下一帧的处理时间,并且极大地浪费了带宽,因此,也是不合适的。我们记这个固定间隔为 trig_value。

输入带宽、输出带宽、trig_value 与图像分辨率等决定了 fifo 的深度。实际工作时可以根据需要来进行测试,获得最好的匹配。

4. 命令行缓存与读取电路

对输出图像进行行计数,有效图像结束后的那一行记为命令行,将此命令行写入一个同步 fifo,等待外部读出请求读出即可。需要注意的是,必须在下一帧的命令行来之前读走,在此之前需要对这个 fifo 进行复位操作。

5. Verilog 代码设计

//模块定义如下:

```
module video_cap(
        reset_l,                        //异步复位信号
        DVD,                            //输入视频流
        DVSYN,                          //输入场同步
        DHSYN,                          //输入场同步
        DVCLK,                          //输入 DV 时钟
        cap_dat,                        //输出 RGB 通道像素流,24 位
        cap_dvalid,                     //输出数据有效
        cap_vsync,                      //输出场同步
        cap_clk,                        //本地逻辑时钟
        cmd_rdy,                        //命令行准备好,代表可以读取
        cmd_rdat,                       //命令行数据输出
        cmd_rdreq,                      //命令行读取请求
);
        //参数表
parameter    TRIG_VALUE = 250;  //读触发值,也即行消隐时间
```

```
parameter      IW = 640;              //图像宽度
parameter      IH = 512;              //图像高度

parameter      DW_DVD   = 8;          //输入像素宽度
parameter      DVD_CHN  = 3;          //输入像素通道：RGB 3 通道
parameter      DW_LOCAL = 24;         //本地捕获的数据宽度 24 位
parameter      DW_CMD   = 24;         //命令行数据宽度
parameter      VSYNC_WIDTH = 9;       //场同步宽度，9 个时钟

parameter      CMD_FIFO_DEPTH    = 1024; //行缓存位宽
parameter      CMD_FIFO_DW_DEPTH = 10;
parameter      IMG_FIFO_DEPTH    = 512;    //异步 fifo 深度，选为 512
parameter      IMG_FIFO_DW_DEPTH = 9;
//首先完成数据位宽转换
wire pixel_clk;
assign pixel_clk = DVCLK;

reg  [DW_DVD-1:0]vd_r[0:DVD_CHN-1];
reg  [DVD_CHN*DW_DVD-1:0]data_merge;

reg  vsync;
reg  [DVD_CHN:0]hsync_r;
reg  mux;

//缓存场同步和行同步信号
always @(posedge pixel_clk or negedge reset_l)
if (((~(reset_l))) == 1'b1)
begin
    vsync <= 1'b0;
    hsync_r <= {DVD_CHN+1{1'b0}};
end
else
begin
    vsync <= #1 DVSYN;
    hsync_r <= #1 {hsync_r[DVD_CHN-1:0],DHSYN};
end
//像素通道计数，指示当前像素属于 RGB 哪个通道
reg [DVD_CHN:0]pixel_cnt;

always @(posedge pixel_clk or negedge reset_l)
if (((~(reset_l))) == 1'b1)
```

```
begin
    pixel_cnt <= {DVD_CHN+1{1'b1}};
end
else
begin
    if (hsync_r[1] == 1'b0)
        pixel_cnt <= #1 {DVD_CHN+1{1'b1}};
    else
        if(pixel_cnt == DVD_CHN-1)
            pixel_cnt <= #1 {DVD_CHN+1{1'b0}};
        else
            pixel_cnt <= #1 pixel_cnt + 1'b1;
end


integer i;
integer j;
//缓存输入 DV，获得 3 个 RGB 通道值
always @(posedge pixel_clk or negedge reset_l)
if ((((~(reset_l))) == 1'b1)
    for(i=0;i<DVD_CHN;i=i+1)
        vd_r[i] <= {DW_DVD{1'b0}};
else
begin
    vd_r[0] <= #1 DVD;
    for(j=1;j<DVD_CHN;j=j+1)
        vd_r[j] <= vd_r[j-1];
end


//RGB 合并有效信号
wire mux_valid;

always @(posedge pixel_clk or negedge reset_l)
if ((((~(reset_l))) == 1'b1)
    mux <= 1'b0;
else
begin
    if (hsync_r[DVD_CHN-2] == 1'b0)
        mux <= 1'b0;
    else
        if(mux_valid==1'b1)
            mux <= #1 1'b1;
```

```
            else
                mux <= #1 1'b0;
    end

    wire [DVD_CHN*DW_DVD-1:0]dvd_temp;
    wire mux_1st;

    assign mux_1st = (~hsync_r[DVD_CHN]) & (hsync_r[DVD_CHN-1]);

    generate
    if (DVD_CHN == 1)
    begin : xhdl1
        assign mux_valid = hsync_r[0];
        assign dvd_temp = vd_r[0];
    end
    endgenerate

    generate
    if (DVD_CHN == 2)
    begin : xhdl2
        assign dvd_temp = {vd_r[0],vd_r[1]};
        assign mux_valid = mux_1st | (pixel_cnt == DVD_CHN-1);
    end
    endgenerate
    //将三路 RGB 数据合并到 dvd_temp 信号中
    generate
    if (DVD_CHN == 3)
    begin : xhdl3
        assign dvd_temp = {vd_r[0],vd_r[1],vd_r[2]};
        assign mux_valid = mux_1st | (pixel_cnt == 0);
    end
    endgenerate

    generate
    if (DVD_CHN == 4)
    begin : xhdl4
        assign dvd_temp = {vd_r[0],vd_r[1],vd_r[2],vd_r[3]};
        assign mux_valid = mux_1st | (pixel_cnt == 1);
    end
    endgenerate
```

```
    //将合并后的数据存入寄存器
    always @(posedge pixel_clk or negedge reset_l)
    if (((~(reset_l))) == 1'b1)
        data_merge <= {DVD_CHN*DW_DVD{1'b0}};
    else
    begin
        if (hsync_r[DVD_CHN] == 1'b1 & mux == 1'b1)
            data_merge <= #1 dvd_temp;
    end

//将合并后的数据打入异步 fifo

  wire [DW_DVD*DVD_CHN-1:0]fifo_din;
  wire [DW_DVD*DVD_CHN-1:0]fifo_dout;

  wire [IMG_FIFO_DW_DEPTH-1:0]rdusedw;
  reg  [9:0]trig_cnt;
  wire fifo_empty;
  reg  fifo_wrreq;
  reg  fifo_rdreq;
  reg  fifo_rdreq_r1;
  reg  rst_fifo;
    //实例化异步 fifo
  cross_clock_fifo  img_fifo(
          .data(fifo_din),
          .rdclk(cap_clk),
          .rdreq(fifo_rdreq),
          .wrclk(pixel_clk),
          .wrreq(fifo_wrreq),
          .q(fifo_dout),
          .rdempty(fifo_empty),
          .rdusedw(rdusedw),
          .aclr(rst_fifo)
      );
      defparam img_fifo.DW       = DW_DVD*DVD_CHN;
      defparam img_fifo.DEPTH    = IMG_FIFO_DEPTH;
      defparam img_fifo.DW_DEPTH = IMG_FIFO_DW_DEPTH;

    assign fifo_din = data_merge;
//RGB 合并时写入 fifo
always @(posedge pixel_clk or negedge reset_l)
```

```verilog
        if (reset_l== 1'b0)
            fifo_wrreq <= #1 1'b0;
        else
            fifo_wrreq <= hsync_r[DVD_CHN] & mux;
//fifo中数据大于触发值时开始读，读完一行停止
always @(posedge cap_clk or negedge reset_l)
    if (reset_l== 1'b0)
        fifo_rdreq <= #1 1'b0;
    else
    begin
        if ((rdusedw >= TRIG_VALUE) & (fifo_empty == 1'b0))
            fifo_rdreq <= #1 1'b1;
        else if (trig_cnt == (IW - 1))
            fifo_rdreq <= #1 1'b0;
    end
//读计数
always @(posedge cap_clk or negedge reset_l)
    if (reset_l== 1'b0)
        trig_cnt <= #1 {10{1'b0}};
    else
    begin
        if (fifo_rdreq == 1'b0)
            trig_cnt <= #1 {10{1'b0}};
        else
            if (trig_cnt == (IW - 1))
                trig_cnt <= #1 {10{1'b0}};
            else
                trig_cnt <= #1 trig_cnt + 10'b0000000001;
    end

wire [DW_LOCAL-1:0]img_din;

  assign img_din = ((cmd_en == 1'b0)) ? fifo_dout[DW_LOCAL-1:0] :
                     {DW_LOCAL{1'b0}};
  assign cmd_din = ((cmd_en == 1'b1)) ? fifo_dout[DW_CMD-1:0] :
                     {DW_CMD{1'b0}};
  //行计数 确定cmd数据到来时刻
always @(posedge cap_clk)
    begin
        if (cap_vsync_tmp == 1'b1)
        begin
```

```
                count_lines <= {10{1'b0}};
                cmd_en <= 1'b0;
                cmd_rdy <= 1'b0;
            end
            else
            begin
                if (fifo_rdreq_r1 == 1'b1 & fifo_rdreq == 1'b0)
                    count_lines <= #1 count_lines + 4'h1;
                if (count_lines == (IH - 2))
                    rst_cmd_fifo <= 1'b1;
                else
                    rst_cmd_fifo <= 1'b0;
                if (count_lines >= IH)
                    cmd_en <= #1 1'b1;
                if (cmd_wrreq_r == 1'b1 & cmd_wrreq == 1'b0)
                    cmd_rdy <= 1'b1;
                if (cmd_wrreq_r == 1'b1 & cmd_wrreq == 1'b0)
                    rst_fifo <= 1'b1;
                else
                    rst_fifo <= 1'b0;
            end
        end

//行缓存存放命令行
line_buffer_new
    cmd_buf(
            .rst(rst_cmd_fifo),
            .clk(cap_clk),
            .din(cmd_dat),
            .dout(cmd_rdat),
            .wr_en(cmd_wrreq),
            .rd_en(cmd_rdreq),
            .empty(),
            .full(),
            .count()
    );
        defparam cmd_buf.DW       = DW_CMD;
        defparam cmd_buf.DEPTH    = CMD_FIFO_DEPTH;
        defparam cmd_buf.DW_DEPTH = CMD_FIFO_DW_DEPTH;
        defparam cmd_buf.IW       = IW;
```

6. 仿真结果

首先来看一下整体输入/输出仿真结果，如图 5-27 和图 5-28 所示。

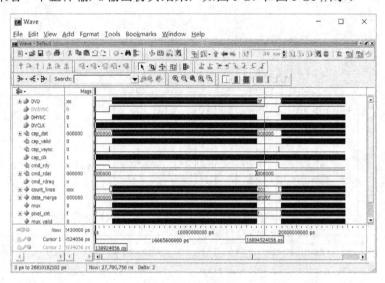

图 5-27　模拟视频及捕获仿真结果

输入/输出是频率都为 60Hz。

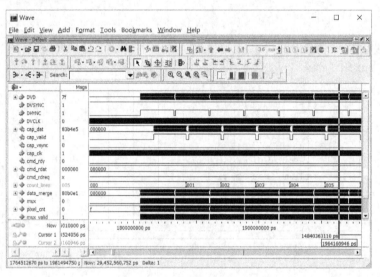

图 5-28　模拟视频及捕获仿真结果

输出 cap_dat 延时输入一段时间，由于本地带宽略大，行消隐时间也长一些。为了便于验证，我们输入渐变字节进行验证，捕获到的数据如图 5-29 所示。

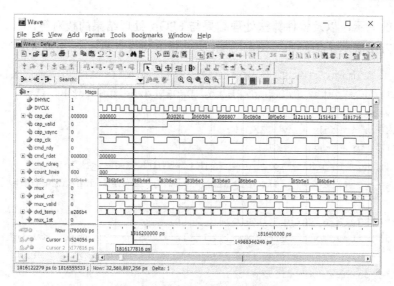

图 5-29　模拟视频捕获到的数据

输出成功地将输入连续 3 个像素合并为 24 位位宽数据输出。我们将命令行输入连续 3 个同样的字节。读取结果如图 5-30 所示。

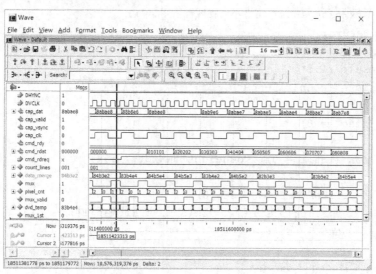

图 5-30　命令行读取

cmd_rdreq 置 1 后，cmd 数据开始正确输出。

5.2.4　MFC 程序设计

主机端的 MFC 程序需要完成图像的读取与数据生成，FPGA 处理后数据的读取与处理后图像的显示，以及软件算法处理结果与 FPGA 处理结果的校对等。

以下的方法展示了如何通过图像写 txt 文件供 FPGA 读取：

```
void        CImageToTextDlg::WriteTxt_FromBmp(LPCTSTR      bmp_file_path,
LPCTSTR txt_file_path, DWORD dwWidth, DWORD dwHeight, WORD flag)
    {
        CZXDib *p_dib =new CZXDib;
        BYTE  *p_Bitmap = NULL;
        if(flag==8)p_Bitmap = new BYTE[dwWidth*dwHeight];
        else if (flag == 24)p_Bitmap = new BYTE[dwWidth*dwHeight*3];

        CString file_path = bmp_file_path;
        p_dib->LoadVectorFromBMPFile(file_path, p_Bitmap, dwHeight,
                                        dwWidth, flag);
        file_path = txt_file_path;
        FILE *p_file;
        p_file = fopen(txt_file_path, "a+");
        if (!p_file)
        {
            AfxMessageBox("文件不存在或被占用！");
            return;
        }
        fclose(p_file);
        p_file = fopen(file_path, "r+");
        int cnt = 0;
        if (flag == 8)
        {
            for (int i = 0; i<dwHeight*dwWidth; i++)
            {
                fseek(p_file, cnt, 0);
                fprintf(p_file, "%02x\n ", p_Bitmap[i]);
                cnt = cnt + 4;
            }
            /*写命令行 一共一行*/
            for (int j = 0; j<dwWidth; j++)
            {
                fseek(p_file, cnt, 0);
                fprintf(p_file, "%02x\n", j);
                cnt = cnt + 4;
            }
        }
```

```
    if (flag == 24)
    {
        for (int i = 0; i<dwHeight*dwWidth*3; i=i+3)
        {
            fseek(p_file, cnt, 0);
            fprintf(p_file, "%02x\n%02x\n%02x\n", p_Bitmap[i], p_Bitmap
                    [i+1], p_Bitmap[i+2]);
            cnt = cnt + 12;
        }
        /*写命令行 一共一行*/
        for (int j = 0; j<dwWidth; j++)
        {
            fseek(p_file, cnt, 0);
            fprintf(p_file, "%02x\n%02x\n%02x\n", j % 16, j % 16, j %
                    16, j % 16);
            cnt = cnt + 12;
        }
    }
    fclose(p_file);
    delete []p_Bitmap;
    delete p_dib;
}
```

读取 FPGA 处理后的数据文件并将其显示，为上述过程的逆过程，实例代码如下：

```
    void    CImageToTextDlg::WriteBmp_FromTxt(LPCTSTR    bmp_file_path,
LPCTSTR txt_file_path, DWORD dwWidth, DWORD dwHeight, WORD flag)
    {
    DWORD buf=0;
        if (flag == 8)
        {
            WriteBmp_FromTxt(bmp_file_path, txt_file_path, dwWidth, dwHeight);
            return;
        }
        BYTE *p_Bitmap = new BYTE[dwWidth*dwHeight*3];
        memset(p_Bitmap, 0, dwWidth*dwHeight*3);

        DWORD dWidth = dwWidth;
        DWORD dHeight = dwHeight;
        CString file_name = "";
        FILE *p_file = NULL;
```

```
    p_file = fopen(txt_file_path, "a+");
    if (!p_file)
    {
        AfxMessageBox("文件不存在或被占用！");
        return;
    }
    fclose(p_file);
    p_file = fopen(txt_file_path, "r");
    for (int k = 0; k<dwWidth*dwHeight*3; k=k+3)
    {
        fscanf(p_file, "%06x\n", &buf);
        p_Bitmap[k] = buf & 0xff;
        p_Bitmap[k+1] = (buf>>8) & 0xff;
        p_Bitmap[k+2] = (buf>>16) & 0xff;
    }
    fclose(p_file);
    file_name = bmp_file_path;
    m_dib.WriteBMPFileFromVector(file_name,p_Bitmap,dHeight,dWidth,flag);
    ShowImage(p_Bitmap, dwHeight, dwWidth, 24);
    delete[]p_Bitmap;
    p_Bitmap = NULL;
}
```

可以把上一节的处理结果通过本 MFC 平台进行测试，将 FPGA 处理后的结果写入文件，再通过 MFC 读出解析文件并显示，结果如图 5-31 所示。

图 5-31　VC 端捕获结果图（右侧为 FPGA 捕获结果）

图中左侧为原始图像，右侧为经过 FPGA 捕获后的输出图像，当然也可以是经过 FPGA 做算法处理后的图像（由于打印纸质的关系，读者可能看不到 RGB 彩色信息）。接下来的章节中都会以这个仿真测试平台进行测试。

5.2.5 通用 testbench

仿真平台的最终目的也包括建立一个通用的 testbench，本书中给出的通用 testbench 结构如图 5-32 所示。

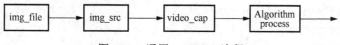

图 5-32 通用 testbench 流程

testbench 从文件读取图像数据，并接入 img_src 模拟视频源模块生成视频流，之后经过 video_cap 模块采集视频并转换成本地逻辑。本地逻辑产生的数据流经过算法处理后输出。

以下为一个算法处理的示例。

图 5-33 一个典型的 testbench 流程

以下为通用 testbench 的实例代码：

```
module img_process_tb;

    /*image para*/
    parameter iw         = 640;        //image width
    parameter ih         = 512;        //image height
    parameter trig_value = 250;
     /*video parameter*/
    parameter h_total    = 2000;
    parameter v_total    = 600;
    parameter sync_b     = 5;
    parameter sync_e     = 55;
    parameter vld_b      = 65;
     parameter clk_freq = 72;


     /*data width*/
    parameter dvd_dw     = 8 ;         //image source data width
    parameter dvd_chn    = 3 ;
            //channel of the dvd data : when 3 it's rgb
    parameter local_dw   = dvd_dw*dvd_chn ;
            //local algorithm process data width
parameter cmd_dw        = dvd_dw*dvd_chn ;
            //local algorithm process data width
```

```
    parameter hist_dw   = 32 ;       //hist statistics data width

    /*test module enable*/
    parameter cap_en         = 1;
    parameter morph_1d_en    = 0;
    parameter morph_2d_en    = 0;
    parameter tophat_en      = 0;
    parameter hist_en        = 0;
    parameter segment_en     = 0;
    parameter mean_1d_en     = 0;
    parameter mean_2d_en     = 0;
    parameter sum_1d_en      = 0;
    parameter sum_2d_en      = 0;
    parameter sort_1d_en     = 0;
    parameter sort_2d_en     = 0;
    parameter sobel_en       = 0;
    parameter sobel_ex_en    = 0;
    parameter gauss_en       = 0;
    parameter cordic_en      = 0;
    parameter win_buf_en     = 0;
    parameter add_tree_en    = 0;
    parameter gauss_sobel_en = 0;
    parameter canny_en       = 0;
    parameter histogram_en   = 0;
    parameter hist_equalized_en      = 0;
    parameter display_transform_en   = 0;

    /*ksz definition:must be odd number*/
    parameter ksz_morph      = 3 ;
    parameter ksz_tophat     = 7 ;    //can be 3,5,7,9,11...
    parameter ksz_segment    = 15;    //must be 15
    parameter ksz_mean       = 3 ;    //can be 3,5,7,9,11,13,15
    parameter ksz_sobel      = 3 ;    //must be 3
    parameter ksz_sort       = 3 ;    //can be 3 or 5
    parameter ksz_gauss      = 5 ;    //must be 5


    /*signal group*/
    reg         clk=1'b0;
    reg         reset_l;
    reg [3:0]  src_sel;
```

```
wire [dvd_dw-1:0] test_data;
wire        test_dvalid;
wire        test_vsync;

/*input dv group*/
wire        dv_clk;
wire        dvsyn;
wire        dhsyn;
wire   [dvd_dw-1:0]dvd;

/*dvd sorce data generated for simulation */
image_src #(iw*dvd_chn, ih+1,dvd_dw,h_total,v_total,sync_b,sync_e,
          vld_b)
  img_src_ins(
      .clk(clk),
      .reset_l(reset_l),
      .src_sel(src_sel),
      .test_data(dvd),
      .test_dvalid(dhsyn),
      .test_vsync(dvsyn),
      .clk_out(dv_clk)
      );

  /*data captured*/
wire        cap_dvalid;
wire   [local_dw - 1:0]cap_data;
wire        cap_vsync;
  /*command line */
wire        cmd_rdy;
wire   [cmd_dw-1:0]cmd_rdat;
reg         cmd_rdreq;
/*local clk :also clk of all local modules*/
reg         cap_clk;
/*img enable*/
wire        img_en;

  /* video capture:capture image src and transfer it into  local
timing*/
  video_cap //#(trig_value,iw,ih)/*default trig value 250*/
    video_new(
          .reset_l(reset_l),
```

```verilog
        .DVD(dvd),
        .DVSYN(dvsyn),
        .DHSYN(dhsyn),
        .DVCLK(dv_clk),
        .cap_dat(cap_data),
        .cap_dvalid(cap_dvalid),
        .cap_vsync(cap_vsync),
        .cap_clk (cap_clk),
        .img_en(img_en),
        .cmd_rdy(cmd_rdy),
        .cmd_rdat(cmd_rdat),
        .cmd_rdreq(cmd_rdreq)
        );

      defparam  video_new.DW_DVD   = dvd_dw;
      defparam  video_new.DW_LOCAL = local_dw;
      defparam  video_new.DW_CMD   = cmd_dw;
      defparam  video_new.DVD_CHN  = dvd_chn;
      defparam  video_new.TRIG_VALUE = trig_value;
      defparam  video_new.IW = iw;
      defparam  video_new.IH = ih;


  initial
    begin: init
      reset_l <= 1'b0;
      src_sel <= 4'b0000;
      #(50000);                      //reset the sysytem
      reset_l <= 1'b1;               //release the system

      for(i=0;i<16;i=i+1)
      begin
        @(posedge test_vsync);       //wait for the next frame
        src_sel <= src_sel + 4'b0001;
      end

    $display("END OF SIMULATION");

    end

    //dvclk generate
```

```verilog
    always @(reset_l or clk)
    begin
        if ((~(reset_l)) == 1'b1)
            clk <= 1'b0;
        else
        begin
            if(clk_freq == 48)              //48MHz
                clk <= #10417 (~(clk));
            else if(clk_freq == 51.84)      //51.84MHz
                clk <= #9645 (~(clk));
            else if(clk_freq == 72)         //72MHz
                clk <= #6944 (~(clk));
        end
    end
//cap_clk generate : 25MHz
    always @(reset_l or cap_clk)
    begin
        if ((~(reset_l)) == 1'b1)
            cap_clk <= 1'b0;
        else
            cap_clk <= #20000 (~(cap_clk));
    end
```

在此通用模块的基础上，加上不同的处理算法模块即可实现不同的算法处理结果。以下以一个高斯滤波模块为例来说明：

```verilog
/*gauss operation module*/
generate
if(gauss_en != 0)begin :gauss_operation

/*gauss data*/
wire        gauss_dvalid;
wire    [local_dw - 1:0]gauss_data;
wire        gauss_vsync;
/*gauss data input*/
wire        gauss_dvalid_in;
wire    [local_dw - 1:0]gauss_data_in;
wire        gauss_vsync_in;
integer  fp_gauss,cnt_gauss=0;

Gauss_2D#(local_dw,ksz_gauss,ih,iw)
    gauss_2D_ins    (
```

```verilog
            .rst_n (reset_1),
            .clk   (cap_clk),
            .din   (gauss_data_in),
            .din_valid (gauss_dvalid_in),
            .dout_valid (gauss_dvalid),
            .vsync(gauss_vsync_in),
            .vsync_out(gauss_vsync),
            .dout (gauss_data)
        );

    assign gauss_data_in   = cap_data;
    assign gauss_vsync_in  = cap_vsync;
    assign gauss_dvalid_in = cap_dvalid;

    always @(posedge cap_clk or  posedge gauss_vsync )
    if ((((~(gauss_vsync))) == 1'b0)
        cnt_gauss=0;
    else
    begin
        if (gauss_dvalid == 1'b1)
        begin
          fp_gauss  = $fopen("txt_out/gauss.txt", "r+");
          $fseek(fp_gauss,cnt_gauss,0);
          $fdisplay(fp_gauss, "%04x\n",gauss_data);
          $fclose(fp_gauss);
          cnt_gauss<=cnt_gauss+6;
        end
    end
end
endgenerate
```

第6章 直方图操作

6.1 灰度直方图

灰度直方图描述了一幅图像的灰度级统计信息，主要应用于图像分割、图像增强及图像灰度变换等处理过程。

从数学上来说，图像直方图描述的是图像各个灰度级的统计特性，它是用图像灰度值的一个函数来统计一幅图像中各个灰度级出现的次数或概率，其数学定义如下所示：

$$H(i) = \sum_{x,y} \begin{cases} 1, & 1, I(x,y) = i \\ 0, & \text{其他} \end{cases}$$

其统计过程也非常简单，对于 8 位的灰度图像的直方图统计，C 语言示例代码如下：

```
    unsigned int pHistCnt[256];
int i,j = 0;
    memset(pHistCnt,0,256);
    for( i=0; i<m_dwHeight; i++)
    for( j=0; j<m_dwWidth;j++)
     pHistCnt [m_pBitmap[i*m_dwWidth+j]]++;//统计打开图像中各个灰度像素
点的个数
```

图 6-1（b）为图 6-1（a）图像的直方图统计结果。

(a)

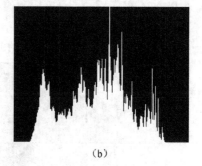
(b)

图 6-1 基本的直方图统计

在实际应用中常常会用到归一化的直方图。假定一幅图像的像素总数为 N，灰度级总数为 L，其中灰度级为 g 的像素总数为 N_g。用总像素 N 除以各个灰度值出现的次

数 N_g，即可得到各个灰度级出现的概率，即

$$P_g = \frac{N_g}{\sum N_g}$$

上式记为归一化的灰度直方图，也称为直方图概率密度函数，通常情况下也记为 PDF。

图像的直方图中往往包含很多有效的信息，一个很明显的信息就是图像的亮度和对比度信息。若图像亮度较亮，则图像的直方图统计主要峰值偏向右侧分布；若图像亮度较暗，则图像的直方图统计主要峰值偏向左侧分布；若图像对比度较大，则图像直方图分布应该相对比较均匀；若图像对比度较小，则图像直方图分布应该相对比较集中；如图 6-2～图 6-4 所示。

图 6-2　较暗的图像，同时对比度较低

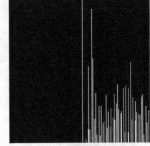

图 6-3　较亮的图像，同时对比度较低

图 6-4　对比度很高的图像

6.2　直方图均衡化

直方图均衡化又称为灰度均衡化，是指通过某种灰度映射使输入图像转换为在每一灰度级上都有近似相同的输出图像（即输出的直方图是均匀的）。在经过均衡化处理后的图像中，像素将占有尽可能多的灰度级并且分布均匀。因此，这样的图像将具有较高的对比度和较大的动态范围。直方图均衡可以很好地解决相机过曝光或曝光不足的问题。

为了便于分析，首先考虑灰度范围为 0～1 且连续的情况。若将其概率密度函数 PDF 记为 $p(x)$，则有如下定义：

$$p(x) \quad 0 \leqslant x \leqslant 1$$

由概率密度函数的性质，有如下关系：

$$\int_{x=0}^{1} p(x)\mathrm{d}x = 1$$

设转换前图像的概率密度函数为 $p_r(r)$，转换后的图像概率密度函数为 $p_s(s)$，则转换函数，即灰度映射关系为

$$s = f(r)$$

由概率论知识可得

$$p_s(s) = p_r(r) \cdot \frac{\mathrm{d}r}{\mathrm{d}s}$$

这样，若想使转换后的图像的概率密度函数：$p_s(s) = 1, 0 \leqslant s \leqslant 1$（即直方图是均匀的），则必须要满足下式：

$$p_r(r) = \frac{\mathrm{d}s}{\mathrm{d}r}$$

等式两边对 r 进行积分，则可得：

$$s = f(r) = \int_0^r p_r(u)\mathrm{d}u$$

上式是在灰度值在[0,1]范围内推导出来的，对于灰度在[0,255]的情况，只要乘以最大灰度值 $D_{\max}$（对于灰度图像就是 255）即可。此时灰度均衡的转换公式如下：

$$D_B = f(D_A) = D_{\max} \int_0^{D_A} p_{D_A}(u)\mathrm{d}u$$

其中，D_B 为转换后的灰度值，D_A 为转换前的灰度值

对于离散灰度级，相应的转换公式如下：

$$D_B = f(D_A) = \frac{D_{\max}}{A_0} \cdot \sum_{i=0}^{D_A} H(i)$$

上式中，$H(i)$ 为第 i 级灰度的像素个数，A_0 为图像的面积，即像素总数。

由上式可以很容易地给出实例代码如下：

```
int i,j;
double result=0;
int temp;
int cnt[256];                              //直方图统计结果
memset(cnt,0,256*4);                       //内存清零
BYTE* pTemp = new BYTE[m_dwHeight*m_dwWidth];
                                           //开辟图像缓存，存放均衡后的图像

for( i=0; i<m_dwHeight; i++)
for( j=0; j<m_dwWidth;j++)
    cnt[m_pBitmap[i*m_dwWidth+j]]++;      //首先进行直方图统计

for( i=0; i<m_dwHeight; i++)
for( j=0; j<m_dwWidth;j++)
{
    result = 0;
    for (temp =0; temp <m_pBitmap[i*m_dwWidth+j]; temp ++)
        result+=cnt[temp]统计小于当前灰度值的像素点个数
    result = (result) * 255 / (m_dwWidth*m_dwHeight);
    pTemp[i*m_dwWidth+j]=result;/*统计结果图像*/
}
```

分别对一个亮度较暗（曝光不足）的图像和亮度较亮（过曝光）的图像进行直方图均衡化处理，处理结果分别如图 6-5 和图 6-6 所示。

图 6-5　曝光不足的图像均衡化处理

图 6-6 过曝光的图像均衡化处理

可见，经过直方图均衡化处理后，过曝光和曝光不足的问题均得到了解决，图像的对比度得到了很大的提升。

不妨从图像的直方图统计图进行分析，上面四幅图的直方图统计结果分别如图 6-7 和图 6-8 所示。

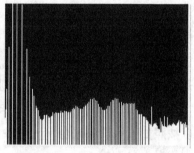

图 6-7 直方图统计结果（右侧为均衡化后的直方图统计）

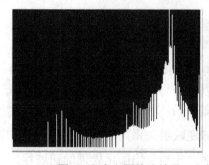
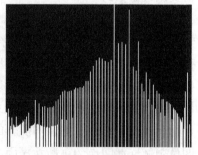

图 6-8 直方图统计结果（右侧为均衡化后的直方图统计）

由直方图统计图可见，经过均衡化后的直方图被"拉开"了，之前密集的直方图分布经过均衡化之后变得稀疏而均匀，这样的处理结果也使得处理后的图像更加具有层次感。

6.3　直方图规定化

直方图均衡化可以自动确定灰度变换函数，从而获得具有均匀直方图的输出图像。它主要用于增强动态范围较小的图像对比度，丰富图像的灰度级。这种方法的优点是操作简单，且结果可以预知，当图像需要自动增强时是一种不错的选择。

在某种情况下，我们可能需要人为地控制直方图的形状，即我们希望获得具有指定直方图输出的图像，这样就可以有选择地增强某个灰度范围内的对比度或者使图像灰度值满足某种特定的分布。这种用于产生具有特定直方图的图像的方法称为直方图规定化。

直方图规定化是在运用均衡化原理的基础上，通过建立原始图像和期望图像（待匹配直方图的图像）之间的关系，使原始图像的直方图匹配特定的形状，从而弥补了直方图均衡化不具备交互作用的特性。

其匹配原理是首先对原始的图像进行均衡化，转换公式如下：

$$s = f(r) = \int_0^r p_r(u)\mathrm{d}u$$

同时对待匹配的直方图的图像进行均衡化处理，公式如下：

$$v = g(z) = \int_0^z p_z(\varepsilon)\mathrm{d}\varepsilon$$

由于都是均衡化，因此可以令 $s = v$，则有如下关系：

$$v = g^{-1}(s) = g^{-1}\big(f(r)\big)$$

于是可以按照如下的步骤来由输入图像得到一个具有规定概率密度的图像：

（1）求得变换关系 $f(r)$。

（2）求得变换关系 $g(z)$。

（3）令 $f(r) = g(z)$ 求得变换关系 $g^{-1}(s)$。

（4）对输入图像进行 $g^{-1}(s)$ 变换，从而得到输出图像。

当然，在计算过程中，利用的是其离散形式，这样就不必去关心函数 $f(r)$，$g(z)$ 及反变换函数 $g^{-1}(s)$ 的具体解析形式，而可以直接将它们作为映射表进行处理了。其中，$f(r)$ 为图像均衡化的离散灰度级映射关系，$g(z)$ 为标准图像均衡化后的离散灰度级映射关系，而 $g^{-1}(s)$ 则是标准图像均衡化的逆映射关系，它给出了从经过均衡化处理的标准化图像到源标准图像的离散灰度映射，相当于均衡化处理的逆过程。

```
void CImgPrcView::OnHistRegulations()
{
    int i, j, m, k = 0;
    if (!m_pBitmap)return;                  //如果没有打开图像则返回
```

```
FreeInterResultImage();                //释放之前的显示缓存
CString str1 = "C:\\Users\\jayash\\Desktop\\sim\\image_source\\
hist_test2.bmp";    BYTE* pTemp = new BYTE[m_dwHeight*m_dwWidth];
                                //存放均衡后的图像
BYTE* pStand = new BYTE[m_dwHeight*m_dwWidth];//存放均衡后的图像
CZXDib m_dib;
m_dib.LoadVectorFromBMPFile(str1, pStand, m_dwHeight, m_dwWidth,
m_flag);
int Hist[256];
memset(Hist, 0, 256 * 4);
for (i = 0; i<m_dwHeight; i++)
for (j = 0; j < m_dwWidth; j++)
    Hist[pStand[i*m_dwWidth + j]]++;


int pdTran[256];
memset(pdTran, -1, 256 * 4);
for (i = 0; i < 256; i++)
{
    double sum = 0;
    for (j = 0; j < i; j++)
    {
        sum += Hist[j];
    }
    *(pdTran + (int)(0.5 + 255 * sum/ (m_dwHeight*m_dwWidth))) = i;
}


i = j = 0;
while (i < 255)
{
    if (pdTran[i + 1] != -1)
    {
        i++;
        continue;
    }
    j = 1;
    while ((pdTran[i + j] == -1) && (i + j <= 255))
    {
        pdTran[i + j] = pdTran[i];
        j++;
    }
}


for (i = 0; i < m_dwHeight; i++)
for (j = 0; j < m_dwWidth; j++)
{
    double sum = 0;
```

```
        for (k = 0; k < m_pBitmap[i*m_dwWidth + j]; k++)
        {
            sum += Hist[k];
        }
        int result = pdTran[(int)(255 * sum / (m_dwWidth*m_dwHeight))];
        if (result > 255)result = 255;
        if (result < 0)result = 0;
        pTemp[i*m_dwWidth + j] = result;
    }

    AddInterResultImage(pTemp, m_dwHeight, m_dwWidth, 8, "直方图规定");
    Invalidate(FALSE);
    UpdateWindow();
    //delete[]pTemp;
}
```

以图 6-9（a）作为规定的标准图像，图 6-9（b）为其直方图统计图。对图 6-10（a）按照图 6-9 进行直方图规定，规定结果如图 6-10（b）所示，其规定前后的直方图通分别如图 6-11（a）和图 6-11（b）所示。

（a）　　　　　　　　　　　（b）

图 6-9　标准图像及其直方图分布

（a）　　　　　　　　　　　（b）

图 6-10　待规定的图像（左），规定后的图像（右）

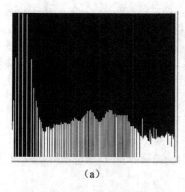
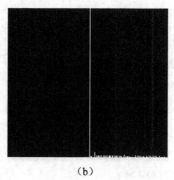

（a）　　　　　　　　　　　　　　（b）

图6-11　规定前的直方图统计（左），规定后的直方图统计（右）

注意，对比标准图像和规定后图像的直方图统计图，如图6-9（a）和图6-11（b）所示，经过处理后，原图像的直方图统计分布区间及特性与标准图像非常接近了。我们从规定后图像与标准图像的对比结果也可得到整个结论。

6.4　直方图拉伸

在视频处理中，为了能够实时调节图像的对比度，通常需要对直方图进行拉伸处理。直方图拉伸是指将图像灰度直方图较窄的灰度级区间向两端拉伸，增强整幅图像像素的灰度级对比度，达到增强图像的效果。

常用的直方图拉伸方法有线性拉伸、3 段式分段线性拉伸和非线性拉伸等。这里我们介绍 FPGA 中常见的线性拉伸。

线性拉伸也即灰度拉伸，属于线性点运算的一种。它扩展图像的直方图，使其充满整个灰度级范围内。

设 $f(x,y)$ 为输入图像，它的最小灰度级 A 和最大灰度级 B 的定义如下：

$$A = \min\big[f(x,y)\big]$$
$$B = \max\big[f(x,y)\big]$$

将 A 和 B 分别映射到 0 和 255，则最终得到输出图像 $g(x,y)$ 为

$$g(x,y) = \frac{255}{B-A}[f(x,y) - A]$$

其代码实现也非常简单，如下所示：

```
int i,j = 0;
int min,max = m_pBitmap [0];
for (i = 0; i<m_dwHeight; i++)
for (j = 0; j < m_dwWidth; j++)
{
```

```
    if(m_pBitmap [i*m_dwWidth + j]>max)max = m_pBitmap [i*m_dwWidth + j];
    if(m_pBitmap [i*m_dwWidth + j]<min)min = m_pBitmap [i*m_dwWidth + j];
}
BYTE* pTemp = new BYTE[m_dwHeight*m_dwWidth];//存放拉伸后的图像
if(max == min)return;
for (i = 0; i<m_dwHeight; i++)
for (j = 0; j < m_dwWidth; j++)
{
    pTemp[i*m_dwWidth + j] = 255*(m_pBitmap [i*m_dwWidth + j]-min)/
    ((double)(max-min));
}
AddInterResultImage(pTemp, m_dwHeight, m_dwWidth, 8, "线性灰度变换");
```

对于图 6-12（a）的图像进行上述直方图线性拉伸后的结果如图 6-12（b）所示。

（a）　　　　　　　　　　　（b）

图 6-12　拉伸前的图像（左），拉伸后的图像（右）

拉伸变换前后的直方图统计分别如图 6-13（a）和图 6-13（b）所示。

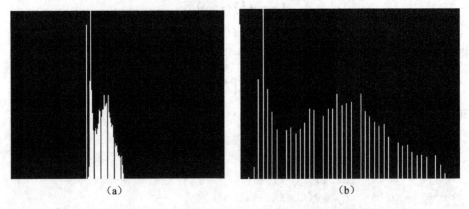

（a）　　　　　　　　　　　（b）

图 6-13　拉伸前的直方图统计（左），拉伸后的直方图统计（右）

可见，线性拉伸达到了类似于直方图均衡化的功能，将比较集中的直方图拉伸到整个灰度分布区域。

但是，在实际应用中，并不会采用上述的拉伸方式，主要是基于噪声考虑。我们试着考虑在图 6-12（a）叠加几个纯黑点（0）和纯白点（255）噪声。线性拉伸后的效果如图 6-14 所示。

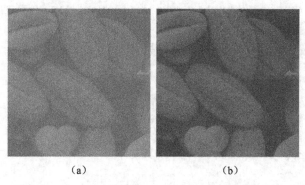

（a） （b）

图 6-14 含有少数椒盐噪声的图像的线性直方图拉伸

可见，由于椒盐噪声的影响，上述线性拉伸方式并不能得到我们预期的目的，而在实际的图像处理任务中，这样的噪声是非常常见的。

为了解决这个问题，一种比较常用的处理办法是基于直方图统计的线性拉伸。此种方法不是单单地用整幅图像的最高灰度值和最低灰度值来计算拉伸系数 A 和 B，而是基于直方图统计信息来进行计算。计算步骤如下：

（1）首先进行直方图统计计算，规定灰度值为 i 的统计结果为 $H(i)$。

（2）计算直方图统计累加和 $Sum(k)$，定义如下：

$$Sum(k) = \sum_{i=0}^{k} H(i)$$

（3）设定两个阈值 Thr_Min 和 Thr_Max，拉伸系数 A 和 B 的定义如下：

$$A = k, \quad Sum(k) \geqslant Thr\_Min \& \& Sum(k-1) < Thr\_Min$$

$$B = k, \quad Sum(k) \geqslant \left(\sum_{i=0}^{255} H(i) - Thr\_Max \right) \& \& Sum(k-1) < \left(\sum_{i=0}^{255} H(i) - Thr\_Max \right)$$

如何处理落在阶段区间外的像素值，最简单的办法是，对小于左侧区间的，置 0 处理，对大于右侧区间的，置 1 处理。计算公式如下：

$$g(x,y) = \begin{cases} 0 & f(x,y) \leqslant A \\ \dfrac{255}{B-A}\left[f(x,y) - A \right] & B > f(x,y) > A \\ 255 & f(x,y) \geqslant B \end{cases}$$

由定义可知，该拉伸运算直接截取直方图"有效"区间进行拉伸，可大大减小噪声干扰。

实例代码如下：

```
int LowCnt = 100;
   int HighCnt = 100;

   BYTE* pTemp1 = new BYTE[m_dwHeight*m_dwWidth];//存放拉伸后的图像
   DWORD *Hist = new DWORD[256];
   memset(Hist, 0, 256*sizeof(DWORD));
   DWORD LowIndex = 0, HighIndex = 0;
   DWORD hist_cnt = 0;

   for (i = 0; i < m_dwHeight*m_dwWidth; i++)
   {
       Hist[m_pBitmap[i]]++;/*直方图统计*/
   }
   int find_min = 0, find_max = 0;
   for (i = 0; i < 256; i++)
   {
       hist_cnt += Hist[i];

       if ((hist_cnt >= LowCnt) && (!find_min))
       {
           LowIndex = i;
           find_min = true;
       }

       if ((hist_cnt >= m_dwHeight*m_dwWidth - HighCnt) && (!find_max))
       {
           HighIndex = i;
           find_max = true;
       }
   }
   if (HighIndex == LowIndex)return;
   for (i = 0; i < m_dwHeight*m_dwWidth; i++)
   {
       if (m_pBitmap[i] <= LowIndex) pTemp1[i] = 0;
       else if (m_pBitmap[i] >= HighIndex) pTemp1[i] = 255;
       else pTemp1[i] = (m_pBitmap[i] - LowIndex)*255.0 / (HighIndex
                   - LowIndex);}
   AddInterResultImage(pTemp1, m_dwHeight, m_dwWidth, 8, "直方图拉伸");
```

再次对图 6-14（a）图像进行直方图统计拉伸，截断前后 100 个统计结果，效果如图 6-15 所示。

（a）　　　　　　　　　　　　　（b）

图 6-15　改进的直方图线性拉伸效果

可见，此时的拉伸效果已经非常好了，数目比较少的噪声得到了有效的抑制，得到了预期的拉伸目的。需要注意的是两个高低阈值的设置，如果设置太大，就会造成图像细节的丢失。

6.5　基于 FPGA 的直方图操作

6.5.1　FPGA 直方图统计

我们知道，在软件中，直方图统计工作非常简单，实际上仅仅一行代码即可实现统计工作。但是，对于 FPGA 来说，这个统计工作是相当复杂的，需要考虑以下几点：

（1）统计工作至少要等到当前图像"流过"之后才能完成。此限制决定了我们不可能对统计工作进行流水统计与输出。

（2）必须对前期的统计结果进行缓存。这点是毋庸置疑的。

（3）在下一次统计前需要将缓存结果清零。

在直方图统计中，我们一般选择片内双口 RAM 作为缓存存储器。对于 8 位的深度图来说，统计结果的数据量并不大，因此选择片内存储。此外，一方面统计模块需要与其他时序进行配合，因此需提供双边读写接口；另一方面，统计过程中需要地址信息，因此选择 RAM 形式的存储器。接下来的工作就是确定双口 RAM 的参数，主要包括数据位宽及地址位宽。假定输入图像宽度为 IW，高度为 IH，数据位宽为 DW。

那么待统计的像素总数为

$$\text{Pixel}_{\text{Total}} = IW * IH$$

像素灰度值的理论最大值为

$$Pixel_{Max} = 2^{DW} - 1$$

双口 RAM 的统计地址输入端为输入像素值，很明显，这个数据范围为 $0 \sim 2^{DW} - 1$。因此，RAM 的地址位宽最少位为 DW，即

$$AW_{DPRAM} \geqslant DW$$

双口 RAM 的数据输出端为输入统计值，很明显，这个数据范围为 $0 \sim Pixel_{Total}$，因此 RAM 的地址位宽最少为 $\log_2(Pixel_{Total})$。

$$DW_{DPRAM} \geqslant \log_2(Pixel_{Total})$$

例如，要对图像分辨率为 640×512 位宽为 8 位的图像进行直方图统计，则有

$$AW_{DPRAM} \geqslant 8$$

$$DW_{DPRAM} \geqslant \log_2(Pixel_{Total}) = \log_2(640 \times 512) \cong 19$$

通常情况下会将两个参数取为 2 的整数次幂，即

$$AW_{DPRAM} = 8$$

$$DW_{DPRAM} = 32$$

直方图统计步骤如下：

（1）将当前统计值读出，加 1 后重新写入 RAM。

（2）重复以上步骤，直到当前图像统计完毕。

（3）在下一幅图像到来之前将结果读出。

（4）读出之后对 RAM 内容进行清零。

因此，要完成直方图统计，需要至少设计三个电路：统计电路、读出电路和清零电路。

1. 统计电路

在实际的图像中，连续的像素点灰度值为相同值的情况非常常见，如果每来一个像素都对双口 RAM 进行一次寻址和写操作，显然降低了统计效率而提高了功耗。本书中给出一种优化的统计方式：采用一个相同灰度值计数器进行优化，统计电路如图 6-16 所示。

图 6-16 中各个元件的说明：

（1）DPRAM：存放统计结果。分为 A 口和 B 口，A 口负责统计结果写入，不输出。B 口负责统计结果读出和清零，无输入。

（2）CNT：相同像素计数器。负责对连续相同灰度值的像素进行计数，复位值为 1。

（3）ADD（+）：统计值加法器。对当前统计值和新的统计值进行加法运算，重新写入 RAM。

（4）B_ADDR MUX：B 口地址 mux，很明显，B 口需要完成读出前一个统计值和清零的分时操作。因此，需要一个 mux 对读出地址和清零地址进行选通。

（5）reg：将输入数据打两拍以确保读出的是当前的统计值。

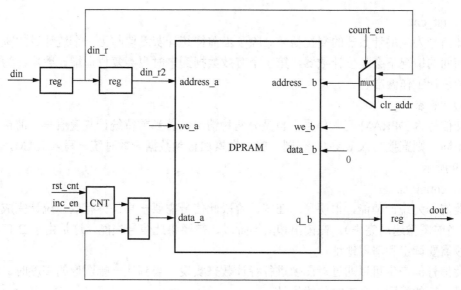

图 6-16 FPGA 直方图统计电路

统计原理如下：

当前灰度值的统计值由 B 口读出，与相同灰度值计数器（图 6-16 中所示为 CNT）进行相加后重新写入 RAM。CNT 会不断检测当前像素和前一个像素是否一致，若不一致，则重置为 1，实现统计值加 1 目的；若一致，则将计数器加 1，直到不一致之后将一致的总数写入 RAM，并在每一行图像的最后一个像素统一执行一次写入操作，这样可大大减少读写 RAM 操作。

下面以几个关键信号的设计电路来说明统计电路的工作原理。首先将输入信号 din，输入有效 dvalid 打两拍，分别为 din_r，din_r2 及 dvalid_r，dvalid_r2。

1）inc_en

此信号负责递增计数器的递增使能。当前待统计数据 din_r2 有效，且与前一个已经统计完成的数据 din_r 相同时，将递增计数器加 1。否则计数器会复位到 1，如图 6-17 和图 6-18 所示。

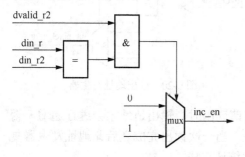

图 6-17 统计值递增使能信号

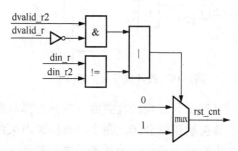

图 6-18 统计计数器复位信号

181

2) rst_cnt

此信号为递增计数器的复位信号。除了当前待统计灰度值与上一个统计过的灰度值不相同的情况下会复位计数器，第一个有效数据到来时也会复位递增计数器，为新的一轮统计工作做准备。

3) we_a

此信号为 DPRAM 写入信号，也是分两种情况：若当前待统计灰度值与之前待统计值不同，则直接写入 RAM。否则，就一直累加直到数据无效时统一写入 RAM，如图 6-19 所示。

4) count_en

此信号为统计使能，很明显，在统计阶段此信号需要一直保持有效，统计完成后（也即当前图像遍历完毕），在读出和清零阶段，需要将此信号失能，这是由于 B 口在此阶段需要读出和清零地址。

此信号的产生可以通过对图像进行行计数来实现，当到达一幅图像的高度时，失能信号。新的行同步到来时使能信号。

2. 读出电路设计

首先，本书讨论的统计值读出方法是顺序读出，即灰度值为 0 的统计值首先输出，其次是灰度值为 1 的统计值输出，最后是灰度值为 255 的统计值输出。如果读者想要实现指定输出，可自行设计相关逻辑。

读出和清零操作并不一定是在统计完成之后立即进行的，可以根据需要由外部时序控制，输入读出请求。当然在统计阶段，模块是不允许读出的，此时读出电路出处于复位状态。在读出阶段，需设计读出像素计数器对读出时序进行控制。读出电路（地址发生器）设计如图 6-20 所示。

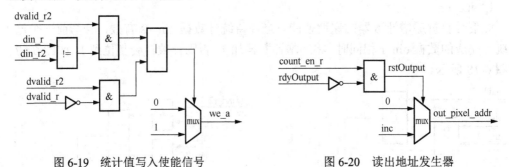

图 6-19　统计值写入使能信号　　　　图 6-20　读出地址发生器

可见，只有当计数完成，并且外部时序申请读出时，输出地址才会进行递增。否则，将会被钳位到 0。图中没有标识出来的是，当一次读出完成之后此地址发生器复位，也就是 count_en 会重新使能，直到下一次统计完成。

3. 清零电路设计

一种简单的方法是在所有数据输出完成之后整体清零，另外一种思路是在输出完的下个时钟清零，清零地址为递增，由 B 口输入。

在本书中给出反相清零的方法，即在读出时钟的下一个时钟进行清零。因此，每个像素的统计数据输出和清零操作均需占用 1 个时钟，奇数时钟输出，偶数时钟清零。

在某些场合，为了配合外部存储器位宽或是本地数据位宽，一般不能直接处理 32 位的直方图数据，这时就需要拆分位宽处理。在本书中，我们将 32 位的统计及读出清零工作拆分为高低 16 位进行，这样我们就需要连个 16 位宽的 DPRAM 来存储直方图数据。同时，输出时分两个时钟输出 32 位的统计数据，我们规定低 16 位先输出。

这样一来，对于一个灰度值的输出操作，需要两个时钟，清零操作也需要两个时钟，每个像素需要 4 个时钟来完成读出和清零操作。是不是哪里不对？的确，我们忽略了 FPGA 的并行特性。实际上就算是拆分成为高低 16 位分时输出，也可以做到 2 个时钟内完成读出和清零操作。

我们来看一下这两个时钟内电路都需要完成哪些工作，如表 6-1 所示。

表 6-1　清零和读出时钟关系

时钟 1	当前灰度统计值 低 16 位读出	上一个灰度统计值高 16 位清零
时钟 2	当前灰度统计值 高 16 位读出	当前灰度统计值 低 16 位清零

由此可见，在这两个时钟内，读出地址需保持为当前灰度值，清零地址则是慢一拍。清零地址产生电路如图 6-21 所示。

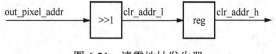

图 6-21　清零地址发生器

之所以需要右移 1 位是因为每次需要两个时钟。

4. Verilog 代码设计

//模块定义如下：

```
module histogram_2d(
    rst_n,
    clk,
    din_valid,              //输入有效
    din,                    //输入待统计的数据
    dout,                   //统计输出
```

```verilog
        vsync,                              //输入场同步
        dout_valid,                         //输出有效
        int_flag,                           //中断输出
        rdyOutput                           //数据读出请求
    );
    //模块入口参数
    parameter  DW = 14;                     //数据位宽
    parameter  IH = 512;                    //图像高度
    parameter  IW = 640;                    //图像宽度
    parameter  TW = 32;                     //直方图统计数据位宽

localparam TOTAL_CNT = IW * IH;             //像素总数
    localparam HALF_WIDTH = (TW>>1);        //将 32 位的数据位宽拆分为高低 16 位
    //输入输出声明
    input  rst_n;
    input  clk;
    input  din_valid;
    input  [DW-1:0]din;
    input  rdyOutput;

    output reg [HALF_WIDTH:0]dout;
    input  vsync;
    output reg dout_valid;
    output reg int_flag;


    //变量声明
    reg  vsync_r;
    reg  dvalid_r;
    reg  dvalid_r2;
    reg  [DW-1:0]din_r;
    reg  [DW-1:0]din_r2;
    wire hsync_fall;
    wire hsync_rise;
    reg  [9:0]hsync_count;
    reg  count_en;
    wire [DW-1:0]mux_addr_b;
    wire [DW-1:0]mux_addr_b2;
    wire [TW-1:0]q_a;
    wire [TW-1:0]q_b;
    reg  [TW-1:0]counter;
```

```
    wire [TW-1:0]count_value;
    wire rst_cnt;                              //统计计数器复位信号
    wire inc_en;                               //递增使能信号
    //DPRAM 信号
    wire we_a;
    wire we_b;
    wire we_b_1;
    reg we_b_h;
    wire [DW-1:0]addr_a;
    //中断寄存器
    reg int_r;
    wire [DW-1:0]clr_addr;                      //清零地址
    reg [DW-1:0]clr_addr_r;
    reg [DW:0]out_pixel;                        //输出计数

    reg count_all;                             //统计完成信号
    //reg count_all_r;
    reg count_en_r;

    reg [TW-1:0]hist_cnt;                      //直方图统计累加寄存器
    wire       rstOutput;                      //读出电路复位信号

    wire [TW-1:0]dataTmp2;
    wire clr_flag;                             //全局清零信号

//将输入数据打两拍
always @(posedge clk or negedge rst_n)
    if (((~(rst_n))) == 1'b1)
    begin
        vsync_r <= #1 1'b0;
        dvalid_r <= #1 1'b0;
    dvalid_r2 <= #1 1'b0;
    din_r <= #1 {DW{1'b0}};
        din_r2 <= #1 {DW{1'b0}};
    end
    else
    begin
        vsync_r <= #1 vsync;
        dvalid_r <= #1 din_valid;
        dvalid_r2 <= #1 dvalid_r;
        din_r <= #1 din;
```

```
            din_r2 <= #1 din_r;
    end

//输入行同步计数，确定统计的开始和结束时刻
  assign #1 hsync_fall = dvalid_r & (~(din_valid));
  assign #1 hsync_rise = (~(dvalid_r)) & din_valid;

  always @(posedge clk or negedge rst_n)
  if (((~(rst_n))) == 1'b1)
      hsync_count <= #1 {10{1'b0}};
  else
  begin
      if (vsync_r == 1'b1)
          hsync_count <= #1 {10{1'b0}};
      else if (hsync_fall == 1'b1)
                  hsync_count <= hsync_count + 10'b1;
  end
//一帧图像结束后停止统计 下一帧图像到来时开始计数
  always @(posedge clk or negedge rst_n)
  if (((~(rst_n))) == 1'b1)
      count_en <= #1 1'b0;
  else
  begin
      if (hsync_count >= IH)
          count_en <= #1 1'b0;
      else if (hsync_rise == 1'b1)
          count_en <= #1 1'b1;
      else
          count_en <= #1 count_en;
  end


  assign mux_addr_b  = ((count_en == 1'b1)) ? din_r : clr_addr;
  assign mux_addr_b2 = ((count_en == 1'b1)) ? din_r : clr_addr_r;

  //统计递增计数器
  always @(posedge clk)
  begin
      if (rst_cnt == 1'b1)
          counter <= #1 {{TW-1{1'b0}},1'b1};//复位值为1
      else if (inc_en == 1'b1)
          counter <= #1 counter + {{TW-1{1'b0}},1'b1};
```

```
            else
                counter <= #1 counter;
        end

    assign #1 rst_cnt = ((din_r != din_r2) | ((dvalid_r2 == 1'b1) & (dvalid_r
== 1'b0))) ? 1'b1 :1'b0;
    assign #1 inc_en = (((din_r == din_r2) & (dvalid_r2 == 1'b1))) ? 1'b1 :
1'b0;


    assign #1 we_a = ((((din_r != din_r2) & (dvalid_r2 == 1'b1)) | ((dvalid_r2
== 1'b1) & (dvalid_r == 1'b0)))) ? 1'b1 : 1'b0;
    assign #1 count_value = ((count_en == 1'b1)) ? counter + q_b : {TW{1'b0}};


    assign #1 addr_a =  din_r2;

    //直方图存储器 分高16位和低16位分别存储
    hist_buffer dpram_bin_l(
        .address_a(addr_a),                      //输入地址为像素灰度值
        .address_b(mux_addr_b),                  //读出和清零地址
        .clock(clk),                             //同步时钟
        .data_a(count_value[HALF_WIDTH - 1:0]),  //当前计数值
        .data_b({HALF_WIDTH {1'b0}} ),           //清零数据
        .wren_a(we_a),
        .wren_b(we_b_l),
        .q_a(q_a[HALF_WIDTH - 1:0]),
        .q_b(q_b[HALF_WIDTH - 1:0])
    );
    defparam dpram_bin_l.AW = DW;
    defparam dpram_bin_l.DW = HALF_WIDTH;

    hist_buffer dpram_bin_h(
        .address_a(addr_a),
        .address_b(mux_addr_b2),
        .clock(clk),
        .data_a(count_value[TW - 1:HALF_WIDTH]),
        .data_b({HALF_WIDTH {1'b0}}),
        .wren_a(we_a),
        .wren_b(we_b_h),
        .q_a(q_a[TW - 1:HALF_WIDTH]),
        .q_b(q_b[TW - 1:HALF_WIDTH])
    );
```

```verilog
    defparam dpram_bin_h.AW = DW;
    defparam dpram_bin_h.DW = HALF_WIDTH;


    always @(posedge clk or negedge rst_n)
    if (((~(rst_n))) == 1'b1)
        count_en_r <= #1 1'b0;
    else
        count_en_r <= #1 count_en;
```

//读出电路逻辑 计数时不能输出，读出请求时才输出
```verilog
  assign rstOutput = count_en_r | (~(rdyOutput));
```
//输出像素计数
```verilog
    always @(posedge clk)
    if (rstOutput == 1'b1)
        out_pixel <= {DW+1{1'b0}};
    else
    begin
        if ((~count_all) == 1'b1)
        begin
            if (out_pixel == (((2 ** (DW + 1)) - 1)))
                out_pixel <= #1 {DW+1{1'b0}};//输出完毕
            else
                out_pixel <= #1 out_pixel + 1'b1;
        end
    end
    //统计结束信号
    always @(posedge clk)
    begin
        //count_all_r <= (~rstOutput);
        we_b_h <= we_b_l;
        if (out_pixel == (((2 ** (DW + 1)) - 1)))
            count_all <= #1 1'b1;
        else if (count_en == 1'b1)
            count_all <= #1 1'b0;
    end
```

//全局清零信号
```verilog
  assign clr_flag = vsync;
```

//中断输出 信号读出操作完成
```verilog
always @(posedge clk or negedge rst_n)
```

```
        if ((~(rst_n)) == 1'b1)
        begin
            int_flag <= 1'b1;
            int_r    <= 1'b1;
        end
        else
        begin
            int_flag <= #1 int_r;
            if (clr_flag == 1'b1)
                int_r <= #1 1'b1;
            else if (out_pixel >= (((2 ** (DW + 1)) - 1)))
                int_r <= #1 1'b0;
        end

assign we_b_l = (((out_pixel[0] == 1'b1) & (count_all == 1'b0)))) ? 1'b1 : 1'b0;
    //清零地址，与读出地址反相
assign clr_addr = out_pixel[DW:1];

    wire dout_valid_temp;
    wire [HALF_WIDTH-1:0]dout_temp;

    always @(posedge clk or negedge rst_n)
    if ((~(rst_n)) == 1'b1)
    begin
        dout <= {HALF_WIDTH{1'b0}};
        dout_valid <= 1'b0;
    end
    else
    begin
        dout <= #1 dout_temp;
        dout_valid <= #1 dout_valid_temp;
    end

    assign dout_temp = (we_b_l == 1'b1) ? q_b[HALF_WIDTH - 1:0] :
            q_b[TW - 1:HALF_WIDTH];

    assign dout_valid_temp = we_b_h | we_b_l;//输出使能
```

5. 仿真与调试

为了使读者更好地了解直方图设计的原理，我们首先对统计电路进行仿真，摘取统计电路仿真结果如图 6-22 所示。

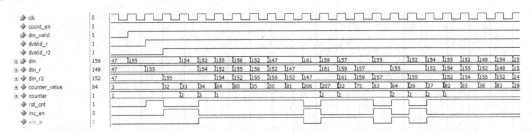

图 6-22　统计电路仿真结果

6. 统计电路

我们以 din_valid 有效时刻作为分析起点统计电路关键信号，如表 6-2 所示。

表 6-2　统计电路关键信号

时刻 计数值	1	2	3	4	5	6	7	8	9
din	155	155	155	154	152	155	156	142	147
din_r	×	155	155	155	154	152	155	156	142
din_r2	×	×	155	155	155	154	152	155	156
counter_value	×	×	32	33	34	64	80	35	81
counter	1	1	1	2	3	1	1	1	1
rst_cnt	0	1	0	0	1	1	1	1	1
inc_en	0	0	1	1	0	0	0	0	0
we_a	0	0	0	0	1	1	1	1	1

在时刻 2，统计电路进入就绪状态，复位 rst_cnt。在时刻 3 开始进行统计，此时输入的像素值 din_r2 为 155，同时读出其统计值 counter_value 为 32，计数器加 1，不执行写入；在时刻 4，发现输入同样为 155，同样将计数器加 1，不执行写入；直到时刻 6，发现与上一个值不同，将计数值 counter（也就是 3，表示 3 个连续相同的像素）与前一个计数统计值 32 相加后写入，新的统计值变为 35。我们也可在时刻 8 看到，此时读出的统计值已经更新为 35。

7. 统计结果

TestBench 设计如下所示：

```
/*hist data*/
  wire       hist_dvalid;
  wire   [16 - 1:0]hist_data;
  wire       hist_vsync;
```

```
/*hist data input*/
wire        hist_dvalid_in;
wire    [local_dw - 1:0]hist_data_in;
wire        hist_vsync_in;

reg  hist_req;//hist data read req
wire hist_int;

histogram_2d hist(
    .rst_n(reset_l),
    .clk(cap_clk),
    .din_valid(hist_dvalid_in),
    .din(hist_data_in[7:0]),
    .dout(hist_data),
    .vsync(hist_vsync_in),
    .dout_valid(hist_dvalid),
    .int_flag(hist_int),
    .rdyOutput(hist_req)
);
defparam hist.DW = 8;
defparam hist.IH = ih;
defparam hist.IW = iw;

assign hist_data_in   = cap_data;
assign hist_vsync_in  = cap_vsync;
assign hist_dvalid_in = cap_dvalid;
```

　　为了验证直方图统计的正确性，我们首先生成一幅分辨率为 256×256 的 8 位灰度渐变图，对其进行直方图统计。可以预见的是，其直方图均匀分布在 0～255，并且每个灰度级的统计值应该是 256，统计结果如图 6-23 所示。可见，统计电路设计正确。

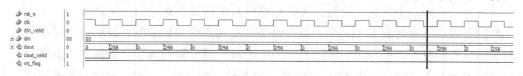

图 6-23　统计结果输出

　　为了进一步验证设计的正确性，我们输入如图 6-24 所示的测试图，分别用 FPGA 和 VC 对其进行直方图统计，然后再将两个统计结果进行比对。

　　FPGA 和 VC 的统计结果分别如图 6-25（a）和图 6-25（b）所示。可见，统计结果完全正确。

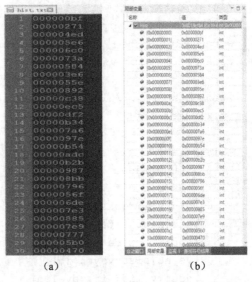

(a)　　　　　　　　　　　(b)

图 6-24　直方图统计测试图　　　图 6-25　FPGA 统计结果（左），VC 统计结果（右）

6.5.2　FPGA 直方图均衡化

首先再次列出直方图均衡化的公式：

$$D_B = f(D_A) = \frac{D_{\max}}{A_0} \sum_{i=0}^{D_A} H(i)$$

上式中，$H(i)$ 为第 i 级灰度的像素个数，A_0 为图像的面积，也即像素总数。因此，计算均衡后的图像步骤如下：

（1）首先计算出当前图像的直方图 $H(i)$。

（2）其次计算像素直方图累计和，即 $\sum_{i=0}^{D_A} H(i)$

（3）将上式乘以灰度值的最大值，即 $D_{\max}$。

（4）将上式除以图像像素总数，我们也将后两步运算统称为归一化运算。

要把上述算法映射到 FPGA 中，第一步需要做的工作是什么呢？自然是帧缓存。这是由于直方图统计需要至少一帧的数据才能完成。第一帧完成后，根据上述步骤计算出来的累加和 $\sum_{i=0}^{D_A} H(i)$ 中的 D_A 已经是一帧之前的像素值了。要得到这个值进行累加和查找，就必须要至少缓存一帧图像。整个计算步骤如图 6-26 所示。

在实际应用中，处理帧缓存是费时费力费资源的一件事情，在许多情况下，图像的变换比较慢，在这种情况下的一个近似是当建立当前帧的直方图统计结果时使用从前一帧得到的映射。结果是直方图均衡化可能不是非常准确，但是消耗的资源和处理的延时都有显著地减少，如图 6-27 所示。

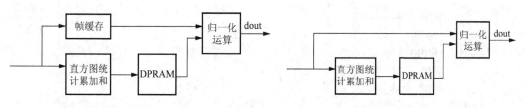

图 6-26　直方图均衡化处理流程　　　　图 6-27　近似的直方图均衡化

第一步的直方图计算我们已经在前面介绍过了，接下来详细介绍后面的几个计算步骤。

1. 直方图累计和

根据数学定义，直方图累加和的定义是小于指定像素的所有像素的统计值之和。因此，这个阶段放在直方图统计值读出阶段来进行累加是再合适不过了。

在直方图统计代码里面添加如下代码：

```
reg  [TW-1:0]hist_cnt;                        //直方图统计累加和寄存器

always @(posedge clk or negedge rst_n)
if ((~(rst_n)) == 1'b1)
   hist_cnt <= {TW{1'b0}};                    //复位清零
else
   if (vsync_r == 1'b0 & vsync == 1'b1)       //新的一帧到来时清零
      hist_cnt <= {TW{1'b0}};
   else
      if (out_pixel[0] == 1'b1)               //每个像素读出时刻
         hist_cnt <= hist_cnt + q_b;          //将结果累加
```

仅仅得到累加和是不够的，因为需要对累加和进行随机地址访问，而不是顺序读出。这个时候就需要将累加和缓存。同样地，采用一个双口 RAM 对累加和结果进行缓存，同时完成时序对齐。

需要在之前的直方图统计模块加入两个接口，一个是统计和的地址输入，负责选通对累计和进行寻址，一个是数据输出，如下所示：

```
module histogram_2d(
      rst_n,
      clk,
      din_valid,
      din,
      dout,
      vsync,
```

```
        dout_valid,
        rdyOutput,
'ifdef Equalize
        hist_cnt_addr,
        hist_cnt_out,
'endif
        int_flag
    );

'ifdef Equalize
    input [DW-1:0]hist_cnt_addr;
    output reg [TW-1:0]hist_cnt_out;
'endif
```

代码如下：

```
reg [DW:0]out_pixel_r;
reg [DW-1:0]out_pixel_r2;
wire [TW-1:0]hist_cnt_temp;
always @(posedge clk or negedge rst_n)
if ((~(rst_n)) == 1'b1)
begin
    out_pixel_r  <= {DW+1{1'b0}};
    out_pixel_r2 <= {DW{1'b0}};
    hist_cnt_out <= {TW{1'b0}};
end
else
begin
    out_pixel_r  <= #1 out_pixel;
    out_pixel_r2 <= #1 out_pixel_r[DW:1];
    hist_cnt_out <= #1 hist_cnt_temp;        //将数据打一拍后输出
end

hist_buffer hist_cnt_buf(
    .address_a(out_pixel_r2),                //写入地址，直方图当前地址
    .address_b(hist_cnt_addr),               //读出地址
    .clock(clk),                             //同步时钟
    .data_a(hist_cnt),                       //写入数据
    .data_b(),
    .wren_a(dout_valid),                     //写入时刻：直方图数据有效
    .wren_b(1'b0),
```

```
        .q_a(),
        .q_b(hist_cnt_temp)                         //输出数据
        );
        defparam hist_cnt_buf.AW = DW;
        defparam hist_cnt_buf.DW = TW;
```

累加和的计算情况如图 6-28 所示。

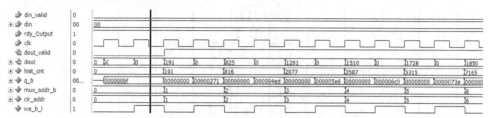

图 6-28　累加和计算

可见，累加和很好地完成了累加工作。不妨输入前几个累积和地址对累加和进行读出，如图 6-29 所示。

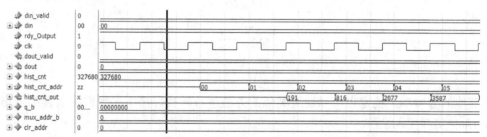

图 6-29　累加和计算结果

由此可见，数据输出正确。由于我们将输出打了一个节拍输出，因此输出会延迟一个时钟。注意，到此时由于已经统计完毕，hist_cnt 刚好为图像的像素总数 327680，即 640×512。

2. 归一化计算

将第 3 步和第 4 步放在一起进行计算，由于这个过程也是把像素归一化到 0~255 的过程，因此我们也将此成为归一化计算。

归一化计算的步骤是先乘以灰度最大值，然后再除以像素总数：图像宽度×图像高度。

通常情况下不会直接调用乘法器和除法器对上式进行计算，这样做是不合适的。对于固定的位宽和图像分辨率来说，这个计算过程是可定量的，也就是这个归一化系数是已知的。而往往在应用过程中，大部分场合有效的数据位宽和分辨率的组合也不会太多。

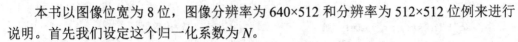

本书以图像位宽为 8 位，图像分辨率为 640×512 和分辨率为 512×512 位例来进行说明。首先我们设定这个归一化系数为 N。

对于第一种情况，有

$$
\begin{aligned}
N &= \frac{2^{DW}-1}{IW \times IH} \\
&= \frac{255}{640 \times 512} \\
&= \frac{51 \times 5}{64 \times 2 \times 5 \times 512} \\
&= \frac{51}{64 \times 2 \times 512} \\
&= \frac{2^5 + 2^4 + 2^2 + 2^1}{2^{16}}
\end{aligned}
$$

对于第二种情况，有

$$
\begin{aligned}
N &= \frac{2^{DW}-1}{IW \times IH} \\
&= \frac{255}{512 \times 512} \\
&= \frac{2^8-1}{2^{18}}
\end{aligned}
$$

其他的分辨率及位宽也可以通过类似的方法进行转换。接下来我们将会详细给出其 Verilog 实例代码设计。

3. Verilog 代码设计

模块定义如下：

```verilog
module hist_equalized(
    rst_n,
    clk,
    din_valid,          //输入数据有效
    din,                //输入数据
    dout,               //输出数据
    vsync,              //输入场同步
    dout_valid,         //输出有效
    vsync_out           //输出场同步
);

parameter  DW = 8;      //数据位宽
parameter  IH = 512;    //图像高度
```

```
parameter  IW = 640;      //图像宽度
parameter  TW = 32;        //直方图数据位宽

localparam TOTAL_CNT = IW * IH;
localparam HALF_WIDTH = (TW>>1);
//计算开销
localparam latency = 6;

input  rst_n;
input  clk;
input  din_valid;
input  [DW-1:0]din;
output [DW-1:0]dout;
input  vsync;
output vsync_out;
output dout_valid;

reg [DW-1:0]hist_cnt_addr;
wire [TW-1:0]hist_cnt_out;
```

//首先需例化一个直方图统计模块对输入图像进行直方图统计，
//注意我们只需得到直方图统计累加和信息

```
histogram_2d hist(
    .rst_n(rst_n),
    .clk(clk),
    .din_valid(din_valid),
    .din(din),
    .vsync(vsync),
    .hist_cnt_addr(hist_cnt_addr),      //累积和输入地址
    .hist_cnt_out(hist_cnt_out)         //累加和输出
);
defparam hist.DW = DW;
defparam hist.IH = IH;
defparam hist.IW = IW;

wire vsync_fall;
wire valid;
reg [1:0]frame_cnt;
reg hist_valid_temp;
reg vsync_r;
```

```verilog
//由于至少需要等到第一帧输出完毕之后才能完成第一帧数据的直方图统计信息，
//因此有必要先对图像帧进行计数
    always @(posedge clk or negedge rst_n)
    if ((((~(rst_n))) == 1'b1)
    begin
        vsync_r <= #1 1'b0;
        hist_valid_temp <= 1'b0;
        frame_cnt <= 2'b00;
    end
    else
    begin
        vsync_r <= #1 vsync;

        if(vsync_fall)
            frame_cnt <= frame_cnt + 2'b01;//每帧结束时帧计数加1
        else
            frame_cnt <= frame_cnt;

    if(frame_cnt >= 2'b10)  //第二行开始输入均衡操作才开始有效
        hist_valid_temp <= 1'b1;

    end
    //场同步下降沿信号
assign vsync_fall  =  (vsync & ~vsync_r);
//全局有效信号
  assign valid = hist_valid_temp & din_valid;

    //缓存全局有效信号，完成时序对齐
reg [latency:0]valid_r;

    always @(posedge clk or negedge rst_n)
    if ((((~(rst_n))) == 1'b1)
    begin
        valid_r[latency:0] <= {latency+1{1'b0}};
    end
    else
    begin
        valid_r <= #1 {valid_r[latency-1:0],valid};
    end
```

```verilog
   reg [DW-1:0]din_r;

//缓存输入数据完成时序对齐
   always @(posedge clk or negedge rst_n)
   if (((~(rst_n))) == 1'b1)
   begin
       din_r <= {DW{1'b0}};
   end
   else
   begin
       din_r <= #1 din;
   end


   //查询当前像素的直方图统计累加和
   always @(posedge clk or negedge rst_n)
   if (((~(rst_n))) == 1'b1)
   begin
       hist_cnt_addr <= {DW{1'b0}};
   end
   else
   begin
       if(valid_r[0])
           hist_cnt_addr <= #1 din_r;
   end


   reg [2*TW-1:0]mul_temp[0:2];
   reg [DW-1:0]dout_temp;

//对于分辨率为512*512的图像而言
generate
if((IW ==512) & (IH ==512) )begin :IW_512

   always @(posedge clk or negedge rst_n)
   if (((~(rst_n))) == 1'b1)
   begin
       mul_temp[0] <= {2*TW{1'b0}};
   end
   else
   begin
       if(valid_r[1])
           //hist_cnt_out*255,
```

```
                mul_temp[0] <= #1 {{TW-DW{1'b0}},hist_cnt_out[TW-1:0],
                              {DW{1'b0}}} - {{TW{1'b0}},hist_cnt_out};
            if(valid_r[1])
                //hist_cnt_out/(512*512) IW = IH = 512
                mul_temp[1] <= #1 {{18{1'b0}},mul_temp[0][2*TW-1:18]};
            if(valid_r[2])
                dout_temp <= #1 mul_temp[1][DW-1:0];
        end
end
endgenerate

//对于分辨率为 640*512 的图像而言
generate
if(IW ==640 & IH ==512 )begin :IW_640

    wire [2*TW-1:0]dout_tmp ;

    assign dout_tmp = {{16{1'b0}},mul_temp[2][2*TW-1:16]};

    always @(posedge clk or negedge rst_n)
    if ((((~(rst_n))) == 1'b1)
    begin
        mul_temp[0] <= {2*TW{1'b0}};
    end
    else
    begin
        if(valid_r[1])
            //hist_cnt_out*51,DW must be 8
            //hist_cnt_out*32 + hist_cnt_out*16
            mul_temp[0] <= #1{{TW-5{1'b0}},hist_cnt_out[TW-1:0],{5{1'b0}}}
            + {{TW-4{1'b0}},hist_cnt_out[TW-1:0],{4{1'b0}}};
            //hist_cnt_out*2 + hist_cnt_out*1
            mul_temp[1] <= #1 {{TW{1'b0}},hist_cnt_out[TW-1:0]} +
            {{TW-1{1'b0}},hist_cnt_out[TW-1:0],{1{1'b0}}};
        if(valid_r[1])
            //hist_cnt_out/(64*2*512)
            mul_temp[2] <= #1 mul_temp[0] + mul_temp[1];
            //
        if(valid_r[2])
            dout_temp <= #1 dout_tmp[DW-1:0];
    end
```

```
end
endgenerate


    //完成数据输出与对齐
    assign dout = dout_temp;
    assign dout_valid  = valid_r[latency];
    assign vsync_out  = vsync;


endmodule
```

4. 仿真结果

Testbench 设计如下：

```
/*hist equalized operation module*/
generate
if(hist_equalized_en != 0)begin :equalized_operation

  wire         equalized_dvalid;
  wire   [local_dw - 1:0]equalized_data;
  wire         equalized_vsync;

  wire         equalized_dvalid_in;
  wire   [local_dw - 1:0]equalized_data_in;
  wire         equalized_vsync_in;

    integer  fp_equalized,cnt_equalized=0;

    hist_equalized #(8,ih,iw,hist_dw)
          equalized_ins(
              .rst_n (reset_1),
              .clk   (cap_clk),
              .din   (equalized_data_in[7:0]),
              .din_valid (equalized_dvalid_in),
              .dout_valid (equalized_dvalid),
              .vsync(equalized_vsync_in),
              .vsync_out(equalized_vsync),
              .dout (equalized_data[7:0])
        );

    assign equalized_data_in   = cap_data;
    assign equalized_vsync_in  = cap_vsync;
    assign equalized_dvalid_in = cap_dvalid;
```

```
    always @(posedge cap_clk or  posedge equalized_vsync )
     if (((~(equalized_vsync))) == 1'b0)
         cnt_equalized=0;
     else
     begin
         if (equalized_dvalid == 1'b1)
         begin
           fp_equalized = $fopen("txt_out/equalized.txt", "r+");
           $fseek(fp_equalized,cnt_equalized,0);
           $fdisplay(fp_equalized, "%04x\n",equalized_data[7:0]);
           $fclose(fp_equalized);
           cnt_equalized<=cnt_equalized+6;
         end
       end
     end
   endgenerate
```

通过两张测试图来验证逻辑功能：一幅较暗的图像和一幅较亮的图像，处理结果如图 6-30 和图 6-31 所示。

图 6-30　较亮的原图像（左）与 FPGA 均衡化后的结果（右）

图 6-31　较暗的原图像（左）与 FPGA 均衡化后的结果（右）

由测试结果可见，这两幅过曝光和曝光不足的图像，经过均衡化之后的效果图差别不大，对比度都非常高，设计代码达到了预期的均衡目的。

对于直方图的规定操作，也可以采用类似直方图均衡的运算方法，有兴趣的读者可以自己尝试去设计相关逻辑。

6.5.3 FPGA 直方图线性拉伸

本节将介绍如何利用 FPGA 实现 6.4 节的直方图线性拉伸。拉伸处理的运算公式如下：

$$g(x,y) = \begin{cases} 0 & f(x,y) \leqslant A \\ \dfrac{255}{B-A}\big(f(x,y)-A\big) & B > f(x,y) > A \\ 255 & f(x,y) \geqslant B \end{cases}$$

其中，

$$A = k, \quad \mathrm{Sum}(k) \geqslant \mathrm{Thr\_Min} \,\&\& \mathrm{Sum}(k-1) < \mathrm{Thr\_Min}$$

$$B = k, \quad \mathrm{Sum}(k) \geqslant \left(\sum_{i=0}^{255} H(i) - \mathrm{Thr\_Max}\right) \&\& \mathrm{Sum}(k-1) < \left(\sum_{i=0}^{255} H(i) - \mathrm{Thr\_Max}\right)$$

$$\mathrm{Sum}(k) = \sum_{i=0}^{k} H(i)$$

计算直方图线性拉伸处理后的像素值的步骤如下：

（1）确定高低阈值 $\mathrm{Thr\_Min}$ 和 $\mathrm{Thr\_Max}$。

（2）计算系数 A 和 B。

（3）计算当前像素与 A 的差值。

（4）计算 255 与 $(B-A)$ 的商。

（5）计算第（3）步与第（4）步的乘积。

计算步骤如图 6-32 所示。

其中，$\mathrm{Thr\_Min}$ 和 $\mathrm{Thr\_Max}$ 为给定的两个截断区间，用来定义首尾被截断的直方图统计数目。我们这里给定两个值均为 100。FPGA 映射的重点在于公式中的映射区间 A 和 B 的计算。

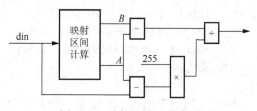

图 6-32 线性拉伸计算步骤

1. 映射区间计算

由计算公式可知，映射区间主要是由输入阈值和直方图累加和计算出来的，因此，映射区间的计算同样可以放在直方图统计阶段进行。

我们需对直方图统计增加四个接口、两个阈值输入和两个映射区间输出，如下所示：

```
module histogram_2d(
      rst_n,
      clk,
      din_valid,
      din,
      dout,
      vsync,
      dout_valid,
      rdyOutput,
'ifdef  Equalize
      hist_cnt_addr,
      hist_cnt_out,
'endif
'ifdef  LinearTransfer
      lowCnt,         //低阈值输入
      highCnt,        //高阈值输入
      lowIndex,       //映射区间左侧输出
      highIndex,      //映射区间右侧输出
'endif
      int_flag
   );

'ifdef  LinearTransfer
   input  [TW-1:0]lowCnt;
   input  [TW-1:0]highCnt;
   output reg[DW-1:0]lowIndex;
   output reg[DW-1:0]highIndex;
'endif
```

　　映射区间的查找也十分简单，但是也要考虑到直方图分布的极端情况，例如，输入图像全黑或全白，就可能造成查找失败。因此，需设置默认输出和查找标志。当没有查找到映射值时，加载默认值输出。

　　同时还需注意，和直方图均衡一样，我们不考虑帧缓存的问题，也就是当前的查找结果为上一帧的结果。

　　查找步骤如下：

　　（1）当前图像到来之前，加载默认映射值。

　　（2）根据上一帧的查找结果输出映射值。

　　（3）对本帧进行直方图统计。

　　（4）统计过程中根据定义查找区间映射值。

查找电路的实例代码如下：

```
reg  [DW-1:0]lowIndex_tmp;
reg  [DW-1:0]highIndex_tmp;
reg  [DW-1:0]highIndex_tmp2;
reg  bFindMax;
reg  bFindMin;

always @(posedge clk or negedge rst_n)
    if (((~(rst_n)) == 1'b1)
    begin
        lowIndex_tmp <= {DW{1'b0}};
        highIndex_tmp <= {DW{1'b1}};
        bFindMin <= 1'b0;
        bFindMax <= 1'b0;
        highIndex_tmp2 <= {DW{1'b0}};
    end
    else
    begin
        if (vsync_r == 1'b0 & vsync == 1'b1)
        begin
            lowIndex_tmp <= {DW{1'b0}};
            highIndex_tmp <= {DW{1'b1}};
            highIndex_tmp2 <= {DW{1'b0}};
            lowIndex <= lowIndex_tmp;
            if (bFindMax == 1'b1)
                highIndex <= highIndex_tmp;
            else
                highIndex <= highIndex_tmp2;
            bFindMin <= 1'b0;
            bFindMax <= 1'b0;
        end
        else
        begin
            if (out_pixel[0] == 1'b1)
            begin
                if ((~(q_b == {HALF_WIDTH{1'b0}}))))
                    highIndex_tmp2 <= clr_addr - 4'h1;
                if ((hist_cnt >= lowCnt) & bFindMin == 1'b0)
                begin
                    lowIndex_tmp <= clr_addr - 4'h1;
```

```
                                bFindMin <= 1'b1;
                    end
                    if (hist_cnt >= (TOTAL_CNT - highCnt) & bFindMax == 1'b0)
                    begin
                                highIndex_tmp <= clr_addr - 4'h1;
                                bFindMax <= 1'b1;
                    end
            end
        end
    end
```

2. Verilog 代码实例

```
//模块声明
module hist_linear_transform(
        rst_n,
        clk,
        din_valid,                     //输入有效
        din,                           //输入数据流
        dout,                          //输出数据
        vsync,                         //输入场同步
        dout_valid,                    //输出有效
        vsync_out,                     //输出场同步
        lowCnt,                        //输入低阈值
        highCnt                        //输入高阈值
    );

    parameter  DW = 8;
    parameter  IH = 512;
    parameter  IW = 640;
    parameter  TW = 32;
    parameter  DW_DIVIDE = 16;         //除法器位宽

    localparam TOTAL_CNT = IW * IH;
    localparam HALF_WIDTH = (TW>>1);

    localparam divide_latency = 19;    //除法器计算延迟
    localparam latency = divide_latency+2;

    input  rst_n;
    input  clk;
```

```verilog
input   din_valid;
input   [DW-1:0]din;
output  [DW-1:0]dout;
input   vsync;
output  vsync_out;
output  dout_valid;
input   [TW-1:0]lowCnt;
input   [TW-1:0]highCnt;

//索引值计算值，也就是公式中的 A 和 B
wire[DW-1:0]lowIndex;
wire[DW-1:0]highIndex;
//首先例化一个直方图统计模块，计算两个截断索引值
histogram_2d hist(
    .rst_n(rst_n),
    .clk(clk),
    .din_valid(din_valid),
    .din(din),
    .dout(),
    .vsync(vsync),
    .dout_valid(),
    .int_flag(),
    .lowCnt(lowCnt),
    .highCnt(highCnt),
    .rdyOutput(1'b1),
    .lowIndex(lowIndex),    //索引值输出 A
    .highIndex(highIndex)   //索引值输出 B
);
defparam hist.DW = DW;
defparam hist.IH = IH;
defparam hist.IW = IW;

//由于至少需要等待一帧输出数据，需对输入图像帧进行计数
wire vsync_fall;
wire valid;
reg  [1:0]frame_cnt;
reg  hist_valid_temp;
reg  vsync_r;

always @(posedge clk or negedge rst_n)
if ((((~(rst_n))) == 1'b1)
```

```
        begin
            vsync_r <= #1 1'b0;
            hist_valid_temp <= 1'b0;
            frame_cnt <= 2'b00;
        end
        else
        begin
            vsync_r <= #1 vsync;

            if(vsync_fall)
                frame_cnt <= frame_cnt + 2'b01;
            else
                frame_cnt <= frame_cnt;

        if(frame_cnt >= 2'b10)
            hist_valid_temp <= 1'b1;

        end

    assign vsync_fall =  (vsync & ~vsync_r);
    //全局有效信号
assign valid = hist_valid_temp & din_valid;

    reg [latency:0]valid_r;
    //缓存有效信号，以等待除法运算
    always @(posedge clk or negedge rst_n)
    if (((~(rst_n))) == 1'b1)
    begin
        valid_r[latency:0] <= {latency+1{1'b0}};
    end
    else
    begin
        valid_r <= #1 {valid_r[latency-1:0],valid};
    end

    reg [DW-1:0]din_r;

    always @(posedge clk or negedge rst_n)
    if (((~(rst_n))) == 1'b1)
    begin
        din_r <= {DW{1'b0}};
```

```
end
else
begin
    din_r <= #1 din;
end


//首先计算 (B-A)
reg [DW-1:0]diff;   reg [DW-1:0]diff_r;//将计算结果缓存一拍

always @(posedge clk or negedge rst_n)
if (((~(rst_n))) == 1'b1)
begin
    diff <= {DW{1'b0}};
    diff_r <= {DW{1'b0}};
end
else
begin
    diff_r <= #1 diff;
    if(valid == 1'b1)
        if(highIndex > lowIndex)
            diff <= #1 highIndex - lowIndex;   //（B-A）输出
        else
            diff <= {DW{1'b1}};                //指示异常
    else
        diff <= {DW{1'b0}};
end
//接着计算(f(x,y)-A)
reg [DW-1:0]diff_1;
always @(posedge clk or negedge rst_n)
if (((~(rst_n))) == 1'b1)
begin
    diff_1 <= {DW{1'b0}};
end
else
begin
    if(valid == 1'b1)
    begin
        if(din <= lowIndex)                 //当 f(x,y)<=A 时置零
            diff_1 <= {DW{1'b0}};
        else
            diff_1 <= #1 din - lowIndex;//这里也包含了当 f(x,y)>=B 的
```

情况，我们将在除法之后进行处理

```verilog
        end
    end
    //下一时钟计算(f(x,y)-A)*255
    reg [2*DW-1:0]square;
    always @(posedge clk or negedge rst_n)
    if (((~(rst_n))) == 1'b1)
    begin
        square <= {2*DW{1'b0}};
    end
    else
    begin
        if(valid_r[0] == 1'b1)
        begin
            square <= #1 diff_1*{DW{1'b1}};        //直接相乘
        end
    end

    //计算商
    wire divide_en;
    wire [DW_DIVIDE-1:0]quotient;                  //商
    wire [DW_DIVIDE-1:0]nc_rem;                     //余数
    wire [DW_DIVIDE-1:0]denom;                      //分子
    wire [DW_DIVIDE-1:0]numer;                      //分母

    assign denom = (diff_r =={DW{1'b0}})?{DW_DIVIDE{1'b1}}: diff_r;//
防止分母出现 0
    assign numer = (valid_r[0]==1'b1)?square:{DW_DIVIDE{1'b0}};

//调用除法器 IP 核
    slope_cal#(DW_DIVIDE,divide_latency)
        cal_slope(
            .clken(1'b1),
            .clock(clk),
            .denom(denom),                          //分母
            .numer(numer),                          //分子
            .quotient(quotient),                    //商
            .remain(nc_rem)                         //余数总为正
        );
```

```
    wire [DW-1:0]quotient_temp;
    wire [DW-1:0]quotient_temp1;
//除法结果进行四舍五入处理
    assign quotient_temp1 = (nc_rem>=diff[DW-1:1])?(quotient+1):(quotient);
//所得结果大于255? 说明输入像素大于B, 直接置255
    assign quotient_temp = (quotient_temp1 >={DW{1'b1}})?({DW{1'b1}}):
    ( quotient_temp1 [DW-1:0]);

    reg [DW-1:0]dout_temp;
    always @ (posedge clk or negedge rst_n)
    begin
        if (((~(rst_n))) == 1'b1)
        begin
            dout_temp <= {DW{1'b0}};
        end
        else
        begin
          if(valid_r[latency-1])
                dout_temp <= #1 quotient_temp;//输出结果
        end
    end

    assign dout = dout_temp;
    assign dout_valid = valid_r[latency];
    assign vsync_out = vsync;

endmodule
```

3. 仿真结果

以图6-12作为测试图, 分辨率为500×500, 位宽为8位, 对设计代码进行仿真验证, TestBench 如下所示:

```
generate
if(display_transform_en != 0)begin :display_transform_operation

  wire        dis_trans_dvalid;
  wire [local_dw - 1:0]dis_trans_data;
  wire        dis_trans_vsync;
  wire        dis_trans_dvalid_in;
  wire [local_dw - 1:0]dis_trans_data_in;
```

```verilog
    wire        dis_trans_vsync_in;

  integer  fp_dis_trans,cnt_dis_trans=0;
  wire [local_dw:0]lowIndex;
  wire [local_dw:0]highIndex;

  hist_linear_transform u0(
      .rst_n(reset_l),
      .clk(cap_clk),
      .din_valid(dis_trans_dvalid_in),
      .din(dis_trans_data_in),
      .dout(dis_trans_data),
      .vsync(dis_trans_vsync_in),
      .dout_valid(dis_trans_dvalid),
      .vsync_out(dis_trans_vsync),
      .lowCnt(32'd100),
      .highCnt(32'd100)
  );
  defparam u0.DW = local_dw;
  defparam u0.IH = ih;
  defparam u0.IW = iw;
  defparam u0.TW = 32;
  defparam u0.DW_DIVIDE = 16;

  assign dis_trans_data_in   = cap_data;
  assign dis_trans_vsync_in  = cap_vsync;
  assign dis_trans_dvalid_in = cap_dvalid;

always @(posedge cap_clk or  posedge dis_trans_vsync )
  if ((((~(dis_trans_vsync)))) == 1'b0)
      cnt_dis_trans=0;
  else
  begin
      if (dis_trans_dvalid == 1'b1)
      begin
        fp_dis_trans = $fopen("txt_out/dis_trans.txt", "r+");
        $fseek(fp_dis_trans,cnt_dis_trans,0);
        $fdisplay(fp_dis_trans, "%04x\n",dis_trans_data[7:0]);
        $fclose(fp_dis_trans);
        cnt_dis_trans<=cnt_dis_trans+6;
      end
```

```
        end
    end
endgenerate
```

首先，来看一下两个阶段区间的求取，如果分辨率为 500×500，那么在 hist_cnt 大于 100 和大于 250000-100 = 249900 时应该被截断，结果如图 6-33 所示。

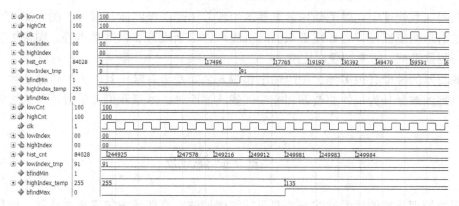

图 6-33　截断区间的求取（注意图中 bfindMax 和 bfindMin 的上升沿时刻）

可见，当前帧的截断区间为[91,135]，这也说明输入图像的直方图分布主要分布在这个区间。我们的主要目的是把这个区间拉伸到整个直方图分布范围[0, 255]。图 6-34 是测试结果。

图 6-34　原始图像（左）与 FPGA 处理后的图像（右）

测试结果也验证了设计逻辑的正确性。

第7章　线性滤波器

在图像预处理中，最基础也最重要的处理方法是图像滤波与增强。图像滤波可以很好地消除测量成像或者环境带来的随机噪声、高斯噪声和椒盐噪声等。图像增强可以增强图像细节，提高图像对比度。

滤波器的种类有很多种。按照输出和输入之间是否有唯一且确定的传递函数，我们可以把滤波器分为线性滤波器和非线性滤波器两种。本章我们介绍最简单的线性滤波器。

7.1　线　性　滤　波

图像处理领域的线性滤波器主要包括均值滤波和高斯滤波等平滑滤波器，此外，还有 Sobel 算子、Laplas 算子和梯度运算等锐化滤波器。

线性滤波通常的处理方法是利用一个指定尺寸的掩模（mask）对图像进行卷积，通常，这个掩模（mask）也可以称为滤波器（filter）、核（kernel）、模板（template）和窗（window）等。

这里给出线性滤波器的定义如下：

设 r 为处理窗口的半径，$f(i, j)$ 为窗口内模板的灰度值，$I(x, y)$ 为输入像素值，$g(x, y)$ 为输出像素值，则有如下定义：

$$g(x, y) = \sum_{i=-r}^{r} \sum_{j=-r}^{r} f(i, j) \times I(x+i, y+i)$$

令 $g(x, y)$ 滑过整幅图像，即对整幅图像做一个卷积处理，就得到最后的滤波结果。由卷积定理可以得到，在频域将模板直接与图像进行像素相乘也可以达到相同的目的。

7.1.1　均值滤波

均值滤波是典型的线性滤波算法，主要方法为邻域平均法，即用一个图像区域的各个像素的平均值来代替原图像的各个像素值。

均值滤波的主要作用是减小图像灰度值的"尖锐"变化从而达到减小噪声的目的。但是，由于图像边缘在一般情况下也是由图像灰度尖锐化引起的，因此，均值滤波也存在边缘模糊的问题。

下面先给出均值滤波的数学定义。

不妨设 r 为处理窗口的半径，μ 为待求的窗口内像素均值，$I(x, y)$ 为输入像素值，$g(x, y)$

为输出像素值，则有如下定义：

$$g(x,y) = \mu = \frac{1}{(2\gamma+1)^2} \sum_{i=-r}^{r} \sum_{j=-r}^{r} I(x+i, y+i)$$

以 $r=1$ 的处理窗口为例，处理模板如表 7-1 所示。

表 7-1 均值滤波处理模板

1	1	1
1	1	1
1	1	1

C 语言示例代码如下：

```c
#define AVERAGE_RADIUS 7 /*均值滤波半径*/
// m_dwHeight 图像高度 m_dwWidth 图像宽度 m_pTemp 存放处理结果
BYTE * m_pTemp = (BYTE *)malloc(m_dwHeight*m_dwWidth);
int i, j, m, k = 0;
memset(m_pTemp, 255, m_dwHeight*m_dwWidth);
double sum, average = 0;/*当前窗口总和与均值*/

for (i = AVERAGE_RADIUS; i< m_dwHeight - AVERAGE_RADIUS; i++)
for (j = AVERAGE_RADIUS; j < m_dwWidth - AVERAGE_RADIUS; j++)
{
    sum = 0;
    average = 0;
    /*当前像素开窗*/
    for (m = -AVERAGE_RADIUS; m <= AVERAGE_RADIUS; m++)
    for (k = -AVERAGE_RADIUS; k <= AVERAGE_RADIUS; k++)
        sum += m_pBitmap[(i + m)*m_dwWidth + j + k];//求窗口像素总和
    average = sum / ((2* AVERAGE_RADIUS+1)*(2* AVERAGE_RADIUS+1));
/*求窗口像素均值*/
    BYTE temp = (BYTE)average;
    if (average - temp >= 0.5)temp++;
    m_pTemp[i*m_dwWidth + j] = temp;
}
```

图 7-1（a）的图像是一幅噪声比较大的电路板图像，如果直接对此图像进行分割和后续的识别工作，将会得到比较大的噪声和虚假特征点。因此，在进一步处理前首先对此图像进行一个预处理。用 5×5 窗口的均值滤波对其进行处理后的效果如图 7-1（b）所示。

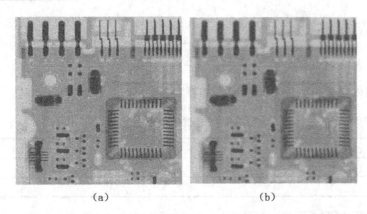

(a)   (b)

图 7-1　含有较大噪声的原始图像与 5×5 均值滤波处理后的图像

由图 7-1 可见，左侧图像中比较多的细小噪声基本已经被滤除，但是也带来了图像的边缘细节丢失的后果。

7.1.2　高斯滤波

在进行数学仿真或者误差评估时，往往认为传感器所引入的噪声服从正态分布（高斯白噪声），这个时候用高斯滤波器就可以很好地消除高斯噪声。

高斯滤波也是一种线性平滑滤波，通俗地讲，高斯滤波就是对整幅图像进行加权平均的过程，每一个像素点的值，都由其本身和邻域内的其他像素值经过加权平均后得到。

高斯滤波的具体操作：用一个模板（或称卷积、掩模）扫描图像中的每一个像素，用模板确定的邻域内像素的加权平均灰度值去替代模板中心像素点的值。

为了使读者更好地理解高斯滤波器，首先给出高斯滤波的数学定义，并根据高斯滤波的数学意义对其进行离散化。

首先，引入二维连续高斯函数的定义如下：

$$h(x, y) = \frac{1}{2\pi\sigma^2} e^{\frac{x^2+y^2}{2\sigma^2}}$$

值得注意的是，该函数是各向同性的，其曲线是草帽状的对称图，该曲面对整个覆盖面积求积分为 1。

接着给出二维高斯函数的离散形式：

记 $h(i, j)$ 为当前坐标 (i, j) 处的高斯函数值，σ 为所选取高斯滤波器的方差，r 为模板（处理窗口）的半径，一般情况下将处理窗口的尺寸选为奇数。例如对于 5×5 的处理窗口，$r = 2$。则有

$$h(i, j) = \frac{1}{2\pi\sigma^2} e^{\frac{(i-r)^2+(j-r)^2}{2\sigma^2}}$$

从上式可知，在模板的中心半径处，即 $i=j=r$。此外，当前灰度值和滤波器输出值为最大。

其中，高斯滤波器宽度（决定着平滑程度）是由参数 σ 表征的，而且 σ 和平滑程度的关系是非常简单的。σ 越大，高斯滤波器的频带就越宽，平滑程度就越好。通过调节平滑程度参数 σ，可在图像特征过分模糊（过平滑）与平滑图像中由于噪声和细纹理所引起的过多的不希望突变量（欠平滑）之间取得折中。

在这里取 $\sigma = 1.4$，$r = 2$，按上述公式计算出高斯系数如下：

$$H = \begin{bmatrix} 0.0088 & 0.0215 & 0.0289 & 0.0215 & 0.0088 \\ 0.0215 & 0.0521 & 0.0701 & 0.0521 & 0.0215 \\ 0.0289 & 0.0701 & 0.0942 & 0.0701 & 0.0289 \\ 0.0215 & 0.0521 & 0.0701 & 0.0521 & 0.0215 \\ 0.0088 & 0.0215 & 0.0289 & 0.0215 & 0.0088 \end{bmatrix}$$

对上述矩阵进行归一化和取整处理，结果如下：

$$H = \frac{1}{159} \begin{bmatrix} 2 & 4 & 5 & 4 & 2 \\ 4 & 9 & 12 & 9 & 4 \\ 5 & 12 & 15 & 12 & 5 \\ 4 & 9 & 12 & 9 & 4 \\ 2 & 4 & 5 & 4 & 2 \end{bmatrix}$$

C 语言示例代码如下：

```
// m_dwHeight 图像高度 m_dwWidth 图像宽度 m_pTemp 存放处理结果
double Gaus_Kernel[5][5] =
{
    {2,4,5,4,2,},
    {4,9,12,9,4},
    {5,12,15,12,5},
    {4,9,12,9,4},
    {2,4,5,4,2}
};
BYTE *p_GausResult   = (BYTE*)malloc(m_dwHeight*m_dwWidth);
/*高斯滤波结果*/
memset(p_GausResult, 255, m_dwHeight*m_dwWidth);
/*首先进行 5*5 高斯滤波*/
double Gaus_Result = 0;
for (i = 2; i<m_dwHeight - 2; i++)
for (j = 2; j<m_dwWidth  - 2; j++)
{
    Gaus_Result = 0;
```

```
for (m = -2; m <= 2; m++)
for (k = -2; k <= 2; k++)
{
    Gaus_Result += Gaus_Kernel[m + 2][k + 2] * (m_pBitmap[(i +
                m)*m_dwWidth + j + k]/159.0);
}
p_GausResult[i*m_dwWidth + j] = (BYTE)Gaus_Result ;

}
```

图 7-2（b）是利用上述模板对图 7-1（a）图像进行滤波处理后的效果。

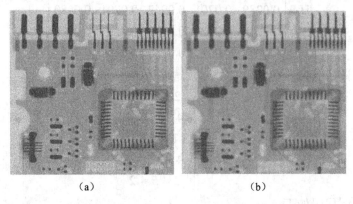

（a）   （b）

图 7-2　含有较大噪声的原始图像与 5×5 高斯滤波处理后的图像

由图 7-2 可以看出，高斯滤波同样有效地筛除了噪声，使输入图像得到了预期的平滑效果。

不妨把高斯滤波的结果与均值滤波的结果放在一起做一个对比：图 7-3（a）是 5×5 均值滤波的结果，图 7-3（b）是 5×5 高斯滤波处理后的结果。

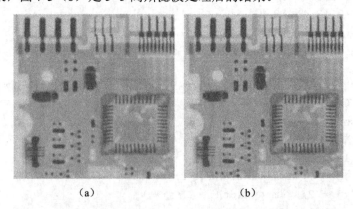

（a）   （b）

图 7-3　5×5 均值滤波处理后的图像（左）与 5×5 高斯滤波处理后的图像（右）

明显可以看出，均值滤波的平滑力度要更大。因此，其保留细节的能力没有高斯滤波好。

7.1.3 Sobel 算子

索贝尔算子（Sobel Operator）主要用作边缘检测，在技术上，它是一离散性差分算子，用来运算图像亮度函数的灰度之近似值。在图像的任何一点使用此算子，将会产生对应的灰度矢量或是其法矢量。

既然是边缘检测，就涉及边缘的检测方向问题。Sobel 提供了水平方向和垂直方向两个方向的滤波模板。设 x 方向和 y 方向的 滤波模板分别为 G_X 和 G_Y，分别见表 7-2 和表 7-3。

表 7-2　滤波模板 G_X

−1	0	+1
−2	0	+2
−1	0	+1

表 7-3　滤波模板 G_Y

+1	+2	+1
0	0	0
−1	−2	−1

设 $g_x(x,y)$ 为 x 方向的结果，$g_y(x,y)$ 为 y 方向的结果，则有

$$g_x(x,y) = \sum_{i=-1}^{1}\sum_{j=-1}^{1} G_X(i,j) * I(x+i,y+i)$$

$$g_y(x,y) = \sum_{i=-1}^{1}\sum_{j=-1}^{1} G_Y(i,j) * I(x+i,y+i)$$

如果不进行阈值处理，那么 Sobel 算子的计算结果如下式：

$$g(x,y) = \begin{cases} \sqrt{[g_x(x,y)]^2 + [g_y(x,y)]^2} & \sqrt{[g_x(x,y)]^2 + [g_y(x,y)]^2} \leqslant 255 \\ 255 & \sqrt{[g_x(x,y)]^2 + [g_y(x,y)]^2} > 255 \end{cases}$$

通常情况下，用以下式子作为平方根的近似值：

$$g(x,y) = \begin{cases} |(g_x(x,y)| + |(g_y(x,y)| & |(g_x(x,y)| + |(g_y(x,y)| \leqslant 255 \\ 255 & |(g_x(x,y)| + |(g_y(x,y)| > 255 \end{cases}$$

用以下公式计算梯度方向：

$$\theta = \arctan\left(\frac{g_y(x,y)}{g_x(x,y)}\right)$$

Sobel 算子根据像素点上下、左右邻点灰度加权差，在边缘处达到极值这一现象检测边缘。对噪声具有平滑作用，提供较为精确的边缘方向信息，边缘定位精度不够高。当对精度要求不是很高时，是一种较为常用的边缘检测方法。

Sobel 算子算法的优点是计算简单、速度快。但是由于只采用了 2 个方向的模板，只能检测水平和垂直方向的边缘，因此这种算法对于纹理较为复杂的图像，其边缘检测效果就不是很理想。该算法认为凡灰度新值大于或等于阈值的像素点时都是边缘点。这种判断欠合理，会造成边缘点的误判，因为许多噪声点的灰度值也很大。

Sobel 算子的 C 语言示例代码如下：

```c
int Templet_Y[3][3] = {
    -1,-2,-1,
    0, 0, 0,
    1, 2, 1
};
int Templet_X[3][3] = {
    -1, 0, 1,
    -2, 0, 2,
    -1, 0, 1
};

double Sobel_Result_X, Sobel_Result_Y, Sobel_Result;
double* p_SobelResult_X = malloc double*(m_dwWidth*m_dwHeight);
    /*X方向梯度幅值*/
double* p_SobelResult_Y = malloc double*(m_dwWidth*m_dwHeight);
    /*Y方向梯度幅值*/
int* p_SobelResult      = malloc int*(m_dwWidth*m_dwHeight);
    /*总梯度幅值*/
double* p_theta         = malloc double*(m_dwWidth*m_dwHeight);
    /*梯度方向*/
for (i = 1; i<m_dwHeight - 1; i++)
for (j = 1; j<m_dwWidth - 1; j++)
{
    Sobel_Result_X = 0;
    Sobel_Result_Y = 0;
    Sobel_Result = 0;
    /*开窗 3*3*/
    for (m = -1; m <= 1; m++)
    for (k = -1; k <= 1; k++)
```

```
{
    Sobel_Result_X += Templet_X[m + 1][k + 1] * p_GausResult
        [(i + m)*m_dwWidth + j + k];
    Sobel_Result_Y += Templet_Y[m + 1][k + 1] * p_GausResult
        [(i + m)*m_dwWidth + j + k];
}

Sobel_Result = ((double)Sobel_Result_X)* ((double)Sobel_Result_X);
Sobel_Result += ((double)Sobel_Result_Y)* ((double)Sobel_Result_Y);
Sobel_Result = sqrt(Sobel_Result);
p_Sobel_Disp[i*m_dwWidth + j] = (Sobel_Result >255) ? 255 : Sobel_Result;
p_SobelResult[i*m_dwWidth + j]   = (int)Sobel_Result;//梯度模值
p_SobelResult_X[i*m_dwWidth + j] = Sobel_Result_X;//X方向模值
p_SobelResult_Y[i*m_dwWidth + j] = Sobel_Result_Y;//Y方向模值
p_theta[i*m_dwWidth + j]         = atan2(Sobel_Result_Y,Sobel_
    Result_X);//方向
}
```

按照以上代码对图 7-4（a）进行 Sobel 运算，结果如图 7-4（b）所示。

（a） （b）

图 7-4　原始图像与 Sobel 算子计算结果

由图 7-4 可以看出，Sobel 运算可以很好地提取图像边缘，由于其计算简单，因此也十分适合用 FPGA 来实现。

同时也可以看出，图 7-4 的边缘图中还是有许多噪点。在实际情况下，在求取边缘时通常会对图像进行一些滤波预处理。图 7-5（b）就是将输入图首先经过上一节介绍的高斯滤波处理后的边缘图。

由图 7-5 可以看出，经过高斯滤波后的边缘图更加平滑，同时消除了更多的伪边缘（尤其注意对比图中帽子处的边缘图）。

（a）   （b）

图 7-5　首先经过高斯滤波再进行 Sobel 计算的结果

7.1.4　离散傅里叶变换

傅里叶变换也是一种典型的线性变换。对于图像处理来说，离散傅里叶变换将图像从时域变换到频域，二维图像的傅里叶变换的数学表达式如下：

$$g(u,v) = \frac{1}{MN}\sum_{x=0}^{M-1}\sum_{y=0}^{N-1}f(x,y)\mathrm{e}^{-2\pi i\left(\frac{ux}{M}+\frac{vy}{N}\right)}$$

式中，$g(u,v)$ 是变换后频域的值。$f(x,y)$ 则是空间域的像素值。图像经过傅里叶变换之后再频率域为复数形式。

在频域里面，高频部分代表了图像的细节和纹理信息；低频部分则代表了图像的轮廓信息。利用卷积定理，时域里面的卷积操作等同于频域直接相乘，因此，傅里叶变换也可用于空域的模板滤波降噪。同时，傅里叶变换在图像压缩、特征提取及滤除特定频率信号等场合也得到了广泛的应用。

一般情况下，为了提高运算效率，通常会采用快速傅里叶变换 FFT 来进行傅里叶变换。对于图像处理来说，进行 FFT 变换的步骤如下：

（1）$(-1)^{x+y}$ 乘以输入图像来进行中心变换。

（2）由（1）计算图像的 FFT，即 $g(u,v)$。

（3）用滤波器函数 $h(u,v)$ 乘以 $g(u,v)$。

（4）计算（3）中的结果的反 FFT。

（5）得到（4）中的结果的实部。

（6）用 $(-1)^{x+y}$ 乘以（5）中的结果。

对于频率域的滤波来说，最重要的是滤波器的选取与设计，通常情况下，首先对原图进行 FFT 变换并显示出频谱，对频谱进行分析之后得到噪声的频带，并设计合适的滤波器来进行滤波。

按照滤波器的原理划分，有理想滤波器、高斯滤波器、巴特沃斯滤波器和切比雪夫滤波器等。

　　理想滤波器硬件实现困难，过渡带陡峭，振铃严重，只适用于理论分析及数学建模。常用的滤波器模型有高斯滤波器和巴特沃斯滤波器。

　　按照滤波器的性质划分，有低通滤波器（LPF）、高通滤波器（HPF）、带通滤波器（BPF）和带阻滤波器（BSF）。具体选用哪种滤波器，根据需要选取。

　　前面已经简单介绍过高斯滤波器的原理及应用，下面将直接列出巴特沃斯滤波器的传递函数及其在频率域滤波的应用。

1. 巴特沃斯滤波器传递函数

　　巴特沃斯低通滤波器传递函数如下：

$$h(u,v)=\frac{1}{1+\left(\dfrac{D(u,v)}{D_0}\right)^{2n}}$$

$$D(u,v)=\sqrt{\left(u-\frac{M}{2}\right)^2+\left(v-\frac{N}{2}\right)^2}$$

式中，D_0 为滤波器的截止频率，n 为滤波器的阶数。

　　巴特沃斯高通滤波器传递函数如下：

$$h(u,v)=\frac{1}{1+\left(\dfrac{D_0}{D(u,v)}\right)^{2n}}$$

$$D(u,v)=\sqrt{\left(u-\frac{M}{2}\right)^2+\left(v-\frac{N}{2}\right)^2}$$

式中，D_0 为滤波器的截止频率，n 为滤波器的阶数

　　巴特沃斯带阻滤波器传递函数如下：

$$h(u,v)=\frac{1}{1+\left(\dfrac{D(u,v)W}{D(u,v)^2-D_0^{\ 2}}\right)^{2n}}$$

$$D(u,v)=\sqrt{\left(u-\frac{M}{2}\right)^2+\left(v-\frac{N}{2}\right)^2}$$

式中，D_0 为滤波器的截止频率，n 为滤波器的阶数，W 为滤波器的带宽。

　　巴特沃斯带通滤波器传递函数如下：

$$h(u,v)=1-\frac{1}{1+\left(\dfrac{D(u,v)W}{D(u,v)^2-D_0^{\ 2}}\right)^{2n}}$$

$$D(u,v) = \sqrt{\left(u - \frac{M}{2}\right)^2 + \left(v - \frac{N}{2}\right)^2}$$

式中，D_0 为滤波器的截止频率，n 为滤波器的阶数，W 为滤波器的带宽。

以 4 阶巴特沃斯滤波器为例，C 语言示例代码如下：

```c
//计算巴特沃斯高通滤波器函数（4 阶）
double Cal_Butterworth_HPF(int u, int v,double sigma)
{
    double  temp = 0;
    temp = 1+( (sigma*sigma)/ (u*u + v*v) )*( (sigma*sigma)/ (u*u + v*v));
    temp = 1/temp;
    return temp;
}

//计算巴特沃斯低通滤波器函数（4 阶）
double Cal_Butterworth_LPF(int u, int v, double sigma)
{
    double temp = 0;
    temp = 1 + ((u*u + v*v)/(sigma*sigma))*((u*u + v*v)/(sigma*sigma));
    temp = 1 / temp;
    return temp;
}


//计算二维巴特沃斯传递函数：带阻滤波器（4 阶）
double Cal_Butterworth_BSF(int u, int v, double sigma, double width)
{
    double temp = ((u*u + v*v) - (sigma * sigma))*((u*u + v*v) - (sigma * sigma));
    double temp1 = (u*u + v*v)*width*width;
    double temp2 = (temp1 / temp)*(temp1 / temp)*(temp1 / temp)*(temp1 / temp);
    temp2 = 1 / (1 + temp2);
    return temp2;
}

//计算二维巴特沃斯传递函数：带通滤波器（4 阶）
double Cal_Butterworth_BPF(int u, int v, double sigma, double width)
{
    double temp = ((u*u + v*v) - (sigma * sigma))*((u*u + v*v) - (sigma * sigma));
    double temp1 = (u*u + v*v)*width*width;
    double temp2 = (temp1 / temp)*(temp1 / temp)*(temp1 / temp)*(temp1 / temp);
    temp2 = 1 - 1 / (1 + temp2);
    return temp2;
}
```

下面的 C++代码展示了如何利用 FFT 来实现一副图像的低通滤波功能。

```
Transform_FFT *p_fft_orig = new Transform_FFT; //定义原图 FFT 变换对象
BYTE* p_FFT_orig  =  new BYTE[m_dwHeight*m_dwWidth];//原图 FFT 结果
p_fft_orig->ImgFFT2D(m_pTemp,m_dwHeight,m_dwHeight,p_FFT_orig);
//原图进行快速傅里叶变换
Transform_FFT *p_FFT_filt = new Transform_FFT;/*滤波后的 FFT 结果*/
p_FFT_filt->m_pFFTBuf = new ComplexNumber[m_dwWidth* m_dwHeight];

for (i = 0; i<m_dwHeight; i++)
for (j = 0; j<m_dwWidth; j++)
{
  if(i<m_dwHeight/2)i0=i+m_dwHeight/2;
  else i0=i-m_dwHeight/2;
  if(j<m_dwWidth/2)j0=j+m_dwWidth/2;
  else j0=j-m_dwWidth/2;  //将频谱搬移到图像中心
  /*计算当前频谱值*/
  a = p_fft_orig->m_pFFTBuf[i0*m_dwWidth + j0].real;
  b = p_fft_orig->m_pFFTBuf[i0*m_dwWidth + j0].imag;
//计算巴特沃斯低通滤波器增益
Gaus_Value=Cal_Butterworth_LPF(i - m_dwWidth / 2, j - m_dwWidth / 2,70);
  p_FFT_filt->m_pFFTBuf[i0*m_dwWidth + j0].real = a*Gaus_Value;
  /*频域直接相乘*/
  p_FFT_filt->m_pFFTBuf[i0*m_dwWidth + j0].imag = b*Gaus_Value;
}

BYTE *p_ifft_fusion = new BYTE[m_dwHeight*m_dwWidth];
//对滤波后结果极性 fft 反变换
p_FFT_filt->ImgIFFT2D(p_ifft_fusion, m_dwWidth, m_dwHeight);
```

运算结果如图 7-6（b）所示，图 7-6（a）为原始图像，图 7-6（b）为滤波后的图像。由图 7-6 可以看出，频率域的低频滤波和空域中的低频滤波可以达到相同的效果，不同的是时域需要卷积，而频域是直接相乘。

（a）　　　　　　　　　　　　　　　（b）

图 7-6　原始图像（左）与用 FFT 进行低通滤波的结果（右）

图7-7是对一个被固定频带干扰的图像经过4阶巴特沃斯带阻滤波器滤波后的效果图。图 7-7（a）为原图，图 7-7（b）为处理过后的图像。

（a）　　　　　　　　　　（b）

图 7-7　被正弦信号干扰的图像与用 FFT 进行带阻滤波的结果

由处理后的图可见，高频信息已经被滤除。不妨对比一下两幅图的 FFT 频谱，如图 7-8 所示，图（a）为被干扰的频谱，图（b）为处理后的频谱。

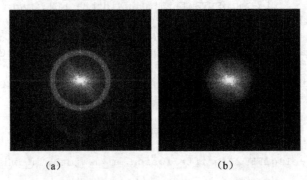

（a）　　　　　　　　　　（b）

图 7-8　图 7-7 左侧图像的 FFT 频谱图与图 7-7 右侧图像的 FFT 频谱图

所设计的带阻滤波器有效滤除了干扰频段，但同时滤除了原图中的一部分高频信息，因此相对于原图稍微模糊。

同样，对干扰过的原图在时域进行均值滤波，结果如图 7-9（b）所示。

（a）　　　　　　　　　　（b）

图 7-9　被正弦信号干扰的图像与用时域低通滤波的结果

可以看到，处理过后的图像还是有不少的高频纹理。如果加大滤波窗口尺寸，高频纹理就可以在一定程度上有所缓解，但是图像丢失的细节会更多。

7.2　基于 FPGA 的均值滤波

线性滤波器结构规整，非常适用于 FPGA 实现。通常 FPGA 在前端捕获到视频数据之后，首先需要对图像数据做预处理操作，然后根据噪声的统计特性选用不同的算法，例如针对椒盐噪声采用中值滤波处理，针对高斯噪声采用高斯滤波器处理。边缘提取和梯度计算也是很多高级算法的第一步计算步骤。

下文将详细介绍均值滤波器以及 Sobel 算子的 FPGA 实现。

7.2.1　整体设计与模块划分

再把均值滤波的数学表达式列出如下：

$$g(x, y) = \mu = \frac{1}{(2\gamma + 1)^2} \sum_{i=-r}^{r} \sum_{j=-r}^{r} I(x+i, y+i)$$

由上述公式列出求图像均值的步骤：

（1）获得当前窗口所有像素。

（2）计算当前窗口所有像素之和。

（3）将第（2）步结果除以当前窗口数据总数。

（4）滑动窗口到下一个窗口，直到遍历完整幅图像。

滤波采用滑动窗口方法来实现整幅图像的遍历，因此，采用流水线结构来设计是再也合适不过的了。对于流水线结构来说，每个像素的运算方法是一致的，所需考虑的只是边界像素的处理问题。前面已经详细介绍了如何对图像进行行列寻址及如何进行行列对齐，因此，本模块的设计重点在计算窗口像素和和除法操作。

以 5×5 的均值滤波窗口为例，顶层设计如图 7-10 所示。

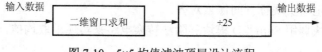

图 7-10　5×5 均值滤波顶层设计流程

首先来看二维窗口求和模块。

一般情况下，任何二维的计算步骤都可以化为一维的操作。我们在前面的对行列对齐的介绍中也提到，对于图像来说，就是一个二维数组。由于行方向的数据流是连续的，因此在流水线操作中，常常会首先进行行方向的操作。

假定现在已经完成了第一行的求和操作，接下来需要"等"下行的求和完成。如何进行等待？在 FPGA 中，等待的实现方法就是进行缓存。二维操作转换为一维操作后的结构如图 7-11 所示。

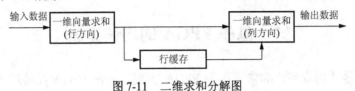

图 7-11 二维求和分解图

接下来的问题是，如何进行一维向量求和操作？对于 1×5 的向量求和而言，当前数据需要"等到"下 4 个数据到来之后才能得到连续 5 个数据，并执行加法操作。可以预期的是，还是需要把前几个数据单独缓存起来，一个指定位宽的寄存器即可满足要求。同步 5 个连续的输入数据如图 7-12 所示。

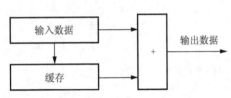

图 7-12 同步 5 个连续的输入数据

最后的问题是求取窗口的均值，需要将上述计算出来的和除以一个归一化系数，也就是整个窗口的像素数目。正如前面所讲到的，在 FPGA 里面对于一方确定的除法操作，一般情况下不直接进行除法运算，而是通过近似的乘加方法来实现等效转换。

在这里，对于固定的窗口，除法的分母是固定的。因此，完全可以用此方法来实现等效近似。具体的转换方法将在下一节进行介绍。

7.2.2 子模块设计

按照上一节的整体设计，需要设计以下几个子模块：
（1）一维求和模块，这里记为 Sum_1D。
（2）二维求和模块这里记为 Sum_2D。
（3）除法转换模块，此模块比较简单，一般情况下不进行模块封装。
（4）行缓存电路实现行列间像素对齐。
整个顶层模块调用 Sum_2D 模块和除法转换电路来实现求取均值，记为 Mean_2D。

1. 一维求和模块设计（Sum_1D）

用 FPGA 来求和是再简单不过的操作了，求和操作也是 FPGA 所擅长的事情之一。所要注意的只是求和结果不要溢出。一般情况下，2 个位宽为 DW 的数据相加，至少得用一个 DW+1 位宽的数据来存放。

由于是求取连续数据流的和，正如前面所讲到的，最简单的办法是将数据连续打几拍，对齐后进行求和。假定窗口尺寸为 5，则求和电路可以根据图 7-13 所示进行设计（读者可以思考一下为什么不直接将 5 个数相加）。

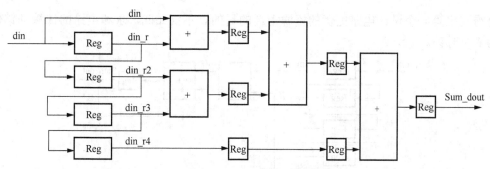

图 7-13　5 个连续数据流的求和电路

图 7-13 所示的设计思路非常简单，将输入数据流连续打 4 拍，加上当前数据组成连续 5 拍数据，经过 3 个时钟的两两相加运算，即可得到连续 5 个数据的和。

由图 7-13 可知，此电路的资源消耗为 4 个加法器、7 个寄存器，运算开销为 3 个时钟。

当然上面的电路确实可以实现预定的功能，然而本书中采用另外一种方法。这种方法就是利用增量更新的方式来实现窗口横向求和，这种求和方式在大尺寸的窗口计算中十分有用。

在连续两个像素求和的过程中，仅仅有头尾的两个像素不同。假定当前计算地址为 $n+1$，计算结果为 $Sum(n+1)$，上一个地址为 n，计算结果为 $Sum(n)$，输入数据流为 $X(i)$，设定当前计算窗口尺寸为 7，则有

$$Sum(n) = \sum_{i=-2}^{2} X(n+i)$$

则有

$$Sum(n+1) = \sum_{i=-2}^{2} X(n+1+i)$$

$$= \sum_{i=-2}^{2} X(n+i) + X(n+3) - X(n-2)$$

$$= Sum(n) + X(n+3) - X(n-2)$$

也就是针对每一个窗口并不需要重新计算所有窗口内的像素和，可以通过前一个中心点的像素和再通过加法将新增点和舍弃点之间的差计算进去就可以获得新窗口内像素和。

具体到 FPGA 实现方面，同样需要把数据连续打几拍，同时计算首个数据与最后一个数据的差。当前求和结果为上一个求和结果与计算之差的和。同样对于窗口尺寸为 5 的行方向求和操作，设计电路如图 7-14 所示。

由图 7-14 可知，此电路只需 1 个加法器和 1 个减法器。可以预见的是，无论窗口尺寸多大，所需的加法器和减法器也都是 1 个。因此，在窗口尺寸比较大的情况下，

可得到比第一个设计电路更优的资源消耗的目的。不仅如此，求和电路的计算开销仅为 1 个时钟。

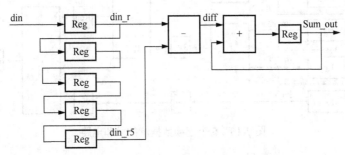

图 7-14 利用增量更新技术进行 5 个连续数据流的求和

2. 二维求和模块设计（Sum_2D）

目前我们已经实现了窗口内一维行方向上的求和工作，现在要得到整个窗口内的像素之和，还必须将每一行的计算结果再叠加起来。那么每一行的计算结果是否也可以采取上面的增量更新的方法进行计算？答案显然是否定的，这是由于纵向的数据流不是流水线式的。这时，就必须要采用第一种方法(见图 7-13)所采用的求和方式。

同样，在进行列方向上的求和时，需要进行行缓存，并将一维行方向的求和结果打入行缓存，行缓存的个数为窗口尺寸减去 1。

就窗口尺寸 5×5 的情况而言，二维求和模块的电路设计如图 7-15 所示。

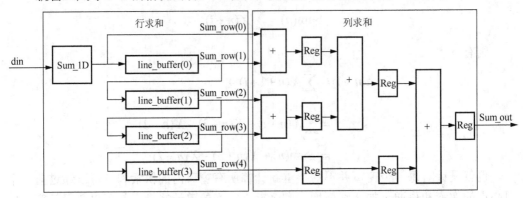

图 7-15 利用一维求和结果进行二维求和

3. 除法电路设计

在前面也已经提到，对于分母固定的除法操作，可以通过泰勒展开或是移位转换等方式转换为 FPGA 所擅长的移位、加法与乘法操作。

还是首先假定窗口尺寸为 5，在求取窗口像素和之后需要除以 25 来求得均值。假定求得结果为 Sum，计算后的均值为 Average，则有

$$Average = \frac{Sum}{25}$$

$$= Sum \times \frac{1}{1024} \times \frac{1024}{25}$$

$$= \frac{Sum}{1024} \times 40.96$$

$$\approx \frac{Sum}{1024} \times (32 + 8 + 0.5 + 0.25 + 0.125 + 0.0625 + 0.015625 + 0.0078125)$$

$$\approx \frac{Sum}{1024} \times (2^5 + 2^3 + 2^{-1} + 2^{-2} + 2^{-3} + 2^{-4} + 2^{-6} + 2^{-7})$$

可以计算出上式的计算误差为

$$Err = \frac{\left| \frac{Sum}{1024} * (2^5 + 2^3 + 2^{-1} + 2^{-2} + 2^{-3} + 2^{-4} + 2^{-6} + 2^{-7}) - \frac{Sum}{25} \right|}{\frac{Sum}{25}} \times 100\%$$

$$= 0.0023\%$$

实际上，在计算的过程中，可以通过控制最终相加结果的移位位数来保留小数位，从而提高计算精度。例如，若想要保留 3 位小数位，则上面的公式就变为

$$Average = 2^3 \times \frac{Sum}{25}$$

$$= Sum \times \frac{1}{128} \times \frac{1024}{25}$$

此时将结果右移 7 位即可达到我们的要求。这样，便将以此除法操作转换为 9 次移位操作和 7 次加法操作。实际上，对于 FPGA 来说，移位操作是 0 开销（不消耗时钟周期）的。

同样，对于其他尺寸的处理窗口，也可以采用类似的转换方法。以 5×5 的窗口为例，将除法电路加上之后得到的求均值电路如图 7-16 所示。

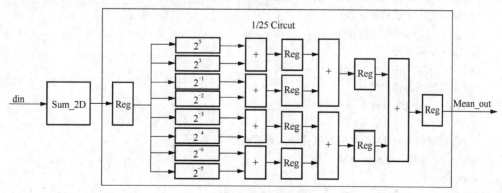

图 7-16　除以 25 的运算电路

7.2.3　Verilog 代码设计

在代码设计中，其中一个需要考虑的问题是可重用性。在模块设计中，建议将一些参量参数化，例如数据的位宽、图像的宽度和高度，以及处理窗口的宽度等。对于求窗口均值操作来说，所遇见的问题是，对于不同的窗口尺寸，除法电路是完全不一致的，我们所采用的思路是用 verilog 的 generate 语句来实现条件编译的。

以下将详细介绍各个模块的代码设计过程。

1. 一维求和模块设计（Sum_1D）

由图 7-14 可知，一维求和电路的设计十分简单，仅需若干个寄存器和一个加法器和 1 个减法器即可满足要求。设计的重点在于前端数据寄存器的设计。

不妨将所采用的处理窗口尺寸（KernelSize）记为 KSZ，数据位宽记为 DW，也将这两个参数作为可配置形参。模块定义如下：

```verilog
module sum_1d(
    clk,                    //同步时钟
    din,                    //输入数据流
    din_valid,              //输入数据有效
    dout_valid,             //输出数据有效
    dout                    //输出数据流
  );

  parameter        DW = 14;     //数据位宽参数
  parameter        KSZ = 3;     //求和窗口参数

//定义 KSZ+1 个输入寄存器
reg    [DW-1:0]  reg_din[0:KSZ];
//定义上一个求和寄存器
reg    [2*DW-1:0] sum;
//定义中间信号
wire   [2*DW-1:0] sub_out;
//定义减法器输出信号
wire   [2*DW-1:0] diff;

//连续缓存 KSZ 拍信号 同时缓存输入有效信号
always @(posedge clk)
begin
  din_valid_r <= #1 ({din_valid_r[KSZ - 1:0], din_valid});
  reg_din[0] <= #1 din;
```

```
for (j = 1; j <= KSZ; j = j + 1)
        reg_din[j] <= #1 reg_din[j - 1];
end


//做减法计算差值
assign sub_out = ((din_valid_r[0] == 1'b1 & din_valid_r[KSZ] == 1'b1)) ?
                ({{DW{1'b0}},reg_din[KSZ]}) : ({2*DW{1'b0}}));

assign diff = ({{DW{1'b0}},reg_din[0]}) - sub_out;
//计算最后的求和结果
always @(posedge clk)
begin
if (din_valid == 1'b1 & ((~(din_valid_r[0]))) == 1'b1)
        sum <= #1 {2*DW-1+1{1'b0}};
   else if ((din_valid_r[0]) == 1'b1)
        sum <= #1 sum + diff;
end
//输出信号
assign dout_valid = din_valid_r[1];
assign dout = sum;
```

2. 二维求和模块设计（Sum_2D）

二维求和模块需例化一个一维的求和 Sum_1D 模块，同时生成行列同步电路。将数据流接入 Sum_1D 模块进行行方向的求和，同时将行方向的求和结果依次打入行缓存，对齐后输出进行列方向上的求和工作。

需要设计的参数不仅包括数据位宽和处理窗口的宽度，二维方向上的操作还包括图像的宽度和高度参数。

模块定义如下：

```
module sum_2d(

          rst_n,                    //异步复位信号
          clk,                      //同步时钟
          din_valid,                //输入数据有效
          din,                      //输入数据流
          dout,                     //输出数据流
          vsync,                    //输入场同步信号
          vsync_out,                //输出场同步信号
          is_boarder,               //输出边界信息
          dout_valid                //输出数据有效
```

```
        );
    //参数定义
    parameter        DW = 14;              //数据位宽参数
parameter       KSZ = 3;                 //求和窗口参数
    parameter        IH = 512;            //图像高度
    parameter        IW = 640;            //图像宽度

    //首先例化一个行方向上的求和模块
    wire [2*DW-1:0]   sum_row;             //行求和信号

    sum_1d #(DW, KSZ)
        row_sum(
            .clk(clk),
            .din(din),
            .din_valid(valid),
            .dout(sum_row),                //输出行求和结果
            .dout_valid(row_valid)         //行求和结果有效
        );

//例化(KSZ-1)个行缓存
generate
begin : line_buffer_inst
    genvar    i;
    for (i = 0; i <= KSZ - 2; i = i + 1)
    begin : line_buf
if (i == 0)
    begin : row_1st  //第一个行缓存,输入数据为行求和结果
        always @(*) line_dinl[i] <= sum_row[DW - 1:0];
        always @(*) line_dinh[i] <= sum_row[2 * DW - 1:DW];
        assign line_wrenl[i] = row_valid;
        assign line_wrenh[i] = row_valid;
    end

    if ((~(i == 0)))  //其余行缓存,输入数据为上一行的输出
    begin : row_others
        always @(*) line_dinl[i] <= line_doutl[i - 1];
        always @(*) line_dinh[i] <= line_douth[i - 1];
        assign line_wrenh[i] = line_rdenh[i - 1];
        assign line_wrenl[i] = line_rdenl[i - 1];
    end
```

```
assign line_rdenl[i] = buf_pop_en[i] & row_valid;
assign line_rdenh[i] = buf_pop_en[i] & row_valid;

//行缓存装满一行后打出
always @(posedge clk)
begin
    if (rst_all == 1'b1)
        buf_pop_en[i] <= #1 1'b0;
    else if (line_countl[i] == IW)
        buf_pop_en[i] <= #1 1'b1;
end
//输入数据缓存
always @(*) data_temp_l [i] <= line_dinl[i];
//行缓存低半部分
line_buffer #(DW, IW)
    line_buf_l(
        .rst(rst_all),
        .clk(clk),
        .din(data_temp_l[i]),
        .dout(line_doutl[i]),
        .wr_en(line_wrenl[i]),
        .rd_en(line_rdenl[i]),
        .empty(line_emptyl[i]),
        .full(line_fulll[i]),
        .count(line_countl[i])
    );


always @(*) data_temp_h[i] <= line_dinh[i];
//行缓存高半部分
line_buffer #(DW, IW)
    line_buf_h(
        .rst(rst_all),
        .clk(clk),
        .din(data_temp_h[i]),
        .dout(line_douth[i]),
        .wr_en(line_wrenh[i]),
        .rd_en(line_rdenh[i]),
        .empty(line_emptyh[i]),
        .full(line_fullh[i]),
        .count(line_counth[i])
    );
```

```
            end
        end
    endgenerate

//列方向求和  窗口尺寸为5*5
generate
if (KSZ == 5)begin : sum_ksz_5
    //首先得到之前已经缓冲的 4 行的求和结果
        assign sum_row1 = ({line_douth[0][DW - 1:0], line_doutl[0][DW
                        - 1:0]});
        assign sum_row2 = ({line_douth[1][DW - 1:0], line_doutl[1][DW
                        - 1:0]});
        assign sum_row3 = (((buf_pop_en[2]) == 1'b1)) ? ({line_douth[2]
                        [DW - 1:0], line_doutl[2][DW - 1:0]}) :
                        {2*DW-1+1{1'b0}};
        assign sum_row4 = (((buf_pop_en[3]) == 1'b1)) ? ({line_douth[3]
                        [DW - 1:0], line_doutl[3][DW - 1:0]}) :
                        2*DW-1+1{1'b0}};

        assign dout_valid_temp = line_valid_r[2 + 2];
        //运算延时为 4 个时钟
assign dout_valid_temp = line_valid_r[2 + 2];

        always @(posedge clk)
        begin
            line_valid_r[4:0] <= ({line_valid_r[3:0], line_rdenl[1]});
            //缓存 5 拍行读取信号
            if ((line_rdenl[1]) == 1'b1)
                sum_row_r <= #1 sum_row;              //缓存当前行
            if ((line_rdenl[1]) == 1'b1)
            begin
                sum_1_2 <= #1 sum_row1 + sum_row2; //1,2 行相加
                sum_3_4 <= #1 sum_row3 + sum_row4; //3,4 相加
            end
                if ((line_valid_r[0]) == 1'b1)
                begin
                    sum_0_1_2 <= #1 sum_col_r+sum_1_2;
                    //当前行与1,2 行求和后相加
                    sum_3_4_r <= #1 sum_3_4;         //3,4 行求和结果缓存
                end
                    if ((line_valid_r[1]) == 1'b1)
```

```
                        sum_all <= #1 sum_0_1_2 + sum_3_4_r;
                        //得到 5 行的求和结果
                    end
                end
    endgenerate

    wire[DW*2-1:0]    dout_reg;
    //边界置零处理
assign dout_reg = ((is_boarder_tmp == 1'b1)) ? {DW+1{1'b0}} :
                    dout_temp;

    assign dout = dout_temp_r;
    assign dout_valid = dout_valid_temp_r;
    assign is_boarder = is_boarder_r;


    //求和结果打一拍后输出
    always @(posedge clk)
    begin
        if (rst_all == 1'b1)
        begin
            dout_temp_r <= #1 {2*DW-1+1{1'b0}};
            dout_valid_temp_r <= #1 1'b0;
            valid_r <= #1 1'b0;
            is_boarder_r <= 1'b0;
        end
        else
        begin
            if (dout_valid_temp == 1'b1)
                dout_temp_r <= #1 dout_reg;
            else
                dout_temp_r <= {2*DW-1+1{1'b0}};
            dout_valid_temp_r <= #1 dout_valid_temp;
            valid_r <= #1 valid;
            is_boarder_r <= is_boarder_tmp;
        end
    end


    /*输入行计数*/
always @(posedge clk)
    begin
        if (rst_all == 1'b1)
```

```
                    in_line_cnt <= #1 {11{1'b0}};
            else if (((~(valid))) == 1'b1 & valid_r == 1'b1)
                    in_line_cnt <= #1 in_line_cnt + 11'b00000000001;
    end
```

/*溢出行行列计数*/
```
    always @(posedge clk)
    begin
        if (rst_all == 1'b1)
        begin
            flush_line <= #1 1'b0;
            flush_cnt <= #1 {16{1'b0}};
        end
        else
        begin
            if (flush_cnt >= ((IW - 1)))
                flush_cnt <= #1 {16{1'b0}};
            else
                if (flush_line == 1'b1)
                    flush_cnt <= #1 flush_cnt + 16'b0000000000000001;
            if (flush_cnt >= ((IW - 1)))
                flush_line <= #1 1'b0;
            else
                if (in_line_cnt >= IH & out_line_cnt < ((IH - 1)))
                    flush_line <= #1 1'b1;
        end
    end
```

/*输出行行列计数*/
```
    always @(posedge clk)
        begin
            if (rst_all == 1'b1)
            begin
                out_pixel_cnt <= #1 {16{1'b0}};
                out_line_cnt <= #1 {11{1'b0}};
            end
            else
            begin
                if (dout_valid_temp_r == 1'b1 & ((~(dout_valid_temp))) ==
1'b1)
                    out_line_cnt <= #1 out_line_cnt + 11'b00000000001;
```

```
        else
            out_line_cnt <= #1 out_line_cnt;
        if(dout_valid_temp_r == 1'b1 & ((~(dout_valid_temp))) == 1'b1)
            out_pixel_cnt <= #1 {16{1'b0}};
        else
            if (dout_valid_temp == 1'b1)
                out_pixel_cnt<=#1 out_pixel_cnt + 16'b0000000000000001;
        end
    end
```

//边界判决电路
```
assign is_boarder_tmp = ((dout_valid_temp == 1'b1 & ((out_pixel_cnt <=
(((radius - 1)))) | (out_pixel_cnt >= (((IW - radius)))) | (out_line_cnt <=
(((radius - 1)))) | (out_line_cnt >= (((IH - radius))))))) ? 1'b1 : 1'b0;
```

3. 除法电路设计

除法电路将除法操作分为 8 个移位值的相加操作，总共需 3 个时钟来完成 8 个数的相加。需要注意的是加法结果的位宽选择及移位溢出。

```
/*首先定义中间计算寄存器*/
reg  [2*DW-1:0]   Mean_temp;
reg  [2*DW-1:0]   Mean_temp1;
reg  [2*DW:0]     Mean_temp2;
reg  [2*DW+5-1:0] Mean_temp3;
reg  [2*DW+6-1:0] Mean_temp4;
reg  [2*DW+1-1:0] Mean_temp5;
reg  [2*DW+6-1:0] Mean_temp6;
reg  [2*DW+6-1:0] Mean_temp7;
wire [2*DW+6-1:0] Mean_temp8;
wire [DW-1:0]     Mean_temp9;
wire [DW+3-1:0]   Mean_temp10;
wire [2*DW+6-1:0] Mean_temp11;
wire [2*DW-1:0]   Mean_out_temp;
    generate
      if (KSZ == 5)
      begin : divide_25 /*除以25操作*/
        always @(posedge clk or negedge rst_n)
          if ((( ~(rst_n))) == 1'b1)/*复位清零*/
          begin
            Mean_temp <= {2*DW-1+1{1'b0}};
```

```verilog
            Mean_temp1 <= {2*DW-1+1{1'b0}};
            Mean_temp2 <= {2*DW+1{1'b0}};
            Mean_temp3 <= {2*DW+5-1+1{1'b0}};
            Mean_temp4 <= {2*DW+6-1+1{1'b0}};
            Mean_temp5 <= {2*DW+1-1+1{1'b0}};
            Mean_temp6 <= {2*DW+6-1+1{1'b0}};
        end
        else
        begin
            //将二维求和结果缓存到 Mean_temp
            if ((sum_dout_valid_r[3]) == 1'b1)
                Mean_temp <= #1 sum_dout_r[2];
            //下一拍开始计算
            if ((sum_dout_valid_r[4]) == 1'b1)
            begin
                //计算 Mean_temp (2^{-6}+2^{-7})
                Mean_temp1 <= #1 ({6'b000000, Mean_temp[2 * DW - 1:6]} +
                            ({7'b0000000, Mean_temp[2 * DW - 1:7]}));
                //计算 Mean_temp (2^{-3}+2^{-4})
                Mean_temp2 <= #1 ({4'b0000, Mean_temp[2 * DW - 1:3]}) +
                            ({5'b00000, (Mean_temp[2 * DW - 1:4])});
                //计算 Mean_temp (2^{-1}+2^{-2})
                Mean_temp3 <=#1 ({6'b000000, Mean_temp[2 * DW - 1:1]}) +
                            ({7'b0000000, (Mean_temp[2 * DW - 1:2])});
                //计算 Mean_temp (2^{-3}+2^{-5})
                Mean_temp4 <= #1 ({1'b0, Mean_temp[2 * DW - 1:0], 5'b00000})+
                            ({3'b000, Mean_temp[2 * DW - 1:0], 3'b000});
                //下一拍开始计算上一拍的中间结果
                if ((sum_dout_valid_r[5]) == 1'b1)
                begin
                    Mean_temp5 <= #1 (({1'b0, Mean_temp1}) + Mean_temp2);
                    Mean_temp6 <= #1 (({1'b0, Mean_temp3}) + Mean_temp4);
                end
                //下一拍开始计算上一拍的中间结果
                if ((sum_dout_valid_r[6]) == 1'b1)
                    Mean_temp7 <= #1 ({5'b00000, Mean_temp5}) + Mean_temp6;
            end
        end
    end
endgenerate
```

```
//求和结果/1024 得到除以 25 的结果
assign #1 Mean_temp8 = ((sum_is_boarder_r[6] == 1'b0)) ? ((Mean_temp7 >> 10)) :
                        {2*DW+6-1+1{1'b0}};
//四舍五入操作
assign #1 Mean_temp9 = (((Mean_temp7[9]) == 1'b1)) ? (Mean_temp8[DW -
                        1:0] + 1'b1) : Mean_temp8[DW - 1:0];

//以下对输出结果保存三位小数
assign #1 Mean_temp11 = ((sum_is_boarder_r[6] == 1'b0)) ? ((Mean_temp7 >>
                        7)) : {2*DW+6-1+1{1'b0}};

assign #1 Mean_temp10 =  (Mean_temp11[DW + 3 - 1:0] + 1'b1);
```

4. 顶层设计

顶层设计非常简单，只选例化一个二维求和模块 Sum_2D，并将其输出做除法处理即可。代码如下：

```
//例化一个二维求和模块
Sum_2D #(DW, KSZ, IH, IW)
       window_sum(
            .clk(clk),
            .rst_n(rst_n),
            .din_valid(din_valid),
            .din(din),
            .dout(sum_dout),                   //输出求和结果
            .vsync(vsync),
            .vsync_out(sum_vsync_out),
            .is_boarder(sum_is_boarder),       //输出边界信息
            .dout_valid(sum_dout_valid)
        );

/*缓存输出求和结果，求和边界信息和求和有效信息等*/
generate
begin : xhdl0
   genvar            i;
   for (i = 0; i <= latency - 1; i = i + 1)
   begin : buf_cmp_inst
       if (i == 0)
           begin : xhdl2
           always @(posedge clk or negedge rst_n)
               if ((((~(rst_n))) == 1'b1)
```

```
            begin
                sum_dout_r[i] <= #1 {(latency - 1-2 * DW -
                    1:0][0)+1{1'b0}};
                sum_vsync_out_r[i] <= #1 1'b0;
                sum_is_boarder_r[i] <= #1 1'b0;
                sum_dout_valid_r[i] <= #1 1'b0;
            end
        else
            begin
                sum_dout_r[i] <= #1 sum_dout;
                sum_vsync_out_r[i] <= #1 sum_vsync_out;
                sum_is_boarder_r[i] <= #1 sum_is_boarder;
                sum_dout_valid_r[i] <= #1 sum_dout_valid;
            end
        end


        if ((~(i == 0)))
        begin : xhdl3
            always @ (posedge clk or negedge rst_n)
            if (((~(rst_n))) == 1'b1)
                begin
                    sum_dout_r[i] <= #1 {(latency - 1-2 * DW -
                        1:0][0)+1{1'b0}};
                    sum_vsync_out_r[i] <= #1 1'b0;
                    sum_is_boarder_r[i] <= #1 1'b0;
                    sum_dout_valid_r[i] <= #1 1'b0;
                end
            else
                begin
                    sum_dout_r[i] <= #1 sum_dout_r[i - 1];
                    sum_vsync_out_r[i] <= #1 sum_vsync_out_r[i - 1];
                    sum_is_boarder_r[i] <= #1 sum_is_boarder_
                        r[i - 1];
                    sum_dout_valid_r[i] <= #1 sum_dout_valid_
                        r[i - 1];
                end
            end
        end
    end
endgenerate
```

```
//输出相应信号
    always @(posedge clk or negedge rst_n)
    if (((~(rst_n))) == 1'b1)
    begin
        dout <= #1 {DW{1'b0}};
        dout_valid <= #1 1'b0;
        vsync_out <= #1 1'b0;
        is_boarder <= #1 1'b0;
    end
    else
    begin
        dout <= #1 Mean_temp9;
        dout_frac <= #1 Mean_temp10;
        dout_valid <= #1 sum_dout_valid_r[6];
        is_boarder <= #1 sum_is_boarder_r[6];
        vsync_out <= #1 sum_vsync_out_r[6];
    end
```

7.2.4 仿真与调试结果

1. Testbench 设计

Testbench 的设计非常简单，我们可以直接将捕获到的视频流接入本模块即可，关键代码如下：

```
/*mean data*/
 wire        mean_dvalid;
 wire   [local_dw - 1:0]mean_data;
 wire   [local_dw+3-1:0]mean_data_frac;
 wire        mean_vsync;
 /*mean data input*/
 wire        mean_dvalid_in;
 wire   [local_dw - 1:0]mean_data_in;
 wire        mean_vsync_in;

/*mean operation module*/
 generate
 if(mean_2d_en != 0)begin :mean_operation
   Mean_2D_New#(local_dw,ksz_mean,ih,iw)
     Mean_2D_New_ins (
         .rst_n (reset_1),
```

```
            .clk    (cap_clk),
            .din    (mean_data_in),
            .din_valid (mean_dvalid_in),
            .dout_valid (mean_dvalid),
            .vsync(mean_vsync_in),
            .vsync_out(mean_vsync),
            .dout (mean_data),
            .dout_frac(mean_data_frac)
        );

    assign mean_data_in   = cap_data;
    assign mean_vsync_in  = cap_vsync;
    assign mean_dvalid_in = cap_dvalid;

    always @(posedge cap_clk or  posedge mean_vsync )
    if (((~(mean_vsync))) == 1'b0)
        cnt_mean=0;
    else
    begin
        if (mean_dvalid == 1'b1)
        begin
          fp_mean = $fopen("txt_out/mean.txt", "r+");
          $fseek(fp_mean,cnt_mean,0);
          $fdisplay(fp_mean, "%04x\n",mean_data);
          $fclose(fp_mean);
          cnt_mean<=cnt_mean+6;
        end
    end
end
endgenerate
```

2. 模块仿真结果

1）一维求和模块（Sum_1D）

一维求和模块的仿真结果如图 7-17 所示。

不妨从输入数据有效开始，截取 10 个时钟的数据进行分析。设竖线所在时刻为 t，×表示无关项，如表 7-5 所示。

由表 7-5 中可以看出，在第 5 个时钟，已经得到了 5 个将要求和的数据，在下一个时钟，这 5 个数据的和将会计算出来，同时数据流首尾的插值 diff 也被计算出来了。在下一个时钟，当前的计算值加上 diff 即为新的求和结果。

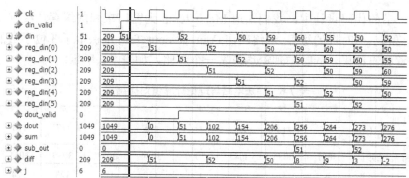

图 7-17 一维求和结果

表 7-5 理论计算

时刻 数据	t	t+1	t+2	t+3	t+4	t+5	t+6	t+7	t+8	t+9
din	51	51	52	52	50	59	60	55	50	52
reg_din(0)	×	51	51	52	52	50	59	60	55	50
reg_din(1)	×	×	51	51	52	52	50	59	60	55
reg_din(2)	×	×	×	51	51	52	52	50	59	60
reg_din(3)	×	×	×	×	51	51	52	52	50	59
reg_din(4)	×	×	×	×	51	51	51	52	52	50
reg_din(5)	×	×	×	×	×	51	51	52	52
diff	×	×	×	×	×	50	8	9	3	-2
dout	×	×	×	×	×	206	256	264	273	276

读者可能注意到，dout 刚开始输出的两个时钟数据是无效的，这是因为这两个时钟处在边界。我们将在二维处理中处理边界信息。因此，读者需注意这两个时钟是无关项即可。

2）除法电路

截取几个时钟的仿真，如图 7-18 所示。

图 7-18 除法电路仿真结果

从上一节的代码设计中，我们知道 Mean_temp 为窗口求和的缓存，经过 3 个时钟的加法计算和 1 个时钟的缓存，最终输出 dout，而 dout_frac 是保留了 3 位小数的均值。从图示位置列出结果，同时与理论均值做一个对比，如表 7-6 所示。

表 7-6　除法电路与理论计算值对比结果

时刻 数据	t	$t+1$	$t+2$	$t+3$	$t+4$	$t+5$	$t+6$	$t+7$	$t+8$	$t+9$
Mean_temp	2991	3007	3035	3083	3090	3084	3071	3059	3051	3037
dout	×	×	×	×	120	120	121	123	124	123
dout_frac	×	×	×	×	958	963	972	987	989	987
理论均值	×	×	×	×	119.64	120.28	121.40	123.32	123.60	123.36
理论均值*8	×	×	×	×	957.12	962.24	971.20	986.56	988.8	986.88

不难进行验证，除法计算结果正确。其中我们对整数输出进行四舍五入处理。对带有 3 位精度的直接在末位加 1 处理。运算延迟为 4 个时钟。

3）二维求和模块（Sum_2D）

通过校验二维均值运算的结果来验证求和模块。图 7-19（a）所示为输入的原图像，经 FPGA 采集和 5×5 均值处理后的处理结果如图 7-19（b）所示。

（a）　　　　　　　　　　　　　　　（b）

图 7-19　原图像与 5×5 均值处理结果

由图 7-19 可以看出，已经达到了预期的处理效果。不妨再用 11×11 的窗口进行处理，效果如图 7-20 所示。模糊程度明显有所增加，达到了我们预期的平滑目的。

3. 算法实时性分析

对于处理窗口尺寸为 KSZ×KSZ 的窗口，至少需要等到前 KSZ-1 行缓存完毕后才能得到第一个运算结果。因此，此算法的计算延时为（KSZ-1）行。同时可以想到，数据从 KSZ/2 行，即半径行处开始有效输出，不过此时输出的是边界信息，如图 4-19 所示的黑边。

图 7-20　原图像（左）与 11×11 均值处理结果（右）

通过仿真结果来验证这个推论，如图 7-21 所示是 5×5 处理窗口的输入输出运算结果。仿真图也验证了我们的推论。

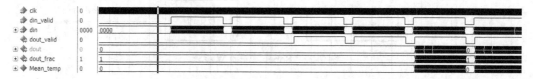

图 7-21　5×5 均值计算延迟，注意 din_valid 与 dout_valid 的延迟

7.3　基于 FPGA 的 Sobel 算子

7.3.1　整体设计与模块划分

Sobel 算子包括 x 和 y 两个方向的差分运算，并取其平方和根作为最终取值，一般情况下，在 FPGA 处理中，考虑到效率和资源占用问题，也可以用绝对值计算来代替。

将 Sobel 算子的表达式再次列出如下：

$$g_x(x,y) = \sum_{i=-1}^{1}\sum_{j=-1}^{1}G_X(i,j)\times I(x+i,y+i)$$

$$g_y(x,y) = \sum_{i=-1}^{1}\sum_{j=-1}^{1}G_Y(i,j)\times I(x+i,y+i)$$

$$g(x,y) = \begin{cases} \sqrt{[g_x(x,y)]^2+[g_y(x,y)]^2} & \sqrt{[g_x(x,y)]^2+[g_y(x,y)]^2} \leq 255 \\ 255 & \sqrt{[g_x(x,y)]^2+[g_y(x,y)]^2} > 255 \end{cases}$$

或

$$g(x,y) = \begin{cases} \left|g_x(x,y)\right| + \left|g_y(x,y)\right| & \left|g_x(x,y)\right| + \left|g_y(x,y)\right| \leqslant 255 \\ 255 & \left|g_x(x,y)\right| + \left|g_y(x,y)\right| > 255 \end{cases}$$

$$\theta(x,y) = \arctan\left(\frac{g_y(x,y)}{g_x(x,y)}\right)$$

由数学表达式，计算 Sobel 算子需要首先计算 x 方向和 y 方向的微分值 $g_x(x,y)$ 和 $g_y(x,y)$，之后对两个微分结果分别求平方根或绝对值相加并进行越界处理。在某些应用场合，可能需要用到梯度的方向，因此，需同时计算出梯度方向 $\theta(x,y)$。

按照流水线设计的思路，单个像素的计算思路如图 7-22 所示。

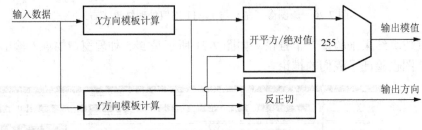

图 7-22　Sobel 算子计算步骤

1. 模板计算

两个方向的模板如何计算？由数学表达式可知，这个模板是尺寸固定的3×3模板，我们同时需要连续三行连续三列的 9 个元素来读模板进行相乘。很明显，我们需要两个行缓存来实现行列对齐。那么我们可以按照求均值的计算方法将算法分解为行列上的操作吗？答案是否定的，这是由于模板并不具有行一致性。

因此，我们的方法是同时得到当前窗口的 9 个元素，并对元素与模板直接相乘。得到窗口 9 个像素无疑是比较简单的。将图像缓存两行，加上当前行即为三行，将每行数据缓存两拍即可得到 3 列数据。

2. 开平方及反正切计算

在软件中，开方操作和反正切运算均属于浮点运算。我们注意到 FPGA 是不能直接处理浮点数的，因此如果直接按软件的思路进行浮点计算，首先需要将定点数据转为浮点数，再进行浮点运算，转换完成后再转换成定点。Altera 也提供了强大的浮点运算 IP 核，包括乘法与除法运算、开平方及正余弦反正切运算等。以本次计算需求为例，用 Altera 的 IP 核实现的思路如图 7-23 所示。

首先来评估一下，需要调用的 IP 核和所消耗的资源（以下数据来自 quartus13.0）：

（1）定点除法器 IP 核：LPM_DIVIDE，16 位：304 个查找表。

（2）浮点反正切 IP 核：ALTFP_ATAN，单精度：52 个 9bit dsp 块，8298 个查找表，

2347 个 reg。

（3）浮点求根号 IP 核：ALTFP_SQRT，单精度：370 个查找表，1433 个 reg。

（4）浮点与定点转换 IP 核：ALTFP_CONVERT 单精度：247 个 reg，1 个 lpm_comare，5 个 lpm_add_sub。

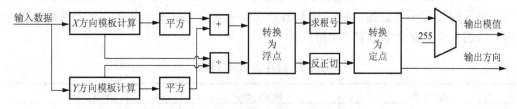

图 7-23 用 Altera 的 IP 核计算反正切和开平方

可以看出，如果采用这种方案，所带来的资源消耗是十分"恐怖"的。这在某些资源紧张的应用场合，我们是无法接受这样的资源消耗情况。因此，必须寻求其他的解决方案来实现此算法。

我们注意到，求取平方根和反正切的运算刚好是将笛卡儿 *X-Y* 坐标系转换到极坐标系的一个过程。因此可以考虑采用 Cordic 计算方法。

在前面 4.2.6 节已经详细介绍了 Cordic 的原理及迭代公式，因此，用 FPGA 来实现求反正切和平方根不是什么难事。

4.2.6 节也介绍过，可以采用 Cordic 向量化模式来直接将举行坐标系转换到极坐标系。同时，考虑到本系统的流水线式的处理结构，我们将采用 pipeline 结构来设计 Cordic 处理核，如图 7-24 所示。

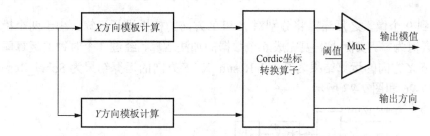

图 7-24 用 Cordic 实现旋转坐标转换

Cordic 算法在 FPGA 上实现已经不是什么难事，遗憾的是，Altera 目前并不提供免费的 Cordic IP 核。Xilinx 提供了 Cordic 的 IP 核，并可以支持正余弦、反正切及开根号等运算，本书不打算介绍 Xilinx CordicIP 核的使用及原理，有兴趣的读者请参考 Xilinx 的官方说明文档及相应教程。在下一节中，我们将详细讨论基于 Cordic 原理的坐标系转换。

7.3.2 Sobel 模板计算电路

上一节已经简单分析了 Sobel 模板计算的基本原理。为了尽量利用 FPGA 的并行特性，我们考虑同时进行 X 方向和 Y 方向的计算。同时，我们注意到，由于模板的数值为 1 和 2 或者-1，-2，我们考虑将负数和正数相加后再整体做减法。模板元素为 2 时直接进行移位操作则简单地多。

同时得到窗口内 9 个像素的值是比较简单的一件事情。两个行缓存加上当前行即可同时得到 3 行图像数据，将 3 行数据分别打两拍即可得到一个窗口 9 个像素数据。这里将这 9 个数据命名如表 7-7 所示。

表 7-7　缓存 3×3 窗口数据

Soble(0)	Soble_r(0)	Soble_r2(0)
Soble(1)	Soble_r(1)	Soble_r2(1)
Soble(2)	Soble_(2)	Soble_r2(2)

则缓存电路设计如图 7-25 所示。

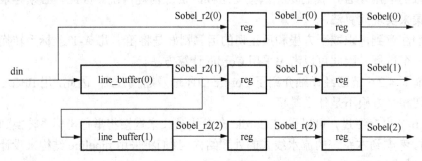

图 7-25　Sobel 3×3 缓存窗口电路

得到 9 个像素之后还需将分别对 X 和 Y 方向的模板进行运算。由于两个模板中有 3 个像素恒为零。实际上需要完成 6 个数据的加法运算，经过 3 个时钟的运算即可得出结果。记 X 方向的运算结果为 Sobel_Result_X，Y 方向的运算结果为 Sobel_Result_Y 分别如图 7-26 和图 7-27 所示。

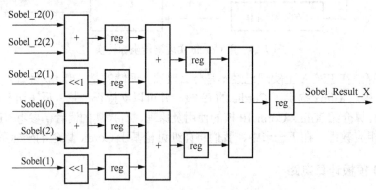

图 7-26　X 方向 Sobel 结果计算

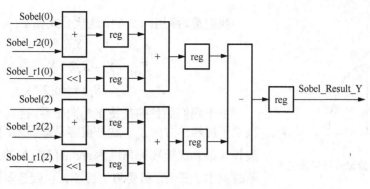

图 7-27　Y 方向 Sobel 结果计算

7.3.3　基于 Cordic 的坐标系转换电路

我们的目标是将笛卡儿坐标系转换到极坐标系。为了不引起混淆，规定极坐标系的定义域如下：

$$\rho > 0, \quad 0 < \theta < 2\pi$$

即转换后的 θ 值为 $0 \sim 2\pi$，也就是 $0 \sim 360°$（相当一部分反正切函数取值范围为 $-\dfrac{\pi}{2} \sim \dfrac{\pi}{2}$）。

1. Cordic 迭代公式

按照 4.2.6 节所述，将坐标 Y_i 进行迭代旋转到 0，即可实现笛卡儿坐标系到极坐标转换。设初始坐标为 $[X_i, Y_i, Z_i]$，旋转后坐标为 $[X_j, Y_j, Z_j]$，Z 表示角度，P 为旋转过程中的增益补偿，则旋转公式如下。

$$\left[X_j, Y_j, Z_j \right] = \left[P\sqrt{X_i^2 + Y_i^2}, 0, Z_i + \arctan\left(\frac{Y_i}{X_i}\right) \right]$$

若初始角度为 0，即 $Z_i = 0$，则上式可以转化为

$$\left[X_j, Y_j, Z_j \right] = \left[P\sqrt{X_i^2 + Y_i^2}, 0, \arctan\left(\frac{Y_i}{X_i}\right) \right]$$

上式的基本意义是初始坐标 $[X_i, Y_i, Z_i]$，旋转一定角度后到坐标 $[X_j, 0, Z_j]$，也即原始坐标经过若干次迭代旋转后旋转到 x 轴。由几何意义可知，理论情况下，旋转后到 x 轴上的坐标的绝对值 $|X_j|$ 即原始坐标的模值 $\sqrt{X_i^2 + Y_i^2}$，由于采用了消除公因式的运算方式来减小计算量（见 4.2.6 节），需要乘上一个增益补偿 P。而这个旋转角度也就是 $\arctan\left(\dfrac{Y_i}{X_i}\right)$，如图 7-28 所示。

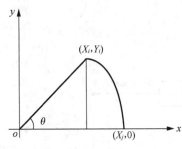

图 7-28　向量旋转几何模型

我们重新列出 4.2.6 中迭代公式如下：

$$X_{n+1} = X_n - S_n 2^{-n} Y_n$$

$$Y_{n+1} = Y_n + S_n 2^{-n} X_n$$

$$Z_{n+1} = Z_n - S_n \arctan(2^{-n})$$

由于我们的目的是使 Y 趋向于零，因此 Y 的符号位决定了旋转的方向 S_n。这是很容易理解的：如果在迭代旋转（第 n 次旋转的角度为 $\arctan(2^{-n})$）的过程中，图示时刻 Y 大于 0，需要将 Y 减小，也就是需要将 Y 沿顺时钟进行旋转，此时 $S_n = 1$；而由于不能"恰好"在某次旋转中将线段旋转到 Y 轴上，因此需执行若干次在 Y 轴上下的旋转工作。若在某次旋转过程中，Y 旋转到了 Y 轴下面，这个时候需要将 Y 变大。因此，将 Y 沿逆时针向上旋转，此时 $S_n = -1$。

2. Cordic 迭代次数及查找表计算

我们将首先确定旋转迭代的次数，并根据迭代次数来计算每次旋转的角度 $\arctan(2^{-k})$（k 代表第 k 次迭代旋转）。通常情况下会将这 n 个角度值实现计算好，并作为一个查找表写死到 FPGA 中，每次旋转计算角度的时候 FPGA 来查找这个表进行迭代运算。可以想象，最后依次旋转调整，即最小的旋转角度决定了算法的计算精度。

接下来的问题是这个角度值一般情况下是个小数，在 FPGA 处理中需要对其做一个整形转换，以方便计算。在本次设计中我们取迭代次数为 15 次，归一化系数设置为 2^{20}。定义如下：

$$2\pi \text{rad} = 2^{20}$$

也就是 $\text{dout\_angle} = \dfrac{\theta}{2\pi} * 2^{20}$

$$1\text{rad} = 166886.053$$

由上式计算出每次迭代的角度归一化值如表 7-8 所示。

表 7-8　迭代角度归一化值

角度值（rad）	归一化值	角度值（rad）	归一化值
$\arctan\left(\dfrac{1}{2^0}\right)$	0x20000	$\arctan\left(\dfrac{1}{2^9}\right)$	0x146
$\arctan\left(\dfrac{1}{2^1}\right)$	0x12E40	$\arctan\left(\dfrac{1}{2^{10}}\right)$	0xA3
$\arctan\left(\dfrac{1}{2^2}\right)$	0x9FB4	$\arctan\left(\dfrac{1}{2^{11}}\right)$	0x51
$\arctan\left(\dfrac{1}{2^3}\right)$	0x5111	$\arctan\left(\dfrac{1}{2^{12}}\right)$	0x29

续表

角度值（rad）	归一化值	角度值（rad）	归一化值
$\arctan\left(\dfrac{1}{2^4}\right)$	0x28B1	$\arctan\left(\dfrac{1}{2^{13}}\right)$	0x14
$\arctan\left(\dfrac{1}{2^5}\right)$	0x145D	$\arctan\left(\dfrac{1}{2^{14}}\right)$	0x0A
$\arctan\left(\dfrac{1}{2^6}\right)$	0xA2F	$\arctan\left(\dfrac{1}{2^{15}}\right)$	0x05
$\arctan\left(\dfrac{1}{2^7}\right)$	0x518	$\arctan\left(\dfrac{1}{2^{16}}\right)$	0x03
$\arctan\left(\dfrac{1}{2^8}\right)$	0x28C	$\arctan\left(\dfrac{1}{2^{17}}\right)$	0x01

3. 坐标象限变换

我们注意到在图 7-28 中，变换是基于第一象限的，到目前为止，我们讨论的情况也都是在第一象限的范围内。而实际上，输入的 x 与 y 在 4 个象限内都有分布。那么如何解决这个问题？

在迭代代码设计中考虑四象限问题无疑带来了代码设计的复杂性，同时也极易出错。我们这里所采用的思路是将 x 与 y 转换为无符号数，即求取绝对值，同时缓存其符号位。在对 x 与 y 进行迭代变换后再取出符号位还原象限信息。

同时，为了尽快使其收敛，我们再将其进行变换到 1/4 象限，也即（0～45°）范围。这个变换也非常简单，当 $y>x$ 时将 x 与 y 调，迭代变换后再将其还原即可。

4. 增益补偿

增益补偿负责旋转过程中的模值失真补偿，对于固定的迭代次数，它是一个常数。

$$P=\prod_{k=1}^{n}\sqrt[2]{1+2^{-2k}}\cong 1.6467$$

上式中，n 为迭代次数。

同样的，对于固定的除法运算，我们采用移位和加法来实现。要得到实际的模值，需要将旋转后 x 轴的值除以 P，也就是乘以 0.60725。

采用以下公式来近似：

$$\frac{1}{2}+\frac{1}{8}-\frac{1}{64}-2^{-12}\frac{1}{512}-\left(\frac{1}{2}+\frac{1}{8}-\frac{1}{64}-\frac{1}{512}\right)\frac{1}{4096}\cong 0.60725$$

5. Cordic 模块划分及设计

基于上面的讨论，我们要完成以下 3 个要点的设计。

（1）前期预处理：完成坐标象限转换。

（2）完成 n 次迭代工作：采用菊花链式结构设计。

（3）后期处理工作：恢复象限转换，增益补偿。

将上述 3 个模块分开进行设计，分别命名为 cordic_pre，cordic_core，cordic_post，同时，由于每次迭代工作都是一致的，将迭代算法的基本流失单元也组装成一个小模块，将其命名为 cordic_ir_unit。

下面分别介绍各个模块的设计。

6. 预处理模块(coridc_pre)

预处理主要负责象限转换工作，主要是将输入四象限坐标转换到第一象限的前半象限，即 $0°\sim45°$。

转换工作十分简单，只需提取输入 x 和 y 的坐标绝对值作为输出，即可将坐标转换到第一象限，同时判断 x 和 y 的绝对值大小，当 $y>x$ 时将 x 和 y 调换即可将坐标转换到第一象限的前半象限。

模块需记录输入 x 和 y 的象限信息，包括半象限信息，以供象限位置还原。

模块设计框图如图 7-29 所示。

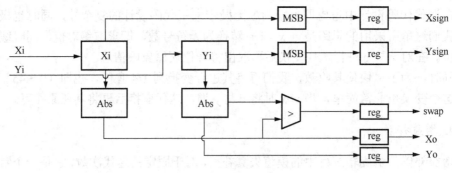

图 7-29　Cordic 预处理电路

7. 单次迭代运算单元（cordic_ir_unit）

经过预处理后的绝对值输出可以直接送入 Cordic 处理核进行 Cordic 运算，Cordic 运算实际上是 n 次迭代运算的过程。我们首先来看一下单次迭代运算的设计。

前面也提到，我们的目标是使 Y 趋近于 0。Y 的符号位决定了旋转的方向，也就是迭代器的方向。根据迭代公式，我们需要将上一流水线的输出 $X(k), Y(k), Z(k)$ 作为本次迭代工作的输入，根据 4.2.6 节的迭代公式计算出新的旋转后的坐标 $X(k+1), Y(k+1)$，并查找当前旋转角度加上当前角度值 $Z(k)$ 作为输出 $Z(k+1)$。

迭代器的核心部分在于移位和加法运算。以下的电路（见图 7-30）展示了第 k 次迭代的过程：

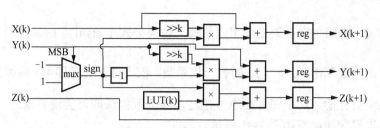

图 7-30 Cordic 单次迭代单元

可见，每一次迭代需要 1 次取符号、1 次查表、2 次移位和 3 次乘加运算，乘法也是简单的符号位扩展运算，运算延迟为 1 个时钟。

8. cordic 处理核单元（cordic_core）

将单次迭代单元迭代 n 次即可完成一次 cordic 运算。这里为了提高处理精度，将输入数据扩展 4 位小数位。设计框图如图 7-31 所示。

在图 7-3 中，假定初始输入相位为 0，即 $Z(0)=0$，需要注意的是输出并没有 $Y(n+1)$，这是由于在旋转之后 $Y(n+1)=0$。

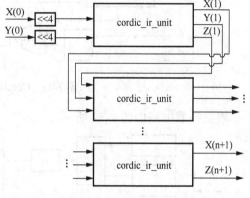

图 7-31 Cordic 处理核电路

9. cordic 后续处理模块（cordic_post）

如前所述，后续处理模块需实现坐标象限还原，很明显，这里的象限指的是角度象限。我们已经在预处理单元中对输入坐标的象限进行了保存，在此模块需要对象限位置进行恢复。

首先需要明确的一点是，由于处理核需要 n 个时钟来完成迭代运算，预处理的象限信息需首先进行缓存 $n-1$ 个时钟与处理结果进行对齐。

在象限还原时，采用预处理的逆运算：

（1）还原 x 与 y 交换信息。

（2）还原 x 轴信息。

（3）还原 y 轴信息。

由几何意义很容易实现上述运算。

（1）x 与 y 交换，转换公式 $\arctan\left(\dfrac{y}{x}\right)+\arctan\left(\dfrac{x}{y}\right)=\dfrac{\pi}{2}$

（2）$x<0$，说明角度在第二或第三象限，转换公式 $\arctan\left(\dfrac{y}{x}\right)+\arctan\left(\dfrac{y}{-x}\right)=\pi$

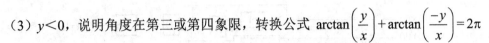

（3）$y<0$，说明角度在第三或第四象限，转换公式 $\arctan\left(\dfrac{y}{x}\right)+\arctan\left(\dfrac{-y}{x}\right)=2\pi$

由归一化系数算出 $\dfrac{\pi}{2}$，π，2π 的归一化系数，依次进行转换即可。后续处理模块同时还需完成增益补偿，这个在前面也讨论过，移位近似法即可实现要求。

其中，象限变换电路如图 7-31 所示。

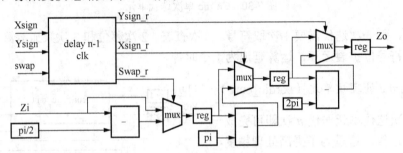

图 7-31　Cordic 象限变换电路

增益补偿电路如图 7-32 所示。

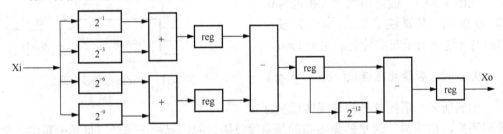

图 7-32　Cordic 增益补偿电路

由图 7-31 和图 7-32 可知，本模块的计算开销为 3 个时钟。

10. 顶层模块（cordic_r2p）

顶层模块只需依次调用 cordic_pre,cordic_core,cordic_post 即可。用 quartus 13.0 综合后的 RTL 视图如图 7-33 所示。

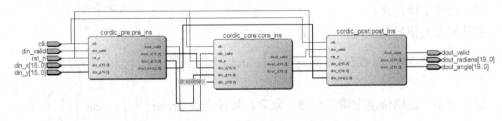

图 7-33　Cordic 坐标转换顶层电路

11. 资源占用情况

我们同样用 quartus 13.0 来对所设计的系统进行资源评估，如图 7-34 所示。

Flow Summary	
Flow Status	Successful - Wed Mar 23 15:19:45 2016
Quartus II 64-Bit Version	13.0.1 Build 232 06/12/2013 SP 1 SJ Full Version
Revision Name	sdram_test
Top-level Entity Name	cordic_r2p
Family	Stratix III
Device	EP3SL200F1152I3
Timing Models	Final
Logic utilization	N/A
Combinational ALUTs	1,288
Memory ALUTs	0
Dedicated logic registers	1,086
Total registers	1086
Total pins	76
Total virtual pins	0
Total block memory bits	0
DSP block 18-bit elements	0
Total PLLs	0
Total DLLs	0

图 7-34　用 Cordic 计算坐标转换的资源消耗情况

由图 7-34 可见，对于 16 位，迭代次数为 15 次，保留 4 位小数的 cordic 坐标转换系统，仅仅消耗 1288 个查找表和 1086 个寄存器，对于资源的消耗是非常少的，也达到了我们预期的设计目的。

到这里为止，我们已经把 Sobel 算子的核心算法部分介绍完毕了，将 Soble 模板的 X 和 Y 方向上的计算结果接入 Cordic 坐标转换内核的输入，即可得到 Sobel 算子的模值和方向数据流。通过简单的越界判断，即可得到最终的 Sobel 运算结果。

7.3.4　Verilog 代码设计

本节将列出 Sobel 模板计算电路和 Cordic 坐标转换电路的 Verilog 示例代码。

1. Sobel 模板计算

```
// 9 个窗口寄存器
reg  [DW-1:0]   Sobel[0:3-1];
reg  [DW-1:0]   Sobel_r[0:3-1];
reg  [DW-1:0]   Sobel_r2[0:3-1];
//中间寄存器
reg  [DW+4-1:0] Sobel_Result_Temp[0:3];
reg  [DW+3-1:0] Sobel_Temp[0:12];
//x 和 y 方向计算结果寄存器
reg  [21-1:0]Sobel_Result_X;
reg  [21-1:0]Sobel_Result_Y;//
```

```verilog
//x 方向 Sobel 模板计算
always @(posedge clk)
begin
    if (rst_all == 1'b1)
    begin
        for (j = 0; j <= 6; j = j + 1)
            Sobel_Temp[j] <= {DW+3{1'b0}};
        Sobel_Result_Temp[0] <= {DW+4{1'b0}};
    end
    else
    begin
        if (din_valid_r[1] == 1'b1)
        begin
            Sobel_Temp[0] <= #1 ({2'b00,  Sobel[1], 1'b0});
            Sobel_Temp[1] <= #1 ({3'b000, Sobel[0]}) + ({3'b000, Sobel[2]});
            Sobel_Temp[2] <= #1 ({2'b00,  Sobel_r2[1] ,1'b0});
            Sobel_Temp[3] <= #1({3'b000, Sobel_r2[0]})+({3'b000, Sobel_r2[2]});
        end

        if (din_valid_r[2] == 1'b1)
        begin
            Sobel_Temp[4] <= #1 Sobel_Temp[0] + Sobel_Temp[1];
            Sobel_Temp[5] <= #1 Sobel_Temp[2] + Sobel_Temp[3];
        end

        if (din_valid_r[3] == 1'b1)
            Sobel_Result_Temp[0] <= ({1'b0,Sobel_Temp[4]}) - ({1'b0,
    Sobel_Temp[5]});

    end
end

//y 方向 Sobel 模板计算
always @(posedge clk)
begin
    if (rst_all == 1'b1)
    begin
        for (k = 7; k <= 12; k = k + 1)
            Sobel_Temp[k] <= {DW+3{1'b0}};
        Sobel_Result_Temp[1] <= {DW+4{1'b0}};
    end
```

```
    else
    begin
        if (din_valid_r[1] == 1'b1)
        begin
            Sobel_Temp[7] <= #1 ({3'b000, Sobel[0]}) + ({3'b000, Sobel_r2[0]});
            Sobel_Temp[8]  <= #1 ({2'b00, Sobel_r[0], 1'b0});
            Sobel_Temp[9] <= #1 ({3'b000, Sobel[2]}) + ({3'b000, Sobel_r2[2]});
            Sobel_Temp[10] <= #1 ({2'b00, Sobel_r[2], 1'b0});
        end

        if (din_valid_r[2] == 1'b1)
        begin
            Sobel_Temp[11] <= #1 Sobel_Temp[7] + Sobel_Temp[8];
            Sobel_Temp[12] <= #1 Sobel_Temp[9] + Sobel_Temp[10];
        end

        if (din_valid_r[3] == 1'b1)
            Sobel_Result_Temp[1] <= ({1'b0,Sobel_Temp[11]}) - ({1'b0,
            Sobel_Temp[12]});
    end
end


    //buffer result for 1 clk and extend sign bits
always @(posedge clk)
begin
    if (rst_all == 1'b1)
    begin
        Sobel_Result_Temp[2] <= {DW+4{1'b0}};
        Sobel_Result_Temp[3] <= {DW+4{1'b0}};
        Sobel_Result_X      <= 21'b0;
        Sobel_Result_Y      <= 21'b0;
    end
    else
    begin

        if (din_valid_r[4] == 1'b1)
        begin
            Sobel_Result_Temp[2] <= Sobel_Result_Temp[0];//x sobel result
            Sobel_Result_Temp[3] <= Sobel_Result_Temp[1];//y sobel result
        end
```

```
                if (din_valid_r[5] == 1'b1)
                begin
                    if(Sobel_Result_Temp[2][DW+3] == 1'b1)//x<0
                        Sobel_Result_X    <= {{21-DW-4{1'b1}},Sobel_Result_Temp[2]};
                    else
                        Sobel_Result_X    <= {{21-DW-4{1'b0}},Sobel_Result_Temp[2]};
                    if(Sobel_Result_Temp[3][DW+3] == 1'b1)//y<0
                        Sobel_Result_Y    <= {{21-DW-4{1'b1}},Sobel_Result_Temp[3]};
                    else
                        Sobel_Result_Y    <= {{21-DW-4{1'b0}},Sobel_Result_Temp[3]};
                end

        end
end
//得到 9 个窗口缓存

always @(*) Sobel[0] <= din;
always @(*) Sobel[1] <= line_dout[0];
always @(*) Sobel[2] <= line_dout[1];

generate
begin : sobel_buf
  genvar  i;
  for (i = 0; i <= KSZ - 1; i = i + 1)
  begin : sobel_buf_inst
   always @(posedge clk)
   begin
       if (rst_all == 1'b1)
       begin
           Sobel_r[i]  <= {DW{1'b0}};
           Sobel_r2[i] <= {DW{1'b0}};
       end
       else
       begin
           Sobel_r[i] <= Sobel[i];
           Sobel_r2[i] <= Sobel_r[i];
       end
    end
  end
end
endgenerate
```

2. Cordic_pre 模块

```verilog
module cordic_pre(
        clk,                    //同步时钟
        rst_n,                  //异步复位
        din_valid,              //输入有效信号
        din_x,                  //输入 x
        din_y,                  //输入 y
        dout_x,                 //输出 x
        dout_y,                 //输出 y
        dout_valid,             //输出有效
        dout_info               //输出象限信息
    );

parameter DW = 16;

localparam latency = 2;     //计算开销 2 个时钟

input   clk;
input   rst_n;
input   din_valid;

input   [DW-1:0] din_x;
input   [DW-1:0] din_y;

output dout_valid;
output reg [DW-1:0]dout_x;
output reg [DW-1:0]dout_y;
output reg [3-1:0] dout_info;

reg     [latency-1:0]din_valid_r;
//绝对值寄存器
reg     [DW-1:0]x_abs;
reg     [DW-1:0]y_abs;
//交换中间结果
wire    [DW-1:0]x_swap;
wire    [DW-1:0]y_swap;
/符号寄存器
reg     x_sign_reg;
reg     y_sign_reg;
wire    swap;
```

```verilog
//计算绝对值函数
function [DW-1:0]abs;
   input [DW-1:0]data_in;
   if(data_in[DW-1] == 1'b1)                    //输入<0
       abs = 1'b1+(~data_in[DW-1:0]);         //取反码+1
   else
       abs = data_in[DW-1:0];                  //正数为原码
endfunction


//缓存输入有效信号
always @(posedge clk or negedge rst_n )
begin
begin
     if(~rst_n)
     begin
         din_valid_r <= {latency{1'b0}};
     end
     else
     begin
         din_valid_r <= {din_valid_r[latency-2:0],din_valid};
     end
   end
   end


//计算输入绝对值和符号位
always @(posedge clk or negedge rst_n)
begin: Step1
   begin
         if(~rst_n)
         begin
             x_abs <= {DW{1'b0}};
             x_sign_reg <= 1'b0;
             y_abs <= {DW{1'b0}};
             y_sign_reg <= 1'b0;
         end
         else
         begin
             if (din_valid == 1'b1)
             begin
                 x_abs <= #1(abs(din_x));
                 x_sign_reg <= din_x[DW-1];
```

```
                        y_abs <= #1(abs(din_y));
                        y_sign_reg <= din_y[DW-1];
                    end
                end
            end
        end

    //得到象限信号
    assign x_swap = (y_abs > x_abs)?y_abs:x_abs;
    assign y_swap = (y_abs > x_abs)?x_abs:y_abs;
    assign swap   = (y_abs > x_abs)?1'b1:1'b0;
    //驱动输出信号
    always @(posedge clk or negedge rst_n)
    begin: Step2
        begin
            if(~rst_n)
            begin
                dout_x <= {DW{1'b0}};
                dout_x <= {DW{1'b0}};
                dout_info <= 3'b0;
            end
            else
            begin
                if (din_valid_r[0] == 1'b1)
                begin
                    dout_x <= #1 x_swap;
                    dout_y <= #1 y_swap;
                    dout_info <= #1 {y_sign_reg, x_sign_reg, swap};
                end
            end
        end
    end

    assign dout_valid = din_valid_r[latency-1];

    endmodule
```

3. Cordic_ir_unit 模块

```
module cordic_ir_unit(
    clk,
```

```
        rst_n,
        din_valid,
        din_x,
        din_y,
        din_z,
        dout_valid,
        dout_x,
        dout_y,
        dout_z
    );

    parameter  DW    = 16;
    parameter  PIPE_ID = 1;          //当前迭代 ID

    localparam DW_NOR = 20;          //归一化位宽
    localparam IR_NUM = 15;          //总迭代次数
    localparam latency = 1;          //输出 lantency

    input clk;
    input rst_n;
    input din_valid;
    input signed [DW-1:0]din_x;
    input signed [DW-1:0]din_y;
    input [DW_NOR-1:0]din_z;
    output reg [DW-1:0]dout_x;
    output reg [DW-1:0]dout_y;
    output reg [DW_NOR-1:0]dout_z;
    output dout_valid;

wire y_is_neg;
    wire y_is_pos;
    //本次旋转后 x y z 的变化值
    wire signed [DW-1:0]delta_x;
    wire signed [DW-1:0]delta_y;
    wire signed [DW_NOR-1:0]delta_z;

    wire signed[DW-1:0]dout_temp_x;
    wire signed[DW-1:0]dout_temp_y;
    wire [DW_NOR-1:0]dout_temp_z;
    reg  din_valid_r;
```

```verilog
//缓存输入数据和输入有效信号
always @(posedge clk or negedge rst_n)
begin
    if (~rst_n)
    begin
        din_valid_r <= 1'b0;
    end
    else
    begin
        din_valid_r <= din_valid;
    end
end

//查找表
wire [DW_NOR-1:0]atan_lut[0:IR_NUM-1];

assign atan_lut[0]  = 20'h20000;
assign atan_lut[1]  = 20'h12E40;
assign atan_lut[2]  = 20'h09FB4;
assign atan_lut[3]  = 20'h05111;
assign atan_lut[4]  = 20'h028B1;
assign atan_lut[5]  = 20'h0145D;
assign atan_lut[6]  = 20'h00A2F;
assign atan_lut[7]  = 20'h00518;
assign atan_lut[8]  = 20'h0028C;
assign atan_lut[9]  = 20'h00146;
assign atan_lut[10] = 20'h000A3;
assign atan_lut[11] = 20'h00051;
assign atan_lut[12] = 20'h00029;
assign atan_lut[13] = 20'h00014;
assign atan_lut[14] = 20'h0000A;
assign atan_lut[15] = 20'h00005;
assign atan_lut[16] = 20'h00003;
assign atan_lut[17] = 20'h00001;

//输入 y 符号确定
assign y_is_neg = din_y[DW - 1];        //indicate if Y<0
assign y_is_pos = (~din_y[DW - 1]);     //indicate if Y>0
assign delta_z = atan_lut[PIPE_ID];

//迭代公式计算
```

```
generate
if(PIPE_ID == 0)      //PIPE_ID == 0 no shift operation
begin :shift_none     //旋转 45°

    assign delta_x = (din_valid==1'b1)?din_y:{DW{1'b0}};
    assign delta_y = (din_valid==1'b1)?din_x:{DW{1'b0}};

end
endgenerate

//旋转其他角度，右移 k 位得到当前旋转后变化值
generate
if(PIPE_ID != 0)
begin :shift_right

    wire signed [DW-1:0]delta_x_temp;
    wire signed [DW-1:0]delta_y_temp;

    assign delta_x_temp = (din_valid==1'b1)?din_y:{DW{1'b0}};
    assign delta_y_temp = (din_valid==1'b1)?din_x:{DW{1'b0}};
    //带符号位的右移运算
    assign delta_x = (din_y[DW-1]==1'b1)?
                {{PIPE_ID{1'b1}},delta_x_temp[DW-1:PIPE_ID]}:
                {{PIPE_ID{1'b0}},delta_x_temp[DW-1:PIPE_ID]};
    assign delta_y = (din_x[DW-1]==1'b1)?
                {{PIPE_ID{1'b1}},delta_y_temp[DW-1:PIPE_ID]}:
                {{PIPE_ID{1'b0}},delta_y_temp[DW-1:PIPE_ID]};

end
endgenerate

    //Iterative expression
    assign dout_temp_x = (y_is_pos)?(din_x+delta_x):(din_x-delta_x);
//if(Yi>0) X(n+1) = X(n) + dY else X(n+1) = X(n) - dY
    assign dout_temp_y = (y_is_neg)?(din_y+delta_y):(din_y-delta_y);
//if(Yi>0) X(n+1) = Y(n) + dX else X(n+1) = Y(n) - dX
    assign dout_temp_z = (y_is_pos)?(din_z+delta_z):(din_z-delta_z);
//if(Yi>0) Z(n+1) = Z(n) + dZ else Z(n+1) = X(n) - dY

  always @(posedge clk or negedge rst_n)
  begin
```

```
            if (~rst_n)
            begin
                dout_x <= {DW{1'b0}};
                dout_y <= {DW{1'b0}};
                dout_z <= {DW_NOR{1'b0}};
            end
            else
            begin
                if(din_valid == 1'b1)
                begin
                    dout_x <= dout_temp_x ;
                    dout_y <= dout_temp_y ;
                    dout_z <= dout_temp_z ;
                end
            end
        end

    assign dout_valid = din_valid_r;

endmodule
```

4. Cordic_core 模块

```
module cordic_core(
        clk,
        rst_n,
        din_valid,
        din_x,
        din_y,
        din_z,
        dout_valid,
        dout_x,
        dout_z
    );

    parameter  PIPELINE  = 15;        //总迭代次数
    parameter  DW        = 16;
    parameter  DW_FRAC   = 4;         //扩展小数位宽
    parameter  DW_NOR    = 20;        //归一化位宽 DW

    input clk;
```

```verilog
    input din_valid;
    input rst_n;

    input  [DW-1:0]din_x;
    input  [DW-1:0]din_y;
    input  [DW_NOR-1:0]din_z;

    output [DW+DW_FRAC-1:0]dout_x;
    output [DW_NOR-1:0]dout_z;
    output dout_valid;

    wire [DW+DW_FRAC-1:0]din_x_frac[PIPELINE:0];
    wire [DW+DW_FRAC-1:0]din_y_frac[PIPELINE:0];
    wire [DW_NOR-1:0]din_z_temp[PIPELINE:0];

    wire dout_valid_temp[PIPELINE:0];

//将输入数据接入迭代器 并扩展小数位
  assign din_x_frac[0][DW + DW_FRAC - 1:DW_FRAC] = din_x;
  assign din_x_frac[0][DW_FRAC - 1:0] = {DW_FRAC{1'b0}};

  assign din_y_frac[0][DW + DW_FRAC - 1:DW_FRAC] = din_y;
  assign din_y_frac[0][DW_FRAC - 1:0] = {DW_FRAC{1'b0}};

  assign din_z_temp[0] = din_z;

  assign dout_valid_temp[0] = din_valid;

//例化 PIPELINE 个迭代器单元
//采用菊花链结构
  generate
   begin : gen_iteration
      genvar  n;
      for (n = 1; n <= PIPELINE; n = n + 1)
      begin : gen_pipeline
          cordic_ir_unit unit(
              .clk(clk),
              .rst_n(rst_n),
              .din_valid(dout_valid_temp[n-1]),
              .din_x(din_x_frac[n-1]),//接上一个单元输出
              .din_y(din_y_frac[n-1]),
```

```
                .din_z(din_z_temp[n-1]),
                .dout_valid(dout_valid_temp[n]),
                .dout_x(din_x_frac[n]),//接下个单元输入
                .dout_y(din_y_frac[n]),
                .dout_z(din_z_temp[n])
            );
            defparam    unit.DW = DW + DW_FRAC ;
            defparam    unit.PIPE_ID = n - 1;
        end
    end
  endgenerate

  //output iteration result
  assign dout_x = din_x_frac[PIPELINE];
  assign dout_z = din_z_temp[PIPELINE];
  assign dout_valid = dout_valid_temp[PIPELINE];

endmodule
```

5. Cordic_post 模块

```
module cordic_post(
    clk,
    rst_n,
    din_valid,
    din_x,
    din_z,
    din_info,//输入象限信息
    dout_valid,
    dout_x,
    dout_z
    );

    parameter   DW      = 16;
    parameter   DW_FRAC = 4;
    parameter   DW_NOR  = 20;
    parameter   PIPELINE = 15;

    localparam lantency_pre  = 2;
    localparam lantency_core = PIPELINE;
    localparam latency       = 3;
```

```
//由归一化系数计算出来的 π/2, π, 2π
localparam const_half_pi    = 20'h40000;
localparam const_pi         = 20'h80000;
localparam const_double_pi  = 20'h00000;

input clk;
input rst_n;
input din_valid;

input [2:0]din_info;//包含 8 象限信息
input [DW+DW_FRAC-1:0]din_x;
input [DW_NOR-1:0]din_z;

output [DW+DW_FRAC-1:0]dout_x;
output reg[DW_NOR-1:0]dout_z;
output dout_valid;

integer n;
reg  [DW+DW_FRAC-1:0]gain_temp[0:3];
wire [DW_NOR-1:0]angle_temp;
wire [DW_NOR-1:0]angle_valid;
wire [DW_NOR-1:0]angle_swap;
reg  [2:0]din_info_r[lantency_core+latency-1:0];
reg  [latency-1:0]din_valid_r;
reg  [DW_NOR-1:0]angle_swap_r[0:latency-1];
wire [DW_NOR-1:0]angle_temp_x;
wire [DW_NOR-1:0]angle_temp_y;

//旋转增益补偿 ：×0.60727
//0.60727 = 1/2 + 1/8 - 1/64 - 1/512 - (1/2 + 1/8 - 1/64 - 1/512)*1/4096
//err 0.0034%

always @(posedge clk or negedge rst_n)
begin
    if (~rst_n)
    begin
        gain_temp[0] <= {DW+DW_FRAC{1'b0}};
        gain_temp[1] <= {DW+DW_FRAC{1'b0}};
        gain_temp[2] <= {DW+DW_FRAC{1'b0}};
```

```
                gain_temp[3] <= {DW+DW_FRAC{1'b0}};
        end
        else
        begin
            if(din_valid == 1'b1)
            begin
                gain_temp[0] <= {1'b0,din_x[DW+DW_FRAC-1:1]} +
                                {3'b0,din_x[DW+DW_FRAC-1:3]};
                gain_temp[1] <= {6'b0,din_x[DW+DW_FRAC-1:6]} +
                                {9'b0,din_x[DW+DW_FRAC-1:9]};
            end

            if(din_valid_r[0] == 1'b1)
            begin
                gain_temp[2] <= gain_temp[0]- gain_temp[1];
            end
            if(din_valid_r[1] == 1'b1)
            begin
                gain_temp[3] <= gain_temp[2]-
                                {12'b0,gain_temp[2][DW+DW_FRAC-1:12]};
            end
        end
    end
end


    assign dout_x = gain_temp[3];

    //计算角度
    assign angle_valid = din_valid?din_z:({DW_NOR{1'b0}});
    assign angle_temp  = (angle_valid[DW_NOR-1]==1'b1)?
                        ({DW_NOR{1'b0}}):angle_valid;
    //1/8 象限计算
    assign angle_swap = (din_info_r[lantency_core-1][0]==1'b1)?
                        (const_half_pi - angle_temp):angle_temp;
    // 1/4 象限计算
    always @(posedge clk)
    begin
        din_valid_r    <= {din_valid_r[latency-2:0],din_valid};
        angle_swap_r[0] <= angle_swap;
        angle_swap_r[1] <= angle_temp_x;
    end
```

```
    always @(posedge clk)
    begin

        din_info_r[0]  <= din_info;

        for( n = 1; n < lantency_core+latency; n = n+1 )
            din_info_r[n] <= din_info_r[n-1];


    end

    assign angle_temp_x = (din_info_r[lantency_core][1]==1'b1)?
                        (const_pi - angle_swap_r[0]):angle_swap_r[0];
    assign angle_temp_y = (din_info_r[lantency_core+1][2]==1'b1)?
            (const_double_pi - angle_swap_r[1]):angle_swap_r[1];

    always @(posedge clk)
    begin
        dout_z  <= angle_temp_y;
    end

    assign dout_valid = din_valid_r[latency-1];

endmodule
```

6. Cordic_r2p 模块

```
module cordic_r2p(
    clk,
    rst_n,
    din_valid,              //输入有效
    din_x,
    din_y,
    dout_valid,             //输出有效
    dout_angle,             //输出角度
    dout_radians            //输出模值
);

    parameter DW           = 16;    //输入数据位宽
    parameter DW_NOR       = 20;    //归一化宽度
    parameter PipeLength   = 15;    //总迭代次数
```

```
    parameter DW_FRAC    = 4;          //扩展小数位


    input  clk;
    input  rst_n;
    input  [DW-1:0] din_x;
    input  [DW-1:0] din_y;                 //input y
    input  din_valid;
    output dout_valid;
    output [DW+DW_FRAC-1:0]dout_radians; // 16*sqrt(din_x * din_x + din_y * din_y)
    output [DW_NOR-1:0]  dout_angle; // arctan(y/x) 归一化范围 0~2^20
```
//也即 $dout\_angle = \dfrac{\theta}{2\pi}*2^{20}$

```
    wire signed [DW-1:0]pre_dout_x;
    wire signed [DW-1:0]pre_dout_y;
    wire [ 3-1:0]pre_dout_info;
    wire pre_dout_valid;

    wire unsigned [DW+DW_FRAC-1:0]core_dout_x;
    wire [DW_NOR-1:0]core_dout_z;
    wire core_dout_valid;

    //预处理
    cordic_pre pre_ins(
        .clk(clk),
        .rst_n(rst_n),
        .din_valid(din_valid),
        .din_x(din_x),
        .din_y(din_y),
        .dout_x(pre_dout_x),
        .dout_y(pre_dout_y),
        .dout_valid(pre_dout_valid),
        .dout_info(pre_dout_info)
        );
        defparam pre_ins.DW = DW;

    //cordic 内核处理
    cordic_core core_ins(
        .clk(clk),
        .rst_n(rst_n),
        .din_valid(pre_dout_valid),
```

```
            .din_x(pre_dout_x),
            .din_y(pre_dout_y),
            .din_z(20'b0),
            .dout_valid(core_dout_valid),
            .dout_x(core_dout_x),
            .dout_z(core_dout_z)
        );
        defparam core_ins.PIPELINE = PipeLength;
        defparam core_ins.DW        = DW;
        defparam core_ins.DW_FRAC  = DW_FRAC;
        defparam core_ins.DW_NOR   = DW_NOR;

//后期处理
  cordic_post post_ins(
        .clk(clk),
        .rst_n(rst_n),
        .din_valid(core_dout_valid),
        .din_x(core_dout_x),
        .din_z(core_dout_z),
        .din_info(pre_dout_info),
        .dout_valid(dout_valid),
        .dout_x(dout_radians),
        .dout_z(dout_angle)
    );
        defparam core_ins.DW        = DW;
        defparam core_ins.DW_FRAC  = DW_FRAC;
        defparam core_ins.DW_NOR   = DW_NOR;
        defparam core_ins.PIPELINE = PipeLength;
```

7.3.5 仿真与调试结果

1. Testbench 设计

Testbench 只需例化一个 Sobel 运算模块，将输入视频流直接带测试模块即可。代码如下：

```
/*sobel operation module*/
   sobel_2d_ex #(local_dw,ksz_sobel,ih,iw)
          sobel_2d_ex_ins(
          .rst_n (reset_l),
          .clk   (cap_clk),
```

```
            .din    (sobel_ex_data_in),
            .din_valid (sobel_ex_dvalid_in),
            .dout_valid (sobel_ex_dvalid),
            .vsync(sobel_ex_vsync_in),
            .vsync_out(sobel_ex_vsync),
            .dout (sobel_ex_data),        //输出模值
            .dout_a(sobel_data_a)         //输出角度
        );

    assign sobel_ex_data_in   = cap_data;
    assign sobel_ex_vsync_in  = cap_vsync;
    assign sobel_ex_dvalid_in = cap_dvalid;
```

2. 模块仿真结果

1）Cordic 坐标转换模块

下面验证我们所设计的坐标转换系统的正确性。首先验证角度的计算是否正确，分别取如图 7-35 所示的 8 个子象限 16 个测试点的坐标进行测试验证。

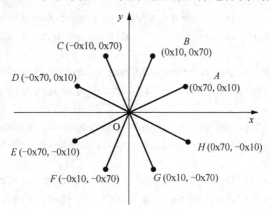

图 7-35　16 个测试点分布

用计算器根据归一化系数计算出理论值，归一化公式如下：

$$\text{dout\_angle} = \frac{\theta}{2\pi} \times 2^{20}$$

表 7-9　测试点的归一化值与反正切值

点	坐标(16 进制)	dout_angle	实际角度
A	(0x70,0x10)	23680	8.13°
B	(0x10,0x70)	238463	81.87°

续表

点	坐标(16 进制)	dout_angle	实际角度
C	(−0x10,0x70)	285824	98.13°
D	(−0x70,0x10)	500607	171.87°
E	(−0x70,−0x10)	547968	188.13°
F	(−0x10,−0x70)	762751	261.87°
G	(0x10,−0x70)	810112	278.13°
H	(0x70,−0x10)	1024895	351.87°

在 Modelsim 的命令行下输入以下脚本：

```
restart
force -freeze sim:/img_process_tb/reset_l 0 0
force -freeze sim:/img_process_tb/cordic_operation/r2p_ins/din_valid 1 0
run 500 ns
force -freeze sim:/img_process_tb/reset_l 1 0
force -freeze sim:/img_process_tb/cordic_operation/r2p_ins/din_x 70 0
force -freeze sim:/img_process_tb/cordic_operation/r2p_ins/din_y 10 0
run 20 ns
force -freeze sim:/img_process_tb/cordic_operation/r2p_ins/din_x 10 0
force -freeze sim:/img_process_tb/cordic_operation/r2p_ins/din_y 70 0
run 20 ns
force -freeze sim:/img_process_tb/cordic_operation/r2p_ins/din_x -10 0
force -freeze sim:/img_process_tb/cordic_operation/r2p_ins/din_y 70 0
run 20 ns
force -freeze sim:/img_process_tb/cordic_operation/r2p_ins/din_x -70 0
force -freeze sim:/img_process_tb/cordic_operation/r2p_ins/din_y 10 0
run 20 ns
force -freeze sim:/img_process_tb/cordic_operation/r2p_ins/din_x -70 0
force -freeze sim:/img_process_tb/cordic_operation/r2p_ins/din_y -10 0
run 20 ns
force -freeze sim:/img_process_tb/cordic_operation/r2p_ins/din_x -10 0
force -freeze sim:/img_process_tb/cordic_operation/r2p_ins/din_y -70 0
run 20 ns
force -freeze sim:/img_process_tb/cordic_operation/r2p_ins/din_x 10 0
force -freeze sim:/img_process_tb/cordic_operation/r2p_ins/din_y -70 0
run 20 ns
force -freeze sim:/img_process_tb/cordic_operation/r2p_ins/din_x 70 0
force -freeze sim:/img_process_tb/cordic_operation/r2p_ins/din_y -10 0
run 4000 ns
```

摘取仿真结果如图 7-36 所示。

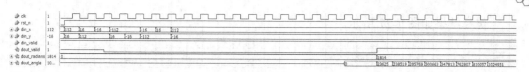

图 7-36　16 个测试点的 Cordic 计算结果

将结果转换为十进制，同样计算出对应的角度见表 7-10。

表 7-10　测试点的 Cordic 计算结果与理论计算结果对比

点	坐 标	dout_angle	误 差	实际角度	角度误差
A	(0x70,0x10)	23625	−55	8.11°	0.02°
B	(0x10,0x70)	238519	56	81.89°	−0.02°
C	(−0x10,0x70)	285769	−55	98.11°	0.02°
D	(−0x70,0x10)	500663	56	171.89°	−0.02°
E	(−0x70,−0x10)	547913	−55	188.11°	0.02°
F	(−0x10,−0x70)	762807	56	261.89°	−0.02°
G	(0x10,−0x70)	810057	−55	278.11°	0.02°
H	(0x70,−0x10)	1024951	56	351.89°	−0.02°

由此可见，计算出来的角度值基本正确，只是有一定的误差。如果读者多做些测试就可以发现，输入坐标值越小，误差越大，最大的误差在 0.14° 左右。因此，建议在使用时读者可根据实际误差需求，在位宽有余量的情况下尽量多保留小数位。关于误差的分析及补偿，有兴趣的读者可以参考相关的文献进行分析和补偿。

由仿真图还可以得到的一个信息是模块的计算延迟，由前面的分析，预处理 2 个时钟延时，迭代器 15−1 个时钟延时，后期处理 3 个延时，整个计算开销是 19 个延时，仿真结果与预期相同。

接下来我们将验证模值计算的正确性。由模值计算公式

$$\text{dout\_radians} = 16\sqrt{\text{din\_y}^2 + \text{din\_x}^2}$$

我们选取几个点首先进行理论计算，如表 7-11 所示。

表 7-11　测试点的模值及反正切理论计算

点	坐标(10 进制)	dout_radians	实际模值(dout_radians/16)
A	(1,3)	50.59644	3.16227766
B	(10, 7)	195.3049	12.2065556
C	(−18,−98)	1594.23	99.6393497
D	(0,9)	144	9
E	(−77, 123)	2321.82	145.113748
F	(−5,0)	80	5
G	(1256,987)	25558.49	1597.40571
H	(34,−90)	1539.33	96.2081078
I	(16383,1000)	262615.9	16413.4911

仿真结果如图 7-27 所示。

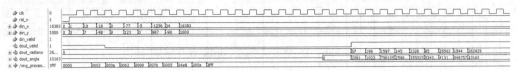

图 7-37　测试点的 Cordic 计算结果

同样列出仿真结果表与误差对比见表 7-12。

表 7-12　测试点的 Cordic 计算结果与理论计算结果对比

点	坐标(10 进制)	dout_radians	误　差	实际模值(dout_radians/16)	模值误差(%)
A	(1,3)	57	6.403557	3.5625	12.6%
B	(10, 7)	196	0.69511	12.25	0.35%
C	(−18,−98)	1597	2.770405	99.8125	0.17%
D	(0,9)	145	1	9.0625	0.69%
E	(−77, 123)	2326	4.180024	145.375	0.18%
F	(−5,0)	85	5	5.3125	6%
G	(1256,987)	25562	3.508652	1597.625	0.01%
H	(34,−90)	1544	4.670276	96.5	0.3%
I	(16383,1000)	262625	9.142931	16414.06	0.003%

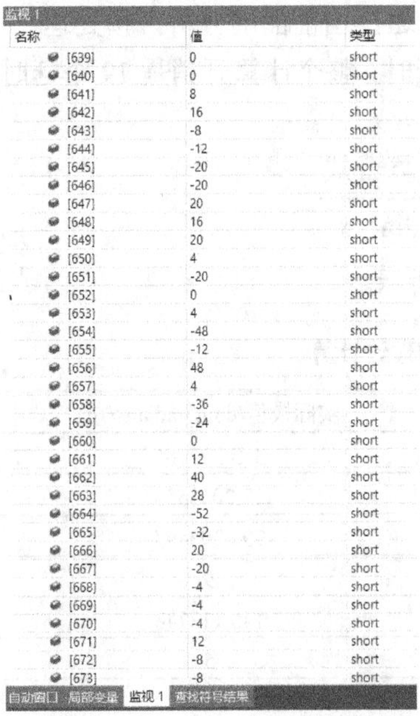

可见，计算基本正确，只是稍有误差。并且随着输入数据绝对值的增大，误差逐渐减小。模值误差一方面是由于采用了近似计算所带来的误差，一方面是原理上的误差，采用更多的位数来近似和更多的迭代次数，较大数值计算等手段无疑能够减小计算误差。如同角度分析一样，详细的误差我们不再细究，读者可自行研究。

2）Sobel 模板计算电路验证

对此模块的验证需要和 VC 等外部工具联合进行调试并分析，以图 7-4 为例，用 VC 和 FPGA 分别对其进行 Sobel 运算，对于 X 方向的运算结果 Sobel_Result_X，VC 和 Moedelsim 的仿真调试结果分别如图 7-38 和图 7-39 所示（第一个有效数据行）。

仔细对比就能验证，X 方向的计算结果 Sobel_Result_X 完全正确。在这里不再验证 Y 方向的正确性。其实，我们注意到在仿真图中，开始

图 7-38　VC 的 X 方向的 Sobel 计算结果

行的前几十个 Sobel_Result_Y 运算结果为 0。我们对这个结果并不感到诧异，这是由于图像左上角的前几列像素值是相同的。

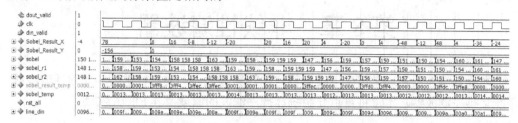

图 7-39　FPGA 的 X 方向的 Sobel 计算结果

同时，我们读出 FPGA 的输出数据，给出由 FPGA 计算出的 Sobel 结果，如图 7-40 所示。这与我们预期的结果是一致的。需要注意的是，图中并不包含相位信息。

图 7-40　原图（左）与 FPGA 计算的 Sobel 结果（右）

第 8 章　非线性滤波器

非线性滤波器在通常情况下没有特定的转移函数。一类比较重要的非线性滤波就是统计排序滤波器。本章将重点介绍统计排序滤波的原理及其 FPGA 实现。

8.1　统计排序滤波

统计排序滤波器对窗口内的像素值进行排序并通过多路选择器选择使用排序后的值，例如中值滤波、最大/最小值滤波等。

排序滤波器或者其组合，可以在很多图像处理的场合得到应用。用接近中间位置的排序值作为输出，进行图像的平滑滤波，能得到很好的噪声平滑性质。中值滤波对去除椒盐噪声十分有用，而形态学滤波中主要用到的算子就是最大/最小值滤波。

下面，我们给出统计排序滤波的数学定义。不妨设 r 为处理窗口的半径，设 $I(x,y)$ 为输入像素值，$g(x,y)$ 为输出像素值，则有如下定义：

$$g(x,y) = Sort\big(I(x+i,y+j),n\big) - r \leqslant i \leqslant r, -r \leqslant j \leqslant r, 0 \leqslant n < (2r+1)^2$$

上式中，Sort 算子代表对 i 和 j 的有效区域进行排序运算，同时输出排序结果的第 n 个值。

由数学定义不难看出，排序滤波器主要完成对图像当前窗口内的所有像素进行排序，同时按指定输出排序结果。

若令 $n = (2r+1)^2/2$，则上式则变为中值滤波器，若排序结果按升序排列，$n=0$，则为最小值滤波器。同样，若 $n = (2r+1)^2 - 1$，则为最大值滤波器。

常用的排序算子有冒泡排序、希尔排序及简单排序等。以冒泡排序为例，C 语言处理算法如下：

```c
#define SORT_RADIUS    2 /*处理半径*/
#define SORT_NUM_ALL  ((SORT_RADIUS*2+1)*(SORT_RADIUS*2 + 1))
/*窗口数据数目*/
#define SORT_OUT_NUM  (SORT_NUM_ALL/2)/*取中值作为排序输出*/


BYTE * m_pTemp = new BYTE[m_dwHeight*m_dwWidth];
BYTE SortTemp[SORT_NUM_ALL];

int i, j, m, k = 0;
memset(m_pTemp, 0, m_dwHeight*m_dwWidth);
```

```
memset(SortTemp, 0, SORT_NUM_ALL);

int cnt = 0;

for (i = SORT_RADIUS; i< m_dwHeight - SORT_RADIUS; i++)
for (j = SORT_RADIUS; j < m_dwWidth - SORT_RADIUS; j++)
{
cnt = 0;
    /*首先得到窗口缓存*/
    for (m = -SORT_RADIUS; m <= SORT_RADIUS; m++)
    for (k = -SORT_RADIUS; k <= SORT_RADIUS; k++)
    {
        SortTemp[cnt++] = m_pBitmap[(i + m)*m_dwWidth + j + k];
    }
    /*对窗口缓存进行冒泡排序*/
    for (int i0 = 0; i0 < SORT_NUM_ALL; i0++)
    for (int j0 = 1; j0 < SORT_NUM_ALL - i0; j0++)
    if (SortTemp[j0 - 1] > SortTemp[j0])
    {
        int temp = SortTemp[j0];
        SortTemp[j0] = SortTemp[j0 - 1];
        SortTemp[j0 - 1] = temp;
    }
    /*取指定顺序的排序值作为输出*/
    m_pTemp[i*m_dwWidth + j] = SortTemp[SORT_OUT_NUM];
}
```

对图 8-1（a）的有椒盐噪声的图像进行如上 5×5 的排序滤波，取中值输出，处理结果如图 8-1（b）所示。可见，中值排序滤波很好地消除了椒盐噪声。

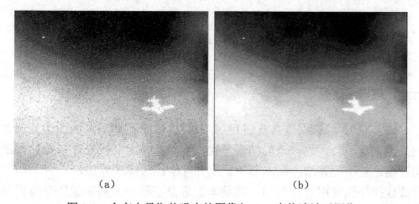

（a）　　　　　　　　　　　　　　（b）

图 8-1　含有大量椒盐噪声的图像与 5×5 中值滤波后图像

可以预见的是，我们只需改变上述代码中的宏 SORT_OUT_NUM，即可得到不同的输出结果。取最小值作为输出，即可得到最小值滤波器，取最大值作为输出，即可得到最大值滤波器。最大值和最小值滤波器的效果分别如图 8-2 和图 8-3 所示。

图 8-2　原图（左）与最小值滤波（右）

图 8-3　原图（左）与最大值滤波（右）

最大值和最小值滤波器主要用在形态学操作中，我们将在第 10 章中详细介绍形态学操作。

8.2　基于 FPGA 的统计排序滤波器

8.2.1　并行全比较排序法原理

在进行 FPGA 映射之前，必须首先确定排序算法。由于在 FPGA 的图像处理领域，中值滤波的处理窗口不会太大，消耗的资源也不会太大，因此，在选择排序方法时优先考虑时间开销比较小的算法，在本书中采用并行全比较排序算法。

并行全比较排序法采用并行结构，其基本原理是在同一时刻完成所有数据与其他数据的比较结果。因此其时间复杂度最小，仅需一个时钟即可完成排序工作，很适合

FPGA 流水线处理，但是也带来了相对较大的资源消耗。正如前面所提到的，在处理窗口比较小的情况下，这个不是我们主要考虑的问题。

首先将详细介绍并行比较的原理。假定现在要对 n 个数据 d0,d1,d2,…,dn 进行排序。那么进行并行排序的步骤如下。

（1）同时得到这 n 个数，即对这 n 个数目对齐。

（2）同时将这 n 个数分别与其他数做比较，并记录比较结果。不妨规定：若当前数大于其他数，则将结果记为 1；若当前数小于等于其他数，则将结果记为 0。

（3）计算每个数第（2）步的所有结果之和：由于一共是 n 个数目，因此，必然有 n-1 个比较结果。

（4）第（3）步结果的值即为排序结果。

举个实际的例子可能比较直观，假定要对以下 5 个数进行排序：

$$14，45，32，9，43$$

假定现在已经完成了时序对齐，也就是同时得到了这 5 个数，接下来的某个时钟内，我们要同时完成这 5 个数分别与其他四个数的比较结果并记录比较结果，即当前结果大于其他值为 1，否则为 0。比较结果如表 8-1 所示。

表 8-1 5 个数据的并行全比较结果

数据	14	45	32	9	43
14	×	0	0	1	0
45	1	×	1	1	1
32	1	0	×	1	0
9	0	0	0	×	0
43	1	0	1	1	×
Sum	3	0	2	4	1

表 8-1 中，×表示无关项，因为跟自身比较是无意义的，也可以记这个值为 0。由上表可见，经过一个时钟的比较之后，就得到了各个数据与其他数据的次序信息，可以在下个时钟通过加法运算计算出每个数据在所有数据中的排序信息，如表 8-1 最后一行所示。由于上表中的行列一致性，这个时候只需要 2×(n-1) 个比较器即可实现全比较。

一个值得注意的问题是，如果中间有两个数或多个数相等该怎么处理？不妨看下面的待排序序列：

$$91，23，91，5，8$$

同样按照上面的排序规则进行排序，如表 8-2 所示。

表 8-2 含有相同值的并行全比较结果

数据	91	23	91	5	8
91	×	1	0	1	1
23	0	×	0	1	1
91	0	1	×	1	1
5	0	0	0	×	0
8	0	0	0	1	×
Sum	0	2	0	4	3

在最后一行的排序结果中，相同数目的 2 个数得到的总和一致，这是由于这两个数目是"各向同性"的。这样的计数方式显然是有问题的，试想，如果 5 个数完全一致，那么最后一行的数据必然全为 0。这个情况下，只能得到一个最大值，而没法得到中值或者其他序列的输出。

因此，对于相同的数值，必须找出其"异性点"进行区别对待。一个明显的"异性"便是各个数值的输入次序。做如下规定：

（1）当前数目大于本数据之前输入数据时，结果记为 1，小于或等于时记为 0。

（2）当前数目大于等于本数据之后输入数据时，结果记为 1，小于时记为 0。

再用此规则对上述几个数目进行重新排序，如表 8-3 所示。

表 8-3 利用新规则进行重新排序结果

数据	91	23	91	5	8
91	×	1	1	1	1
23	0	×	0	1	1
91	0	1	×	1	1
5	0	0	0	×	0
8	0	0	0	1	×
Sum	0	2	1	4	3

可见，后面输入的数据由于"输入优先级"较小，因此排序结果被"降了"一档，也刚好达到了我们的目的。

需要注意的是，重新排序后的资源消耗问题，这个时候行列出现了不一致性。因为大于和大于等于是不同的逻辑。以 3 个数据 d_1, d_2, d_3 的排序为例，要完成的比较如下：

$$d_1 \geqslant d_2$$
$$d_1 \geqslant d_3$$
$$d_2 > d_1$$
$$d_2 \geqslant d_3$$

$$d_3 > d_1$$
$$d_3 > d_2$$

因此，除非设计单独的等号判别电路，每次比较都是不重叠的，这样下来，需要的比较器数目为 $n(n-1)$ 个，以 1 个比较器占用 5 个逻辑资源来算，整个比较器的资源消耗为 $5n(n-1)$ 个，此外还需要 $n-1$ 个比较结果寄存器以及 $n-1$ 个加法器来实现比较结果相加。

假定处理窗口为 5×5，则比较器一共消耗的逻辑单元为

$$5 \times 5 \times 4 = 100 \text{ 个}$$

整个资源消耗在可接受范围之内，但是，如果加大处理窗口，例如 31×31 的处理窗口，那么比较器资源消耗为

$$5 \times 31 \times 30 = 4650 \text{ 个}$$

资源消耗已经非常可观了，因此在设计时需综合考虑。

8.2.2 整体设计与模块划分

在本节中，我们将详细介绍并行全比较排序算法的 FPGA 实现方法，本书中主要针对中值输出的排序进行介绍。

首先是模块的整体设计与模块划分。我们在前面也提到，全比较排序法以面积换速度的设计原则，使排序运算非常适合流水运算。由于排序运算在图像的行列方向是同性的，因此，同样考虑首先进行一维图像行方向上的排序，再对列方向上的行排序结果进行排序，即可得到一个窗口内的排序结果。同样的，行方向的对齐采用行缓存来实现，如图 8-4 所示。

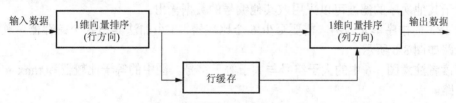

图 8-4 二维排序滤波整体结构

由图 8-4 可以看出，设计的重点在于一维方向上的向量排序。因此，考虑将一维方向上的运算封装成单独的模块。

实际上，我们在介绍求和模块时也提到，列方向上的算子不能直接例化一维算子，这是由于列方向的输出结果是"非流水"的，而一维算子往往都是基于流水设计的。因此，一维列方向上的排序同样需要根据排序的原埋依次取出不同行的排序结果进行再一次排序。

行缓存负责对不同行的排序结果进行对齐。

设计重点在于一维排序算法的实现，一维方向上的全并行排序要同时实现所有数据的除自身的相互比较，并将结果相加后输出。一维方向上的设计框图如图 8-5 所示。

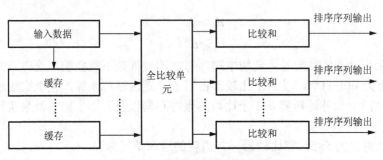

图 8-5　一维排序滤波整体结构

8.2.3　子模块设计

由上节所述，我们需要设计一维方向的排序运算模块，记为 sort_1d。同样，对于最终的二维排序运算模块，记为 sort_2d。

1. sort_1d 模块设计

我们首先来整理一下全并行排序的计算步骤：

（1）首先得到待排序的 n 个数据：这可以通过将数据流打 n-1 拍来实现。

（2）进行全比较：当前数据与其他所有数据依次比较，并记录比较结果，比较的过程中需考虑输入次序问题。

（3）将（2）中的记录结果进行相加：根据不同的比较宽度，相加工作可以通过多个时钟完成。

（4）查找（3）中相加结果按指定次序输出：如果要实现中值滤波，中间索引号输出，对于其他次序的滤波可以采用取其他编号的数据输出。

以 1×3 的排序单元为例，需要至少 6 个比较器、3 个加法器和 6 个寄存器，其设计框电路如图 8-6 所示。

请读者注意图 8-6 中的大于符号与大于等于符号。图中的等于比较器和 mux 实际上是 3 路。

我们注意到上述电路的资源消耗有 3 个大于比较器、3 个大于等于比较器、3 个等于比较器、3 个 mux、3 个加法器及 6 个 reg。一个时钟即可实现数据的输出，满足流水运算需求。

同时，我们注意到，输出 mux 需要一个 OUT_ID 的输入信号来进行判决。这个 OUT_ID 就是决定排序的输出 ID。对于中值滤波，我们当然会选择中间结果进行输出，例如，设定我们的处理核为 KSZ，则有

$$OUT\_ID = KSZ>>1 \quad 中值滤波器$$
$$OUT\_ID = 0 \quad\quad\quad 最大值滤波器$$
$$OUT\_ID = KSZ\text{-}1 \quad 最小值滤波器$$

2. sort_2d 模块设计

对于二维运算，我们可以采用和均值滤波同样的思路来处理，同样对于 3×3 的二

维排序运算，整个计算步骤如下：

（1）计算一维行方向的排序结果输出。

（2）将第（1）步的结果接入第一个行缓存，第一个行缓存的输出接入第二个行缓存，得到共3行的一维输出。

（3）对第（2）步的输出的三个数据进行排序，得到结果输出。

（4）完成时序对齐。

我们已经有了一维运算的经验，因此，计算二维运算也是非常简单的，比较麻烦的问题是时序对齐。二维运算的电路设计如图8-7所示。

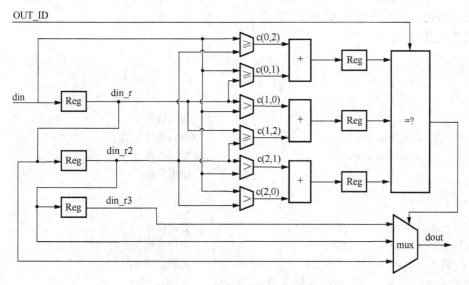

图8-6　一维排序滤波电路设计

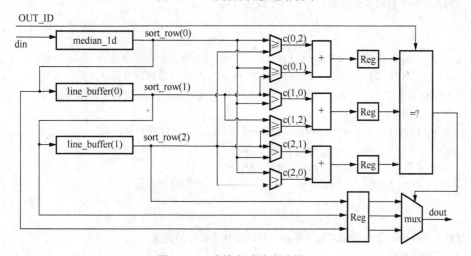

图8-7　二维排序滤波电路设计

8.2.4 Verilog 代码设计

1. sort_1d 模块设计

我们以 1×3 的排序为例来设计。一维排序模块的代码设计上需要对以下参数作为入口参数：

（1）数据位宽，记为 DW。

（2）待排序的数据个数，记为 KSZ。

（3）待输出的排序 ID，记为 OUT_ID。

模块定义如下：

```verilog
module sort_1d(
     rst_n,
     clk,
     din,                          //输入数据
     din_valid,                    //输入数据有效
     dout_valid,                   //输出数据有效
     dout                          //输出数据
  );

  parameter      DW = 14;          //数据位宽
  parameter      KSZ = 3;          //得排序数据个数
  parameter      OUT_ID = (KSZ >> 1);//待输出的排序 ID
parameter      DW_MAX_NUM = 8;
//输入数据个数最大值位宽，为 8 则不超过 256 个


  reg [KSZ+3:0]  din_valid_r;      //输入有效寄存器
  reg [DW-1:0]   din_r[0:KSZ+2];   //输入数据寄存器
  wire           cmp_result[0:KSZ-1][0:KSZ-1];//比较中间结果信号

  reg [7:0]      cmp_sum[0:KSZ-1];    //3 个比较和寄存器
  reg [7:0]      cmp_sum_r[0:KSZ-1];
  reg [7:0]      cmp_sum_r2[0:KSZ-1];
  reg [DW-1:0]   dout_temp;           //输出寄存器


//首先缓存输入数据和输入有效数据，同时得到待排序的数据
//缓存输入数据
  always @(posedge clk or negedge rst_n)
```

```
if (((~(rst_n))) == 1'b1)
    din_r[0] <= #1 {DW{1'b0}};
else
begin
    if (din_valid == 1'b1)
        din_r[0] <= #1 din;
end

generate
begin : xhdl0
    genvar i;
    for (i = 1; i <= KSZ + 2; i = i + 1)
    begin : DATA_REG1
        always @(posedge clk or negedge rst_n)
        if (((~(rst_n))) == 1'b1)
            din_r[i] <= #1 {DW{1'b0}};
        else
            din_r[i] <= #1 din_r[i - 1];
    end
end
endgenerate
```

//缓存输入有效信号
```
always @(posedge clk or negedge rst_n)
if (((~(rst_n))) == 1'b1)
    din_valid_r <= #1 {KSZ+4{1'b0}};
else
    din_valid_r <= #1 ({din_valid_r[KSZ + 2:0],din_valid});
```

//关键比较代码如下：

//将第一个数据与其他数据做比较 结果存放在 cmp_result[0] 中
```
generate
begin : xhdl1
    genvar i;
    for (i = 1; i <= KSZ - 1; i = i + 1)
    begin : CMP_1st
        assign cmp_result[0][i] = ((din_r[0] >= din_r[i])) ? 1'b1:1'b0;
    end
end
endgenerate
```

```
//与自身的比较结果置 0
assign cmp_result[0][0] = 1'b0;


//其他数据的比较电路
    generate
    begin : xhdl4
        genvar i;
        for (i = 2; i <= KSZ; i = i + 1)//除了第一个数据的总共 KSZ-1 个数据
        begin : CMP_Others
            begin : xhdl2
                genvar j;
                for (j = 1; j <= i - 1; j = j + 1)
                begin : CMP_Previous    //与本数据之前的数据作比较
                    assign cmp_result[i - 1][j - 1] = ((din_r[i - 1] >
                    din_r[j - 1])) ? 1'b1 : 1'b0;
                end
            end

            assign cmp_result[i - 1][i - 1] = 1'b0;//与自身的比较结果置 0

            begin : xhdl3
                genvar  j;
                for (j = i + 1; j <= KSZ; j = j + 1)
                begin : CMP_After////与本数据之后的数据作比较
                    assign cmp_result[i - 1][j - 1] = ((din_r[i - 1] >=
                    din_r[j - 1])) ? 1'b1 : 1'b0;
                end
            end
        end
    end
    endgenerate

//将比较结果相加
if (KSZ == 3)
        begin : sum_ksz_3
            always @(posedge clk or negedge rst_n)
            if (((~(rst_n))) == 1'b1)
            begin
                cmp_sum[i]    <= 8'b0;
                cmp_sum_r[i]  <= 8'b0;
```

```
                        cmp_sum_r2[i] <= 8'b0;
                end
                else
                begin
                    if (din_valid_r[KSZ - 1] == 1'b1)
                    begin
                        cmp_sum_r[i] <= #1 (cmp_result[i][0]) + (cmp_result[i][2]);
                        cmp_sum_r2[i] <= #1 (cmp_result[i][1]);
                    end
                    if (din_valid_r[KSZ] == 1'b1)
                    begin
                        cmp_sum[i] <= #1 cmp_sum_r[i] + cmp_sum_r2[i];
                    end
                end

//查找目标值
generate
    if (KSZ == 3)
    begin : dout_ksz_3
        always @(posedge clk or negedge rst_n)
        if (((~(rst_n))) == 1'b1)
            dout_temp <= {DW{1'b0}};
        else
        begin
            if (din_valid_r[KSZ + 1] == 1'b1)
            begin
                if (cmp_sum[0] == OUT_ID)
                    dout_temp <= din_r[2];
                else
                if (cmp_sum[1] == OUT_ID)
                    dout_temp <= din_r[3];
                else
                if (cmp_sum[2] == OUT_ID)
                    dout_temp <= din_r[4];
            end
        end
    end
    endgenerate

//数据及数据有效输出
assign dout_valid = din_valid_r[KSZ + 2];
assign dout = dout_temp;
```

上述代码是基于 1×3 的窗口来设计的，我们注意到，代码的设计非常灵活，因为全比较电路这一块是对任何尺寸通用的。如果要实现不同尺寸的排序，那么需要考虑的仅是查找电路、加法电路和输出对齐。以下是 1×5 的相关代码：

```verilog
generate
begin : xhdl5
    genvar  i;
    for (i = 0; i <= KSZ - 1; i = i + 1)
    begin : CMP_r_sum

        if (KSZ == 5)
        begin : sum_ksz_5

            reg [DW_MAX_NUM-1:0] cmp_sum_r3[0:KSZ-1];
            reg [DW_MAX_NUM-1:0] cmp_sum_r4[0:KSZ-1];
            reg [DW_MAX_NUM-1:0] cmp_sum_r5[0:KSZ-1];

            always @(posedge clk or negedge rst_n)
            if ((((~(rst_n))) == 1'b1)
            begin
                cmp_sum[i]    <= {DW_MAX_NUM{1'b0}};
                cmp_sum_r[i]  <= {DW_MAX_NUM{1'b0}};
                cmp_sum_r2[i] <= {DW_MAX_NUM{1'b0}};
                cmp_sum_r3[i] <= {DW_MAX_NUM{1'b0}};
                cmp_sum_r4[i] <= {DW_MAX_NUM{1'b0}};
                cmp_sum_r5[i] <= {DW_MAX_NUM{1'b0}};
            end
            else
            begin
                if (din_valid_r[KSZ - 1] == 1'b1)
                begin
                    cmp_sum_r[i]  <= #1 (cmp_result[i][0]) +
                    (cmp_result[i][4]);
                    cmp_sum_r2[i] <= #1 (cmp_result[i][1]) +
                    (cmp_result[i][3]);
                    cmp_sum_r3[i] <= #1 (cmp_result[i][2]);
                end
                if (din_valid_r[KSZ] == 1'b1)
                begin
                    cmp_sum_r4[i] <= #1 cmp_sum_r[i] + cmp_sum_r2[i];
                    cmp_sum_r5[i] <= #1 cmp_sum_r3[i];
```

```
                            end
                            if (din_valid_r[KSZ + 1] == 1'b1)
                                    cmp_sum[i] <= #1 cmp_sum_r4[i] + cmp_sum_r5[i];
                            end
                            assign dout_valid = din_valid_r[KSZ + 3];
                            assign dout = dout_temp;
                    end
    generate
    if (KSZ == 5)
    begin : dout_ksz_5
        always @ (posedge clk or negedge rst_n)
        if (((~(rst_n))) == 1'b1)
            dout_temp <= {DW{1'b0}};
        else
        begin
            if (din_valid_r[KSZ + 2] == 1'b1)
            begin
                if (cmp_sum[0] == OUT_ID)
                    dout_temp <= din_r[3];
                else
                if (cmp_sum[1] == OUT_ID)
                    dout_temp <= din_r[4];
                else
                if (cmp_sum[2] == OUT_ID)
                    dout_temp <= din_r[5];
                else
                if (cmp_sum[3] == OUT_ID)
                    dout_temp <= din_r[6];
                else
                if (cmp_sum[4] == OUT_ID)
                    dout_temp <= din_r[7];
            end
        end
    end
    endgenerate
```

2. sort_2d 模块设计

二维代码的设计除了要例化一维的参数，还需要图像的宽度和高度作为参数信息。
模块定义如下：

```
module sort_2d(
```

```
        rst_n,
        clk,
        din_valid,
        din,
        dout,
        vsync,
        vsync_out,
        dout_valid
    );

parameter  DW = 14;
parameter  KSZ  =  3;
parameter  IH  = 512;
parameter  IW  = 640;
parameter  OUT_ID = KSZ>>1;
parameter  DW_MAX_NUM = 8;
```

根据图 8-7 的电路所示，二维运算模块电路设计步骤如下：

（1）例化一个一维的排序模块 sort_1d。

（2）将（1）的输出接入两个行缓存。

（3）对（1）和（2）的结果进行排序。

（4）完成时序对齐。

关键代码如下：

```
//首先需例化一个一维的排序模块
sort_1d #(DW, KSZ,OUT_ID,DW_MAX_NUM)
     sort_row(
         .rst_n(rst_all_low),
         .clk(clk),
         .din(din),
         .din_valid(valid),
         .dout_valid(din_valid_r),
         .dout(sort_row)      //行排序结果输出
     );

    //将一维排序的输出打入行缓存
assign sort_row_temp[0] = sort_row;
assign sort_row_temp[KSZ - 1] = line_dout[KSZ - 2];

    generate
```

```
begin : xhdl4
    genvar  i;
    for (i = 0; i <= KSZ - 2; i = i + 1)
    begin : buf_cmp_inst
        if (i == 0)
        begin : MAP12

            always @(*) line_din[i] <= sort_row_temp[i];

            always @(din_valid_r)
                line_wren[i] <= din_valid_r;
        end

        if ((~(i == 0)))
        begin : MAP13
            assign sort_row_temp[i] = line_dout[i - 1];
            always @(posedge clk)
            begin
                if (rst_all == 1'b1)
                begin
                    line_wren[i] <= 1'b0;
                    line_din[i] <= {DW{1'b0}};
                end
                else
                begin
                    line_wren[i] <= #1 line_rden[i - 1];
                    //接成菊花链方式
                    line_din[i] <= sort_row_temp[i];
                    //换缓存内为一维运算数据
                end
            end
        end
    end
    //行缓存读出
    assign line_rden[i] = buf_pop_en[i] & din_valid_r;

    always @(posedge clk)
    begin
    if (rst_all == 1'b1)
        buf_pop_en[i] <= #1 1'b0;//行缓存存满后再打出
    else if (line_count[i] == IW)
        buf_pop_en[i] <= #1 1'b1;
```

```
            end
            //例化行缓存
            line_buffer #(DW, IW)
                line_buf_inst(
                    .rst(rst_all),
                    .clk(clk),
                    .din(line_din[i]),
                    .dout(line_dout[i]),
                    .wr_en(line_wren[i]),
                    .rd_en(line_rden[i]),
                    .empty(line_empty[i]),
                    .full(line_full[i]),
                    .count(line_count[i])
                );
        end
    end
    endgenerate


//接着进行列方向上的排序运算

    //第一个数与其他数作比较
 generate
 begin : xhdl1
   genvar  i;
   for (i = 1; i <= KSZ - 1; i = i + 1)
   begin : CMP_1st
     assign cmp_result[0][i] = ((sort_row_temp[0] >= sort_row_temp
                                 [i])) ? 1'b1: 1'b0;
   end
 end
 endgenerate

//自身比较结果置 0
 assign cmp_result[0][0] = 1'b0;


//其他数的全比较电路
 generate
  begin : xhdl2
      genvar i,j;
```

```
for (i = 2; i <= KSZ; i = i + 1)
begin : CMP_Others

    for (j = 1; j <= i - 1; j = j + 1)
    begin : CMP_Previous //与当前数的前面的数做比较
        assign cmp_result[i - 1][j - 1] = ((sort_row_temp[i -
        1] > sort_row_temp[j - 1])) ? 1'b1 : 1'b0;
    end

    assign cmp_result[i - 1][i - 1] = 1'b0;//自身比较结果清零

    for (j = i + 1; j <= KSZ; j = j + 1) //与当前数的后面的数做比较
    begin : CMP_After
        assign cmp_result[i - 1][j - 1] = ((sort_row_temp[i -
        1] >= sort_row_temp[j - 1])) ? 1'b1 : 1'b0;
    end
end
end
endgenerate


//将比较结果求和 得到排序序列
generate
begin : xhdl3
    genvar i;
    for (i = 0; i <= KSZ - 1; i = i + 1)
    begin : CMP_r_sum
        if (KSZ == 3)
        begin : SUM_ksz_3
            always @(posedge clk or negedge rst_n)
                if (((~(rst_n))) == 1'b1)
                begin
                    cmp_sum[i]  <= {DW_MAX_NUM{1'b0}};
                    cmp_sum_r[i] <= {DW_MAX_NUM{1'b0}};
                end
                else
                begin
                    cmp_sum_r[i] <= #1 (cmp_result[i][0]) +
                                        (cmp_result[i][2]);
                    cmp_sum_temp[i] <= #1 (cmp_result[i][1]);
                    cmp_sum[i] <= #1 cmp_sum_r[i] + cmp_sum_temp[i];
                end
```

```
            end
        end
    end
    endgenerate

//查找待输出的排序序列 ID
generate
    if (KSZ == 3)
    begin : dout_ksz_3
        always @(posedge clk or negedge rst_n)
        if (((~(rst_n))) == 1'b1)
            dout_temp <= {DW{1'b0}};
        else
        begin
            if (cmp_sum[0] == OUT_ID)
                dout_temp <= sort_r2[0];
            else if (cmp_sum[1] == OUT_ID)
                dout_temp <= sort_r2[1];
            else if (cmp_sum[2] == OUT_ID)
                dout_temp <= sort_r2[2];
        end
    end
endgenerate
```

8.2.5　仿真与调试结果

1. sort_1d 验证

对于一维排序的验证，同时例化 2 个尺寸分别为 3×3 和 5×5 的一维排序模块，输出中值，再例化 2 个尺寸为 3×3 的一维排序模块，分别输出最大值和最小值。生成随机数进行验证，Testbench 如下：

```
/*sort 1d test*/
generate
if(sort_1d_en != 0)begin :sort_1d_operation

    reg [local_dw-1:0]sort_1d_din;
    wire sort_1d_din_valid;
    wire[local_dw-1:0]sort_1d_dout;
    wire sort_1d_dout_valid;
    //尺寸 3*3 中值输出(默认)
```

```
    assign sort_1d_din_valid = cap_dvalid;
    sort_1d sort_1d_ins(
        .clk(cap_clk),
        .rst_n(reset_l),
        .din_valid(sort_1d_din_valid),
        .din(sort_1d_din),
        .dout_valid(sort_1d_dout_valid),
        .dout(sort_1d_dout)
    );


     wire[local_dw-1:0]sort_1d_5_dout;
 wire sort_1d_5_dout_valid;
    //尺寸5*5 中值输出(默认)
    sort_1d sort_1d_5_ins(
        .clk(cap_clk),
        .rst_n(reset_l),
        .din_valid(sort_1d_din_valid),
        .din(sort_1d_din),
        .dout_valid(sort_1d_5_dout_valid),
        .dout(sort_1d_5_dout)
    );


    defparam  sort_1d_5_ins.KSZ = 5;

wire[local_dw-1:0]sort_max_1d_dout;
    wire sort_max_1d_dout_valid;
    //尺寸3*3 最大值输出
    sort_1d sort_max_1d_ins(
        .clk(cap_clk),
        .rst_n(reset_l),
        .din_valid(sort_1d_din_valid),
        .din(sort_1d_din),
        .dout_valid(sort_max_1d_dout_valid),
        .dout(sort_max_1d_dout)
    );


    defparam  sort_max_1d_ins.KSZ = 3;
    defparam  sort_max_1d_ins.OUT_ID = 0;
    //尺寸3*3 最小值输出
    wire[local_dw-1:0]sort_min_1d_dout;
  wire sort_min_1d_dout_valid;
```

```
    sort_1d sort_min_1d_ins(
        .clk(cap_clk),
        .rst_n(reset_l),
        .din_valid(sort_1d_din_valid),
        .din(sort_1d_din),
        .dout_valid(sort_min_1d_dout_valid),
        .dout(sort_min_1d_dout)
    );

    defparam  sort_min_1d_ins.KSZ    = 3;
    defparam  sort_min_1d_ins.OUT_ID = 2;
//生成随机数
  always @(reset_l or posedge cap_clk)
  begin
if ((~(reset_l)) == 1'b1)
      sort_1d_din <= {local_dw{1'b0}};
    else
      if(cap_dvalid == 1'b1)
          sort_1d_din <= {$random} % 50;
    end
end
endgenerate
```

截取的仿真图如图 8-8 所示。

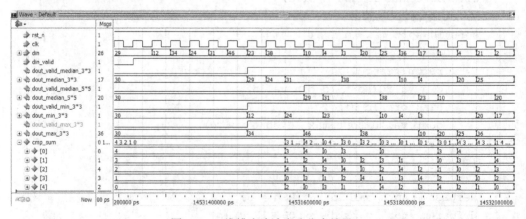

图 8-8　一维排序滤波电路仿真结果

列出输入数据流与上述排序结果见表 8-4。

表 8-4　理论排序结果

din	29	12	34	24	31	46	23	38	38	10	4	3	20	25	36	17
dout_3*3 中值	×	×	29	24	31	31	31	38	38	38	10	4	4	20	25	25
dout_5*5 中值	×	×	×	×	29	31	31	31	38	38	23	10	10	10	20	20
dout_3*3 最大值	×	×	34	34	34	46	46	46	38	38	10	20	25	36	36
dout_3*3 最小值	×	×	12	12	24	24	23	23	23	10	4	3	3	3	20	17

经过简单的计算就不难验证，仿真结果与实际计算值完全吻合。

特别需要注意的是，我们在图中列出了 5×5 窗口的排序和结果 cmp_sum_5*5，这 5 个计算和值就代表了当前输入 5 个数据的排序序列，很明显，这 5 个序列值在同一时刻任何两个值都是不同的，从仿真图中我们也可以验证。

我们还注意到，3×3 的输出延时为 6 个时钟，而 5×5 的输出延时为 9 个时钟，这是出于提高系统工作频率的考虑，将输入和输出多打了一拍，同时加法电路用多个时钟完成的缘故。具体的时序细节，请读者阅读参考代码。

2.　sort_2d 验证

对于二维的排序运算的验证，会直接采用一幅经过椒盐噪声污染的图像，分别用尺寸为 3×3 的中值输出，最大值输出和最小值输出对原始图像进行滤波，由此来验证设计代码的正确性。

图 8-9（a）所示为原始经过椒盐噪声污染的图像，图 8-9（b）所示为经过中值滤波后的输出图像。

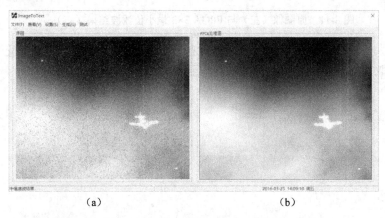

（a）　　　　　　　　　　　　　（b）

图 8-9　原图像（左）与 FPGA 3×3 中值滤波结果（右）

由图 8-9 可见，中值滤波有效地去除了输入图像的椒盐噪声。

接着将输出参数 OUT_ID 改为 2 和 0，以实现最大值和最小滤波，结果分别如图 8-10 和图 8-11 所示。

图 8-10　原图像（左）与 FPGA 3×3 最大值滤波结果（右）

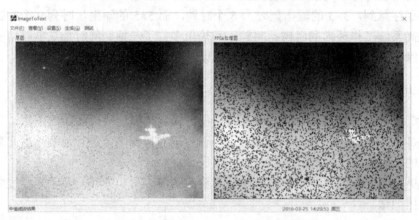

图 8-11　原图像（左）与 FPGA 3×3 最小值滤波结果（右）

　　由于最大值滤波是取局部最大值，因此盐噪声将会得到扩充，图像会变亮；而最小值滤波是取局部最小值，因此椒噪声会得到扩充，图像会变暗。

第9章　形态学滤波

9.1　形态学滤波简介

数学形态学是一门建立在集论基础上的学科，是几何形态学分析和描述的有力工具。数学形态学的历史可回溯到 19 世纪。1964 年法国的 Matheron 和 Serra 在积分几何的研究成果上，将数学形态学引入图像处理领域，并研制了基于数学形态学的图像处理系统。1982 年出版的专著 *Image Analysis and Mathematical Morphology* 是数学形态学发展的重要里程碑，表明数学形态学在理论上趋于完备及应用上不断深入。数学形态学蓬勃发展，由于其并行快速，易于硬件实现，已引起了人们的广泛关注。目前，数学形态学已在计算机视觉、信号处理与图像分析、模式识别、计算方法与数据处理等方面得到了极为广泛的应用。

数学形态学可以用来解决抑制噪声、特征提取、边缘检测、图像分割、形状识别、纹理分析、图像恢复与重建、图像压缩等图像处理问题。下文将主要对数学形态学的基本理论及其在图像处理中的应用进行综述。

1. 数学形态学的定义

数学形态学是以形态结构元素为基础对图像进行分析的数学工具，它的基本思想是，用具有一定形态的结构元素度量和提取图像中的对应形状，以达到对图像分析和识别的目的。数学形态学的应用可以简化图像数据，保持它们基本的形状特征，并除去不相干的结构。数学形态学的基本运算有 4 个：膨胀、腐蚀、开运算和闭运算。它们在二值图像中和灰度图像中各有特点。基于这些基本运算还可以推导和组合成各种数学形态学实用算法。

2. 分类

1）二值形态学

数学形态学中二值图像的形态变换是一种针对集合的处理过程。其形态算子的实质是表达物体或形状的集合与结构元素间的相互作用，结构元素的形状就决定了这种运算所提取的信号的形状信息。形态学图像处理是在图像中移动一个结构元素，然后将结构元素与下面的二值图像进行交、并等集合运算。

二值形态膨胀与腐蚀可转化为集合的逻辑运算，算法简单，适于并行处理，且易于硬件实现，适于对二值图像进行图像分割、细化、抽取骨架、边缘提取、形状分析。但是，在不同的应用场合，结构元素的选择及其相应的处理算法是不一样的，对不同的目标图像需设计不同的结构元素和不同的处理算法。结构元素的大小、形状选择合适与否，将直接影响图像的形态运算结果。因此，很多学者结合自己的应用实际，提出了一系列的改进算法。如梁勇提出的用多方位形态学结构元素进行边缘检测算法，既有较好的边缘定位能力又有很好的噪声平滑能力；许超提出的以最短线段结构元素构造准圆结构元素或序列结构元素生成准圆结构元素相结合的设计方法，用于骨架的提取，可大大减少形态运算的计算量，并可同时满足尺度、平移及旋转相容性，适于对形状进行分析和描述。

2）灰度数学形态学

二值数学形态学可方便地推广到灰度图像空间。只是灰度数学形态学的运算对象不是集合而是图像函数。灰度数学形态学中开启和闭合运算的定义与在二值数学形态学中的定义一致。

3）模糊数学形态学

将模糊集合理论用于数学形态学就形成了模糊形态学。模糊算子的定义不同，相应的模糊形态运算的定义也不相同，模糊性由结构元素对原图像的适应程度来确定。模糊形态学是传统数学形态学从二值逻辑向模糊逻辑的推广，与传统数学形态学有相似的计算结果和相似的代数特性。模糊形态学重点研究 n 维空间目标物体的形状特征和形态变换，主要应用于图像处理领域，例如模糊增强、模糊边缘检测和模糊分割等。

9.2 形态学滤波的基本应用

本节主要介绍形态学滤波的一些基本应用。

1. 膨胀与腐蚀

膨胀与腐蚀是形态学滤波的两个基本运算，能实现多种多样的功能，主要功能如下：

（1）消除噪声。

（2）分割出独立的图像元素。

（3）在图像中连接相邻的元素。

（4）寻找图像中明显的极大值和极小值区域。

（5）求出图像的梯度。

1）膨胀

膨胀（dilate）就是求局部最大值的操作。从数学角度上来说，膨胀和腐蚀就是将图像（或图像的一部分区域，称之为 A）与核（称之为 B）进行卷积的一个过程。

需要注意的是，核可以是任意的形状和大小，它拥有一个单独定义出来的参考点，我们称之为锚点（anchorpoint）。在多数情况下，核是一个小的中间带有参考点的十字形、实心矩形（一般是正方形）或者圆盘。其实，可以把核视为模板或者掩码。

膨胀就是求局部最大值的操作。核 B 与图像卷积，即计算核 B 覆盖的区域的像素点的最大值，并把这个最大值赋值给参考点指定的像素，如图 9-1 所示。这样就会使图像中的高亮区域逐渐增长，也就是对图像中高亮的部分进行膨胀，类似于"领域扩张"。可以预见的是，效果图将会拥有比原图更大的高亮区域，亮度会有所增加，同时可以连通相邻的高亮度区域。通过膨胀我们可以将图像中的裂缝得到填补，例如，一个破镜子的照片，通过膨胀处理，可以恢复出完整的样子。

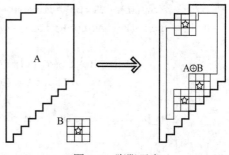

图 9-1　膨胀示意

膨胀的数学表达式如下：

$$g(x,y) = \max\left(I(x+i, y+i)\right) \qquad (i,j) \in D_b \tag{9-1}$$

$$D_b = \left\{(i,j) \mid -\gamma \leq i \leq \gamma, -\gamma \leq j \leq \gamma\right\} \tag{9-2}$$

为了引用方便，将膨胀操作记为

$$g(x,y) = \text{dialate}\left(I_{(x,y)}\right) \tag{9-3}$$

注：在本节中，公式中的各个元素定义如下。

(x,y) 表示输入图像的行列坐标；

$I(x,y)$ 表示坐标为 (x,y) 处的输入图像像素值；

$g(x,y)$ 表示坐标为 (x,y) 处的滤波结果输出；

D_b 表示运算核的作用域，以当前像素为中心的矩形窗

将 (x,y) 从图像左上角到右下角依次进行像素遍历，即可得到整幅图像的滤波结果（公式中不考虑边界）。

根据膨胀操作的数学定义，我们给出膨胀操作的 C 代码如下：

```
/*全局参数*/
DWORD m_dwWidth,m_dwHeight;/*待处理图像的宽度和高度*/
WORD  MorphRadius;/*矩形处理窗的半径*/

/*边界不作处理*/
void Morph_Dialate(BYTE *p_InputImg,BYTE *p_DialateResult)
/*输入图像放在 p_InputImg 中，处理结果图像存放在 p_DialateResult 中*/
{
    int max=0;
```

```
int i,j,k,m=0;
for( i= MorphRadius; i<m_dwHeight- MorphRadius; i++)
for( j= MorphRadius; j<m_dwWidth - MorphRadius; j++)/*遍历整幅图像*/
{
    max =p_InputImg[i*m_dwWidth+j];
    for (m=- MorphRadius;m<= MorphRadius;m++)/*遍历整个窗口寻找最大值*/
    for (k=- MorphRadius;k<= MorphRadius;k++)
    {
        if(p_InputImg[(i+m)*m_dwWidth+j+k]>max)
            max=p_InputImg[(i+m)*m_dwWidth+j+k];
    }
    p_DialateResult [i*m_dwWidth+j]=max;//膨胀
}
```

假设一个有缺陷的圆形，在该圆形的右上方有一个黑色的斑点和一些线缺陷，如图 9-2 所示。

选取核 B 为 5×5 的矩形窗，对图 9-2 进行膨胀操作，结果如图 9-3 所示。

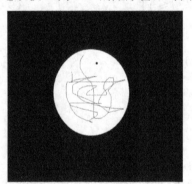

图 9-2 有缺陷的图像

图 9-3 对图 9-2 进行 5×5 膨胀运算结果

正如我们所预料的一样，膨胀操作有效去除了尺寸比核 B 小的黑色缺陷及线缺陷。

图 9-4 为另一幅测试图片。

以尺寸为 9×9 的矩形窗对齐进行膨胀操作，得到结果如图 9-5 所示。

由图 9-5 可以看出，膨胀操作可有效连通相邻的高亮区域。

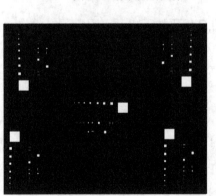

图 9-4 膨胀测试图像

2）腐蚀

腐蚀（erode）和膨胀是一对对立的操作，因此，腐蚀就是求局部的最小值。腐蚀的操作实例如图 9-6 所示。

　　通过腐蚀，图像中的高亮区域被腐蚀掉了，类似于"领域被蚕食"。可以预见的是腐蚀过后的图像将会拥有比原图更小的高亮区域，亮度会有所下降。同时，腐蚀操作还会连通相邻的比较暗的区域。

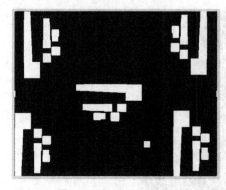

图 9-5　图 9-4 图像进行 9×9 膨胀的结果

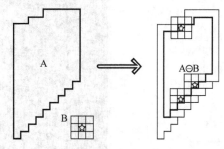

图 9-6　腐蚀示意

　　腐蚀与膨胀的数学模型基本是一致的，如下式所示：

$$g(x, y) = \min\left(I(x+i, y+i)\right) \qquad (i, j) \in D_b \qquad (9\text{-}4)$$

$$D_b = \left\{(i, j) \big| -\gamma \leqslant i \leqslant \gamma, -\gamma \leqslant j \leqslant \gamma\right\} \qquad (9\text{-}5)$$

为了引用方便，我们将腐蚀操作记为

$$g(x, y) = \text{erode}(I_{(x, y)}) \qquad (9\text{-}6)$$

根据腐蚀操作的数学定义，这里给出腐蚀操作的 C 代码如下：

```c
/*边界不作处理*/
void Morph_Erode(BYTE *p_InputImg,BYTE *p_ErodeResult)
/*输入图像存放在 p_InputImg 中，处理结果图像存放在 p_ErodeResult 中*/
{
    int min=0;
    int i,j,k,m=0;
    for( i= MorphRadius; i<m_dwHeight- MorphRadius; i++)
    for( j= MorphRadius; j<m_dwWidth - MorphRadius; j++)/*遍历整幅图像*/
    {
    min =p_InputImg[i*m_dwWidth+j];
        for (m=- MorphRadius;m<= MorphRadius;m++)/*遍历整个窗口寻找最小值*/
        for (k=- MorphRadius;k<= MorphRadius;k++)
        {
            if(p_InputImg[(i+m)*m_dwWidth+j+k]<min)
                min=p_InputImg[(i+m)*m_dwWidth+j+k];
        }
```

```
        p_ErodeResult [i*m_dwWidth+j]=min;//腐蚀结果
    }
}
```

对图 9-4 进行相同尺寸的腐蚀处理，如图 9-7 所示。

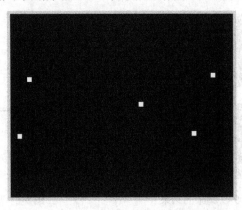

图 9-7　图 9-4 中图像尺寸为 9×9 腐蚀结果

可见，比 B 核尺寸小的高亮区域都被腐蚀掉了。同时，较大尺寸的高亮区域也被腐蚀掉一部分，这无疑对小尺寸的高亮区域识别是有益的。

2. 开运算与闭运算

1）开运算

开运算（Opening Operation）其实就是先腐蚀后膨胀的过程。其数学表达式如下：

$$g(x,y) = \text{dialate}\Big[\text{erode}(I_{(x,y)})\Big]$$ （9-7）

根据开运算的数学定义，我们给出开运算的 C 代码如下：

```
/*边界不作处理*/
void Morph_Open(BYTE *p_InputImg ,BYTE *p_OpenResult)
/*输入图像存放在 p_InputImg 中，处理结果图像存放在 p_OpenResult 中*/
{
  BYTE *p_Erode = NULL;
  p_Erode = (BYTE *)malloc(m_dwWidth*m_dwHeight);/*申请中间结果内存*/
  Morph_Erode(p_InputImg ,p_Erode);          /*先进行腐蚀操作*/
  Morph_Dialate(p_Erode,p_OpenResult);     /*再进行膨胀操作*/
  free(p_Erode);                          /*释放中间结果内存*/
}
```

开运算一般使对象的轮廓变得光滑，断开狭窄的间断和消除细小的凸起物。因此，我们常常用开运算来消除小物体，在纤细点处分离物体。

对图 9-8 进行尺寸为 5×5 的矩形开运算，结果如图 9-9 所示。

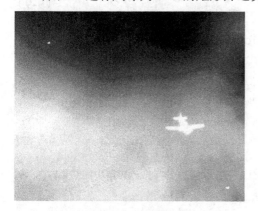

图 9-8　开运算测试图　　　　　　图 9-9　图 9-8 中图像尺寸为 5×5 开运算结果

由运算结果可以看出，左上方和右下方的细小亮点已经被消除。

2）闭运算

作为开运算的逆运算——闭运算（Closing Operation）其实就是先膨胀后腐蚀的过程。其数学表达式如下：

$$g(x,y) = \text{erode}\left[\text{dialate}(I_{(x,y)})\right] \qquad (9\text{-}8)$$

根据闭运算的数学定义，我们给出闭运算的 C 代码如下：

```
/*边界不作处理*/
void Morph_Close(BYTE *p_InputImg ,BYTE *p_CloseResult)
/*输入图像存放在 p_InputImg 中，处理结果图像存放在 p_CloseResult 中*/
{
  BYTE *p_Dialate  = NULL;
  p_Dialate = (BYTE *)malloc(m_dwWidth*m_dwHeight);/*申请中间结果内存*/
  Morph_Dialate(p_InputImg ,p_Dialate);           /*先进行膨胀操作*/
  Morph_Erode(p_Dialate,p_CloseResult);           /*再进行腐蚀操作*/
  free(p_Dialate);                                /*释放中间结果内存*/
}
```

闭运算同样可以使轮廓线变得更光滑，但是与开运算相反的是，它通常能够消弭狭窄的间断和长细的鸿沟，消除细小的孔洞，并填补轮廓线中的断裂。因此，在排除小型黑洞的场合经常用到闭运算。

对图 9-8 进行尺寸为 5×5 的矩形闭运算，结果如图 9-10 所示。

3．Tophat 滤波

Tophat 变换本质上是原图像与"开运算"的结果图之差。算法的数学表达式如下：

$$g(x,y)=\begin{cases}I(x,y)-\text{open}\big(I(x,y)\big), & I(x,y)\geqslant\text{open}\big(I(x,y)\big)\\0, & \text{其他}\end{cases}$$

(9-9)

根据 Tophat 滤波的数学定义，我们给出 Tophat 滤波的 C 代码如下：

```
/*边界不作处理*/
void  Morph_Tophat(BYTE *p_InputImg ,BYTE *p_TophatResult)
/*输入图像存放在 p_InputImg 中，处理结果图像存放在 p_TophatResult 中*/
{
    BYTE *p_Open  = NULL;
    int i,j = 0;
    p_Open = (BYTE *)malloc(m_dwWidth*m_dwHeight); /*申请中间结果内存*/
    Morph_Open(p_InputImg ,p_Open);    /*先进行开操作*/

    for(i= MorphRadius;i< m_dwHeight- MorphRadius;i++)
    for(j= MorphRadius;i< m_dwWidth- MorphRadius;j++)
        p_TophatResult[i*m_dwWidth+j] =
            (p_InputImg[i*m_dwWidth+j]>p_Open[i*m_dwWidth+j])?
            (p_InputImg[i*m_dwWidth+j]- p_Open[i*m_dwWidth+j]):0;

    free(p_Open);                       /*释放中间结果内存*/
}
```

因为开运算带来的结果是放大了裂缝或者局部低亮度的区域。从原图中减去开运算后的图像，得出的效果图突出了比原图轮廓周围的区域更明亮的区域。因此，Tophat 运算往往用来分离比临近点亮一点的斑块。

对图 9-8 进行处理窗口尺寸为 5×5 的 Tophat 滤波，结果如图 9-11 所示。

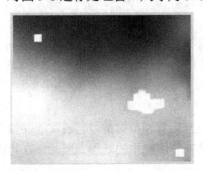

图 9-10   对图 9-8 进行 5×5 闭运算的结果

图 9-11   对图 9-8 进行 Tophat 滤波结果

从处理结果图可以明显看出，图 9-8 中左上角和右下角的两个小尺寸目标及飞机尾部经 Tophat 滤波后的灰度值明显比周围像素高。经过下一步的分割处理，即可把目标分离出来。因此，Tophat 滤波算法通常应用在红外小目标识别场合。

9.3 基于 FPGA 的 Tophat 滤波设计

形态学操作具有天然的并行结构，因此非常适合于用 FPGA 来实现。在本节中，将详细介绍 9.2 节中所介绍的形态学中的矩形窗 Tophat 滤波的 FPGA 式（9-9）实现。

9.3.1 顶层框架设计

1. 系统框架设计

Tophat 变换没有反馈环节，流水线设计无疑是最好的设计方式。采用自顶向下的设计方式，系统顶层为原图输入数据流与原图的开运算之差。由于开运算需要一定时间的而延迟，原图需要经过行列延迟电路与开运算进行对齐。系统顶层设计框图如图 9-12 所示。

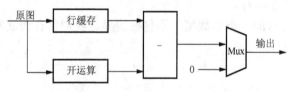

图 9-12　Tophat 滤波顶层设计框图

开运算为先腐蚀后膨胀的过程，将原图输入流依次流过腐蚀运算流水线和膨胀运算流水线即可。开运算的设计框图如图 9-13 所示。

腐蚀与膨胀运算可以理解为在形态学处理核（本例中为 $n \times n$ 的矩形窗）范围内寻找像素灰度值的最小值或最大值。将处理核从图像左上角遍历到图像右下角即完成运算。基于 FPGA 的并行处理特点，我们应首先计算行方向的腐蚀或者膨胀操作。将处理结果经过行列延时电路与处理结果再进行行列方向上的腐蚀与膨胀操作即可。

由于腐蚀和膨胀操作只有少许差别，因此在设计时，将一维的腐蚀和膨胀操作划分为一个模块，通过入口参数进行腐蚀或膨胀选择。

二维腐蚀与膨胀操作的设计框图如图 9-14 所示。

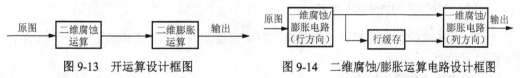

图 9-13　开运算设计框图　　　　图 9-14　二维腐蚀/膨胀运算电路设计框图

一维膨胀与腐蚀模块完成输入数据流的连续几个时钟数据的比较，完成流水输出。设计框图如图 9-15 所示。

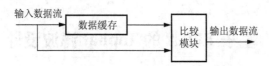

图 9-15　一维膨胀与腐蚀模块电路设计框图

2. 算法实时性估计

由于系统采用流水线架构进行设计，在顶层设计中，从输入流水线有效到减法器输出的时刻即为算法的实时性开销。

Tophat 运算的主要延时开销是开运算，开运算包括两个级联的运算：腐蚀操作和膨胀操作，我们不妨设定 Tophat 处理的处理半径为 r。

腐蚀操作需要等到输入数据流的前$(2×r-1)$行输入之后才能有有效输出，需要注意的是，腐蚀的输出有 r 行的边界未处理像素。实际有效输出则延时输入数据流 r 行。

同样，接下来的膨胀操作实际有效输出也延时了 r 行。因此，输出的数据有效比输入的数据有效延时了 $3×r$ 行。

需要注意的是，这里的"有效数据"不包括边界。我们将在仿真和调试章节来验证这个推论。

9.3.2　子模块设计

本节将介绍 Tophat 滤波电路的各个子模块设计。在子模块的设计中我们往往采用自底向上的设计原则。根据上一节所设计的整体框架设计及模块划分，我们需设计以下子模块：

（1）比较子模块。

（2）一维形态学腐蚀/膨胀子模块。

（3）二维形态学腐蚀/膨胀子模块。

（4）二维形态学开运算子模块。

（5）二维形态学 Tophat 运算模块。

以下将详细介绍这些模块的设计及实现。

1. 比较子模块（MinMax）设计

考虑到代码维护性和移植性，将基本比较单元设计为单独的子模块。这个子模块需实现以下功能：

（1）输出两个数据的较大值。

（2）输出两个数据的较小值。

考虑到系统鲁棒性，将比较结果打一拍之后输出。根据设计需求，本模块需要一个比较器、两个 mux 和两个 reg。模块的设计结构如图 9-16 所示。

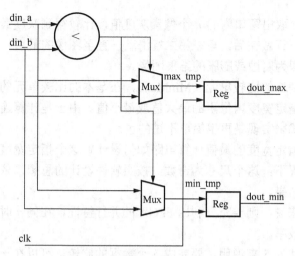

图 9-16 MinMax 模块电路设计

很明显，本模块开销为 1 个时钟。

设在某时刻（即为时刻 t）连续 10 个输入数据流为

```
din_a = 3,8,5,9,7,1,2,6,0,4,x;
din_b = x,3,8,5,9,7,1,2,6,0,4;
```

则 din_a,din_b,min_tmp,max_tmp,dout_max,dout_min 连续 10 个时钟的数据如表 9-1 所示（按膨胀操作，×表示无关项）。

表 9-1 比较模块计算表

时刻 数据	t	$t+1$	$t+2$	$t+3$	$t+4$	$t+5$	$t+6$	$t+7$	$t+8$	$t+9$
din_a	3	8	5	9	7	1	2	6	0	4
din_b	×	3	8	5	9	7	1	2	6	0
min_tmp	×	3	5	5	7	1	1	2	0	0
max_tmp	×	8	8	9	9	7	3	6	6	4
dout_min	×	×	3	5	5	7	1	1	2	0
dout_max	×	×	8	8	9	9	7	3	6	6

2. 一维形态学腐蚀/膨胀子模块（Morph_1D）设计

前文也已经提到，对于图像处理而言，是纵向和横向 2 个维度的处理。我们知道，对于任何二维的操作，都可以分解为一维方向的操作来简化设计。在图像处理中，我们习惯上是首先进行横向处理，然后再纵向处理。所谓横向处理就是对每一行进行处理。对于尺寸为 $n×n$ 的处理窗口，可以采用一个 $1×n$ 的窗体从图像第一行第一列开始，

313

自左向右滑动，依次取出窗口内的 n 个像素灰度值，比较得到灰度最小值或者最大值并按顺序存储。第一行做完后，再在第二行滑动，直至图像的最后一行的最后三个像素。存储后的图像即为腐蚀或膨胀的结果图像。

我们已经有了基本的比较单元（**MinMax**），在基本的比较单元的基础上，针对某一行，需要计算出指定宽度内像素的最大值或最小值。由于是计算连续几个像素的最值，采用流水线方式来实现是再也简单不过的了。

那么，行方向指定宽度的最值计算电路如何设计？这个指定宽度即形态学处理的窗口尺寸。一般情况下，这个尺寸为奇数。按照软件设计的思想，依次两两比较，最后比较输出最后的结果。

而对于 FPGA 来说，则要充分利用 FPGA 的并行特性，在同一时刻尽量完成多个比较工作，以提高效率。

以处理窗口尺寸为 5 来说明，要完成 5 个数据的比较，可以在一个时钟完成两对数据的比较，第二个时钟完成上述比较结果的比较，第三个时钟完成与最后一个数据的比较。整个电路的时间开销为比较的次数，即窗口尺寸/2+1，资源上需要 4 个比较器来实现 5 个数据的比较，如图 9-17 所示。

上述是在我们能同时得到 5 个待比较数据的情况下的范例。实际情况下，在流水线处理过程中，要得到前 5 个数据，至少需要 4 个时钟，也就是 a,b,c,d,e 这 5 个数据不能同时得到。这时若要得到下一个数据，就必须等到下一个时钟。

由于比较单元 MinMax 正好为一个时钟的开销，因此，将输入数据打一拍后与输入数据作为第一级比较，再将当前级的比较器输出与输入数据送入下一个比较器，直到 5 个数据比较完毕数据输出，如图 9-18 所示。

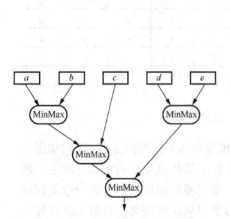

图 9-17 5 个数据最值计算电路

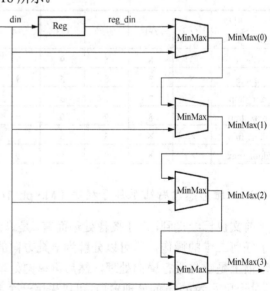

图 9-18 1×5 的一维形态学腐蚀/膨胀运算模块框图

图 9-18 同样可以扩展到处理长度为 $1 \times n$ 的情况下。由图中可以看出,要完成 $1 \times n$ 的腐蚀与膨胀操作,需要的基本资源为 1 个 Reg,$n-1$ 个 MinMax 子模块。基本的运算时钟为 $(n-1)$ 个时钟。

看到这里,读者可能有点迷糊:图中 9-18 的是腐蚀操作还是膨胀操作?由 MinMax 模块的设计框图可知道,此模块同时输出两个数的较大值和较小值。因此,将 MinMax 模块输出的较小值接入下一级比较模块的输入,所得到的就是腐蚀操作。否则,是膨胀操作。具体判断如下:

取 MinMax(i) = dout_max(i),为膨胀操作。

取 MinMax(i) = dout_min (i),为腐蚀操作。

在代码设计中,采用模块入口参数宏定义来确定当前模块是腐蚀还是膨胀操作。这样可以提高模块的复用性,减小设计复杂度。

下面以一组数据实例来说明以上电路的工作流程。

设在某时刻(即为时刻 t)连续 10 个输入数据流为 din = 3,8,5,9,7,1,2,6,0,4; 则 din,reg_din,MinMax(0), MinMax(1), MinMax(2), MinMax(3), dout 连续 10 个时钟的数据如表 9-2 所示(按膨胀操作,×表示无关项)。

表 9-2 一维膨胀/腐蚀模块计算示例

时刻 数据	t	$t+1$	$t+2$	$t+3$	$t+4$	$t+5$	$t+6$	$t+7$	$t+8$	$t+9$
din	3	8	5	9	7	1	2	6	0	4
reg_din	×	3	8	5	9	7	1	2	6	0
MinMax(0)	×	×	8	8	9	9	7	2	6	6
MinMax(1)	×	×	×	8	9	9	9	7	6	6
MinMax(2)	×	×	×	×	9	9	9	9	7	6
MinMax(3)	×	×	×	×	×	9	9	9	9	7
dout	×	×	×	×	×	9	9	9	9	7

由表中可以看出,输入寄存器和 4 个 MinMax 模块带来了 5 个时钟的计算开销,即 5 个时钟的流水线潜伏期。输出数据与 MinMax(3) 对齐。

3. 二维形态学腐蚀/膨胀子模块(Morph_2D)设计

先来整理一下我们现在拥有了哪些模块:输入流水线,一维运算算子(Morph_1D)。既然已经拥有了一维算子,将每一行的输入数据流流过一维算子,得到的结果即为每一行的一维运算结果。按照二维扩展的思路,将每一行的一维算子的计算结果对齐在列方向上再进行一维运算,得到的结果既是二维运算结果。

如何进行行列对齐？这个问题在 4.3 节里已经详细讨论过，在这里不再详述，直接调用现成的行缓存电路（line_buffer）和通用的行列计数及对齐电路即可。

按照上述分析我们是不是可以例化两个一维算子进行二维运算？答案是否定的。这是由于一维算子是基于数据流的，而列方向上的运算则是"非实时"的。但是我们对一维运算已经了如指掌，再进行列方向扩展也是轻而易举的事情。

下面我们给出本章中的二维运算（窗口尺寸为 5×5）的结构，如图 9-19 所示。

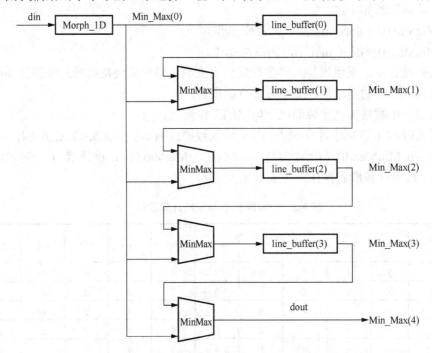

图 9-19　5×5 的二维形态学腐蚀/膨胀运算模块框图

上面的结构图已经表达地很明白了，但是可能有一部分读者对数据流走向和结构有点难以理解。下面将会详细解释 2 个要点：

设当前流水线所处行为第 i 行（不考虑边界）。

（1）MinMax(0)为当前行的一维运算数据流。

（2）line_buffer(0)中数据为第$(i-1)$行的一维运算数据流

（3）line_buffer(i)中数据为第$(i-1)$行的一维运算数据流与第 i 行的一维运算数据流的比较结果$(i>0)$。

4. 二维形态学开运算子模块（Morph_Open_2D）设计

二维的开运算模块设计相对来说是比较简单的，只需将数据流先经过二维腐蚀运算处理，再将输出结果输入二维膨胀运算模块输出即可，设计结构如图 9-20 所示。

图 9-20　5×5 的二维形态学开胀运算模块框图

5. 二维形态学 Tophat 变换模块（Morph_Tophat_2D）设计

二维的 Tophat 滤波模块设计需要等待原图等待开运算结束，结束后将原图与开运算结果相减并输出。设计结构如图 9-21 所示。

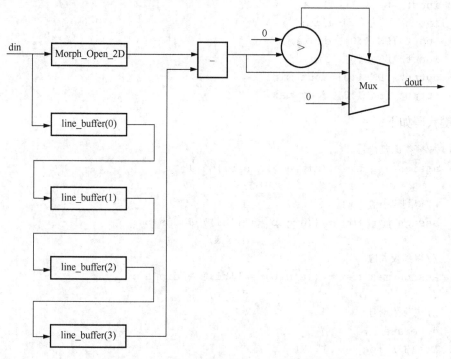

图 9-21　5×5 的二维形态学 Tophat 变换模块框图

9.3.3　Verilog 代码设计

1. 比较子模块（MinMax）

本模块的设计比较简单，需要 1 个比较器、2 个选择器和 2 个寄存器即可。入口参数为数据宽度 DW。

模块定义如下：

```
module MinMax(
    clk,                          //同步时钟输入
```

```
        valid,                          //输入数据有效
        din_a,                          //输入数据 a
        din_b,                          //输入数据 b
        dout_min,                       //输出较小值
        dout_max                        //输出较大值
);

    parameter       DW = 14;            //输入数据位宽
    parameter       USE_reg = 1;        //是否将数据缓存一拍
    input           clk;
    input           valid;
    input [DW-1:0]  din_a;
    input [DW-1:0]  din_b;
    output [DW-1:0] dout_min;
    output [DW-1:0] dout_max;
```

关键代码如下：

```
    //获得比较符号
    assign a_g_b = ((din_a > din_b)) ? 1'b1 :
                            1'b0;
    //得到较小值
    assign min_tmp = ((a_g_b == 1'b1)) ? din_b :
                            din_a;
    //得到较大值
    assign max_tmp = ((a_g_b == 1'b1)) ? din_a :
                            din_b;
    //先将数据打一拍
    generate
    if (USE_reg == 1)
    begin : MAP0
        always @(posedge clk)
        begin
            if (valid == 1'b1)
            begin
                min_reg <= #1 min_tmp;
                max_reg <= #1 max_tmp;
            end
        end

        assign dout_min = min_reg;
        assign dout_max = max_reg;
```

```
end
endgenerate
//直接输出比较值
generate
if ((~(USE_reg == 1)))
begin : MAP1
    assign dout_min = min_tmp;
    assign dout_max = max_tmp;
end
endgenerate
```

2. 一维形态学腐蚀/膨胀子模块（Morph_1D）

就代码设计而言，一维单元的设计作为二维计算的基础，需要考虑的问题主要是代码的可重用性和可移植性。主要包括三个参数的设计：数据位宽、处理窗口宽度和最值方向（选择腐蚀操作还是膨胀操作）。同时，考虑到尽量节省资源，将上述参数作为编译时参数进行设计。

模块定义如下：

```
module Morph_1D(
    rst_n,                   //异步复位信号
    clk,                     //同步时钟信号
    din,                     //输入数据流
    din_valid,               //输入数据有效信号
    dout_valid,              //输出数据有效
    dout                     //输出数据流
);

parameter       DW = 14;         //数据位宽
parameter       KSZ = 3;
parameter       ERO_DIL = 1;     //选择腐蚀或者膨胀，0 膨胀操作，1 腐蚀操作

input           rst_n;
input           clk;
input  [DW-1:0] din;
input           din_valid;
output          dout_valid;
output [DW-1:0] dout;
```

代码设计完全按照上述方法实现即可，需要完成的工作是根据窗口尺寸实例化比

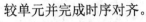

较单元并完成时序对齐。

关键代码如下：

```verilog
localparam       med_idx = ((KSZ >> 1));       //处理尺寸半径

reg [KSZ-1:0]    din_valid_r;                            //输入有效缓存，用于时序对齐
wire [DW-1:0]    reg_din;                                //寄存数据
//中间比较结果寄存器 min max，对于窗口尺寸为 5，则有 4 个中间寄存器
wire [DW-1:0]    min[0:KSZ-2];                           //中间结果
wire [DW-1:0]    max[0:KSZ-2];                           //中间结果


//缓存输入有效信号用于时序对齐
always @(posedge clk or negedge rst_n)
if ((( ~(rst_n))) == 1'b1)
        din_valid_r <= #1 {KSZ{1'b0}};
else
        din_valid_r <= #1 ({din_valid_r[KSZ - 2:0], din_valid});

//首先将输入数据缓存一拍
register_data #(DW, 1)
din_r(
   .rst_n(rst_n),
   .clk(clk),
   .din_valid(din_valid),
   .din(din),
   .reg_din(reg_din)                           //缓存 1 拍后的输入数据流
);
//调用第一个比较模块，比较前两拍数据
MinMax #(DW, 1)
   cmp_min_max(
        .clk(clk),
        .valid(din_valid_r[0]),
        .din_a(reg_din),
        .din_b(din),
        .dout_min(min[0]),                     //前两拍的较小值
        .dout_max(max[0])                      //前两拍的较大值
   );
// 如果是腐蚀操作
  generate
  if (ERO_DIL == 1)
  begin : MAP2
```

```verilog
    begin : xhdl0
        genvar i;
        //例化剩余的比较器 ，共 KSZ-2 个
        for (i = 3; i <= KSZ; i = i + 1)
        begin : gen_cmp_min
                MinMax #(DW, 1)
                    cmp_min_inst(
                        .clk(clk),
                        .valid(din_valid_r[i - 2]),
                        .din_a(min[i - 3]),
                        .din_b(din),
                        .dout_min(min[i - 2]),
                        .dout_max(max[i - 2])
                    );
        end
    end
    assign dout = min[KSZ - 2]; //输出与最后一个比较器对齐
end
    endgenerate
    // 如果是膨胀操作
    generate
    if ((~(ERO_DIL == 1)))
    begin : MAP3
        begin : xhdl1
            genvar          i;
            //例化剩余的比较器 ，共 KSZ-2 个
            for (i = 3; i <= KSZ; i = i + 1)
            begin : gen_cmp_max
                    MinMax #(DW, 1)
                    cmp_max_inst(
                        .clk(clk),
                        .valid(din_valid_r[i - 2]),
                        .din_a(max[i - 3]),
                        .din_b(din),
                        .dout_min(min[i - 2]),
                        .dout_max(max[i - 2])
                    );
            end
        end
        assign dout = max[KSZ - 2];
    end
```

```
    endgenerate
    //输出有效时序对齐
 assign dout_valid = din_valid_r[KSZ - 1 - med_idx];
```

3. 二维形态学腐蚀/膨胀子模块（Morph_2D）

二维形态学腐蚀/膨胀模块需要调用一维运算模块和行缓存，同时生产行列同步电路。需要例化的参数有数据宽度、处理窗口尺寸、图像宽度、图像高度、腐蚀/膨胀操作选择。

模块定义如下：

```
module Morph_2D(
    rst_n,                      //异步复位信号
    clk,                        //同步时钟信号
    din_valid,                  //输入数据有效信号
    din,                        //输入数据流
    dout,                       //输出数据流
    vsync,                      //输入场同步信号
    vsync_out,                  //输出场同步信号
    dout_valid                  //输出数据有效信号
);

    parameter       DW = 14;        //数据位宽
    parameter       KSZ = 7;        //处理尺寸
    parameter       IH = 512;       //图像高度
    parameter       IW = 640;       //图像宽度
    parameter       ERO_DIA = 1;    //腐蚀或膨胀选择
    input           rst_n;
    input           clk;
    input           din_valid;
    input [DW-1:0]  din;
    output [DW-1:0] dout;
    input           vsync;
    output          vsync_out;
    output          dout_valid;
```

关键代码如下所示：

```
    reg             rst_all;
    reg [DW-1:0]    line_din[0:KSZ-2];
    wire [DW-1:0]   line_dout[0:KSZ-2];
    wire [KSZ-2:0]  line_empty;
```

```
wire [KSZ-2:0]  line_full;
wire [KSZ-2:0]  line_rden;
reg  [KSZ-2:0]  line_wren;
wire [9:0]      line_count[0:KSZ-2];

wire [DW-1:0]   min_max_value;
wire [DW-1:0]   min_max_value_r;
wire            din_valid_r;
reg  [DW-1:0]   min[0:KSZ-1];
reg  [DW-1:0]   max[0:KSZ-1];

reg  [KSZ-2:0]  buf_pop_en;
reg             valid_r;

reg  [10:0]     in_line_cnt;
reg  [15:0]     flush_cnt;
reg             flush_line;
reg  [15:0]     out_pixel_cnt;
reg  [10:0]     out_line_cnt;
reg  [DW-1:0]   dout_temp_r;
reg             dout_valid_temp_r;
wire [DW-1:0]   dout_temp;
wire            dout_valid_temp;
wire            is_boarder;
wire            valid;
reg             din_valid_r2;

wire [31:0]     j;
wire [31:0]     k;

wire            rst_all_low;
wire            data_tmp1[0:KSZ-2];
wire [DW-1:0]   data_tmp2;
wire [DW-1:0]   data_tmp3;

//帧同步复位信号
always @(posedge clk or posedge rst_n)
if ((((~(rst_n))) == 1'b1)
    rst_all <= #1 1'b1;
else
begin
```

```
            if (vsync == 1'b1)
                    rst_all <= #1 1'b1;
            else
                    rst_all <= #1 1'b0;
    end
//低电平帧同步复位信号
assign rst_all_low = (~(rst_all));
//全局有效信号
assign valid = din_valid | flush_line;
//一维方向上的 Morph 操作
Morph_1D #(DW, KSZ, ERO_DIA)
        row_1st(
            .rst_n(rst_all_low),
            .clk(clk),
            .din(din),
            .din_valid(valid),
            .dout_valid(din_valid_r),   //一维输出有效信号
            .dout(min_max_value)         //一维输出 min_max_value
        );


//缓存一维输出有效信号用于时序对齐
always @(posedge clk)
        din_valid_r2 <= #1 din_valid_r;


always @(*) min[0] <= min_max_value;
always @(*) max[0] <= min_max_value;


generate
begin : xhdl0
    genvar         i;
    for (i = 0; i <= KSZ - 2; i = i + 1)
    begin : buf_cmp_inst

            assign data_tmp1[i] = din_valid_r & line_rden[i];
    //输入有效信号
    //例化列方向上的比较电路
            MinMax #(DW, 1)
                cmp_inst(
                    clk,
                    data_tmp1[i],
                    line_dout[i],
```

```
            min_max_value,
            min[i + 1],
            max[i + 1]
        );


    if (ERO_DIA == 1)
    begin : MAP10
        always @(*) line_din[i] <= min[i]; //腐蚀取最小值
    end


    if ((~(ERO_DIA == 1)))
    begin : MAP11
        always @(*) line_din[i] <= max[i]; //膨胀取最大值
    end


    if (i == 0)
    begin : MAP12
        always @(din_valid_r)
            line_wren[i] <= din_valid_r;
            //第一个行缓存的输入为一维输出数据
    end


    if ((~(i == 0)))
    begin : MAP13
        always @(posedge clk)
        begin
            if (rst_all == 1'b1)
                line_wren[i] <= 1'b0;
            else
                line_wren[i] <= #1 line_rden[i - 1];
                //其他行缓存接成菊花链结构
        end
    end


assign line_rden[i] = buf_pop_en[i] & din_valid_r;
//行缓存装满后允许流水线开始运行
    always @(posedge clk)
    begin
        if (rst_all == 1'b1)
            buf_pop_en[i] <= #1 1'b0;
        else if (line_count[i] == IW)
```

```
                            buf_pop_en[i] <= #1 1'b1;
             end
        //例化行缓存
        line_buffer #(DW, IW)
                line_buf_inst(
                    .rst(rst_all),
                    .clk(clk),
                    .din(line_din[i]),
                    .dout(line_dout[i]),
                    .wr_en(line_wren[i]),
                    .rd_en(line_rden[i]),
                    .empty(line_empty[i]),
                    .full(line_full[i]),
                    .count(line_count[i])
                );
    end
end
endgenerate

    generate
    if (ERO_DIA == 1)
    begin : MAP14
        assign dout_temp = ((line_rden[KSZ - 2] == 1'b0)) ? min[radius] :
                                            min[KSZ - 1];
    end
    endgenerate

    generate
    if ((~(ERO_DIA == 1)))
    begin : MAP15
        assign dout_temp = ((line_rden[KSZ - 2] == 1'b0)) ? max[radius] :
                                            max[KSZ - 1];
    end
    endgenerate
//输出有效信号
assign dout_valid_temp = ((line_rden[KSZ - 2] == 1'b0)) ?
line_wren[radius] :
                    (din_valid_r2 & buf_pop_en[KSZ - 2]);
//输出场同步
    generate
    if (KSZ == 3)
```

```
begin : MAP16
    assign vsync_out = ((din_valid_r2 == 1'b1 & line_wren[1] == 1'b0)) ? 1'b1 :
                                                    1'b0;
end
endgenerate


generate
if ((~(KSZ == 3)))
begin : MAP17
    assign vsync_out = ((line_wren[radius - 1] == 1'b1 &
                        line_wren[radius] == 1'b0)) ? 1'b1 :
                                                1'b0;
end
endgenerate
//边界清零
assign data_tmp2 = ((dout_valid_temp == 1'b1)) ? dout_temp :
                {DW{1'b0}};
assign data_tmp3 = ((is_boarder == 1'b1)) ? {DW{1'b0}} :
                data_tmp2;


always @(posedge clk)
begin
    if (rst_all == 1'b1)
    begin
        dout_temp_r <= #1 {DW{1'b0}};
        dout_valid_temp_r <= #1 1'b0;
        valid_r <= #1 1'b0;
    end
    else
    begin
        dout_temp_r <= #1 data_tmp3;
        dout_valid_temp_r <= #1 dout_valid_temp;
        valid_r <= #1 valid;
    end
end
//输出数据流与输出数据有效
assign dout = dout_temp_r;
assign dout_valid = dout_valid_temp_r;
//输入行计数
always @(posedge clk)
begin
```

```verilog
        if (rst_all == 1'b1)
            in_line_cnt <= #1 {11{1'b0}};
        else if (((~(valid))) == 1'b1 & valid_r == 1'b1)
            in_line_cnt <= #1 in_line_cnt + 11'b00000000001;
    end
//溢出行计数及溢出行内计数
  always @(posedge clk)
  begin
      if (rst_all == 1'b1)
      begin
          flush_line <= #1 1'b0;
          flush_cnt <= #1 {16{1'b0}};
      end
      else
      begin
          if (flush_cnt >= ((IW - 1)))
              flush_cnt <= #1 {16{1'b0}};
          else if (flush_line == 1'b1)
              flush_cnt <= #1 flush_cnt + 16'b0000000000000001;

          if (flush_cnt >= ((IW - 1)))
              flush_line <= #1 1'b0;
          else if (in_line_cnt >= IH & out_line_cnt < ((IH - 1)))
              flush_line <= #1 1'b1;
      end
  end
//输出行计数和输出行内计数
  always @(posedge clk)
  begin
      if (rst_all == 1'b1)
      begin
          out_pixel_cnt <= #1 {16{1'b0}};
          out_line_cnt <= #1 {11{1'b0}};
      end
      else
      begin
          if (dout_valid_temp_r == 1'b1 & ((~(dout_valid_temp))) == 1'b1)
              out_line_cnt <= #1 out_line_cnt + 11'b00000000001;
          else
              out_line_cnt <= #1 out_line_cnt;
          if (dout_valid_temp_r == 1'b1 & ((~(dout_valid_temp))) == 1'b1)
```

```
                    out_pixel_cnt <= #1 {16{1'b0}};
                else if (dout_valid_temp == 1'b1)
                    out_pixel_cnt <= #1 out_pixel_cnt + 16'b0000000000000001;
            end
        end
    //边界判决
    assign is_boarder = (((dout_valid_temp == 1'b1) & (out_pixel_cnt <=
((radius - 1)) | out_pixel_cnt >= ((IW - radius)) | out_line_cnt <= ((radius
- 1)) | out_line_cnt >= ((IH - radius))))) ? 1'b1 :
                    1'b0;
```

4. 二维形态学开运算子模块（Morph_Open_2D）

开运算只需例化 1 个二维腐蚀操作和 1 个二维膨胀操作，同时将腐蚀操作的输出接入膨胀操作的输入即可。

模块定义如下：

```
module Morph_Open_2D(
    din,                    //输入数据流
    dout_valid,             //输出数据有效
    dout,                   //输出数据流
    rst_n,                  //异步复位信号
    din_valid,              //输入有效信号
    vsync,                  //输入场同步信号
    vsync_out,              //输出场同步信号
    clk                     //同步时钟信号
);

    parameter       DW = 14;        //数据位宽
    parameter       KSZ = 7;        //处理尺寸
    parameter       IW = 640;       //图像宽度
    parameter       IH = 512;       //图像高度
    input [DW-1:0]  din;
    output          dout_valid;
    output [DW-1:0] dout;
    input           rst_n;
    input           din_valid;
    input           vsync;
    output          vsync_out;
    input           clk;
```

关键代码如下：

```verilog
    wire              erode_valid;
    wire              erode_vsync;
    wire [DW-1:0]     dout_erode;

    wire              dout_valid_tmp1;
    wire              vsync_out_tmp1;
    wire [DW-1:0]     out_data_tmp1;

//首先进行腐蚀操作
  Morph_2D #(DW, KSZ, IH, IW, 1)
      morph_erode(
          .rst_n(rst_n),
          .clk(clk),
          .din_valid(din_valid),
          .din(din),
          .dout(dout_erode),
          .vsync(vsync),
          .vsync_out(erode_vsync),
          .dout_valid(erode_valid)
      );
//接着进行膨胀操作
  Morph_2D #(DW, KSZ, IH, IW, 0)
      morph_dilate(
          .rst_n(rst_n),
          .clk(clk),
          .din_valid(erode_valid),
          .din(dout_erode),
          .dout(dout_data_tmp1),
          .vsync(erode_vsync),
          .vsync_out(vsync_out_tmp1),
          .dout_valid(dout_valid_tmp1)
      );
//输出信号赋值
  assign dout_valid = dout_valid_tmp1;
  assign dout = dout_data_tmp1;
  assign vsync_out = vsync_out_tmp1;
```

5. 二维形态学 Tophat 运算模块（Morph_Tophat_2D）

本模块需要调用一个开运算模块，并将输入数据流与开运算的结果进行对齐后进行一个减法运算。

模块定义如下：

```verilog
module Morph_Tophat_2D(
    din,                       //输入数据流
    dout_valid,                //输出数据有效
    dout,                      //输出数据流
    rst_n,                     //异步复位信号
    din_valid,                 //输入数据有效
    vsync,                     //输入场同步
    vsync_out,                 //输出场同步
    clk                        //同步时钟信号
);
parameter        DW = 14;      //数据位宽
parameter        KSZ = 7;      //处理尺寸
parameter        IW = 640;     //图像宽度
parameter        IH = 512;     //图像高度
input [DW-1:0] din;
output           dout_valid;
output [DW-1:0] dout;
input            rst_n;
input            din_valid;
input            vsync;
output           vsync_out;
input            clk;
```

关键代码如下：

```verilog
localparam        radius = ((KSZ >> 1));
localparam        latency = 11;

wire              open_valid;
wire              open_out;
wire [DW-1:0]     dout_open;
reg [DW-1:0]      din_delay[0:latency];
reg [latency:0]   din_valid_delay;
reg               rst_all;
reg [DW-1:0]      line_din[0:KSZ-2];
wire [DW-1:0]     line_dout[0:KSZ-2];
wire [KSZ-2:0]    line_empty;
wire [KSZ-2:0]    line_full;
wire [KSZ-2:0]    line_rden;
```

```
reg [KSZ-2:0]    line_wren;

wire [9:0]       line_count[0:KSZ-2];
reg [KSZ-2:0]    buf_pop_en;
reg [15:0]       out_pixel_cnt;
reg [10:0]       out_line_cnt;
wire             is_boarder;
reg [DW-1:0]     dout_temp_r;
reg              dout_valid_temp_r;
reg [DW-1:0]     dout_temp;
reg              dout_valid_temp;

wire [13:0]      data_temp1;
wire             erode_vsync;
wire             erode_valid;
wire [DW-1:0]    erode_out;

wire             vsync_out_tmp1;
```

```
assign vsync_out = vsync_out_tmp1;
 //帧同步复位信号
 always @(posedge clk or negedge rst_n)
 if (((~(rst_n))) == 1'b1)
     rst_all <= 1'b1;
 else
 begin
     if (vsync == 1'b1)
         rst_all <= 1'b1;
     else
         rst_all <= 1'b0;
 end
//首先进行开运算
Morph_Open_2D #(DW, KSZ, IH, IW)
     morph_open(
         .rst_n(rst_n),
         .clk(clk),
         .din_valid(din_valid),
         .din(din),
         .dout(dout_open),              //开运算结果
         .dbg_vsync(erode_vsync),
         .dbg_valid(erode_valid),
```

```
                .dbg_out(erode_out),
                .vsync(vsync),
                .vsync_out(vsync_out_tmp1),
                .dout_valid(open_valid)          //开运算后数据有效信号
        );


//输入有效缓存用于时序对齐
    always @(posedge clk)
    begin
        if (rst_all == 1'b1)
            din_valid_delay <= {latency+1{1'b0}};
        else
            din_valid_delay <= ({din_valid_delay[latency-1:0], din_valid});
    end
//缓存输入数据 latency 个时钟
    generate
    begin : xhdl1
        genvar          i;
        for (i = 0; i <= latency; i = i + 1)
        begin : small_buf_delay
            if (i == 0)
            begin : MAP1
                always @(posedge clk)
                begin
                    if (rst_all == 1'b1)
                        din_delay[i] <= {DW{1'b0}};
                    else if (din_valid == 1'b1)
                        din_delay[i] <= din;
                end
            end

            if ((~(i == 0)))
            begin : MAP2
                always @(posedge clk)
                begin
                    if (rst_all == 1'b1)
                        din_delay[i] <= {DW{1'b0}};
                    else if ((din_valid_delay[i - 1]) == 1'b1)
                        din_delay[i] <= din_delay[i - 1];
                end
            end
```

```
        end
    end
  endgenerate

generate
begin : xhdl2
  genvar          i;
  for (i = 0; i <= KSZ - 2; i = i + 1)
  begin : line_buf_inst

      if (i == 0)
    begin : MAP3
      always @(posedge clk)
      begin
        if (rst_all == 1'b1)
        begin
          line_din[i] <= {DW{1'b0}};
          line_wren[i] <= 1'b0;
        end
        else
        begin
          line_wren[i] <= din_valid_delay[latency];
          line_din[i] <= din_delay[latency];
            //第一个行缓存的输入为缓存后的输入数据流
        end
            end
        end
    //其他的行缓存接成菊花链式结构
        if ((~(i == 0)))
        begin : MAP4
            always @(posedge clk)
            begin
                if (rst_all == 1'b1)
                begin
                    line_din[i] <= {DW{1'b0}};
                    line_wren[i] <= 1'b0;
                end
                else
                begin
                    line_din[i] <= line_dout[i - 1];
```

```
                    line_wren[i] <= #1 line_rden[i - 1];
                end
            end
        end

    assign line_rden[i] = buf_pop_en[i] & (din_valid_delay[latency]
    | open_valid);
    //流水线装载完成时刻
    always @(posedge clk)
    begin
        if (rst_all == 1'b1)
            buf_pop_en[i] <= #1 1'b0;
        else if (line_count[i] == IW)
            buf_pop_en[i] <= #1 1'b1;
    end
    //例化行缓存
    line_buffer line_buf_inst(
        .rst(rst_all),
        .clk(clk),
        .din(line_din[i]),
        .dout(line_dout[i]),
        .wr_en(line_wren[i]),
        .rd_en(line_rden[i]),
        .empty(line_empty[i]),
        .full(line_full[i]),
        .count(line_count[i])
    );
  end

end
endgenerate

//计算 Tophat 运算结果，输入数据减去开运算结果
always @(posedge clk)
begin
    if (open_valid == 1'b1)
    begin
        if (dout_open >= line_dout[KSZ - 2])
            dout_temp <= {DW{1'b0}};
        else
            dout_temp <= line_dout[KSZ - 2] - dout_open;
```

```
            end
        end
//输出数据有效产生
    always @(posedge clk)
    begin
        if (rst_all == 1'b1)
        begin
            dout_valid_temp <= 1'b0;
            dout_valid_temp_r <= 1'b0;
        end
        else
        begin
            dout_valid_temp <= open_valid;
            dout_valid_temp_r <= dout_valid_temp;
        end
    end
//边界清零
assign data_temp1 = ((is_boarder == 1'b1)) ? {DW{1'b0}} :
                    dout_temp;
//输出数据
    always @(posedge clk)
    begin
        if (dout_valid_temp == 1'b1)
            dout_temp_r <= data_temp1;
        else
            dout_temp_r <= #1 {DW{1'b0}};
    end

assign dout = dout_temp_r;
assign dout_valid = dout_valid_temp_r;
//输出像素计数和输出行计数
    always @(posedge clk)
    begin
        if (rst_all == 1'b1)
        begin
                out_pixel_cnt <= #1 {16{1'b0}};
                out_line_cnt <= #1 {11{1'b0}};
        end
        else
        begin
                if (dout_valid_temp_r == 1'b1 & ((~(dout_valid_temp))) == 1'b1)
                    out_line_cnt <= #1 out_line_cnt + 11'b00000000001;
```

```
            else
                out_line_cnt <= #1 out_line_cnt;
            if (dout_valid_temp_r == 1'b1 & ((~(dout_valid_temp))) == 1'b1)
                out_pixel_cnt <= #1 {16{1'b0}};
            else if (dout_valid_temp == 1'b1)
                out_pixel_cnt <= #1 out_pixel_cnt + 16'b0000000000000001;
        end
    end
//边界判决
    assign is_boarder = ((dout_valid_temp == 1'b1 & (out_pixel_cnt <=
((radius - 1)) | out_pixel_cnt >= ((IW - radius)) | out_line_cnt <= ((radius
- 1)) | out_line_cnt >= ((IH - radius))))) ? 1'b1 : 1'b0;
```

9.3.4 仿真及调试结果

1. TestBench 设计

将 5.2.3 节捕获到的视频数据流 cap_dat，cap_vsync，cap_dvalid 接入 Tophat 滤波模块的输入端，同时，将滤波后的数据写入文件，在 VC 中读取文件并显示处理完后的图像。

TestBench 关键代码如下：

```
parameter  ksz_tophat=7;                //Tophat 滤波窗口尺寸

Morph_Tophat_2D #(14,ksz_tophat,iw,ih)
    tophat_2d(
        .din(cap_dat),                  //输入数据流
        .dout_valid(tophat_dvalid),     //输出行同步
        .dout(tophat_data),             //输出数据流
        .rst_n(reset_1),                //异步复位
        .din_valid(cap_dvalid),         //输入行同步
        .vsync(cap_vsync),              //输入场同步
        .vsync_out(tophat_vsync),       //输出场同步
        .clk(cap_clk)                   //采集时钟
    );

    wire            tophat_dvalid;
    wire    [DW-1:0] tophat_dat;
    wire            tophat_vsync;

    integer  fp_tophat =0;              //文件指针
    integer  cnt_tophat =0;            //文件偏移
```

```
always @(posedge cap_clk or  posedge tophat_vsync )
if (((~(tophat_vsync))) == 1'b0)
      cnt_tophat=0;                                    //新的一帧到来时回到文件头
      else
      begin
         if (tophat_dvalid == 1'b1)
         begin
          fp_tophat  = $fopen("txt_out/tophat_dout.txt", "r+");
          //打开当前文件
          $fseek(fp_tophat,cnt_tophat,0);   //寻址
          $fdisplay(fp_tophat, "%04x\n",tophat_data);
          //将当前数据写入文件
          $fclose(fp_tophat);
          cnt_tophat<=cnt_tophat+6;                   //移动到下一个待写位置
         end
      end
```

2. 模块仿真结果和 MinMax 模块

截取的仿真图如图 9-23 所示。

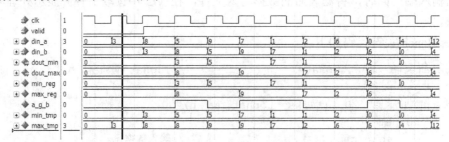

图 9-23　MinMax 模块仿真图

设竖线所在时刻为 t，则 din_a,din_b,min_tmp,max_tmp,dout_max,dout_min 连续 10 个时钟的数据如表 9-3 所示（按膨胀操作，×表示无关项）。

表 9-3　比较模块仿真结果

时刻 数据	t	$t+1$	$t+2$	$t+3$	$t+4$	$t+5$	$t+6$	$t+7$	$t+8$	$t+9$
din_a	3	8	5	9	7	1	2	6	0	4
din_b	×	3	8	5	9	7	1	2	6	0
min_tmp	×	3	5	5	7	1	1	2	0	0
max_tmp	×	8	8	9	9	7	3	6	6	4
dout_min	×	×	3	5	5	7	1	1	2	0
dout_max	×	×	8	8	9	9	7	3	6	6

仿真结果与表 9-3 一致，说明设计结果正确。

3. Morph_1D 模块

截取的仿真图如图 9-24 所示。

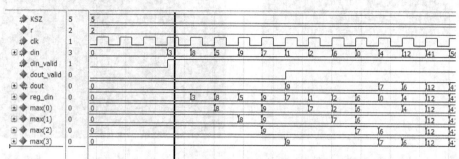

图 9-24　Morph_1D 运算仿真结果

设竖线所在时刻为 t，则 din,reg_din,max(0), max(1), max(2), max(3), dout 连续 10 个时钟的数据如表 9-4 所示（按膨胀操作，×表示无关项）。

表 9-4　一维膨胀/腐蚀模块仿真结果

时刻 数据	t	$t+1$	$t+2$	$t+3$	$t+4$	$t+5$	$t+6$	$t+7$	$t+8$	$t+9$
din	3	8	5	9	7	1	2	6	0	4
reg_din	×	3	8	5	9	7	1	2	6	0
max(0)	×	×	8	8	9	9	7	2	6	6
max(1)	×	×	×	8	9	9	9	7	6	6
max(2)	×	×	×	×	9	9	9	9	7	6
max(3)	×	×	×	×	×	9	9	9	9	7
dout	×	×	×	×	×	9	9	9	9	7

仿真结果与表 9-4 计算结果一致，可见代码设计正确。

4. 二维形态学膨胀/腐蚀模块

对二维的仿真结果进行验证，用图像来说明是最直观不过的了。图 9-25 是对图 9-8 用 7×7 的窗口进行膨胀之后的联合仿真结果。

由图 9-25 可见，高亮区域得到了扩充，实现了预期的膨胀功能。

5. Tophat 形态学滤波模块

图 9-26 是对图 9-8 用 7×7 的窗口进行 Tophat 滤波之后的联合仿真结果。仿真结果与用 VC 处理后的结果保持一致。

图 9-25　7×7 窗口膨胀图像结果　　　　　图 9-26　7×7 窗口 Tophat 滤波后图像

6. 算法实时性仿真

图 9-27 为输入数据流 cap_dat、腐蚀结果、膨胀结果与 Tophat 滤波结果的时序仿真图。

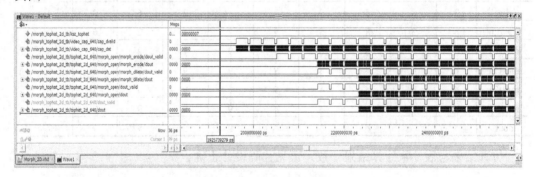

图 9-27　实时性仿真结果图

仿真结果也验证了 9.3.1 节中对算法实时性的预测。

第10章 图像分割

10.1 图像分割简介

图像分割是将图像划分成若干个互不相交的小区域的过程，所谓小区域是某种意义下具有共同属性的像素的连通集合。

图像分割可以将图像中有意义的特征或者应用所需要的特征信息提取出来，其最终结果是将图像分解成一些具有某种特征的单元，称为图像的基元。相对于整幅图像来说，这种图像基元更容易被快速处理。无论是图像处理、分析、理解与识别，其基础工作一般都建立在图像分割的基础上。

在本章，我们将首先讨论几种常见的图像分割的方法，然后重点讲述局部自适应分割算法及 Canny 算子在 FPGA 中的应用。

10.2 基于阈值的分割

由于图像阈值的直观性和易于实现的性质，使它在图像分割应用中处于中心地位。阈值分割方法实际上是输入图像 f 到输出图像 g 的变换，如式（10-1）所示。

$$g(i,j) = \begin{cases} 1, & f(i,j) \geqslant T \\ 0, & f(i,j) < T \end{cases} \tag{10-1}$$

其中，T 为阈值，对于物体的图像元素 $g(i,j)=1$，对于背景的图像元素 $g(i,j)=0$。

由此可见，阈值分割算法的关键是确定阈值。如果能确定一个合适的阈值就可准确地将图像分割开来。阈值确定后，将阈值与像素点的灰度值逐个进行比较，并且像素分割可对各像素并行地进行，分割的结果直接给出图像区域。

阈值分割的优点是计算简单、运算效率较高、速度快，它在重视运算效率的应用场合（如用于硬件实现）得到了广泛应用。

阈值分割技术又可分为全局阈值分割和局部自适应阈值分割。

10.2.1 全局阈值分割

全局阈值是指整幅图像使用同一个阈值进行分割处理，适用于背景和前景有明显对比的图像。它是根据整幅图像确定的：$T=T(f)$。但是这种方法只考虑像素本身的灰度值，一般不考虑空间特征，因而对噪声很敏感。常用的全局阈值选取方法有利用图像灰度直方图的峰谷法、最小误差法、最大类间方差法、最大熵自动阈值法及其他一些方法。

下面以最大类间方差分割算法（OTSU）来说明全局分割阈值的应用。最大类间方差法是由日本学者大津于 1979 年提出的，是一种自适应的阈值确定的方法，又称为大津法，简称 OTSU。它是按图像的灰度特性，将图像分成背景和目标两部分。背景和目标之间的类间方差越大，说明构成图像的两部分的差别越大，当部分目标错分为背景或部分背景错分为目标都会导致两部分差别变小。因此，使类间方差最大的分割意味着错分概率最小。

对于图像 $I(x,y)$，前景（目标）和背景的分割阈值记作 T，属于前景的像素点数占整幅图像的比例记为 ω_0，其平均灰度为 μ_0；背景像素点数占整幅图像的比例为 ω_1，其平均灰度为 μ_1。图像的总平均灰度记为 μ，类间方差记为 g。假设图像的背景较暗，并且图像的大小为 $M\times N$，图像中像素的灰度值小于阈值 T 的像素个数记作 N_0，若把像素灰度大于阈值 T 的像素个数记作 N_1，则有

$$\omega_0 = N_0 / M \times N \tag{10-2}$$

$$\omega_1 = N_1 / M \times N \tag{10-3}$$

$$N_0 + N_1 = M \times N \tag{10-4}$$

$$\omega_0 + \omega_1 = 1 \tag{10-5}$$

$$\mu = \omega_0 \times \mu_0 + \omega_1 \times \mu_1 \tag{10-6}$$

$$g = \omega_0(\mu_0 - \mu)^2 + \omega_1(\mu_1 - \mu)^2 \tag{10-7}$$

将式（10-5）代入式（10-6），得到等价公式：

$$g = \omega_0 \omega_1 (\mu_0 - \mu_1)^2 \tag{10-8}$$

采用遍历的方法得到使类间方差最大的阈值 T，即为所求值。

Otsu 算法步骤如下：

设图像包含 L 个灰度级 $(0,1\cdots,L-1)$，灰度值为 i 的像素点数为 N_i，图像总的像素点数为 $N = N_0 + N_1 + \cdots + N(L-1)$。灰度值为 i 的点的概率为

$$P(i) = N(i) / N \tag{10-9}$$

门限 t 将整幅图像分为暗区 c_1 和亮区 c_2 两类，则类间方差 σ 是 t 的函数：

$$\sigma = a_1 \times a_2 (u_1 - u_2)^2 \tag{10-10}$$

式中，a_j 为类 c_j 的面积与图像总面积之比，$a_1 = \text{sum}(P(i))\ i->t$，$a_2 = 1-a_1$；$u_j$ 为类 c_j 的均值，

$$u_1 = \text{sum}(i\times P(i))/a_1, \quad 0 \to t, \tag{10-11}$$

$$u_2 = \text{sum}(i\times P(i))/a_2, \quad t+1 \to L-1 \tag{10-12}$$

该法选择最佳门限 t 使类间方差最大，即令 $\Delta u = u_1 - u_2$，$\sigma b = \max\{a_1(t)\times a_2(t)\Delta u^2\}$

OTSU 的 C 示例代码如下：

```c
    void OTSU_Segment(BYTE * m_pBitmap, BYTE * p_Segment,DWORD m_dwHeight,
DWORD m_dwWidth,)
    {
      int i,j=0;
      int k=0;
      int fii=0;

      double mk=0,pk=0;
      unsigned long  sigma2=0;
      unsigned long  sigmag=0;
      int Hit[256];
      int max;
      double p[256];                      //每个像素的概率
      double mg=0;                        //整幅图像的平均灰度
      memset(Hit,0,256*sizeof(int)); //将分配的内存清零
      if( !m_pBitmap)return;              //如果没有打开图像则返回
      for( i =0 ; i < m_dwHeight; i++)
      for( j = 0; j < m_dwWidth; j++)
          Hit[m_pBitmap[i*m_dwWidth+j]]++;                     //求得直方图
      for (i=0;i<256;i++)
          p[i]=(double)Hit[i]/(m_dwHeight*m_dwWidth);          //直方图概率数组
      for (i=0;i<256;i++) mg+=i*p[i];                          //图像平均灰度
      for (i=0;i<256;i++) sigmag+=(i-mg)*(i-mg)*p[i];          //整体方差
      max=0;
      for (k=1;k<256;k++)              //从0到256遍历OTSU算法类间方差
      {
          pk=0;
          mk=0;
          for (i=0;i<k;i++)
          {
              pk+=p[i];
              mk+=i*p[i];
          }
          if (pk!=0)
              sigma2=(mg*pk-mk)*(mg*pk-mk)/(pk*(1-pk));
          if (siqma2>max)
          {
              max=sigma2;
              fii=k;
          }
      }
```

```
for( i =0 ; i < m_dwHeight; i++)
{
    for( j = 0; j < m_dwWidth; j++)
    {
        if (m_pBitmap[i*m_dwWidth+j]>=fii)
            p_Segment [i*m_dwWidth+j]=255;
        else
            p_Segment[i*m_dwWidth+j]=0;
    }
}
}
```

图 10-1 展示了用 OTSU 进行二值化全局阈值分割的结果。

图 10-1　指纹图像（左）与 OTSU 分割结果（右）

10.2.2　局部自适应阈值分割

全局阈值分割算法简单，对于双峰直方图图像有很好的分割效果。然而全局阈值分割的缺点也是显而易见的：对于图像噪声和光照不均匀性十分敏感，在这种情况下，采用全局阈值分割往往会失败。图 10-2 是图像的 OTSU 分割结果。可见，由于边缘光照的不均匀性，造成边缘分割失败。图像边缘光线较暗的地方被分割为 0，中间较亮的地方分割成功。

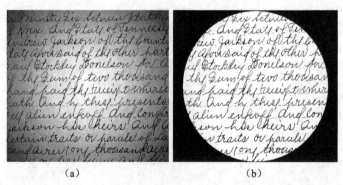

图 10-2　不均匀光照下的图像（左）与 OTSU 分割结果（右）

如何规避光线不均匀带来的影响？一种典型的处理办法就是采用局部自适应阈值分割。

局部自适应阈值分割根据像素邻域块的像素值分布来确定该像素位置上的二值化阈值。这样做的好处在于每个像素位置处的二值化阈值不是固定不变的，而是由其周围邻域像素的分布来决定的。亮度较高的图像区域的二值化阈值通常较高，而亮度较低的图像区域的二值化阈值则会相适应地变小。不同亮度、对比度、纹理的局部图像区域将会拥有相对应的局部二值化阈值。

常用的局部自适应阈值是局部邻域块的均值和局部邻域块的高斯加权和。

下面考虑对图 10-2（a）所示的不均匀光照的笔记图像进行局部自适应高斯分割。首先我们给出局部自适应高斯分割的定义。将处理窗口设为矩形移动窗，设 r 为处理窗口的半径，T 为窗口内的局部分割后阈值，μ 为窗口内像素均值，σ^2 为窗口内像素方差，$I(x, y)$ 为输入像素值，$g(x, y)$ 为分割后的像素值，K 为一个大于 0 的常数。有如下定义：

$$T = \mu + K \times \sigma \tag{10-13}$$

$$\mu = \frac{1}{(2\gamma+1)^2} \sum_{i=-r}^{r} \sum_{i=-r}^{r} I(x+i, y+i) \tag{10-14}$$

$$\sigma^2 = \frac{1}{(2\gamma+1)^2} \sum_{i=-r}^{r} \sum_{i=-r}^{r} \left[I(x+i, y+i) - \mu \right]^2 \tag{10-15}$$

$$g(x, y) = \begin{cases} 1, & I(x,y) \geq T \\ 0, & I(x,y) < T \end{cases} \tag{10-16}$$

通常情况下，根据不同的图像，K 为 0～4 的常数，这里我们将 K 取为 1。窗口半径取为 7。本算法的 C 代码实例如下：

```
/*高斯局部分割*/
#define GUAS_SEGMENT_RADIUS  7 /*处理半径*/
#define  GUAS_SEGMENT_NUM_ALL  ((2*GUAS_SEGMENT_RADIUS+1)*(2*GUAS_
    SEGMENT_RADIUS+1))
#define GUAS_SEGMENT_PARA  1    //分割系数

void GausSegment(BYTE * m_pBitmap, BYTE * p_Segment,DWORD m_dwHeight,
DWORD m_dwWidth)
    {
    int i, j, m, k = 0;
    if (!m_pBitmap)return;          //打开图像非法则返回
    memset(p_Segment,255, m_dwHeight*m_dwWidth);
    double sum, average, temp1,temp2 = 0;
    /*开窗*/
```

```
for (i = GUAS_SEGMENT_RADIUS; i< m_dwHeight - GUAS_SEGMENT_RADIUS; i++)
for (j = GUAS_SEGMENT_RADIUS; j < m_dwWidth - GUAS_SEGMENT_RADIUS; j++)
{
    sum = 0;
    temp2 = 0;
    /*首先计算窗口内均值*/
    for (m = -GUAS_SEGMENT_RADIUS; m <= GUAS_SEGMENT_RADIUS; m++)
    for (k = -GUAS_SEGMENT_RADIUS; k <= GUAS_SEGMENT_RADIUS; k++)
        sum += m_pBitmap[(i + m)*m_dwWidth + j + k];//求窗口像素总和
    average = sum / GUAS_SEGMENT_NUM_ALL;/*求窗口像素均值*/

    temp1 = GUAS_SEGMENT_NUM_ALL*(average - m_pBitmap[i*m_dwWidth
+ j])* (average - m_pBitmap[i*m_dwWidth + j]);

    for (m = -GUAS_SEGMENT_RADIUS; m <= GUAS_SEGMENT_RADIUS; m++)
    for (k = -GUAS_SEGMENT_RADIUS; k <= GUAS_SEGMENT_RADIUS; k++)
        temp2                                                      +=
GUAS_SEGMENT_PARA*GUAS_SEGMENT_PARA*(m_pBitmap[(i + m)*m_dwWidth + j + k]
- average)*(m_pBitmap[(i + m)*m_dwWidth + j + k] - average);

    if (temp1 > temp2)
        p_Segment [i*m_dwWidth + j] = 0;
    else p_Segment [i*m_dwWidth + j] = 255;

}
}
```

分割结果如图 10-3 所示。

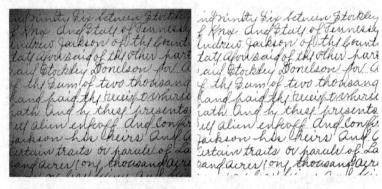

图 10-3 不均匀光照下的图像（左）与局部自适应分割结果（右）

可见，局部分割由于是在局部内求取分割门限，选取适合的窗口尺寸可以保证窗口内像素直方图有明显的分割门限，可以很好地达到预期的分割效果。因此，局部分割有效地消除了光照不均匀带来的影响。

10.3 基于边缘的分割

所谓边缘是指图像中两个不同区域的边界线上连续的像素点的集合，是图像局部特征不连续性的反映，体现了灰度、颜色、纹理等图像特性的突变。通常情况下，基于边缘的分割方法指的是基于灰度值的边缘检测，它是建立在边缘灰度值会呈现出阶跃型或屋顶型变化这一观测基础上的方法。

阶跃型边缘两边像素点的灰度值存在着明显的差异，而屋顶型边缘则位于灰度值上升或下降的转折处。正是基于这一特性，可以使用微分算子进行边缘检测，即使用一阶导数的极值与二阶导数的过零点来确定边缘，具体实现时可以使用图像与模板进行卷积来完成。

常用的边缘检测方法有 Sobel 算子、Canny 算子及霍夫变换等。我们在本书中将详细介绍 Canny 算子的原理及 FPGA 实现。

10.3.1 Canny 算子

Canny 算子在图像处理领域可谓大名鼎鼎，该算子是一个典型的边缘检测算子，是由 John F. Canny 于 1986 年开发出来的一个多级边缘检测算法。当然也有很多改进算法和变种。虽然推出的年代较早，但是 Canny 算子依然被推崇为目前最优的边缘检测算子。

Canny 的目标是找到一个最优的边缘检测算法，最优边缘检测的含义如下。

（1）最优检测：算法能够尽可能多地标识出图像中的实际边缘，漏检真实边缘的概率和误检非边缘的概率都尽可能小。

（2）最优定位准则：检测到的边缘点的位置距离实际边缘点的位置最近，或者是由于噪声影响引起检测出的边缘偏离物体的真实边缘的程度最小；

（3）检测点与边缘点一一对应：算子检测的边缘点与实际边缘点应该是一一对应。

为了满足这些要求 Canny 使用了变分法（Calculus of Variations），这是一种寻找优化特定功能的函数的方法。最优检测使用四个指数函数项表示，但是它非常近似于高斯函数的一阶导数。

10.3.2 Canny 算子的计算步骤

Canny 边缘检测算法可以分为以下 4 个步骤。

1. 图像平滑

求边缘主要是求图像的一阶或二阶导数，导数计算对图像噪声非常敏感。因此，在进一步处理前，必须对图像进行平滑处理。

常用的平滑处理方法有均值滤波、双边滤波、高斯滤波和中值滤波等。这里采用高斯滤波方式进行平滑处理。

在 7.1.2 节中，已经详细介绍了高斯滤波的原理，这里我们直接采用尺寸为 5×5 和标准差为 1.4 的高斯核，具体如下：

$$\boldsymbol{H} = \frac{1}{159}\begin{bmatrix} 2 & 4 & 5 & 4 & 2 \\ 4 & 9 & 12 & 9 & 4 \\ 5 & 12 & 15 & 12 & 5 \\ 4 & 9 & 12 & 9 & 4 \\ 2 & 4 & 5 & 4 & 2 \end{bmatrix}$$

示例 C++代码如下：

```
//输入图像存放在 m_pBitmap
int i, j, m, k = 0;

int Gaus_Kernel[5][5] =
{
    {2,4,5,4,2,},
    {4,9,12,9,4},
    {5,12,15,12,5},
    {4,9,12,9,4},
    {2,4,5,4,2}
};
BYTE *p_GausResult = new BYTE[m_dwHeight*m_dwWidth];    /*高斯滤波结果*/
memset(p_GausResult, 255, m_dwHeight*m_dwWidth);
/*首先进行 5*5 高斯滤波*/
double Gaus_Result = 0;
for (i = 2; i<m_dwHeight - 2; i++)
for (j = 2; j<m_dwWidth - 2; j++)
{
    Gaus_Result = 0;
    for (m = -2; m <= 2; m++)
    for (k = -2; k <= 2; k++)
    {
        Gaus_Result += Gaus_Kernel[m+2][k+2]*(m_pBitmap[(i + m)*m_dwWidth+j+
        k]/159.0);
    }
    p_GausResult[i*m_dwWidth + j] = (BYTE)Gaus_Result ;
}
```

图 10-4 展示了高斯滤波的结果（左侧为测试原图像）。

图 10-4　原图像（左）与 5×5 高斯滤波结果（右）

可以看到，图像明显得到了一定程度的平滑。

2. 计算梯度

这一步的主要目的是对边缘进行增强，以便进一步进行边缘提取。这里用常用的 Sobel 算子来计算梯度，由于后期涉及梯度方向上的非最大值抑制，需同时计算出梯度的模值和方向。C++代码如下：

```cpp
/*接着求 Sobel 边缘*/
int Templet_Y[3][3] = {
    -1,-2,-1,
    0, 0, 0,
    1, 2, 1
};
int Templet_X[3][3] = {
    -1, 0, 1,
    -2, 0, 2,
    -1, 0, 1
};

double Sobel_Result_X, Sobel_Result_Y, Sobel_Result;
double* p_SobelResult_X = new double[m_dwWidth*m_dwHeight];
/*X方向梯度幅值*/
double* p_SobelResult_Y = new double[m_dwWidth*m_dwHeight];
/*Y方向梯度幅值*/
double* p_SobelResult  = new double[m_dwWidth*m_dwHeight];
/*梯度幅值*/
double* p_theta        = new double[m_dwWidth*m_dwHeight];
/*梯度方向*/
BYTE *p_Sobel_Disp     = new  BYTE[m_dwWidth*m_dwHeight];
/*梯度显示缓存*/
```

```
for (i = 1; i<m_dwHeight - 1; i++)
for (j = 1; j<m_dwWidth - 1; j++)
{
   Sobel_Result_X = 0;
   Sobel_Result_Y = 0;
   Sobel_Result = 0;

   for (m = -1; m <= 1; m++)
   for (k = -1; k <= 1; k++)
   {
       Sobel_Result_X += Templet_X[m+1][k+1]*p_GausResult[(i + m)*m_
       dwWidth + j + k];
       Sobel_Result_Y += Templet_Y[m+1][k+1]*p_GausResult[(i + m)*m_
       dwWidth + j + k];
   }

   Sobel_Result = ((double)Sobel_Result_X)* ((double)Sobel_Result_X);
   Sobel_Result += ((double)Sobel_Result_Y)* ((double)Sobel_Result_Y);
   Sobel_Result = sqrt(Sobel_Result);
   p_Sobel_Disp[i*m_dwWidth + j] = (Sobel_Result >255) ? 255 :
Sobel_Result;
   p_SobelResult[i*m_dwWidth + j]   = Sobel_Result;      //梯度模值
   p_SobelResult_X[i*m_dwWidth + j] = Sobel_Result_X;    //X方向模值
   p_SobelResult_Y[i*m_dwWidth + j] = Sobel_Result_Y;    //Y方向模值
   p_theta[i*m_dwWidth + j]            = atan2(Sobel_Result_Y,Sobel_
       Result_X)* 180/3.1415926;        //Y方向,以°为单位
   if (p_theta[i*m_dwWidth + j] < 0)  //将角度转换到0~360范围
       p_theta[i*m_dwWidth + j] += 360;
}
```

Sobel 计算的结果如图 10-5 所示。

图 10-5　原图像（左）与高斯滤波结果的 Sobel 计算结果（右）

3. 非最大值抑制（Non-Maximum Suppression）

图像梯度幅值矩阵中的元素值越大，说明图像中该点的梯度值越大，但这不能说

明该点就是边缘（这仅仅是属于图像增强的过程）。在 Canny 算法中，非极大值抑制是进行边缘检测的重要步骤，通俗意义上是指寻找像素点局部最大值，将非极大值点所对应的灰度值置为 0，从而去除潜在的伪边缘。

我们接下来介绍极大值抑制的原理。对当前像素的梯度值（也就是 Sobel 计算结果）进行 3×3 开窗，如图 10-6 所示。

图 10-6 中 $a_0 \sim a_8$ 为当前窗口的 3×3 邻域像素点，a_4 为当前窗口中心像素。向量 $m_2 m_1$ 为当前像素点 a_4 的梯度方向。

所谓极大值抑制就是确定 a_4 是否是在邻域内最大，图中斜线方向为 a_4 点的梯度方向。因此，可以确定其局部的最大值分布在这条线上，即除了 a_4 点，梯度方向的交点 m_1 和 m_2 这两个点的值也可能会是局部最大值。

然而 m_1 和 m_2 并不是刚好分布在整数邻域上，这时候需要估计 m_1 和 m_2 的值。最好的办法当然是对其进行线性插值。

在图 10-6 中，我们用 a_2 和 a_5 的值来对 m_1 进行插值，用 a_3 和 a_6 的值来对 m_1 进行插值。设 $a_4 a_5$ 的距离为 x，$a_5 m_1$ 的距离为 y（x 与 y 均大于 0），插值函数为 f，则插值结果为

$$f(m_1) = \frac{y}{x} * a_2 + \left(1 - \frac{y}{x}\right) * a_5 \qquad (10\text{-}17)$$

$$f(m_2) = \frac{y}{x} * a_6 + \left(1 - \frac{y}{x}\right) * a_3 \qquad (10\text{-}18)$$

我们把整个坐标轴分为 8 个象限，如图 10-8 中的虚线所示，即图中的象限位置为第一象限，逆时针依次为第 2 象限第 3 象限，一直到第 8 象限。

可以预见的是在不同的象限，由于梯度方向所落到的邻域位置不同，插值公式是不一样的。图 10-6 中展示了其中的两个象限的插值公式，不妨列出另外三种情况，如图 10-7～图 10-9 所示。

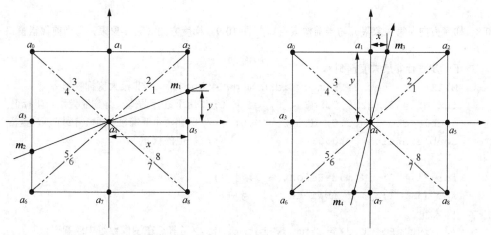

图 10-6　梯度方向（第 1 象限）与当前像素窗口　图 10-7　梯度方向（第 2 象限）与当前像素窗口

$$f(m_3) = \frac{x}{y} * a_2 + \left(1 - \frac{x}{y}\right) * a_1 \qquad （10\text{-}19）$$

$$f(m_4) = \frac{x}{y} * a_6 + \left(1 - \frac{x}{y}\right) * a_7 \qquad （10\text{-}20）$$

$$f(m_5) = \frac{x}{y} * a_0 + \left(1 - \frac{x}{y}\right) * a_1 \qquad （10\text{-}21）$$

$$f(m_6) = \frac{x}{y} * a_8 + \left(1 - \frac{x}{y}\right) * a_7 \qquad （10\text{-}22）$$

$$f(m_7) = \frac{y}{x} * a_3 + \left(1 - \frac{y}{x}\right) * a_0 \qquad （10\text{-}23）$$

$$f(m_8) = \frac{y}{x} * a_5 + \left(1 - \frac{y}{x}\right) * a_8 \qquad （10\text{-}24）$$

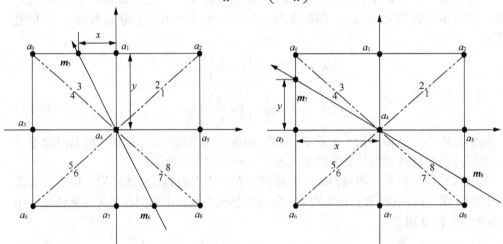

图 10-8　梯度方向（第 3 象限）与当前像素窗口　图 10-9　梯度方向（第 4 象限）与当前像素窗口

```
/*下一步进行非最大值抑制*/
BYTE* N = new BYTE[m_dwWidth*m_dwHeight];  //非极大值抑制结果
int g1 = 0, g2 = 0, g3 = 0, g4 = 0;//用于进行插值，得到亚像素点坐标值
double dTmp1 = 0.0, dTmp2 = 0.0;     //保存两个亚像素点插值得到的灰度数据
double dWeight = 0.0;                //插值的权重

for (i = 1; i< m_dwHeight - 1; i++)
for (j = 1; j< m_dwWidth - 1; j++)
{
    int nPointIdx = i*m_dwWidth + j;//当前点在图像数组中的索引值
    if (p_SobelResult[nPointIdx] == 0)N[nPointIdx] = 0;
```

```
//如果当前梯度幅值为0，则不是局部最大对该点赋为0
else
{
    if (((p_theta[nPointIdx] >= 90) && (p_theta[nPointIdx]<135)) ||
        ((p_theta[nPointIdx] >= 270) && (p_theta[nPointIdx]<315)))
    {

        //////根据斜率和四个中间值进行插值求解
        g1 = p_SobelResult[nPointIdx - m_dwWidth - 1];
        g2 = p_SobelResult[nPointIdx - m_dwWidth];
        g3 = p_SobelResult[nPointIdx + m_dwWidth];
        g4 = p_SobelResult[nPointIdx + m_dwWidth + 1];
        dWeight = fabs(p_SobelResult_X[nPointIdx]) / fabs
        (p_SobelResult_Y[nPointIdx]);    //反正切
        dTmp1 = g1*dWeight + g2*(1 - dWeight);
        dTmp2 = g4*dWeight + g3*(1 - dWeight);
    }
    else if (((p_theta[nPointIdx] >= 135) && (p_theta[nPointIdx]<180)) ||
        ((p_theta[nPointIdx] >= 315) && (p_theta[nPointIdx]<360)))
    {
        g1 = p_SobelResult[nPointIdx - m_dwWidth - 1];
        g2 = p_SobelResult[nPointIdx - 1];
        g3 = p_SobelResult[nPointIdx + 1];
        g4 = p_SobelResult[nPointIdx + m_dwWidth + 1];
        dWeight = fabs(p_SobelResult_Y[nPointIdx]) / fabs
        (p_SobelResult_X[nPointIdx]);    //正切
        dTmp1 = g1*dWeight + g2*(1 - dWeight);
        dTmp2 = g4*dWeight + g3*(1 - dWeight);
    }
    else if (((p_theta[nPointIdx] >= 45) && (p_theta[nPointIdx]<90)) ||
        ((p_theta[nPointIdx] >= 225) && (p_theta[nPointIdx]<270)))
    {
        g1 = p_SobelResult[nPointIdx - m_dwWidth];
        g2 = p_SobelResult[nPointIdx - m_dwWidth + 1];
        g3 = p_SobelResult[nPointIdx + m_dwWidth];
        g4 = p_SobelResult[nPointIdx + m_dwWidth - 1];
        dWeight = fabs(p_SobelResult_X[nPointIdx]) / fabs
        (p_SobelResult_Y[nPointIdx]);    //反正切
        dTmp1 = g2*dWeight + g1*(1 - dWeight);
        dTmp2 = g4*dWeight + g3*(1 - dWeight);
    }
    else if (((p_theta[nPointIdx] >= 0) && (p_theta[nPointIdx]<45)) ||
```

```
                    ((p_theta[nPointIdx] >= 180) && (p_theta[nPointIdx]<225)))
              {
              g1 = p_SobelResult[nPointIdx - m_dwWidth + 1];
              g2 = p_SobelResult[nPointIdx + 1];
              g3 = p_SobelResult[nPointIdx + m_dwWidth - 1];
              g4 = p_SobelResult[nPointIdx - 1];
              dWeight = fabs(p_SobelResult_Y[nPointIdx]) / fabs
              (p_SobelResult_X[nPointIdx]);    //正切
              dTmp1 = g1*dWeight + g2*(1 - dWeight);
              dTmp2 = g3*dWeight + g4*(1 - dWeight);
              }
         }
         //////////进行局部最大值判断，并写入检测结果/////////////////
     if ((p_SobelResult[nPointIdx] >= dTmp1) && (p_SobelResult[nPointIdx] >= dTmp2))
         N[nPointIdx] = 255;
     else
         N[nPointIdx] = 0;
     }
```

图 10-10 是进行非极大值抑制后的结果。

图 10-10   原图（左）与大值抑制后的结果（右）

完成非极大值抑制后，会得到一个二值图像，非边缘的点灰度值均为 0，可能为边缘的局部灰度极大值点可设置其灰度为 255。但是这样一个检测结果还是包含了很多由噪声及假边缘。

4. 滞后阈值分割及边缘连接

算子的最后一步是滞后阈值分割与边缘连接。采用阈值分割的主要目的是消除假边缘。Canny 算法中减少假边缘数量的方法是采用双阈值法。选择两个阈值，根据高阈值得到一个边缘图像，这样一个图像含有很少的假边缘。但是由于阈值较高，产生的图像边缘可能不闭合，为解决这样一个问题采用了另外一个低阈值。

具体算法如下：

（1）若梯度值大于高阈值，则认定为边缘。

（2）若梯度值小于低阈值，则认定为非边缘。

（3）若梯度值在两个阈值之间，在该像素周围（3×3 的邻域）寻找是否有边缘点（梯度值大于高阈值）。若有，则认定该点为边缘点。

算法示例如下：

```
double dThrHigh = 20;      //高阈值
double dThrLow = 10;      //低阈值


BYTE * m_pTemp = new BYTE[m_dwHeight*m_dwWidth];
memset(m_pTemp, 255, m_dwHeight*m_dwWidth);
double sum, temp1, temp2 = 0;
    //最后的计算结果
BYTE* p_CannyResult = new BYTE[m_dwWidth*m_dwHeight];//非极大值抑制结果
for (i = 1; i<m_dwHeight-1; i++)
for (j = 1; j<m_dwWidth-1; j++)
{
if (N[i*m_dwWidth + j] == 255)
{
        //小于低阈值的置零
    if ((p_SobelResult[i*m_dwWidth+j]<=dThrLow))p_CannyResult[i*m_
    dwWidth+j] = 0;
        //大于高阈值的置1
    else if((p_SobelResult[i*m_dwWidth+j]>=dThrHigh))p_CannyResult
    [i*m_dwWidth+j]=255;
    //中间值进行邻域判决
    else
    {
        int flag = 0;
        for (m = -1; m <= 1; m++)
        for (k = -1; k <= 1; k++)
        {
            if (p_SobelResult[(i + m)*m_dwWidth + j + k] >= dThrHigh)
            {
                flag++;
            }
        }
        if(flag>=1)p_CannyResult[i*m_dwWidth + j] = 255;
        else p_CannyResult[i*m_dwWidth + j] = 0;
```

```
        }
    }
        else p_CannyResult[i*m_dwWidth + j] = 0;
    }
```

最后的运算结果如图 10-11 所示。

图 10-11　原图（左）与 Canny 算子计算结果（右）

可见，阈值处理消除了大量的假边缘，得到了比较精细的边缘图像。我们可以把结果与 Soble 运算的结果进行比较：Canny 算子的运算结果中的边缘仅有一个像素单元的宽度，大大减小了边缘的范围。

不足的是，此算法需要两个手动输入的阈值进行分割。当然也有一些自动阈值计算的算法，例如前面所介绍的大津法阈值（OTSU）计算，图 10-12 是以 OTSU 分割结果作为低阈值并且对高阈值取 2 倍低阈值的 Canny 运算结果。

图 10-12　原图（左）与自动阈值（OTSU）的 Canny 算子计算结果（右）

10.4　基于 FPGA 的局部自适应分割

在本节中，我们将针对 FPGA 设计高斯局部自适应分割算法，并对算法进行仿真验证。

10.4.1 算法转换

在 10.3 节中我们介绍了自适应分割的原理，这里不妨再把公式列出来如下：

$$T = \mu + K\sigma \tag{10-25}$$

$$\mu = \frac{1}{(2\gamma+1)^2} \sum_{i=-r}^{r} \sum_{i=-r}^{r} I(x+i, y+i) \tag{10-26}$$

$$\sigma^2 = \frac{1}{(2\gamma+1)^2} \sum_{i=-r}^{r} \sum_{i=-r}^{r} \left[I(x+i, y+i) - \mu \right]^2 \tag{10-27}$$

$$g(x,y) = \begin{cases} 1, & I(x,y) \geqslant T \\ 0, & I(x,y) < T \end{cases} \tag{10-28}$$

由公式可以看出，窗口的分割值是对图像进行开窗，并计算窗口内的像素均值和标准差，分割值为像素均值和标准差的加权和。

在软件中，不考虑计算效率的情况下，这个计算是轻而易举的事情。但是，我们注意到，在计算分割值的过程中，首先要计算窗口内像素的方差，然后才能对方差进行开方计算标准差。在 FPGA 里面计算开方是一件费时费力的工作，我们将尝试对不等式进行一个等价转换。

为了便于理解，不妨假定目前的输入像素值为 din，经算法处理后的输出数据为 dout，按照式（10-28），输出 dout 的计算方法如下：

$$dout = 1 \text{ when } (din > \mu + K*\sigma) \text{ else } 0 \tag{10-29}$$

也就是

$$dout = 1 \text{ when } (din - \mu > K*\sigma) \text{ else } 0 \tag{10-30}$$

大于号两边分别平方，得

$$dout = 1 \text{ when } \left((din - \mu)^2 > (K*\sigma)^2 \right) \text{ else } 0 \tag{10-31}$$

也就是

$$dout = 1 \text{ when } \left((din - \mu)^2 > K^2 * \sigma^2 \right) \text{ else } 0 \tag{10-32}$$

式（10-32）中，我们只需得到当前数据 din，计算当前窗口内均值和方差即可，这样就可避免了开方操作，简化了系统设计。

将式（10-27）代入式（10-32）中，则有

$$dout = 1 \text{ when } \left((din - \mu)^2 > K^2 * \frac{1}{(2\gamma+1)^2} \sum_{i=0}^{(2\gamma+1)^2} \left[din(i) - \mu \right]^2 \right) \text{ else } 0 \tag{10-33}$$

式（10-33）中，din(i) 是将二维窗口内像素转化为一维的像素流的简化表示。

也即

$$dout = 1 \text{ when } \left((2\gamma+1)^2 * (din - \mu)^2 > K^2 * \sum_{i=0}^{(2\gamma+1)^2} \left[din(i) - \mu \right]^2 \right) \text{ else } 0 \tag{10-34}$$

转换到这里，就把本算法转换为 FPGA 所擅长的乘法和加法操作。

为了验证 10.2.2 节中局部自适应算法效果，若取 $r=7$，$K=1$，则上述公式转化为

$$\text{dout} = 1 \text{when} \left[225*(\text{din} - \mu)^2 \right] > \sum_{i=0}^{225} \left[\text{din}(i) - \mu \right]^2 \text{else} 0 \qquad （10-35）$$

10.4.2　FPGA 结构设计

同样，为充分利用 FPGA 的并行特性，我们采用流水线结构来实现上述设计。由最终的算法等效表达式可知，FPGA 需要完成以下计算工作：

（1）计算当前窗口内的像素均值 μ。

（2）计算当前窗口中心像素与均值之差的平方 $(\text{din} - \mu)^2$。

（3）将上式与 225 相乘，完成不等式左边的计算。

（4）计算当前窗口内 225 个所有像素值与均值之差的平方和，完成不等式右边的计算。

（5）将第（3）步和第（4）步的结果进行比较，完成图像分割。

（6）完成行列对齐与边界处理。

根据以上设计步骤，我们给出 FPGA 的顶层设计框图如图 10-13 所示。

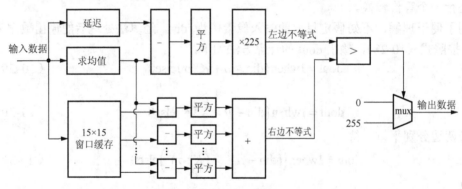

图 10-13　顶层框图设计

由图 10-13 可以看出，要完成图像的局部高斯分割工作，需要调用一个均值计算模块 mena_2d 来计算当前窗口内的像素均值 μ。

同时，为了在"同一时刻"计算出当前窗口内所有像素与窗口均值的差平方，还必须要对以当前像素为中心的窗口的所有 225 个像素进行缓存。对 15×15 个像素的缓存不是一件非常容易实现的事情，这里将指定尺寸的窗口缓存封装成一个模块，记为 win_buf 模块，把这个模块的当前输出像素记为 din_buf。

不等式左边的计算是非常简单的，窗口缓存的中间值即为当前像素值，记为 din_org，与均值做减法，求平方后再乘以 225 即可得到。

现在得到了窗口均值 μ 和当前窗口的像素队列 225 个 din_buf，需要做的是把窗口内 225 个 din_buf 分别与均值相减后计算平方。接下来的工作就是把上面 225 个差平方

的结果求和。同样，15×15 个数的加法运算也是非常麻烦的，这里也将会其封装成一个模块，记为 add_tree。Add_tree 的输出记为不等式右边结果。

将不等式进行比较，利用比较结果对原图像进行分割即可。

10.4.3　子模块设计

在 7.2 节中，我们已经详细介绍了窗口均值的计算方法，在这里不再详细介绍了。本节将详细介绍一个新的窗口缓存模块 win_buf，以及多数据累加模块 add_tree。

1. 窗口缓存模块 win_buf

本模块不做任何算法上的处理，只是负责将当前输入像素的二维窗口元素缓存并组成一个一维的向量输出。

模块的构建非常简单，对图像分别做行列方向的延迟即可。对于行方向上的延迟，可以采用行缓冲来实现，对于列方向上的延迟，则采用寄存器来实现。

设定需要缓存的窗口尺寸为 KSZ，则需要 KSZ-1 个行缓存，以及 KSZ×KSZ 个寄存器来实现。

我们将以 7×7 的窗口缓存模块为例来说明，其设计框图如图 10-14 所示。

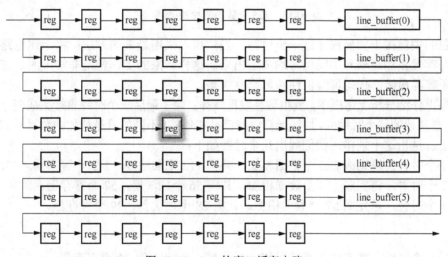

图 10-14　7×7 的窗口缓存电路

我们不难把这个电路扩展到尺寸为 15×15 的窗口中去，在图 10-14 中也重点标注出了窗口中心像素点。这个中心像素点就代表当前处理的像素中心，实际图中的 7×7 矩阵就是当前像素的开窗缓冲区。当然也可以用此电路来实现图像的卷积运算，例如排序、Sobel 算子、高斯滤波，或者均值求取等。

2. 数据累加模块 add_tree

数据累加模块负责将窗口内所有元素与均值之差的平方相加，这里还是采用之前的加法思路：每个加法器限制两个输入，这样，对于 225 个数据，在第一个时钟，共有 112 对数据进行相加。同时把剩余的一个数据进行缓存，第二个时钟有 56 对数据进行相加，同时将之前的数据缓存，依此类推，如图 10-15 所示。

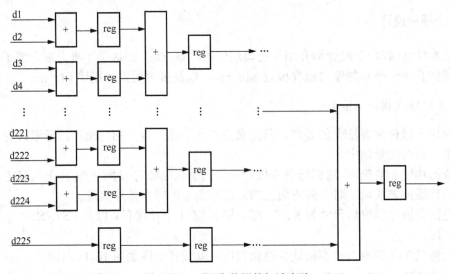

图 10-15　225 个数据的加法电路

问题的关键在于如何描述这一个电路。当然可以采用最笨的方法：将上述电路中所有的寄存器及加法器和中间信号均描述出来。这样带来的工作量是非常大的，带来的问题还容易出错，代码可维护性和可读性极差。

如果再仔细分析上述框图，就很容易发现规律：除了最后一个时钟直接完成两个数的相加，在其他的每个时钟内，加法运算电路都是相似的，不同的只是待加的数目不同。

为了总结出这个规律，我们列出几个时钟如下：

第 1 个时钟：需完成 225 个数据相加，共需 112 个加法器，113 个寄存器。

第 2 个时钟：需完成 113 个数据相加，共需 56 个加法器，57 个寄存器。

第 3 个时钟：需完成 57 个数据相加，共需 28 个加法器，29 个寄存器。

$$\vdots$$

最后一个时钟：需完成 2 个数据相加，共需 1 个加法器，1 个寄存器。

为此，我们总结出以下规律：

（1）设定本次待相加的数目为 n，则下次需要相加的数目为 $\dfrac{n}{2}+n\%2$。

（2）本次需要的加法器数目为 $\dfrac{n}{2}$，寄存器数目为 $\dfrac{n}{2}+n\%2$。

（3）每次的计算开销是 1 个时钟。

很明显，可以通过利用数学上的递归运算来解决这个问题。实际上，在数学上也把这种方法称为二分递归调用。

数学公式推导如下：

$$
\begin{aligned}
\text{Sum}(n, X) &= \sum_{i=0}^{n} X(i) \\
&= \sum_{i=0}^{\frac{n-1}{2}} [X(2i) + X(2i+1)] \\
&= \text{Sum}\left(\frac{n-1}{2}, X(2i) + X(2i+1)\right)
\end{aligned}
\tag{10-36}
$$

对应的 C 语言算法如下所示。

```c
/*num 为数组的长度， a 为待求和的数组*/
/*递归结束条件为最后只剩两个元素相加*/
int sum(int num,int *a)
{
  int y[100];                 //缓存
  if (num==2)
  {
    return (a[0]+a[1]);       //直到最后剩下两个数据相加作为最后的和返回
  }
  else
  {
    int temp=num;
    num=num/2;
    for (int i=0;i<num;i++)
    {
      y[i]=a[2*i]+a[2*i+1];
    }
    if (temp%2==0)            //如果个数能被 2 整除，则没有单独剩余的数据
    {
      sum(num,y);            //对此新向量进行递归计算
    }
    else                      //否则就会剩一个数据无法配对，
    {
      y[num]=a[temp-1];       //对单独的数据进行缓存
      sum(num+ num %2,y);     //将此数据和前面形成的向量组成一个新向量
    }
  }
}
```

读者需注意，到目前为止，我们所有的讨论都是基于图 10-15 所描述的电路图，只是用了另外一种电路描述方式而已，我们将在后面详细介绍递归求和的代码设计。

图 10-16 是递归求和的框图，可见，我们只是把图 10-15 后面的部分重新封装起来了而已。

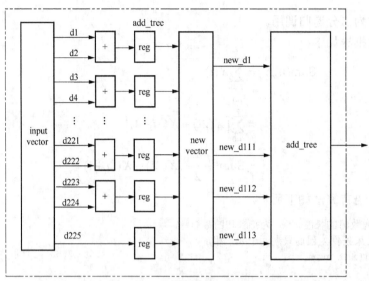

input vector：当前窗口的并行像素向量（由 win_buf 模块获得）；
new vector：第一次递归运算之后获得的新向量，作为下一次递归的 input vector

图 10-16　利用递归电路实现 225 个数的加法

3. 顶层模块 gauss_segment_2d

有了以上几个模块，顶层的设计就十分简单了。需实例化一个均值求取模块 mean_2d，求取当前窗口的均值，实时实例化一个窗口缓存模块 win_buf。需要注意的是，均值求取模块需要一定的 latency，需要将输入数据预期延迟对齐后再进行窗口缓存。Winbuf 输出中心像素与均值进行差平方运算后，再进行乘 255 运算计算不等式左边结果；输出其他像素分别与均值进行差平方运算，将计算结果送入例化的 add_tree 模块计算和，作为不等式右边结果，最后根据比较结果完成图像分割。计算框图如图 10-17 所示。

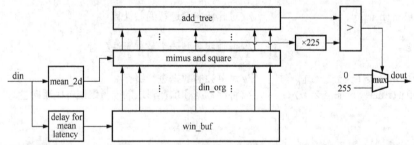

mean_2d：求均值模块；delay for mean latency：由于均值计算有延时，输入需要通过移位寄存器进行延时来与均值结果进行时序对齐；minus and square：均值与输入进行减法后开方运算；din_org：窗口中间像素，即当前操作像素，将该像素与均值进行 minus and square 运算后乘以 225 作为式（10-35）不等式左边表达式；win_buf：将输入延时后做并行处理，得到一个并行的窗口像素向量；add_tree：递归加法运算，输出结果作为式（10-35）不等式右边表达式

图 10-17　自适应分割顶层设计框图

10.4.4　Verilog 代码设计

1. 窗口缓存模块 win_buf

模块定义如下：

```verilog
module win_buf(
    rst_n,
    clk,
    din_valid,              //输入有效
    din,                    //输入数据流
    dout,                   //输出向量
    dout_org,               //输出中心像素值
    vsync,                  //输入场同步
    vsync_out,              //输出场同步
    is_boarder,             //边界信息
    dout_valid              //输出有效
    );

    parameter   DW  = 14;   //数据位宽
    parameter   KSZ = 15;   //处理窗口
    parameter   IH  = 512;  //图像高度
    parameter   IW  = 640;  //图像宽度

    input   rst_n;
    input   clk;
    input   din_valid;
    input   [DW-1:0]din;
    output  [DW*KSZ*KSZ-1:0]dout;   //输出为 KSZ*KSZ 向量
    output  [DW-1:0]dout_org;       //输出中心像素
    input   vsync;
    output  vsync_out;
    output  is_boarder;
    output  dout_valid;


localparam  num_all = KSZ * KSZ;    //窗口数据总数

//窗口寄存器
reg [DW-1:0]p[0:num_all-1];
```

```verilog
//例化 KSZ-1 个行缓存

generate
    begin : line_buf
        genvar i;
        for (i = 0; i <= KSZ - 2; i = i + 1)
        begin : buf_inst
            line_buffer #(DW, IW)
                line_buf_inst(
                    .rst(rst_all),
                    .clk(clk),
                    .din(line_din[i][DW - 1:0]),
                    .dout(line_dout[i][DW - 1:0]),
                    .wr_en(line_wren[i]),
                    .rd_en(line_rden[i]),
                    .empty(line_empty[i]),
                    .full(line_full[i]),
                    .count(line_count[i])
                );
        end
    end
    endgenerate
//将输入接入延时电路
if (valid == 1'b1)
p[0] <= #1 din;
//列延迟电路
for (k = 0; k <= KSZ - 1; k = k + 1)
for (j = 1; j <= KSZ - 1; j = j + 1)
    if ((line_valid[k * KSZ + j - 1]) == 1'b1)
        p[k * KSZ + j] <= #1 p[k * KSZ + j - 1];
//行延迟电路
for (k = 1; k <= KSZ - 1; k = k + 1)
    if ((line_rden[k - 1]) == 1'b1)
        p[k * KSZ] <= #1 line_dout[k - 1];

    //输出窗口缓存
generate
    begin : xhdl2
        genvar i;
        for (i = 1; i <= num_all; i = i + 1)
        begin : out_dat_gen
```

```
        assign dout[i * DW - 1:(i - 1) * DW] = p[i - 1];
      end
    end
    endgenerate

//输出中心像素
assign dout_org = p[med_idx];
```

2. 累加和模块 add_tree

模块完成指定宽度的数据向量的加法运算，模块定义如下：

```
module add_tree(
    rst_n,
    clk,
    din_valid,
    din,                           //输入数据向量
    dout,                          //输出和
    dout_valid
    );

    parameter  DW = 14;                              //本次递归的数据位宽
    parameter  KSZ = 225;                            //本次递归的尺寸
    localparam KSZ_new = (((KSZ) >> 1) + (KSZ%2)); //下次递归的尺寸
    localparam HALF_EVEN = (KSZ >> 1);               //本次需做加法的数目
    localparam DW_new = (DW + 1);                    //下次递归的数据位宽

    input  rst_n;
    input  clk;
    input  din_valid;
    input  [KSZ*DW-1:0]din; //输入数据为 KSZ 的数据向量
    output [2*DW-1:0]dout;  //输出位宽定为 2*DW，需注意不要溢出
    output dout_valid;

reg  [DW:0]dout_r;
reg  dout_valid_r;
reg  dout_valid_tmp;
reg  [DW:0]din_reg;
reg  [KSZ_new*(DW+1)-1:0]dout_tmp;
wire [2*DW_new-1:0]dout_tmp2;
wire dout_valid_tmp2;
```

```
assign dout = dout_tmp2[DW * 2 - 1:0];
assign dout_valid = dout_valid_tmp2;

generate                    //最后一次递归调用 只剩最后两个数据 直接相加即可
if (KSZ == 2)
begin : xhdl2

    always @(posedge clk)
    begin
        dout_r <= #1 ({1'b0, din[DW - 1:0]} + din[2 * DW - 1:DW]);
        dout_valid_r <= #1 din_valid;
    end

    assign dout_tmp2[DW:0] = dout_r;
    assign dout_tmp2[DW * 2 - 1:DW + 1] = {DW-1{1'b0}};
    assign dout_valid_tmp2 = dout_valid_r;

end
endgenerate

//中间递归调用
generate
if ((~(KSZ == 2)))
begin : xhdl3
    begin : xhdl0
        genvar i;
        for (i = HALF_EVEN; i >= 1; i = i - 1)//两个两个进行加法运算
        begin : gen_add_pipe
            always @(posedge clk)
            begin
                if(din_valid==1'b1)
                    dout_tmp[(i) * (DW + 1) - 1:(i - 1) * (DW + 1)] <=
                    #1(({1'b0, din[(i * 2) * DW - 1:(i * 2) * DW - DW]}) +
                    din[(i * 2 - 1) * DW - 1:(i * 2 - 1) * DW - DW]);
            end
        end
    end

    always @(posedge clk)
        dout_valid_tmp <= #1 din_valid;
```

```
    //输入尺寸为奇数 必然剩一个无法配对 需将其缓存 同时与加法结果组成新的向量进
行下一次递归运算
        if (KSZ % 2 == 1)
    begin : xhdl4
        always @(posedge clk)
            din_reg[DW:0] <= #1 ({1'b0, din[KSZ * DW - 1:(KSZ - 1) * DW]});
        always @(din_reg)
            dout_tmp[KSZ_new * (DW + 1) - 1:(KSZ_new - 1) * (DW + 1)]
            <= din_reg;
        end
//进行下一次递归运算
    add_tree #(DW_new, KSZ_new)
            addtree_inst(
                .rst_n(rst_n),
                .clk(clk),
                .din_valid(dout_valid_tmp),
                .din(dout_tmp[KSZ_new * (DW + 1) - 1:0]),
                .dout(dout_tmp2),
                .dout_valid(dout_valid_tmp2)
            );
    end
  endgenerate

endmodule
```

3. 顶层模块 gauss_segment_2d

//模块定义如下:

```
module gauss_segment_2d(
        rst_n,
        clk,
        din_valid,              //输入有效
        din,                    //输入数据
        dout,                   //输出数据
        vsync,                  //输入场同步
        vsync_out,              //输出场同步
        dout_valid              //输出有效
    );

    //首先进行均值运算
```

```
    Mean_2D #(DW, KSZ, IH, IW)
        mean(
            .rst_n(rst_n),
            .clk(clk),
            .din(din),
            .din_valid(din_valid),
            .din_valid_delay(din_valid_delay),
            .din_delay(din_delay),
            .dout_valid(mean_valid),
            .vsync(vsync),
            .vsync_out(mean_vsync),
            .is_boarder(is_boarder_mean),
            .dout(dout_mean)      //均值结果
        );
//输入延时 等待均值运算结束
always @(posedge clk)
    begin
        if (rst_all == 1'b1)
        begin
            din_valid_delay_r <= {mean_latency{1'b0}};
            din_delay_r <= {mean_latency*DW-1+1{1'b0}};
        end
        else
        begin
            din_valid_delay_r <= #1 ({din_valid_delay_r[mean_latency -
            2:0], din_valid});
            din_delay_r <= #1 ({din_delay_r[(mean_latency - 1) * DW -
            1:0], din});
        end
    end
//缓存当前窗口
win_buf #(DW, KSZ, IH, IW)
        orignal_buf(
            .rst_n(rst_n),
            .clk(clk),
            .din_valid(din_valid_delay_r[mean_latency - 1]),
            .din(din_delay_r[mean_latency * DW - 1:(mean_latency - 1) * DW]),
            .dout(din_new),
            .dout_org(din_org),
            .vsync(vsync),
            .is_boarder(new_boarder),
```

```verilog
            .dout_valid(din_new_valid)
        );
//计算窗口内所有像素的差平方
    generate
    begin : xhdl0
        genvar i;
        for (i = 0; i <= KSZ * KSZ - 1; i = i + 1)
        begin : cal_square//首先计算差值
            always @(*) diff_tmp[i] <= (((({din_new[(i + 1) * DW - 1:(i)
                * DW], 4'b0000}) > ({dout_mean[DW + 2:0], 1'b0}))) ?
                (({din_new[(i + 1) * DW - 1:(i) * DW], 4'b0000}) -
                ({dout_mean[DW + 2:0], 1'b0})) :
                (({dout_mean[DW + 2:0], 1'b0}) - ({din_new[(i + 1) * DW-
                1:(i) * DW], 4'b0000})));

            assign #1 square_temp[i] =(diff[i] * diff[i]);//接着计算平方值

            always @(posedge clk)
            begin
                if (din_new_valid == 1'b1 & mean_valid == 1'b1 & ((~
                (is_boarder_mean))) == 1'b1)
                    diff[i] <= #1 diff_tmp[i];
                if (mul_valid == 1'b1)
//将结果组成一个新的向量方便加法运算
                    square[(i + 1) * DW_SQR - 1:(i) * DW_SQR] <= #1
                    ({square_temp[i], 4'b0000});
            end

        end
    end
    endgenerate


    //将窗口内平方差相加
add_tree #(DW_SQR, KSZ_SQR)
    square_total(
        .rst_n(rst_n),
        .clk(clk),
        .din_valid(mul_valid_r),
        .din(square_all_input),
        .dout(add_all),
        .dout_valid(square_all_valid)
```

```verilog
    );


    //不等式左边乘以 225 = 128 + 64 + 32 + 1
    always @(posedge clk)
        begin
            if (mul_valid_r == 1'b1)
            begin
                square_org1 <= ({8'b00000000, square_org_tmp}) + ({1'b0,
                square_org_tmp, 7'b0000000});
                square_org2 <= ({2'b00, square_org_tmp, 6'b000000}) +
                ({3'b000, square_org_tmp, 5'b00000});
            end
            if (mul_valid_r2 == 1'b1)
                square_org <= square_org1 + square_org2;
            square_org_r <= ({square_org_r[(latency - 1) * DW_SQR_TOTAL -
            1:0], square_org});
        end

    assign square_all_input = square[KSZ * KSZ * DW_SQR - 1:0];

    //利用两边不等式结果做阈值分割
    assign square_all = add_all[DW_SQR_TOTAL - 1:0];
    assign square_tmp1 = ({4'b0000, square_all});
    assign square_tmp2 = {DW_SQR_TOTAL+4{1'b0}};
    assign square_tmp3 = {DW_SQR_TOTAL+4{1'b0}};

    always @(posedge clk)
    begin
        if (square_all_valid == 1'b1)
        begin
            sigma_square1 <= square_tmp1 + square_tmp3;
            sigma_square2 <= square_tmp2;
        end
        if (square_all_valid_r == 1'b1)
            sigma_square <= sigma_square1 + sigma_square2;
    end

    assign  square_org_last  =  ({4'b0000,  square_org_r[latency  *
DW_SQR_TOTAL - 1:(latency - 1) * DW_SQR_TOTAL]});
    assign din_final = din_org_r[(sigma_latency) * DW - 1:(sigma_latency
```

```
- 1) * DW];
    //分割结果
    assign dout_cmp = ((square_org_last > sigma_square)) ? {DW{1'b0}} :
{DW{1'b1}};
    //边界处理
    assign  dout_no_board  =  (((board_r[sigma_latency  -  1]  |  ( ~
(valid_r[sigma_latency - 1]))) == 1'b1)) ? {DW{1'b0}} : dout_cmp;


    //输出数据
    always @(posedge clk)
    begin
       if (rst_all == 1'b1)
           dout <= {DW{1'b0}};
       else
           dout <= #1 dout_no_board;
    end
```

10.4.5 仿真与调试

1. 窗口缓存模块 win_buf

为了验证本模块的正确性，我们生成一幅 256×256 的渐变图，以这个渐变图的 3×3 窗口缓存为例来进行验证。这个渐变图的像素值有以下定义：

```
for (int i = 0; i < dwHeight; i++)
for (int j = 0; j < dwWidth; j++)
{
     pBitmap[i*dwWidth + j] = i+j;
}
```

即图像的每一行均是渐变的，但是初始像素值是当前行数，该图像如图 10-18 所示。

设计测试代码如下：

```
wire [local_dw-1:0]win_buf_din;
wire win_buf_vsync;
wire win_buf_dvalid;

wire [local_dw-1:0]win_buf_data_org;
wire [local_dw-1:0]win_buf_new_data_org;
```

图 10-18　渐变测试图

```
wire win_buf_is_boarder;
wire win_buf_new_is_boarder;

wire win_buf_out_valid;
wire win_buf_new_out_valid;
wire [local_dw*3*3-1:0]win_buf_new_data_out;

wire [local_dw-1:0]test[0:8];/*便于查看测试结果*/

assign win_buf_dvalid = cap_dvalid ;
assign win_buf_din    = cap_data;
assign win_buf_vsync = cap_vsync;

win_buf win_buf_ins(
   .rst_n(reset_1),
   .clk(cap_clk),
   .din_valid(win_buf_dvalid),
   .din(win_buf_din),
   .dout(win_buf_new_data_out),          //output vector
   .dout_org(win_buf_data_org),          //the centor of the window
   .vsync(win_buf_vsync),
   .vsync_out(),
   .is_boarder(win_buf_is_boarder),      //boarder information
   .dout_valid(win_buf_out_valid)
);
defparam win_buf_ins.DW = local_dw;
defparam win_buf_ins.KSZ = 3;
defparam win_buf_ins.IH = ih;
defparam win_buf_ins.IW = iw;

assign test[0] = win_buf_new_data_out[local_dw-1:0];
assign test[1] = win_buf_new_data_out[2*local_dw-1:local_dw];
assign test[2] = win_buf_new_data_out[3*local_dw-1:2*local_dw];
assign test[3] = win_buf_new_data_out[4*local_dw-1:3*local_dw];
assign test[4] = win_buf_new_data_out[5*local_dw-1:4*local_dw];
assign test[5] = win_buf_new_data_out[6*local_dw-1:5*local_dw];
assign test[6] = win_buf_new_data_out[7*local_dw-1:6*local_dw];
assign test[7] = win_buf_new_data_out[8*local_dw-1:7*local_dw];
assign test[8] = win_buf_new_data_out[9*local_dw-1:8*local_dw];
```

我们列出该图片前 6 行数据，见表 10-1。

表 10-1　图像前 6 行数据

0	1	2	3	4	5	...
1	**2**	3	4	5	6	...
2	3	**4**	5	6	7	...
3	4	5	6	7	8	...
4	5	6	7	8	9	...
5	6	7	8	9	10	...
...	...	...	...	...	...	...

可以预见的是，中心像素值从第二行第二列即第二行的高亮处开始有效，在图像的非边缘区域以流水方式移动，即 dout_org 的值为 2,3,4,5,6,7,...，见表 10-2。

表 10-2　图像中心像素值

2	3	4	5	6	7	...
3	4	5	6	7	8	...
4	5	6	7	8	9	...
5	6	7	8	9	10	...
6	7	8	9	10	11	...
7	8	9	10	11	12	...
...	...	...	...	...	...	...

同时我们也可以预知输出向量，即输出窗口缓存 test 的前几个有效输出，见表 10-3。

表 10-3　前 6 个窗口缓存输出

1	4 3 2 3 2 1 2 1 0
2	5 4 3 4 3 2 3 2 1
3	6 5 4 5 4 3 4 3 2
4	7 6 5 6 5 4 5 4 3
5	8 7 6 7 6 5 6 5 4
6	9 8 7 8 7 6 7 6 5
...	...

我们还可以得到在表 10-1 中的第 3 行第 3 列输出后才能得到 test 的第一个有效输出，这是由于到了这个时钟，才能得到第一个完整的 3×3 窗口。

截取前面几个有效输出时钟如下：

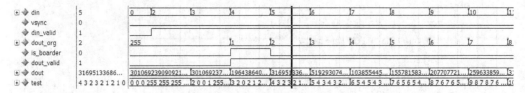

图 10-19　窗口缓存输出仿真图

仿真图也验证了我们的猜想，说明我们的设计逻辑正确。

2. 数据累加模块 add_tree

对于本模块的测试，我们提供两个测试实例：一个测试实例计算从 1 加到 100 的和，另一个测试实例生成 7 个随机数进行求和测试。测试用例如下：

```verilog
reg  add_tree_valid_0,add_tree_valid_1;
wire add_tree_dout_valid_0,add_tree_dout_valid_1;

reg  [100*local_dw-1:0]add_tree_din_0;    //输入 100 个数
reg  [local_dw-1:0]test_0[0:99];          //测试数据 方便查看
wire [2*local_dw-1:0]add_tree_dout_0;     //

reg  [7*local_dw-1:0]add_tree_din_1;
reg  [local_dw-1:0]test_1[0:6];
wire [2*local_dw-1:0]add_tree_dout_1;

integer m;
integer n;

//第 0 个通道，从 1 加到 100
always @(reset_l or posedge cap_clk)
begin
   if ((~(reset_l)) == 1'b1)
   begin
      add_tree_valid_0 <= 1'b0;
      for(m=1;m<=100;m=m+1)
      begin
          add_tree_din_0[m*local_dw-1 -:local_dw] <= {local_dw{1'b0}};
          test_0[m-1] <= add_tree_din_0[m*local_dw-1 -:local_dw];
      end
   end
   else
   begin
      add_tree_valid_0 <= 1'b1;
      for(m=1;m<=100;m=m+1)
      begin
          add_tree_din_0[m*local_dw-1 -:local_dw] <= m;
          test_0[m-1] <= add_tree_din_0[m*local_dw-1 -:local_dw];
      end
   end
```

```
end

add_tree #(local_dw, 100)
    u0(
        .rst_n(reset_1),
        .clk(clk),
        .din_valid(add_tree_valid_0),
        .din(add_tree_din_0),
        .dout(add_tree_dout_0),
        .dout_valid(add_tree_dout_valid_0)
    );
//第1个通道,生成7个10以内的随机数
always @(reset_1 or posedge cap_clk)
begin
    if ((~(reset_1)) == 1'b1)
    begin
        add_tree_valid_1 <= 1'b0;
        for(n=1;n<=7;n=n+1)
        begin
            add_tree_din_1[n*local_dw-1 -:local_dw] <= {local_dw{1'b0}};
            test_1[n-1] <= add_tree_din_1[n*local_dw-1 -:local_dw];
        end
    end
    else
    begin
        add_tree_valid_1 <= 1'b1;
        for(n=1;n<=7;n=n+1)
        begin
            //生成随机数
            add_tree_din_1[n*local_dw-1-:local_dw]<={$random}%10;
            test_1[n-1] <= add_tree_din_1[n*local_dw-1 -:local_dw];
        end
    end
end
add_tree #(local_dw, 7)
    u1(
        .rst_n(reset_1),
        .clk(cap_clk),
        .din_valid(add_tree_valid_1),
        .din(add_tree_din_1),
        .dout(add_tree_dout_1),
```

```
        .dout_valid(add_tree_dout_valid_1)
    );
```

截取仿真图如图 10-20 所示。

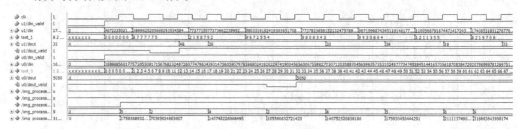

图 10-20　add_tree 仿真结果

u0 输出 5050 很明显是正确的，我们来验证 u1 的正确性，取图 10-20 所示几个典型时钟见表 10-4。

表 10-4　图 10-20 前 7 个时钟求和结果

	d1	d2	d3	d4	d5	d6	d7	sum
1	8	7	7	7	7	7	5	48
2	2	1	9	8	7	9	2	38
3	9	6	7	2	5	5	4	38
4	9	6	0	8	3	4	3	33
5	9	9	3	0	8	6	4	39
6	1	2	1	1	3	5	5	18
7	8	2	1	9	7	0	6	33

明显可以验证计算正确。对于 7 个数目的加法运算，第一个时钟完成 3 对数据的加法计算，第二个时钟完成 2 对数据的加法运算，第三个时钟完成 1 对数据的加法运算，计算开销为 3 个时钟，从仿真图也可以得到验证。

我们用 quartus 来查看综合后的电路。设定数据位宽为 4，计算尺寸为 7。顶层电路如图 10-21 所示。

可见，顶层结构第一个时钟完成了三对数据的加法运算，同时与剩余的一个数据的缓存整合为一个新的向量输入再次进行递归调用，我们继续进入这个被调用的新模块。

本模块完成了 2 对数据的加法，同时与剩余的单个数据缓存结果组合为一个新的向量继续递归操作。

最后一次递归操作完成最后两个数的加法运算。至此，经过 3 个时钟，完成了 7 个数据的加法运算。

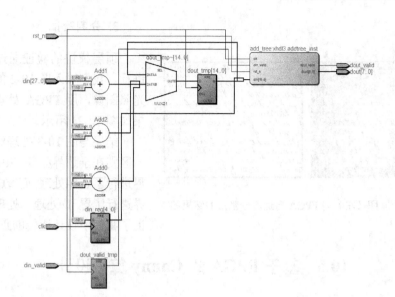

图 10-21　add_tree 顶层电路

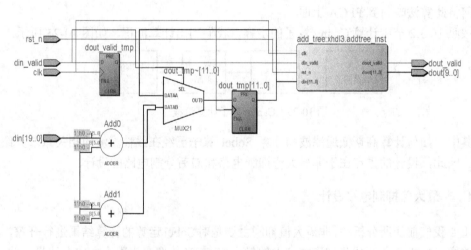

图 10-22　add_tree 第一层递归电路

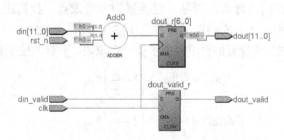

图 10-23　add_tree 最底层递归电路

3. 分割验证

顶层模块的验证通过图像来进行，我们输入图 10-2 的不均匀光照图像，用 FPGA 处理后的效果如图 10-24 所示。

结果与图 10-3 处理结果的唯一区别在于边界处理，FPGA 对边界进行了置零处理，而 VC 则对边界进行了置 1 处理。处理结果验证了我们所设计逻辑的正确性。

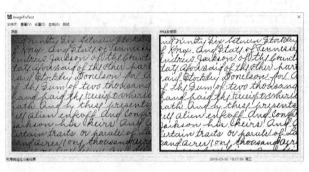

图 10-24　原图（左）与 FPGA 自适应分割后的结果图

10.5　基于 FPGA 的 Canny 算子设计

我们在 10.3 节中详细介绍了 Canny 算子的原理及 VC 实现方法。在本节将详细介绍如何将此算法映射到 FPGA 上面。

按照 10.3.2 节中计算 Canny 算子的步骤，我们列出计算流程，如图 10-25 所示。

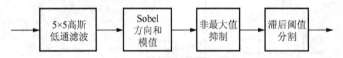

图 10-25　Canny 算子计算流程

其中，如何计算高斯低通滤波和计算 Sobel 算子已经在线性滤波的相关章节介绍过了。因此，设计的重点在于非最大值抑制电路和滞后分割电路的设计。

10.5.1　非最大值抑制电路设计

正如我们前面所分析的，非最大值抑制主要是对 Sobel 运算的计算结果进行开窗，在当前像素的 3×3 邻域找到梯度方向上的最大值，若当前像素为整个方向上的最大值，则将该像素点归为潜在的边缘点。否则，直接置为非边缘点。我们还是用数学公式来表示这一步骤，如下所示（公式的定义请参见 10.3.1 节）。

我们首先需要明白当前像素的梯度值位于哪一个象限，假定其位于第一象限，则有

$$f(m_1) = \frac{y}{x} * a_2 + \left(1 - \frac{y}{x}\right) * a_5 \tag{10-37}$$

$$f(m_2) = \frac{y}{x} * a_6 + \left(1 - \frac{y}{x}\right) * a_3 \tag{10-38}$$

设定该点的计算结果为 Result，则有

$$Result = \begin{cases} 1, & \left[a_4 \geq f(m_1)\right] \& \& \left[a_4 \geq f(m_2)\right]_? \\ 0, & \text{其他} \end{cases} \tag{10-39}$$

不妨再列出第二象限的计算公式：

$$f(m_3) = \frac{x}{y} * a_2 + \left(1 - \frac{x}{y}\right) * a_1 \tag{10-40}$$

$$f(m_4) = \frac{x}{y} * a_6 + \left(1 - \frac{x}{y}\right) * a_7 \tag{10-41}$$

$$Result = \begin{cases} 1, & \left[a_4 \geq f(m_3)\right] \& \& \left[a_4 \geq f(m_4)\right]_? \\ 0, & \text{其他} \end{cases} \tag{10-42}$$

设计的难点在于梯度方向上两个潜在极大值的插值运算 f 算子。有两点值得我们注意：

（1）f 算子中包含除法运算，这是我们在 FPGA 中所不希望看到的。

（2）前两个象限的除法运算的分子和分母是颠倒的，这给我们的设计带来了难度。

由于上述两个难点，将上述算法直接映射到 FPGA 里面是"愚蠢"的，我们必须对算法进行等效转换。

首先想到的是将除法转换为乘法运算。这个是很容易实现的，我们以第一象限公式为例，两边同时乘以 x，则有

$$x \cdot f(m_1) = y \cdot a_2 + (y - x) \cdot a_5 \tag{10-43}$$

$$x \cdot f(m_2) = y \cdot a_6 + (y - x) \cdot a_3 \tag{10-44}$$

$$Result = \begin{cases} 1, & \left[x \cdot a_4 \geq x \cdot f(m_1)\right] \& \& \left[x \cdot a_4 \geq x \cdot f(m_2)\right] \\ 0, & \text{其他} \end{cases} \tag{10-45}$$

对于第二象限，两边同时乘以 y，则有

$$y \cdot f(m_3) = x \cdot a_2 + (x - y) \cdot a_1 \tag{10-46}$$

$$y \cdot f(m_4) = x \cdot a_6 + (x - y) \cdot a_7 \tag{10-47}$$

$$Result = \begin{cases} 1, & \left[y \cdot a_4 \geq y \cdot f(m_3)\right] \& \& \left[y \cdot a_4 \geq y \cdot f(m_4)\right] \\ 0, & \text{其他} \end{cases} \tag{10-48}$$

接下来我们要解决 x 与 y 的差异性问题。仔细观察上述两组公式就能发现，x 与 y 是完全对称的，再仔细观察图 10-6～图 10-9，不等式右边第一项系数为当前 x 与 y 方向梯度值的较小值，第二项系数为当前 x 与 y 方向梯度值的较大值与最小值之差，不等式左边系数为当前 x 与 y 方向梯度值的较大值。因此，将公式变换如下：

$$M_{\max} \cdot f(m_1) = M_{\min} \cdot C_0 + \left(M_{\max} - M_{\min}\right) \cdot C_1 \tag{10-49}$$

$$M_{\max} \cdot f(m_2) = M_{\min} \cdot C_2 + \left(M_{\max} - M_{\min}\right) \cdot C_3 \tag{10-50}$$

$$Result = \begin{cases} 1, & \left[M_{max} \cdot a_4 \geq M_{max} \cdot f(m_1)\right] \&\& \left[M_{max} \cdot a_4 \geq M_{max} \cdot f(m_2)\right] \\ 0, & \text{其他} \end{cases} \quad (10\text{-}51)$$

上式中，M_{max} 代表当前 x 与 y 方向梯度值的较大值，M_{min} 代表当前 x 与 y 方向梯度值的较小值。C_0, C_1, C_2, C_3 则分别代表 4 个插值元素。对于 8 个不同的象限，插值元素的索引号如表 10-5 所示（在实际运算时可通过查找表实现）。

表 10-5   8 个象限的插值元素

插值 象值	Index of C_0	Index of C_1	Index of C_2	Index of C_3
第 1,5 象限	2	5	6	3
第 2,6 象限	2	1	6	7
第 3,7 象限	0	1	8	7
第 4,8 象限	0	3	8	5

这样，我们就实现了 4 个主象限的计算一致性，同时将其转换为 FPGA 所擅长的乘法和加法运算。

在查表得到插值元素时，需要知道当前的象限信息，得到象限信息的最简单办法是通过查询 x 与 y 方向梯度值的符号。同时，需要得到两个值的比较关系。读者如果认真读过前面的章节就可以知道，在介绍 Sobel 运算时的 Cordic 运算预处理模块 cordic_pre 可以完美解决我们想要的问题，我们所需要做的仅仅是例化这样一个模块而已。

需要注意的是，我们需要 Sobel 运算结果的 x 与 y 方向的输出，以及模值输出，实际上并不需要方向计算。

我们给出第一阶段的计算电路如图 10-26 所示。

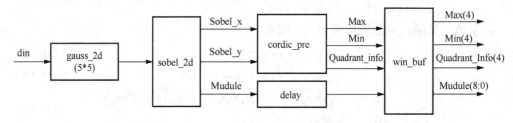

图 10-26　Canny 算子第一阶段计算电路

首先，将 Sobel 的 x 和 y 方向的计算结果通过 cordic 模块输出两个值的绝对值的较大值 Max 和较小值 Min，以及输入坐标的的象限信息 Quadrant_info。接着为了得到当前像素的 8 个插值元素，即当前窗口，我们需要将上面三个数据及 Sobel 的模值结果 Mudule 送入 win_buf 得到其窗口缓存。我们需要的是当前窗口的 9 个元素 Mudule(8:0)，以及上面三个数据的当前值 Max(4), Min(4), Quadrant_info (4)。

我们给出第二阶段的计算电路如图 10-27 所示。

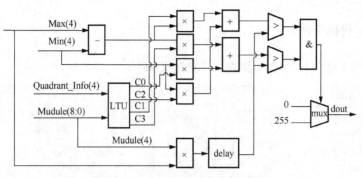

图 10-27　Canny 算子第二阶段计算电路

第二阶段的计算：我们将象限信息和当前窗口像素送入查找表，由查找表电路得到 C_0, C_1, C_2, C_3 输出。然后，在此基础上做 f 算子，得到的结果与中心窗口值与 Max 的乘积进行比较。最后，在比较结果的基础上进行分割。

10.5.2　滞后阈值分割电路设计

滞后阈值需要两个阈值：正如前面所提到的，可以根据所要提取的图片，提前定好这两个阈值；另外一种方式是采用自动阈值法，一种典型的阈值求取方法是全局阈值，例如本章所提到的大津法。我们在这里直接采用第一种方法。

首先需要对上一步骤的极大值抑制后的结果 NMS 进行缓存，这是由于需要在其邻域内查找是否有潜在的极大值点，来连接间断的非极大值点。

很明显，要对之前计算的 Sobel 模值再次进行缓存，这是由于需要与 NMS 结果进行对齐。

还要有一块专门的电路来对 Sobel 模值的 3×3 邻域进行查找，是否有任意一个或多个大于阈值的点，并将查找结果寄存。

设计电路如图 10-28 所示。

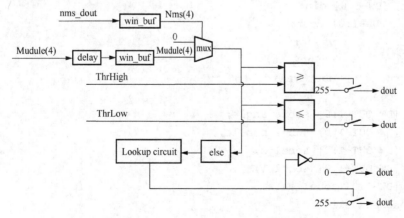

图 10-28　Canny 算子滞后阈值分割电路

10.5.3 Verilog 代码设计

模块需要两个阈值作为输入参数，模块定义如下：

```verilog
module canny(
    rst_n,
    clk,
    din_valid,
    din,
    dout,
    vsync,
    vsync_out,
    dout_valid
    );

    parameter       DW  = 14;             //
    parameter       KSZ = 3;              //must be 3
    parameter       IH  = 512;
    parameter       IW  = 640;
    parameter       ThrHigh = 20;         //高阈值
    parameter       ThrLow  = 10;         //低阈值
    parameter       DW_OUT = 20;
    parameter       DW_IN = 16;
```

关键代码如下：

```verilog
    input           rst_n;
    input           clk;
    input           din_valid;
    input   [DW-1:0] din;
    output  [DW-1:0] dout;
    input           vsync;
    output          vsync_out;
    output          dout_valid;

wire [DW_OUT-1:0] soble_angle;
wire [DW_OUT-1:0] sobel_mudule;
wire [DW_OUT-1:0] sobel_x;
wire [DW_OUT-1:0] sobel_y;
wire [DW-1:0] sobel_data;
wire sobel_valid;
wire sobel_vsync;
```

```verilog
//首先进行高斯滤波和Sobel求边缘
gauss_sobel #(DW,KSZ,IH,IW)
gauss_sobel_ins(
    .rst_n (rst_n),
    .clk   (clk),
    .din_valid (din_valid),
    .din   (din),
    .dout(sobel_data),        //模值输出
    .dout_x (sobel_x),        //x方向结果
    .dout_y (sobel_y),        //y方向结果
    .vsync(vsync),
    .vsync_out(sobel_vsync),
    .dout_valid (sobel_valid)
);


//计算Sobel两个方向绝对值和象限信息
wire [DW_OUT-1:0]sobel_abs_min;
wire [DW_OUT-1:0]sobel_abs_max;
wire sobel_abs_valid;
wire [2:0]sobel_abs_info;
//cal the abs of the sobel result(in both x and y direction)
    cordic_pre abs_ins(
        .clk(clk),
        .rst_n(rst_n),
        .din_valid(sobel_valid),
        .din_x(sobel_x),
        .din_y(sobel_y),
        .dout_x(sobel_abs_max),
        .dout_y(sobel_abs_min),
        .dout_valid(sobel_abs_valid),
        .dout_info(sobel_abs_info)
        );
        defparam abs_ins.DW = DW_OUT;

//缓存中间结果，完成时序匹配
    integer i;
    integer j;
    always @(posedge clk)
    begin
        sobel_valid_r[0] <= #1 sobel_valid;
        sobel_data_r[0]  <= #1 sobel_data;
```

```
            sobel_x_r[0]  <= #1 sobel_x;
            sobel_y_r[0]  <= #1 sobel_y;
            for(i=1;i<=NMS_LATENCY;i=i+1)
            begin
                sobel_valid_r[i] <= #1 sobel_valid_r[i-1];
                sobel_data_r[i]  <= #1 sobel_data_r[i-1];
                sobel_x_r[i]  <= #1 sobel_x_r[i-1];
                sobel_y_r[i]  <= #1 sobel_y_r[i-1];
            end
        end

//将 Sobel 模值，x 方向模值，y 方向模值，象限信息结果缓存（开窗）
wire [2*DW_OUT+2+DW-1:0]win_buf_din;
assign win_buf_din=
    {sobel_abs_max,sobel_abs_min[DW_OUT-2:0],sobel_abs_info,sobel_da
    ta_r[1]};
wire [KSZ*KSZ*(2*DW_OUT+2+DW)-1:0]win_data_temp;
wire win_valid;
wire win_vsync;
wire [2*DW_OUT+2+DW-1:0]win_org;
wire win_is_boarder;

win_buf #(2*DW_OUT+2+DW,KSZ,IH,IW)
    buf_sobel(
        .rst_n(rst_n),
        .clk(clk),
        .din_valid(sobel_valid_r[1]),
        .din(win_buf_din),
        .dout(win_data_temp),
        .dout_org(win_org),
        .vsync(sobel_vsync),
        .vsync_out(win_vsync),
        .is_boarder(win_is_boarder),
        .dout_valid(win_valid)
);

//缓存结果解析
generate
begin : xhdl1
    genvar i;
    for (i = 1; i <= KSZ*KSZ; i = i + 1)
```

```
    begin   : xhdl9
        assign win_data[i-1]=  (win_valid==1'b1)?win_data_temp[(2*DW_
        OUT+2+DW)*i-1 -:2*DW_OUT+2+DW]:{2*DW_OUT+2+DW{1'b0}};
        //得到较大值
        assign win_max[i-1]   = win_data[i-1][2*DW_OUT+2+DW-1-:DW_OUT];
//得到较小值
        assign win_min[i-1]   = win_data[i-1][DW_OUT+2+DW-1-:DW_OUT-1];
        //得到象限值
        assign win_info[i-1] = win_data[i-1][2+DW -:3];
        //得到模值
        assign win_r[i-1]    = win_data[i-1][DW-1 -:DW];
    end
end
endgenerate

//buffer mudule value for future use
    reg [DW-1:0]mudule_reg[NMS_LATENCY:0];

    always @(posedge clk)
    begin
        mudule_reg[0]  <= #1 win_r[med_idx];
        for(j=1;j<=NMS_LATENCY;j=j+1)
            mudule_reg[j]  <= #1 mudule_reg[j-1];
    end
    //buffer valid for future use
    reg [NMS_LATENCY:0]win_valid_r;

    always @(posedge clk)
    begin
        win_valid_r <= #1 {win_valid_r[NMS_LATENCY-1:0],win_valid};
    end

//根据象限值计算乘法系数索引值

reg [3:0]add_index[3:0];
    always @(posedge clk)
    begin
        if(win_valid==1'b1)
        begin
            if( (win_info[med_idx]==3'b000) | (win_info[med_idx]==
            3'b110) )
```

```
            begin
                add_index[0] <= #1 4'd2;
                add_index[1] <= #1 4'd5;
                add_index[2] <= #1 4'd6;
                add_index[3] <= #1 4'd3;
            end
            else if( (win_info[med_idx]==3'b001) | (win_info[med_idx]==3'b111) )
            begin
                add_index[0] <= #1 4'd2;
                add_index[1] <= #1 4'd1;
                add_index[2] <= #1 4'd6;
                add_index[3] <= #1 4'd7;
            end
            else if( (win_info[med_idx]==3'b011) | (win_info[med_idx]==3'b101) )
            begin
                add_index[0] <= #1 4'd0;
                add_index[1] <= #1 4'd1;
                add_index[2] <= #1 4'd8;
                add_index[3] <= #1 4'd7;
            end
            else
            begin
                add_index[0] <= #1 4'd0;
                add_index[1] <= #1 4'd3;
                add_index[2] <= #1 4'd8;
                add_index[3] <= #1 4'd5;
            end
        end

//根据极大值公式进行插值计算，计算开销 3 个时钟
    reg [7:0]nms_result;
    reg [2*DW_OUT-1:0]nms_max_a4;
    reg [2*DW_OUT-1:0]nms_max_a4_r;
    reg [2*DW_OUT-1:0]nms_add1;
    reg [2*DW_OUT-1:0]nms_add2;
    reg [2*DW_OUT-1:0]nms_add3;
    reg [2*DW_OUT-1:0]nms_add4;
    reg [2*DW_OUT:0]nms_add5;
    reg [2*DW_OUT:0]nms_add6;

always @(posedge clk)
```

```
begin
    if(win_valid_r[0]==1'b1)
    begin
        nms_max_a4 <= #1 win_r[med_idx]*win_max[med_idx];
        nms_add1   <= #1 win_r[add_index[0]]*win_min[med_idx];
        nms_add2   <= #1 win_r[add_index[1]]*(win_max[med_idx]-win_min
                    [med_idx]);
        nms_add3   <= #1 win_r[add_index[2]]*win_min[med_idx];
        nms_add4   <= #1 win_r[add_index[3]]*(win_max[med_idx]-win_min
                    [med_idx]);
    end

    if(win_valid_r[1]==1'b1)
    begin
        nms_max_a4_r <= #1 nms_max_a4;
        nms_add5 <= #1 nms_add1 + nms_add2;
        nms_add6 <= #1 nms_add3 + nms_add4;
    end

    if(win_valid_r[2]==1'b1)
    begin
        if(nms_max_a4_r == {2*DW_OUT{1'b0}})
            nms_result <= 8'd0;
        else if( (nms_max_a4_r >= nms_add5) && (nms_max_a4_r >=
nms_add6))
            nms_result <= 8'd128;
        else
            nms_result <= 8'd0;
    end
end

//缓存极大值结果，用来与模值结果对齐
wire nms_valid;
wire nms_vsync;
wire nms_is_boarder;
wire [7:0]nms_data;
wire [KSZ*KSZ*8-1:0]nms_data_temp;

win_buf #(8,KSZ,IH,IW)
    buf_nms(
            .rst_n(rst_n),
            .clk(clk),
            .din_valid(win_valid_r[3]),
            .din(nms_result),
```

```
                .dout(nms_data_temp),
                .dout_org(nms_data),
                .vsync(vsync),
                .vsync_out(nms_vsync),
                .is_boarder(nms_is_boarder),
                .dout_valid(nms_valid)
            );

//缓存模值结果，来获得其 3*3 邻域
wire [KSZ*KSZ*DW-1:0]mudule_temp;
    wire [DW-1:0]mudule_org;
    wire    mudule_valid;
    wire    mudule_vsync;
    wire    mudule_is_boarder;
    win_buf #(DW,KSZ,IH,IW)
        mudule_buf(
            .rst_n(rst_n),
            .clk(clk),
            .din_valid(win_valid_r[3]),
            .din(mudule_reg[3]),
            .dout(mudule_temp),
            .dout_org(mudule_org),
            .vsync(vsync),
            .vsync_out(mudule_vsync),
            .is_boarder(mudule_is_boarder),
            .dout_valid(mudule_valid)
    );

//邻域查找电路 在当前模值的邻域内查找是否有大于高阈值的邻域点，如果有，则将结果
//置 1，需要两个时钟计算开销
wire mudule_result_temp[0:7];

assign mudule_result_temp[0] = (mudule_data[0] >= ThrHigh)?1'b1:1'b0;
assign mudule_result_temp[1] = (mudule_data[1] >= ThrHigh)?1'b1:1'b0;
assign mudule_result_temp[2] = (mudule_data[2] >= ThrHigh)?1'b1:1'b0;
assign mudule_result_temp[3] = (mudule_data[3] >= ThrHigh)?1'b1:1'b0;
assign mudule_result_temp[4] = (mudule_data[5] >= ThrHigh)?1'b1:1'b0;
assign mudule_result_temp[5] = (mudule_data[6] >= ThrHigh)?1'b1:1'b0;
assign mudule_result_temp[6] = (mudule_data[7] >= ThrHigh)?1'b1:1'b0;
assign mudule_result_temp[7] = (mudule_data[8] >= ThrHigh)?1'b1:1'b0;

wire mudule_result;
reg mudule_result_tmp[0:6];
always @(posedge clk)
```

```
    begin

        if(nms_valid==1'b1)
        begin
            mudule_result_tmp[0]        <=        #1        mudule_result_temp[0]        |
mudule_result_temp[1] ;
            mudule_result_tmp[1] <= #1 mudule_result_temp[2] | mudule_result_temp[3] ;
            mudule_result_tmp[2] <= #1 mudule_result_temp[4] | mudule_result_temp[5] ;
            mudule_result_tmp[3] <= #1 mudule_result_temp[6] | mudule_result_temp[7] ;
        end

        if(nms_valid_r[0]==1'b1)
        begin
            mudule_result_tmp[4] <= #1 mudule_result_tmp[0] | mudule_result_tmp[1] ;
            mudule_result_tmp[5] <= #1 mudule_result_tmp[2] | mudule_result_tmp[3] ;
        end

        if(nms_valid_r[1]==1'b1)
        begin
            mudule_result_tmp[6] <= #1 mudule_result_tmp[4] | mudule_result_tmp[5] ;
        end

    end

    assign mudule_result = mudule_result_tmp[6];
```

//最后结果计算：大于高阈值直接置 1，小于低阈值直接置 0。在两者之间，若查找到其邻域内有高于高阈值的点，则置 1，否则置零。

```
    reg [DW-1:0]dout_temp;
    reg [DW-1:0]mudule_org_r;
    reg [DW-1:0]mudule_org_r2;
    reg [8-1:0]nms_data_r;
    reg [8-1:0]nms_data_r2;

    always @(posedge clk)
    begin
        nms_data_r    <= #1 nms_data;
        nms_data_r2   <= #1 nms_data_r;
        mudule_org_r  <= #1 mudule_org;
        mudule_org_r2 <= #1 mudule_org_r;
    end
```

```
always @(posedge clk)
begin
    if(nms_valid_r[1]==1'b1)
    begin
        if(nms_data_r2==8'd128)
        begin
            if(mudule_org_r2 >= ThrHigh)
                dout_temp <= {{DW-8{1'b0}},8'd128};
            else if(mudule_org_r2 <= ThrLow)
                dout_temp <= {DW{1'b0}};
            else
            begin
                if(mudule_result == 1'b1)
                    dout_temp <= {{DW-8{1'b0}},8'd128};
                else
                    dout_temp <= {DW{1'b0}};
            end
        end
        else
            dout_temp <= {DW{1'b0}};
    end
end
```

10.5.4 仿真调试结果

本模块的大部分模块已经在前面的章节中仿真过了，因此，在这里我们只列出二维图像的仿真结果。图 10-29（b）图像是对图 10-29（a）图像进行高阈值为 20、低阈值为 10 的 Canny 算子运算后的结果。

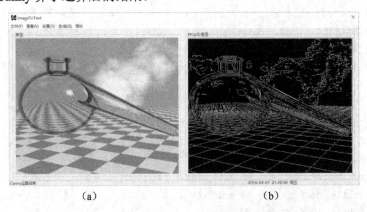

(a)   (b)

图 10-29 原图（左）与 FPGA 计算 Canny 算子的结果（右）

由图 10-29 可以看出，我们的设计达到了预期的目的。

第11章 视频接口

11.1 视频输入接口

11.1.1 模拟视频输入

1. 模拟视频简介

模拟视频是指由连续的模拟信号组成的视频图像。模拟信号的波形模拟着信息的变化，其特点是幅度连续（连续的含义是在某一取值范围内可以取无限多个数值）。

摄像机是获取视频信号的来源，早期的摄像机以电子管作为光电转换器件，把外界的光信号转换为电信号。摄像机前的被拍摄物体的不同亮度对应于不同的亮度值，摄像机电子管中的电流会发生相应的变化。模拟信号就是利用这种电流的变化来表示或者模拟所拍摄的图像，记录下它们的光学特征；然后通过调制和解调，将信号传输给接收机；通过电子枪显示在荧光屏上，还原成原来的光学图像。这也是电视广播的基本原理和过程。

模拟视频信号技术成熟，价格低，系统可靠性高，但是不宜进行长期存放，不适宜进行多次复制。随着时间的推移，录像带上的图像信号强度会逐渐衰减，造成图像质量下降、色彩失真等现象。

2. 模拟视频分类

模拟视频信号主要包括亮度信号、色度信号、复合同步信号和伴音信号。为了实现模拟视频在不同环境下的传输和连接，通常提供以下几种信号类型。

1）复合视频信号

复合视频信号（Composite Video Signal，即我们常说的 AV 端子）是指包含亮度信号、色差信号和所有定时信号的单一模拟信号，其接口外形如图 11-1 所示。这种类型的视频信号不包含伴音信号，带宽较窄，一般只能提供 240 线左右的水平分辨率。大多数视频卡都提供这种类型的视频接口，如图 11-1 所示。

2）分量视频信号

分量视频信号（Component Video Signal)是指每个基色分量作为独守的电视信号。每个基色既可以分别用 R、G、B 表示，也可以用亮度-色差表示，如 Y、I、Q 或 Y、

U、V 等。使用分量视频信号是表示颜色的最好方法，但需要比较宽的带宽和同步信号。计算机输出的 VGA 视频信号即为分量形式的视频信号，其接口外形如图 11-2 所示。

图 11-1　复合视频信号接口　　　　　图 11-2　分量视频信号接口（VGA 接口）

3）分离视频信号

分离视频信号 S-Video（Separated Video）是分量视频信号和复合视频信号的一种折中方案，它将亮度 Y 和色差信号 C 分离，既减少了亮度信号和色差信号之间的交叉干扰，又可提高亮度信号的带宽，其具体接口外形如图 11-3 所示。大多数视频卡均提供这种类型的视频接口。

4）射频信号

为了实现模拟视频信号的远距离传输，必须把包括亮度信号、色度信号、复合同步信号和伴音信号在内的全电视信号调制成射频信号，每个信号占用一个频道。当视频接收设备（如电视机）接收到射频信号时，先从射频信号中解调出全电视信号，再还原成图像和声音信号。射频信号的接口外形如图 11-4 所示，一般在 TV 卡上提供这种接口。

图 11-3　分离视频信号接口　　　　　　图 11-4　射频视频信号接口

为了便于模拟视频的处理、传输和存储，形成了相关的模拟视频国际标准——广播视频标准，用来规范和统一模拟视频体系。

3. 模拟视频格式

模拟视频信号主要有 3 种格式：PAL、NTSC 和 SECAM。

1）PAL 制式

PAL 制式是电视广播中色彩编码的一种方法，全名为 Phase Alternating Line（逐行倒相）。除北美、东亚部分地区使用 NTSC 制式，以及中东地区、法国及东欧地区采用 SECAM 制式以外，世界上大部分国家和地区都采用 PAL 制式。PAL 由德国人 Walter Bruch 在 1967 年提出，当时他为 Teleftmken 工作。"PAL"被用来指扫描线为 625 线、帧频为每秒 25fps、隔行扫描、PAL 色彩编码的电视制式。

2）NTSC 制式

NTSC 制式又简称 N 制，是 1952 年 12 月由美国国家电视标准委员会（National Television System Committee，NTSC）制定的彩色电视广播标准。它属于同时制，帧频为每秒 30fps，扫描线为 525，逐行扫描，画面比例为 4：3。这种制式的色度信号调制包括了平衡调制和正交调制两种，解决了彩色黑白电视广播的兼容问题，但存在相位容易失真、色彩不太稳定的缺点。美国、加拿大、墨西哥等大部分美洲国家，以及中国台湾地区、日本、韩国、菲律宾等均采用这种制式。中国香港地区部分电视公司也采用 NTSC 制式广播。

3）SECAM 制式

SECAM 制式又称为塞康制，意思为"按顺序传送彩色与存储"，1966 年在法国研制成功，它属于同时顺序制。在信号传输过程中，亮度信号每行传送，而两个色差信号则逐行依次传送，即用行错开传输时间的办法，来避免同时传输时所产生的串色，以及由其造成的彩色失真。SECAM 制式的特点是不怕干扰，彩色效果好，但兼容性差。帧频每秒 25 帧，扫描线 625 行，隔行扫描，画面比例为 4：3。采用 SECAM 制的国家主要为独联体国家（如俄罗斯）、法国、埃及及非洲的一些法语系国家等。

4. 模拟视频与 FPGA 的接口

模拟视频不能直接与 FPGA 相接，这是显而易见的：在将模拟视频信号送入 FPGA 之前必须将其转换为数字信号。图 11-5 表示了在 FPGA 芯片上处理之前将符合视频信号转换为数字信号的步骤。在图 11-5 中，从模拟信号到数字信号的转换位于最后一步，该步骤实际上可以移到处理过程的任意一步。从技术上讲，输入的复合视频信号可以直接转换为数字视频流信号，并在 FPGA 内部进行所有的同步化和颜色分离操作。但是我们并不推荐这么做，因为处理过程非常复杂，会占用 FPGA 内部相当多的资源，并且不同的输入视频标准所要求的处理过程也不同。

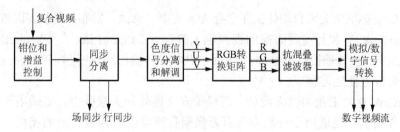

图 11-5　将复合视频信号转换为数字信号的步骤

实际上，模拟视频解码芯片可以完成所有的这些工作，并且多数都能自动检测信号标准并进行相应的处理。

FPGA 与加码器的通信通常有两种形式。数字视频流、像素时钟、水平和垂直同步信号可以直接连接在 FPGA 上面。解码器配置（设定增益、饱和度控制、信号标准、输出格式）和状态查询则使用另外一个接口，由于不需要很高的速度，通常使用串行通信协议，例如 IIC 总线、SPI 总线或是同步串口等。

图 11-6 是一个模拟视频与 FPGA 的接口示例。

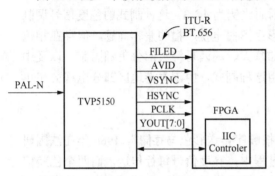

图 11-6　模拟视频与 FPGA 的接口示例

TVP5150 是 TI 公司生产的模拟视频解码器，可完成 PAL/NTSC/SECAM 等主流模拟视频信号的解码，输出格式为 ITU-R BT.656（8bit，4：2：2）。输出信号有场信号 FIELD（用于隔行扫描）、像素有效信号 AVID、像素时钟 PCLK、行同步信号 HSYNC、场同步信号 VSYNC，以及 8 位视频流 YOUT[7：0]。实际上，我们在系统仿真章节已经详细介绍过如何实现这种时序的视频捕获。

解码器的配置接口可以放在 FPGA 内部，但是，对于有外部协处理器，例如 ARM 或是 DSP 等，或是内部软核处理器的系统，最好将配置器放在软件部分完成。一方面可以减少工作量（用软件来实现这些配置接口协议和初始化过程十分简单），另一方面可以减少资源占用。

11.1.2　CameraLink 接口

CameraLink 接口与 USB、千兆以太网等其他接口相比，不仅时序更加简单，而且无需复杂的协议。对于以 FPGA 为平台的图像处理系统，输入相机的最佳接口是 CameraLink。因此，CameraLink 接口也是本书讨论的重点。

1. CameraLink 简介

CameraLink 标准由美国自动化工业学会 AIA 定制、修改、发布，是从美国国家半导体的 ChannelLink 技术上发展而来的视频输入接口。CameraLink 在 ChannelLink 技术基础上增加了一些传输控制信号，并定义了一些相关传输标准。任何具有"CameraLink"标志的产品可以方便地连接。

CameraLink 专为工业相机而设计，可轻松安全地处理大量数据，既适用于类似方糖大小的迷你相机，也适用于分辨率为百万像素且速度达每秒数百帧的相机。目前，对于数据率为 100～800 MB/s 的需求来说，CameraLink 是建议的标准接口，这方面的主要原因是 CameraLink 协议相对于 USB 接口，FireWire 和以太网等其他接口较为简单，不仅可以直接将相机输出信号直接与 FPGA 相连，省去了外部协议层控制芯片，降低了成本，而且无须对协议层进行软件驱动或是固件开发，大大降低了设计的工作量和开发周期。

2．CameraLink 优势

CameraLink 接口技术的优势主要包括以下几方面。
（1）标准化相机/采集卡，配备标准的接口定义、数据线、数据格式和控制信号。
（2）标准化线材，价格优势。
（3）高数据率，可轻松满足当前图像数据传输的要求。

3．CameraLink 协议标准

CameraLink 使用低压差分信号 LVDS 进行传输。它在 ChannelLink 标准的基础上又多加了 6 对差分信号线，4 对用于并行传输相机控制信号，其余 2 对用于相机和图像采集卡（或其他图像接受处理设备）之间的串行通信。

在 CameraLink 标准中，相机信号分为以下五种：

1）视频数据信号（ChannelLink 标准）

视频数据信号部分是 CameraLink 的核心，该部分为其实就是 ChannelLink 协议。主要包括 5 对差分信号，即 X0-～X0+、X1-～X1+、X2-～X2+、X3-～X3+、Xclk-～Xclk+；视频部分发送端将 28 位的数据信号和 1 个时钟信号，按 7：1 的比例将数据转换成 5 对差分信号，接收端使用 ChannelLink 芯片（如 ChannelLink 转 TTL/CMOS 的芯片 DS90CR288A）将 5 对差分信号转换成 28 位的数据信号和 1 个时钟信号。28 位的数据信号包括 4 位视频控制信号和 24 位图像数据信号。

2）相机像素控制信号

4 位视频控制信号包括以下几种。

（1）FVAL：场同步信号。当 FVAL 为高时表示相机正输出一帧有效数据。

（2）LVAL：行同步信号。当 FVAL 为高时，LVAL 也为高，表示相机正输出一有效的行数据。行消隐期的长短与具体的相机和工作状态有关。

（3）DVAL：数据有效信号。当 FVAL 为高并且 LVAL 也为高时，DVAL 为高表示相机正输出有效的数据。该信号可用可不用，也可以作为数据传输中的校验位。

（4）CLOCK：这一信号为图像的像素时钟信号，在行有效期内像素时钟的上升沿图像数据稳定。需要说明的是，CLOCK 信号单独采用一对 LVDS 信号传输，不管相机是否处于工作状态，CLOCK 信号都始终有效，它是 ChannelLink 芯片的输入时钟。ChannelLink 芯片之所以能在 4 对信号线中传输 28 位数据，就是因为对 CLOCK 信号有 7 倍频的结果。

3）相机控制信号

CameraLink 标准还定义了 4 对 LVDS 线缆用来实现相机控制，它们被定义为相机的输入信号和图像采集卡的输出信号。这 4 对信号的定义及作用如表 11-1 所示。

表 11-1 CameraLink 4 对控制信号

信号名称	缩写格式	定义
Camera Control 1	CC1	EXSYNC（外部同步信号）下降沿触发读取数据
Camera Control 2	CC2	PRIN（像素重置）低电平有效
Camera Control 3	CC3	FORWARD—高电平有效，低电平翻转
Camera Control 4	CC4	保留信号（未定义）

4）串行通信信号

CameraLink 标准定义了 2 对 LVDS 线缆用来实现相机与图像采集卡之间的异步串行通信控制。相机和图像采集卡至少应该支持 9600 波特率。这两个串行信号分别如下：

（1）SerTFG（相机串行输出端至图像采集卡串行输入端）。

（2）SerTC（图像采集卡串行输出端至相机串行输入端）。

5）电源信号

相机电源并不是由 CameraLink 连接器提供的，而是通过一个单独的连接器提供的。如图 11-7 所示是一个 CameraLink 摄像机的基本配置。

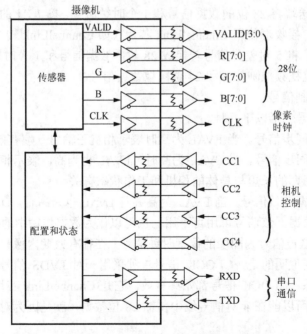

图 11-7　CameraLink 摄像机的基本配置

由于单个 CameraLink 芯片只有 28 位数据可用，有些相机为了提高传输数据的效率，需要几个 CameraLink 芯片。按使用要求不同，视频传输模式分为三种配置：Base（基本或初级）配置为一个 CameraLink 芯片，一根电缆；Medium（中档或中级）配置为两个 CameraLink 芯片，一根电缆；Full（全部或高级）配置为两个 CameraLink 芯片，两根电缆。

Base 模式需要一块 ChannelLink 的芯片和一个 CameraLink 机械接口，发送器在每个像素时钟里发送 28bits 数据，包括 4bits 的图像使能信号和 24bits 的图像数据。4bits 图像使能信号包括：帧有效信号（FVAL），高电平有效，它的反相即为帧同步信号；行有效信号（LVAL），高电平有效，它的反相即为行同步信号；数据有效信号（DVAL），只有在数据有效信号为高电平时，图像采集卡才接受图像信息。24bits 图像数据可以是一个像素点的 24-bitRGB 数据、3 个像素点的 8-bit 黑白图像数据、1～2 个像素点的 10-bit 或 12-bit 的黑白图像数据、一个像素点的 14-bit～16-bit 的黑白图像数据。

Medium 模式需要两块 Channel1Link 的芯片和两个 CameraLink 机械接口，发送器在每个像素时钟里发送 40bits 数据，包括 4bits 的图像使能信号和 36bits 的图像数据。4bits 图像使能信号与 Base 模式下相同。36bits 图像数据可以是一个像素点的 36-bit 或 30-bitRGB 数据、4 个像素点的 8-bit 黑白图像数据、3～4 个像素点的 10-bit 或 12-bit 的黑白图像数据。

Full 模式需要三块 Channel1Link 的芯片和两个 CameraLink 机械接口，发送器在每个像素时钟里发送 68bits 数据，包括 4bits 的图像使能信号和 64bits 的图像数据。4bits 图像使能信号与 Base 模式下的相同。

（1）对于 Base 模式，28 位数据信号中包括三个数据端口：A 口（8 位）、B 口（8 位）、C 口（8 位）；四个视频控制信号 FVAL（帧有效）、DVAL（数据有效）、LVAL（行有效）、SPARE（空，暂时未用）。

（2）在 Base（初级）结构中，端口 A，B 和 C 被分配到唯一的 Cameralink 驱动器/接收器对上；在 Medium（中级）结构中，端口 A、B 和 C 被分配到第一个驱动器接收器对上，端口 D，E 和 F 被分配到第二个驱动器/接收器对上；在 FULL（高级）结构中，端口 A、B 和 C 被分配到第一个驱动器/接收器对上，端口 D，E 和 F 被分配到第二个驱动器/接收器对上，端口 G 和 H 被分配到第三个驱动器/接收器对上。

（3）如果相机在每个周期内仅输出一个像素，那么就使用分配给像素 A 的端口；如果相机在每个周期内输出两个像素，那么使用分配给像素 A 和像素 B 的端口；如果在每个周期内仅输出三个像素，那么就使用分配给像素 A，B 和 C 的端口；依此类推，直至相机每周期输出八个像素，那么分配给 A 到 H 的 8 个端口都将被使用。

表 11-2　CameraLink 的不同模式

结构	端口	芯片数量	连接器数量
初级	A,B,C	1	1
中级	A,B,C,D,E,F	2	2
高级	A,B,C,D,E,F,G,H	3	2

6）FPGA 与 CameraLink 的接口

由于 Cameralink 相机输出的信号是经过 7∶1 的串行化处理后输出的，因此要获得完整的图像数据，首先需要进行解串处理和多路分解。FPGA 为 LVDS 信号的传输提供了直接支持。因此，对于 Cameralink 格式的输入接口，有两种解决方案：第一种是直接将信号与 FPGA 的 LVDS 输入接口引脚相接，由于不涉及复杂的协议，可以使用 FPGA 内部资源（SERDES 模块）对输入 7∶1 信号进行串并转换和多路分解，采用 FPGA 直接来进行解码无疑降低了成本，但是也增加了设计的复杂度。第二种方法就是使用专用的 ChannelLink 接收芯片对输入信号进行串并转换，为 FPGA 直接提供并行数据，这种方法最为简单（采用与第 5.2.3 节类似的视频捕获模块即可获得视频信号）。

采用外部 ChannelLink 解码芯片的一个应用方案如图 11-8 所示。

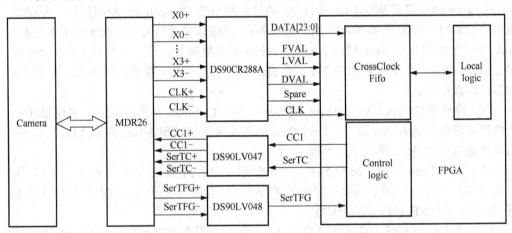

图 11-8　ChannelLink 与 FPGA 的示例设计

MDR26 是 3M 公司生产的标准 Cameralink 连接器，连接器的接口定义如表 11-3 所示。

表 11-3　Cameralink 连接器接口定义

中级、完整配置模式				基本配置模式（含控制与串行通信）		
相机端	图像采集卡端	ChannelLink 信号	电缆	相机端	图像采集卡端连接器	ChannelLink 信号
1	1	Inner shield	Inner shield	1	1	Inner shield
14	14	Inner shield	Inner shield	14	14	Inner shield
2	25	Y0−	PAIR1−	2	25	X0−
15	12	Y0+	PAIR1+	15	12	X0+
3	24	Y1−	PAIR2−	3	24	X1−

续表

| 中级、完整配置模式 | | | | 基本配置模式（含控制与串行通信） | | |
相机端	图像采集卡端	ChannelLink 信号	电缆	相机端	图像采集卡端连接器	ChannelLink 信号
16	11	Y1+	PAIR2+	16	11	X1+
4	23	Y2−	PAIR3−	4	23	X2−
17	10	Y2+	PAIR3+	17	10	X2+
5	22	Yclk−	PAIR4−	5	22	Xclk−
18	9	Yclk+	PAIR4+	18	9	Xclk+
6	21	Y3−	PAIR5−	6	21	X3−
19	8	Y3+	PAIR5+	19	8	X3+
7	20	100Ω	PAIR6+	7	20	SerTC+
20	7	Terminated	PAIR6−	20	7	SerTC−
8	19	Z0−	PAIR7−	8	19	SerTFG−
21	6	Z0+	PAIR7+	21	6	SerTFG+
9	18	Z1−	PAIR8−	9	18	CC1−
22	5	Z1+	PAIR8+	22	5	CC1+
10	17	Z2−	PAIR9+	10	17	CC2+
23	4	Z2+	PAIR9−	23	4	CC2−
11	16	Zclk−	PAIR10−	11	16	CC3+
24	3	Zclk+	PAIR10+	24	3	CC3−
12	15	Z3−	PAIR11+	12	15	CC4+
25	2	Z3+	PAIR11−	25	2	CC4−
13	13	Inner shield	Inner shield	13	13	Inner shield
26	26	Inner shield	Inner shield	26	26	Inner shield

11.1.3 USB 接口

1. USB 接口简介

USB 是英文 Universal Serial Bus（通用串行总线）的缩写，其中文简称为"通串线"，USB 是在 1994 年底由英特尔、康柏、IBM、Microsoft 等多家公司联合提出的一个外围总线标准。由于 USB 接口的便利性和高速率，USB 接口在最近十几年得到了快速的发展，目前不仅已经成为 PC 的标配，在嵌入式系统领域也得到了迅猛的发展。

USB 从推出到现在一共 5 个版本，这几个版本的主要信息如表 11-4 所示。

表 11-4　USB 协议的发展历程

USB 版本	最大传输速率	速率称号	最大输出电流	推出时间
USB 1.0	1.5Mbps(192KB/s)	低速(Low-Speed)	5V/500mA	1996 年 1 月
USB 1.1	12Mbps(1.5MB/s)	全速(Full-Speed)	5V/500mA	1998 年 9 月
USB 2.0	480Mbps(60MB/s)	高速(High-Speed)	5V/500mA	2000 年 4 月
USB 3.0	5Gbps(500MB/s)	超高速(Super-Speed)	5V/900mA	2008 年 11 月
USB 3.1	10Gbps(1280MB/s)	超高速+(Super-speed+)	20V/5A	2013 年 12 月

目前，比较成熟的商业版本是 USB 2.0，传输速率为 480 Mbps。USB3.0 在最近几年也得到了大规模的商用。实际上，近些年来，USB 3.0 已发展成为工业、医疗和大众市场应用的主要接口技术。从技术的角度来看，USB 3.0 因传输带宽可高达 350 MB/s 而备受瞩目。USB 3.0 还完全实现了"即插即用"这一功能，而这全都得益于其实时兼容性和高带宽。根据最新的市场数据和趋势，USB 3.0 将在中期替换视觉市场上两个旧的、速度较慢的接口——1394（FireWire）和 USB 2.0。似乎 USB 3.0 将在接口领域取得稳固的地位——成为可与千兆网（GigE）并行的另一种重要主流接口。

2. USB 3.0 Vision 标准

与 GigE 接口被定义为 GigE Vision 标准的组成部分情况相同，USB 3.0 接口也从属于工业机器视觉标准，即 USB 3.0 Vision 标准。本标准于 2013 年 1 月被正式批准。它由 AIA（Automated Imaging Association）直接管理，是图像处理行业中的 USB 3.0 接口的官方标准。该标准的目的是为 USB 3.0 的通信和配置结构建立统一规则。如何防止来自各个制造商的无数不兼容配件和专利解决方案的扩散，这对于最终用户而言，的确是个令人头疼的问题。因此，这类标准是必不可少的。

在 USB 3.0 Vision 标准发布前，图像处理行业的 USB 设备并没有标准。在此之前，各个相机制造商已经基于大众市场所用的 USB 2.0 接口推出了各自不同的专利解决方案，但这通常不足以确保组件的稳定性和耐用性，以及总体解决方案的健壮性达到工业应用所需的水平。

USB 3.0 Vision 标准的设计吸取了 GenICam 标准的优点，后者是所有现代工业相机接口的通用编程接口。在图像传输和相机的控制中，USB 3.0 Vision 和 GenICam 为用户提供了稳定性和低延迟值。使用经过 USB 3.0 Vision 认证的相机、软件和配件可为用户带来很多好处：可以使用各种不同的相机，且很容易地替换零件；系统设置方面也有针对不同硬件和软件组件确立的通信协议。USB 3.0 Vision 标准也对机械设计进行了协调，例如，线材连接器的设计必须能够拧紧。这增强了接口的坚固性和部件的可互换性。USB 3.0 Vision 标准特别针对视觉技术的需要定义了自己的传输层，其中包括从设备到主机传输异步事件的控制传输层和事件传输层及确保数据能够得到可靠、快速和低成本传输的流传输层。

3. USB 与 FPGA 的接口

USB 协议的复杂性决定了单独使用 FPGA 来实现 USB 协议是一件基本上不可能的任务,实际上,用 FPGA 昂贵的逻辑资源来实现复杂的 USB 通信协议是一种资源浪费。

将 USB 与 FPGA 连接的最简单的方式是配置一个嵌入式处理器(例如 ARM),或是专用的 USB 控制器,并通过合适的软件驱动与之连接。如果需要直接将 FPGA 逻辑电路与 USB 相连,那么最好购买商用的 IP 核,来管理所有的 USB 通信协议的细节。需要注意的是 USB 相机一般情况下是作为 USB 设备输出,因此嵌入式处理器 ARM 必须内置 USB 主机控制器(或是 OTG)来对 USB 摄像机进行配置和枚举等。ARM 处理器与 FPGA 端可以通过相对简单的接口或是共享存储器来实现数据交互。

以下为一个实现 USB 3.0 相机与 FPGA 数据通信的示例应用方案,如图 11-9 所示。

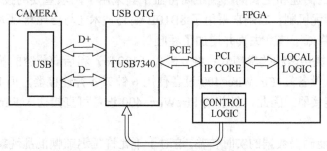

系统由 USB3.0 主机控制器 TUSB7340 和 FPGA 组成;
FPGA 通过 PCIE 接口与 USB 主机进行数据交互

图 11-9 USB 接口与 FPGA 的示例设计

其中,TUSB7340 是 TI 公司生产的满足 USB3.0 标准的 xHCL 主机控制器,控制器同时提供一路 PCIE 接口供上游主机控制,其高速传输性能使其特别适合高清视频的数据传输应用场合。

11.1.4 FireWire 接口

1. FireWire 接口简介

FireWire 又称为火线接口,也就是 1394 接口。在 Cameralink 标准出现之前,IEEE 1394 是一种常用的数据传输的技术标准。IEEE 1394 最初由苹果公司开发,被应用到众多的领域,数码相机、摄像机等数字成像领域也有很广泛的应用。IEEE 1394 接口具有廉价,速度快,支持热拔插,数据传输速率可扩展,标准开放等特点。

FireWire 从发展到现在,一共推行过 2 个标准,前期的主要标准是 FireWire 400 和 FireWire 800(FireWire 800 已被接纳为 IEEE 1394B 标准,最新发布的两个标准是 S3200 和 S1600 标准)。FireWire 800 较其前身 FireWire 400 具有更快的传输速度、更高的有效带宽和更长的传输距离及广泛的后向兼容等先进特性。而所有这些都使之成为高速存储和大带宽要求的视频和图像应用的理想选择。它的数据传输速度达到了800Mbps，是 FireWire 400 的 2 倍。这主要是由于它采用了与吉比特以太网和光纤通道同样的高效编码架构。事实上，对这一编码架构的采用，使 FireWire 800 的传输速度理论上可以达到最高 3200Mbps，可满足大数据量文件传输和要求最高的视频应用（如处理无压缩 HD 视频或多种 SD 视频流）的严格要求。FireWire 400 通过电线传输数据的最大距离是 4.5m。而 FireWire 800 使用专业玻璃纤维，最长的传输距离达到了 100m。

FireWire 800 支持外设的热插拔，可实现即插即用。用户拆除或增添一个 FireWire 设备时不需关闭计算机，也不需安装驱动器、分配 ID 号或连接终端连接器。用户可在一个简单的链条中连接几台设备，也可增加集线器，在一根 FireWire 总线中最多挂接63 台设备。

FireWire 800 的高速和更长的传输距离得益于其采用了两项重要的技术改进。一是它采用了高效的判优机制；二是它采用了 8B10B 编码技术（与吉比特以太网和光纤通道使用的相同），降低了信号失真并增加了吞吐量。

FireWire 800 提供两种传输模式：纯 β 模式（1394b）和后向兼容的传统模式（可兼容 FireWire 400 设备）。FireWire 400 设备使用 6 针或 4 针连接器，而 FireWire 800设备则使用 9 针连接器。因此，目前的 FireWire 400 设备可直接插入 FireWire 800 的端口中。

FireWire 800 能确保数据的实时传输，这对于不允许延迟或帧混乱现象的音视频流式媒体传输应用至关重要。FireWire 节点之间的数据传输分为同步和异步两类。它可为一个或多个同步通道保留 80%的带宽，使之成为要求实时数据传输应用的完美选择。

FireWire 800 与 FireWire 400 一样，具有强大的传输功率（最大功率为 45W，最大电流为 1.5A，最大电压为 30V）。这意味着许多设备不需电源线和适配器即可通过FireWire 电线传输。如苹果 iPod 音乐播放机就只使用 FireWire 作为唯一的数据传输和电源连线。另外，FireWire 还提供一种"主动"的电源管理机制——只在确实需要的时候使用电源。

FireWire 800 的传输速度要大于 USB2.0 标准的 480 Mbps，但是要远远小于 USB3.0标准的 5000 Mbps。实际上，目前的 FPGA 厂家对火线接口的支持并不是很好，这不仅仅是由于 1394 接口自身相对复杂的通信协议，还由于在速度上比不上 USB3.0，复杂性又比 CameraLink 高，在传输距离上又没有以太网的优势。因此，目前 1394 接口在市场上并不活跃，只有少部分相机及苹果和索尼的产品支持 1394 接口。

2. IEEE 1394 协议

1394 接口协议栈主要由三个子层构成，即物理层、链路层和事物层，如图 11-10所示。

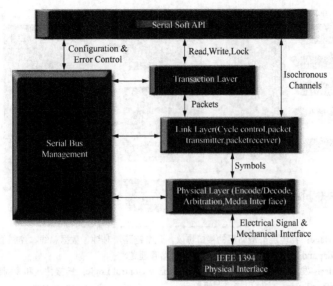

IEEE 1394 Physical Interface：1394 物理层接口；Physical Layer：物理层，包括编解码、仲裁、媒体介入接口；Link Layer：链路层，包括周期控制和数据包收发；Transction Layer：事物层；Serial Bus Management：串行总线管理单元

图 11-10　IEEE 1394 协议分层

1）物理层（PHY）

物理层负责提供初始化和仲裁服务，确保在一个时刻只有一个结点发送数据。物理层的协议包括以下几个方面：

（1）电气信号定义。

（2）机械连接器和电缆规范。

（3）收发数据串行编解码。

（4）传送速度检测。

图 11-11 所示为 IEEE 1394 协议物理层协议结构。

2）链路层（LLC）

链路层主要负责以下几个方面的工作：

（1）负责从传输线缆上收发数据。

（2）负责错误探测和校验。

（3）重传功能。

（4）为事物层提供应答包。

（5）为同步信道的周期性控制提供服务。

一个典型的链路层控制器如图 11-12 所示。

3）事物层（TC）

事物层需要遵循以下标准：

（1）ISO/IEC 13213 [ANSI/IEEE Std 1212, 1994 Edition]。

（2）ISO/IEC 13213:1994。

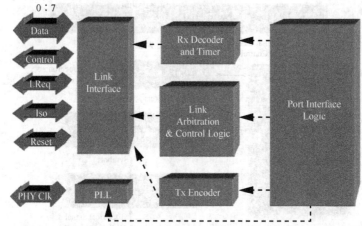

Link Interface：物理层与链路层的接口协议，包括链路层时钟、数据总线、控制总线等；
Rx Decoder and Timer：接收数据解码及定时器管理逻辑；
Tx Encoder：发送数据编码器；Link Arbitration & Control Logic：链接仲裁和控制逻辑；
Port Interface Logic：物理层接口逻辑单元

图 11-11   IEEE 1394 协议物理层协议

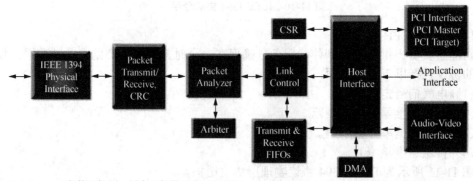

Host Interface：主机接口控制，图中主机接口为 PCI 接口；Audio-Video Interface：视频与音频接口；
Link Control：链接控制逻辑；Transmit & Receive FIFOs：收发缓存 FIFO，负责主机接口与 1394 接口的速率匹配；
Packet Analyzer：数据包解析；Packet Transmit，Receive，CRC：数据收发与校验单元；
IEEE 1394 Physical Interface：1394 物理层接口

图 11-12   IEEE 1394 协议链路层协议

一个典型的 1394 接口主机控制器如图 11-13 所示。

3. IEEE 1394 接口操作

1）同步传输

同步传送模式可以利用高达 80% 的数据带宽，同步传送通常通过广播的方式进行
一对多或点对点传送。需要注意的是，在同步传送的过程中，接口并不提供错误检测
或是数据包重发功能。数据包的格式为信道 ID 号加上待发送的数据，接收方会检测收

到数据包的信道 ID 并且丢掉不属于自己的数据包。

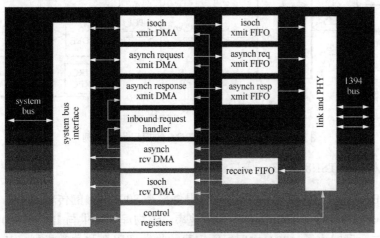

system bus interface：系统总线接口；link and PHY：到链路层和物理层的接口；
事物层其他部分主要由控制寄存器、收发 FIFO 和收发 DMA 控制器组成，值得注意的是事物层只支持异步传输，
同步传输由链路层完成

图 11-13　IEEE 1394 协议事物层协议

由于同步传输的高带宽性质，特别适合于传送大批量数据，但是对传输错误相对不敏感的场合，例如视频及音频数据。

2）异步传输

异步传输针对传送目标地址明确的传输任务，异步传输并不能保证有确定的足够大带宽，这是由于在异步传输中加入了错误检测及应答和重传机制。基于这个原因，异步传输通常应用在对错误比较敏感的场合，例如重要的控制数据、硬件驱动等。

3）总线管理

总线管理需要负责建立通信拓扑以及速度映射图。总线上的所有互动都由时长为 125μs 的基本操作周期组成。每个基本操作周期都由一个主结点发起，主结点通过广播一个"开始"数据包使得所有设备与总线同步。

4．基于 FPGA 的火线接口

由于 FireWire 接口协议的复杂性，除非使用商用的 IP 核，单独用 FPGA 来实现 1394 接口协议是一个十分庞大的工程。一个解决方法是外置物理层和链路层芯片，将物理层协议和链路层协议交给外部 IC 实现，FPGA 负责对链路层进行配置，并利用链路层提供的本地接口收发数据。

TI 公司提供完整的 IEEE1394 解决方案，提供包括 1394a，1394b 的物理层和链路层解决方案，链路层提供的对外接口是 PCI 接口。以 1394b 为例，利用 TI 的一个解决方案如图 11-14 所示。

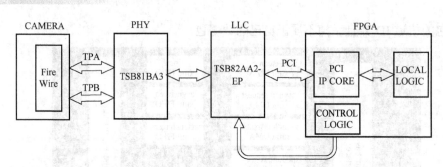

图 11-14　IEEE 1394 与 FPGA 的接口设计实例

5.　物理层芯片 TSB81BA3

TBS41AB1 满足 IEEE 1394B 标准，可提供最高 800Mbps 的传输速率，同时向下兼容 400Mbps，200Mbps，100Mbps 的传输速率。该物理层提供与 IEEE 1394B 兼容的 LLC 子层接口，同时内置 1394 物理层所需的收发解码器与仲裁机制，其中一路的内部结构如图 11-15 所示。

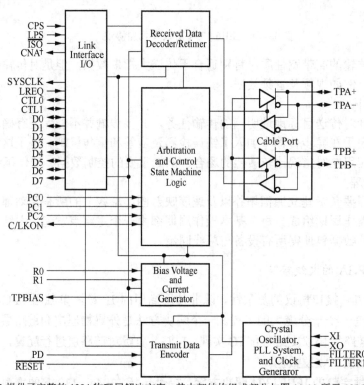

TSB81BA3 提供了完整的 1394 物理层解决方案，其内部结构组成部分与图 11-11 所示 1394 物理层标准保持一致，包含了其与链路层接口 Link Interface I/O、仲裁和控制单元 Arbitration and Control Logic、发送编码器 Tx Encoder 和接收解码器 Rx Decoder and Timer 及 PLL 系统

图 11-15　IEEE 1394 物理层芯片 TSB81BA3

6. 链路层芯片 TSB82AA2

TSB82AA2 是一个工作在 IEEE1394b 链路层的设备，并且满足 OHCI-Lynx 标准。TSB82AA2 提供高达 800Mbps 的传输速率，可以在 PCI 接口与 1394 接口之间提供高吞吐量的数据传输。为了防止两边接口速率不匹配出现的输出上溢出，芯片内置高达 5K 的 fifo 作为数据缓冲。芯片内部结构图如图 11-16 所示。

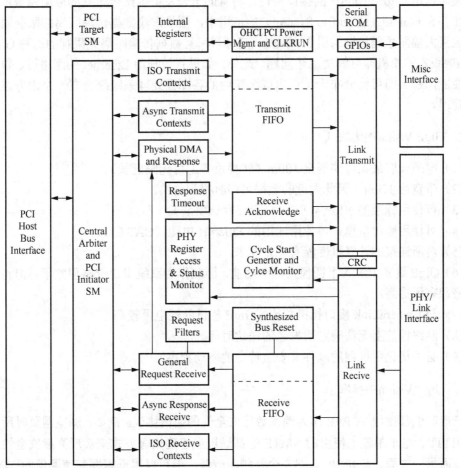

TSB82AA2 提供了完整的 1394 链路层解决方案，其内部结构组成部分与图 11-12 所示 1394 链路层标准保持一致，包含了其与物理层接口 PHY Interface I/O，收发 FIFO，周期控制单元，以及完整的主机 PCI 接口

图 11-16 IEEE 1394 物理层芯片 TSB82AA2

11.1.5 GigE Vision™接口

1. GigE Vision™简介

GigE Vision™是由自动化影像协会 AIA（Automated Imaging Association）发起指

定的一种基于千兆以太网的图像传输的标准。1979 年，美国 IEEE 学会通过 IEEE802.3 委员会批准才使 Ethernet 本身的标准得以规范化，当时 10Mbps 的传输速度在标准规范化后逐渐进入 100Mbps、1Gbps、10Gbps 的高速化时代。一般所说的网络都是指基于这种 Ethernet 技术的 TCP/IP,UDP/IP 通信，而 GigE Vision™标准则是基于 UDP/IP 构成了 GigE Vision™ Protocol。

灵活运用 GigE Vision™的接口特性，将有助于开发更多迄今未有的应用领域。例如：在 ITS（Intelligent Traffic System）的使用中，图像采集数据传输距离的限制阻碍了高像素大幅面数码相机的引入。但是，高分辨率且数据传输距离无限制的这种 GigE Vision™版本的相机即可解决上述问题。此外，如果有效利用 Ethernet 的网络性、数据传输性能，那么即可将分布于工厂内或医院内的各图像处理系统统合在一个地方进行集中管理。

2. GigE Vision™优缺点

（1）电缆长度最长可伸展至 100m（转播设备上可无限延长）。

（2）带宽达 1Gbit，因此大量的数据可即时得到传输。

（3）可使用标准的 NIC 卡（或 PC 上已默认安装）。

（4）可使用廉价电缆（可使用通用的 Ethernet 电缆（CAT-6））。

（5）对所连接的计算机性能有一定要求。

（6）GigE 设备上加入了图像采集卡功能，因此作为系统来说价格便宜了，但相机的价格却有所提高。

（7）与 CameraLink 接口相机相比，GigE 相机的耗电量较高。

（8）网络性能上无法确定数据包的送达时间。

（9）必须优化主机侧的软件（安装特定的驱动程序）。

3. GigE Vision™标准

一般我们都使用 TCP/IP 作为确保数据安全性的通信协议。例如：浏览网页时所使用的 HTTP、电子邮箱上使用的 SMTP 等都通过应答确认等方式来实现高度安全性的通信。而另一方面，UDP/IP 虽然安全性相对较低，但可以用于需要高速通信的 DNS 等方面。

GigE Vision™也需要高速传输图像数据，因此使用了 UDP/IP 来提高传输效率，而对于安全性欠缺方面，结构上则采用 GigE Vision™通信协议的方式加以弥补。

1）IP 地址的设定

如果从网络的相关结构上进行思考的话就比较容易理解了。网络设备运行的首要条件就是通过某种方式来获取 IP 地址。当 GigE Vision 设备（相机或其他装置）被连接至某个网络时，为了使其作为 IP 网络设备开始运行，首先必须获取网络地址、IP

地址。然后，需要从主机中查找这些 GigE Vision 设备，这称为 Device Discovery（设备自动查找）。

实际上，设备本身在接通电源后，即会向 DHCP 服务器发出获取 IP 地址的请求，然后自动设定 IP。若向 DHCP 发出请求却接收不到应答时，则可以断定该网络上没有 DHCP 服务器，这样的话就会切换为 IP 地址手动设定模式。LLA（Local Link Address）将会搜索在 169.254.xxx.xxx 这个地址空间内未被使用的地址并进行自动设定。这时的设备就会拥有一个 IP 地址（也可设定为静态 IP 地址，不过默认是 OFF 状态）。

2）设备的控制

对已被识别的设备（相机）进行控制。简单地说就是要将操作指令发送至相机并对相机进行控制。例如：增益、快门、触发模式的设定等。控制上必需的是 GVCP(Gig Vision Control Protocol)控制协议，并规定了 Memory read/write 及其他各种指令，然后通过向设备内存映射中的地址的数据写入或读取操作对设备进行控制。

3）图像数据的交接

最后最重要的是 GVSP（GigE Vision Streaming Protocol）串流协议。这是最后从设备中交接想要获取的图像时所需的协议。由于像素数、滤色及 3CCD、8/10/12 比特等均为固定数据，因此，图像格式也可以根据用户的需要来进行图像发送。

实际上是指定 UDP 的端口编号，然后向该端口发送数据。数据大小是以可以将 1 个区块中的 1 张图像分割为若干份后集中于 1 个数据包内进行一次性发送为基准。Ethernet 有 1440 个字节的限制，而 Gigabit Ethernet 使用大型数据包（增大 1 个数据包的容量、节约送至每个数据包的各帧头中的数据）可以传输 1440 个字节以上的数据。但必须注意的是，根据所使用的硬盘（例如：相机或 NIC）的差异，可能会有 4KB、6KB、8KB、16KB 等的带宽限制。

4）GeniCam XML 设备设定文件

GigE Vision™上，相机储存器也必须具有通过 GenlCam 命名、XML 格式的设备所具有的性能。（或者需要根据 URL 连接网页上的文件）通过对它的使用，主机可以直接根据名称对设备进行控制，而无需每次都要查看内存映射后才能写入数据，减少了不少麻烦。

4. GigE Vision™与 FPGA 的接口

GigE Vision™与千兆以太网在硬件上完全兼容。和 USB 协议相同，单纯用 FPGA 来实现复杂的以太网协议是非常困难的。目前的通用方案有两种：一种方法是外置 MAC 层和物理层芯片，第二种方法是外置物理层芯片，MAC 层由 FPGA 的 IP 核实现。第二种方法无疑降低了成本，但是比起第一种方法开发相对复杂一点。GigE Vision™是工作在应用层的协议，此外完整的网络通信协议除了物理层和 MAC 层，至少还需要网络层（如 IP 协议，ICMP（ping）协议等）和传输层（对于 GigE Vision™来讲是

UDP 协议），这几层用 FPGA 来实现是非常困难的，目前的主流方案是采用外置协处理器或是片上处理器来辅助完成。

Altera 提供了完整的片上系统解决方案（目前最新的系统是 QSYS），其提供的 NIOS 的处理器采用哈佛结构、具有 32 位指令集的第二代片上可编程的软核处理器，其最大优势和特点是模块化的硬件结构，以及由此带来的灵活性和可裁减性。

在软件端移植一个现有的成熟 TCP/IP 协议栈是十分必要的，例如 uIP。uIP 是一个十分精简的协议栈，提供了完整的网络层和传输层的协议，如 IP/TCP/ICMP/UDP/ARP 等，协议栈代码不到 6KB，所占用 RAM 只有几百个字节。

一个以 NIOS 为平台的 GigE Vision™接口方案如图 11-17 所示。

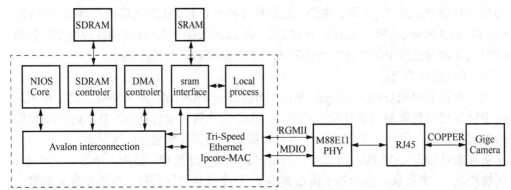

物理层：marvell 的千兆以太网物理层芯片 M88E1111，其提供完整的 RGMII 接口与双线配置接口 MDIO；

MAC 层：由 Altera 的三速以太网 IP 核实现，配置为 RGMII MAC 模式；

网络层、传输层以及应用层（GigE Vision™协议）：由 Altera 的软核控制器 NIOS 通过软件实现

图 11-17   以 NIOS 为平台的 GigE Vision™接口方案

11.1.6　直接接口

在嵌入式设备中，最好的方式就是直接与数字传感器芯片相连，这种场合主要发生在相机的设计中。

直接相连的方式等同于连接到一个模拟信号的解码器上。数字像素从传感器流入，同时伴随着场行同步信号，通过一组寄存器来进行传感器的配置，例如快门速度、除法、增益控制、窗口操作、降采样等。这些寄存器的配置通常都是采用串行配置。

在 CMOS 传感器中，每个像素实际上都是可以独立寻址的，尽管这样的接口通常不会直接提供给用户，但是一些工作模式还是利用了这个性能。这些提供给用户的工作模式包括以下几种。

（1）窗口操作：常规模式是读出整幅图像，而窗口操作则允许选择一个感兴趣的矩形窗口，只读出区域内像素。窗口操作减小了传感器的读取面积，因而提高了帧频。在目标只占图像区域一小部分情况下的目标跟踪就是窗口操作的一种应用。

（2）跳读：跳读是窗口操作的一种替代选择。这种方式通过跳过整行或整列，减小了读取像素点的数量。它能在不影响视野的情况下减小像素点的数量。

（3）像素融合：像素融合是将相邻的像素组合起来的又一种方式。与跳读相比，这种模式具有两种优势。首先，由于相邻像素的融合是一种低通滤波操作，这种方式可以减小陡峭边缘附近的锯齿失真。其次，由于每个像素点都对输出做贡献，像素融合可以提高低亮度条件下的灵敏度。像素融合通常具有较低的帧频，因为每生成一个输出像素都要读取内部多个像素。

直接与传感器相接的缺点是传感器与 FPGA 之间的信号路径要足够短，以保证时序和信号完整性。

11.2　视频输出接口

11.2.1　CVT 标准

1. 基本视频时序

先来了解一下视频信号的基本时序，在关于系统仿真的章节中，在对视频流进行模拟仿真时，已经提出了一个基本的视频流时序。实际上的视频流时序与此视频流时序基本一致，但是稍有不同，如图 11-18 所示。

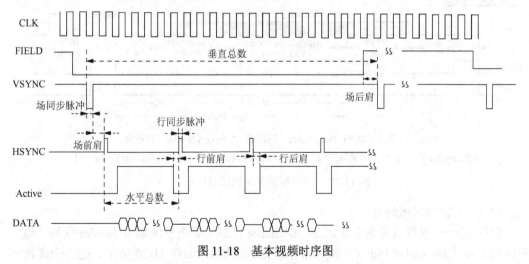

图 11-18　基本视频时序图

标准的视频信号包括以下几种。

（1）场同步信号 VSYNC：标识一帧图像的起始时刻。

（2）行同步信号 HSYNC：标识一帧图像中每行图像的起始时刻。

（3）场信号 FIELD：指示当前是奇数行还是偶数行。

（4）数据有效信号 Active：标识像素流有效信号（这个信号也即我们常用的 dvalid 信号）。

（5）像素信号 DATA：真正的视频数据流。

（6）像素时钟信号 CLK：像素参考时钟（仅对于数字视频有效），一般情况下是上升沿有效。

值得注意的是，场行同步信号的有效电平在不同的标准中可以不同。

2. CVT 标准视频时序

视频电子标准协会（Video Electronics Standards Association，VESA）定义了一组公式，称为"协调视频时序"（CVT）标准。该标准详细规定了在给定分辨率和刷新率下的时序要求，同时也列出了过去的一些工业时序标准。

在 CVT 标准中，有两组时序规定：一组面向传统的 CRT 监视器（可以满足电子枪的切换时间要求），另一组面向不需要太长消隐期的当代平板显示器。后一组规定大大缩减了水平消隐期，从而增加了视频内容的可用带宽，并显著降低了像素时钟频率。水平和垂直脉冲的极性指示了采用哪一种时序模式——CRT 时序模式、缩减消隐期的时序模式，或者过去的时序模式。CVT 标准还通过垂直同步的持续宽度将图像长宽告知显示器。

CVT 标准中的时序参数如图 11-19 所示（场行同步均为高电平有效）。

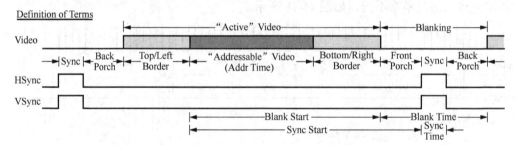

Sync：场行同步电平；Back Porch：场后肩；Top/Left Border：行前肩；

Addressable Video：可寻址视频区域；Bottom/Right Border：行后肩；Front Porch：场前肩

图 11-19　CVT 标准基本视频时序图

1）CVT 视频区域划分

CVT 将一个视频流分为 3 个区域：Blanking 区域（暗电平区域），Border 区域（边界区域）和 Addressable Video 区域（可寻址视频区域），如图 11-20 所示。这 3 个区域在一个完整的视频场内构成了三个封闭环。

Border 区域是视频边界区域，这个区域是为了划分视频边界所设计的，通常情况下是不存在的，因为我们完全可以在视频显示的上游对边界进行划分和处理。因此，实际上上述视频时序图被划分成两个闭环。

Blanking 区域是视频消隐区域，在这个区域内的扫描电平通常为黑电平（Black Level）。这个区域内没有有效的像素信号。主要用作场行同步产生，同时让 CRT 扫描枪有足够的时间进行移动和切换。

Addressable Video 是有效视频区域，这个区域的左上角为输入视频当前帧的第一个有效像素，右下角为最后一个像素。

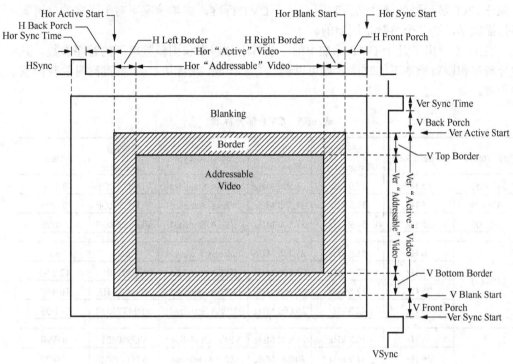

时序参数参见图 11-19

图 11-20 CVT 标准基本视频区域划分

2）CVT 视频标准主要时序参数（不考虑 Border 区域）

（1）垂直同步时间 VSync：指的是垂直同步的脉冲时间。

（2）垂直同步前肩 V Front Porch：指的是当前有效视频场结束到下个垂直同步到来的时间间隔。

（3）垂直同步后肩 V Back Porch：指的是垂直同步结束到下一个有效视频场数据到来的时间间隔。

（4）水平同步时间 HSync：指的是水平同步的脉冲时间。

（5）水平同步前肩 H Front Porch：指的是当前行结束到下个水平同步到来的时间间隔。

（6）水平同步后肩 H Back Porch：指的是水平同步结束到下一行数据到来的时间间隔。

实际上，一旦视频的分辨率被确定，内部的有效视频矩形区的面积已经固定，上述这 6 个参数决定了矩形的外环尺寸大小。很显然，这个外环的矩形尺寸决定了一帧视频的扫描时间，其横坐标方向即为视频的行扫描时间。整个矩形框的扫描时间即为一帧视频的扫描时间，对于 60Hz 的扫描频率，这个时间约为 16.6667ms。

我们当然希望这个尺寸越小越好，这样我们可以最大地利用带宽，但是这个时间要保证 CRT 显示器的硬件切换时间，对于 CVT 标准，通常情况下对于固定的分辨率和扫描频率，这几个参数是固定的。

表 11-5 列出了几个 CVT 标准中的一些常用分辨率和刷新频率下的时序参数。其他分辨率和刷新频率下的时序参数可以通过查表得到，或者从 CVT 标准附带的数据表中得到。

表 11-5　CVT 部分标准

Pixel Format	Refresh Rate	Horizontal Frequency	Pixel Frequency	Standard Type	Original Document	Date
640×350	85 Hz	37.9 kHz	31.500 MHz	VESA Standard	VDMTPROP	3/1/96
640×400	85 Hz	37.9 kHz	31.500 MHz	VESA Standard	VDMTPROP	3/1/96
720×400	85 Hz	37.9 kHz	31.500 MHz	VESA Standard	VDMTPROP	3/1/96
640×480	60 Hz	31.5 kHz	25.175 MHz	Industry Standard	n/a	n/a
	72 Hz	37.9 kHz	31.500 MHz	VESA Standard	VS901101	12/2/92
	75 Hz	37.5 kHz	31.500 MHz	VESA Standard	VDMT75HZ	10/4/93
	85 Hz	43.3 kHz	36.000 MHz	VESA Standard	VDMTPROP	3/1/96
800×600	56 Hz	35.2 kHz	36.000 MHz	VESA Guidelines	VG900601	8/6/90
	60 Hz	37.9 kHz	40.000 MHz	VESA Guidelines	VG900602	8/6/90
	72 Hz	48.1 kHz	50.000 MHz	VESA Standard	VS900603A	8/6/90
	75 Hz	46.9 kHz	49.500 MHz	VESA Standard	VDMT75HZ	10/4/93
	85 Hz	53.7 kHz	56.250 MHz	VESA Standard	VDMTPROP	3/1/96
	120 Hz(RB)	76.3 kHz	73.250 MHz	CVT Red. Blanking	n/a	5/1/07
848×480	60 Hz	31.0 kHz	33.750 MHz	VESA Standard	AddDMT	3/4/03
1024×768	43 Hz(Int.)	35.5 kHz	44.900 MHz	Industry Standard	n/a	n/a
	60 Hz	48.4 kHz	65.00 MHz	VESA Guidelines	VG901101A	9/10/91
	70 Hz	56.5 kHz	75.000 MHz	VESA Standard	VS910801-2	8/9/91
	75 Hz	60.0 kHz	78.750 MHz	VESA Standard	VDMT75HZ	10/4/93
	85 Hz	68.7 kHz	94.500 MHz	VESA Standard	VDMTPROP	3/1/96
	120 Hz(RB)	97.6 kHz	115.500 MHz	CVT Red. Blanking	n/a	5/1/07
1152×864	75 Hz	67.5 kHz	108.000 MHz	VESA Standard	VDMTPROP	3/1/96

续表

Pixel Format	Refresh Rate	Horizontal Frequency	Pixel Frequency	Standard Type	Original Document	Date
1280×768	60 Hz(RB)	47.4 kHz	68.250 MHz	CVT Red. Blanking	AddDMT	3/4/03
	60 Hz	47.8 kHz	79.500 MHz	CVT	AddDMT	3/4/03
	75 Hz	60.3 kHz	102.250 MHz	CVT	AddDMT	3/4/03
	85 Hz	68.6 kHz	117.500 MHz	CVT	AddDMT	3/4/03
	12 Hz(RB)	97.4 kHz	140.250 MHz	CVT Red. Blanking	n/a	5/1/07
1280×800	60 Hz(RB)	49.3 kHz	71.000 MHz	CVT Red. Blanking	CVT1.02MA-R	5/1/07
	60 Hz	49.7 kHz	83.500 MHz	CVT	CVT1.02MA	5/1/07
	75 Hz	62.8 kHz	106.500 MHz	CVT	CVT1.02MA	5/1/07
	85 Hz	71.6 kHz	122.500 MHz	CVT	CVT1.02MA	5/1/07
	12 Hz(RB)	101.6 kHz	146.25 MHz	CVT Red. Blanking	n/a	5/1/07
1280×960	60 Hz	60.0 kHz	108.000 MHz	VESA Standard	VDMTPROP	3/1/96
	85 Hz	85.9 kHz	148.500 MHz	VESA Standard	VDMTPROP	3/1/96
	12 Hz(RB)	121.9 kHz	175.500 MHz	CVT Red. Blanking	n/a	5/1/07

Pixel Format：视频分辨率；Refresh Rate：刷新频率，也即帧频；Horizontal Frequency：水平频率；Pixel Frequency：像素时钟频率；Standard Type：满足的标准

以 800×600×60Hz 的视频为例，其主要参数如表 11-6 所示。

表 11-6　CVT 800×600×60Hz 时序标准

```
Timing Name       = 800 x 600 @ 60Hz;
Hor Pixels        = 800;            // Pixels
Ver Pixels        = 600;            // Lines
Hor Frequency     = 37.879;         // kHz    =   26.4 usec    / line
Ver Frequency     = 60.317;         // Hz     =   16.6 msec    / frame
Pixel Clock       = 40.000;         // MHz    =   25.0 nsec    ± 0.5%
Character Width   = 8;              // Pixels =  200.0 nsec
Scan Type         = NONINTERLACED;              // H Phase =    2.3 %
Hor Sync Polarity = POSITIVE;       // HBlank =  24.2% of HTotal
Ver Sync Polarity = POSITIVE;       // VBlank =   4.5% of VTotal
Hor Total Time    = 26.400;         // (usec) =   132 chars  = 1056 Pixels
Hor Addr Time     = 20.000;         // (usec) =   100 chars  =  800 Pixels
Hor Blank Start   = 20.000;         // (usec) =   100 chars  =  800 Pixels
Hor Blank Time    = 6.400;          // (usec) =    32 chars  =  256 Pixels
Hor Sync Start    = 21.000;         // (usec) =   105 chars  =  840 Pixels
// H Right Border = 0.000;          // (usec) =     0 chars  =    0 Pixels
// H Front Porch  = 1.000;          // (usec) =     5 chars  =   40 Pixels
Hor Sync Time     = 3.200;          // (usec) =    16 chars  =  128 Pixels
// H Back Porch   = 2.200;          // (usec) =    11 chars  =   88 Pixels
// H Left Border  = 0.000;          // (usec) =     0 chars  =    0 Pixels
Ver Total Time    = 16.579;         // (msec) =   628 lines      HT − (1.06xHA)
Ver Addr Time     = 15.840;         // (msec) =   600 lines      = 5.2
Ver Blank Start   = 15.840;         // (msec) =   600 lines
Ver Blank Time    = 0.739;          // (msec) =    28 lines
Ver Sync Start    = 15.866;         // (msec) =   601 lines
// V Bottom Border= 0.000;          // (msec) =     0 lines
// V Front Porch  = 0.026;          // (msec) =     1 lines
Ver Sync Time     = 0.106;          // (msec) =     4 lines
// V Back Porch   = 0.607;          // (msec) =    23 lines
// V Top Border   = 0.000;          // (msec) =     0 lines
```

视频时序很容易用两个计数器来产生，一个用于生成沿着每一行的水平时序，另外一个用于生成垂直时序。根据计数器的数值即可确定生成每个时序信号的时刻。用"小于"和"大于"来判断计数器的数值是否位于一个特定的范围内，不如用"等于"判断更好，因为后者所需的逻辑资源更少一点。这需要采用一个 1bit 的寄存器，在信号开始时将其置为高电平，在信号结束时将其清零。仅当在每一行结束时水平计数器被重置后，垂直计数器才开始工作。垂直同步脉冲与水平同步脉冲的主沿相同步。在图像区域的扫描开始时，计数器通常都是零。这样，在消隐期结束时，计数器的数值对应于总的像素数，于是可以省略一个比较步骤。但是如果流水线需要预装填，那么将起始点前移可以简化逻辑电路。

11.2.2 VGA

1. VGA 简介

VGA 接口，也即 Video Graphics Array，是 IBM 在 1987 年随 PS/2 机一起推出的一种模拟视频传输标准。最初的 VGA 是特指 IBM 的 PS/2 上的显示硬件接口，但是随着 VGA 的广泛应用及推广，VGA 已经发展成为一个计算机和嵌入式领域的模拟视频传输标准。

标准的 VGA 接口是 15pin 的 D-SUB 接口，最初的分辨率只有 640×480，VGA 的不断发展使其衍生出了许多更高分辨率的显示模式标准，例如 Super VGA，支持 800×600 的分辨率，Extend VGA，支持 1024×768 的分辨率，最新的 VGA 标准 QSXVGA 支持 2560×2048 超过 2K 的分辨率（当然，更高的分辨率带来了更高的时钟频率和成本要求）。因此，在高清视频大行其道的今天，VGA 接口并没有像预期中的那样被淘汰，另外一方面的原因是 VGA 作为一个视频显示接口早已成为各种计算机及显示接口的标配，目前基本上所有的显示器和计算机都配有 VGA 接口，但是不一定会有 DVI 或是 HDMI 接口。

2. VGA 时序图

在理解了 CVT 时序标准之后，我们可以很容易地理解 VGA 的时序，然而 CVT 标准里面并没有关于扫面顺序的规定。因此我们首先需要确定的是 VGA 接口的扫描顺序。

VGA 的扫描方式是逐行顺序扫描，对于 CRT 显示器，电子束从监视器的左上角开始扫描，扫描第一行之后接着扫描第二行，直到一副图像扫描完毕，电子枪从屏幕的右下角移动到左上角重新开始新的一帧扫描。每行的消隐时间一般约占扫描时间的 20%，这样便给扫描电子束留了足够的时间来重定位，以便开始下一行的扫描。对于标准 640×480 的分辨率，其显示扫描过程如图 11-21 所示。

一个标准的 VGA 时序包括 5 个有效信号：

（1）行同步信号（HSYNC）：数字信号，视频行同步信号（低电平有效）。

（2）场同步信号（VSYNC）：数字信号，视频场同步信号（低电平有效）。

（3）R 信号：模拟信号（0～0.7V），红色视频分量。

（4）G 信号：模拟信号（0～0.7V），绿色视频分量。

（5）B 信号：模拟信号（0～0.7V），蓝色视频分量。

一个典型的 VGA 时序图如图 11-22 所示。

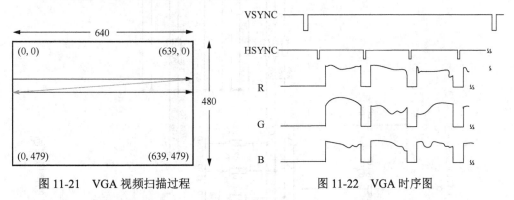

图 11-21　VGA 视频扫描过程　　　　　　图 11-22　VGA 时序图

几个重要的时序参数在图中并没有列出来，这是由于 VGA 的时序标准也满足 CVT 标准。这些时序参数的定义与 CVT 的定义保持一致。

3. VGA 与 FPGA 的接口

VGA 是一个模拟显示接口，FPGA 输出的数字视频流不能直接接到 VGA 显示接口上面进行显示。和视频输入接口相反的是，需要通过一个视频编码器，将 FPGA 输出的待显示的数字视频信号转换为模拟视频信号，这个视频编码器实质上也是一个 DA 转换器。

通常情况下，这个视频编码器不会自动生成满足要求的 VGA 时序，而是直接由 FPGA 来生成时序，编码器只负责对输入的信号进行 DA 转换，并接收一些简单的控制信息，例如黑电平信号、复合同步信号等。

ADV7123 是 ADI 公司生产的一款典型的视频编码器，它内置 3 个 10bit 的高速（最高支持 330MHz）DAC，可完成 10 位 RGB 三通道输入视频数据的数模转换。

其与 FPGA 的一个典型电路应用如图 11-23 所示（引用自 Altera DE2 开发板）：

4. VGA 设计示例

一个典型的 VGA 控制器至少包含以下内容：

（1）提供完整的 VGA 标准时序。

（2）提供显示缓存及其控制接口。

（3）必要的显示变换处理。

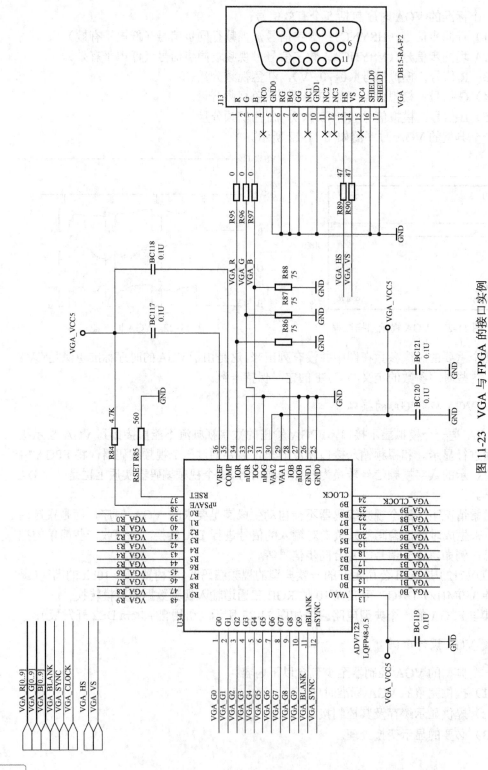

图 11-23　VGA 与 FPGA 的接口实例

图 11-24 所示为一个典型的显示控制器。

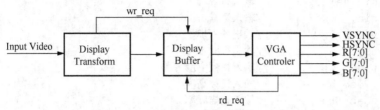

Display Transform：视频显示变换；Display Buffer：视频显示缓存；VGA Controler：VGA 时序发生器

图 11-24 一个典型的显示控制器

VGA 标准时序的产生是比较简单的工作，特别是在确定了显示分辨率的时候（通常情况下在嵌入式设计中，这个分辨率是固定的）。在图 11-24 中，VGA Controller 主要完成这个工作。它主要是根据指定的时序参数设置来产生行同步信号和场同步信号，并在视频显示有效时刻从视频显示缓冲区读取数据进行输出到视频编码器进行 DA 转换。

为了提高显示的对比度和增强显示效果，显示变换处理在某些场合是十分必要的，比如我们在直方图章节所介绍的直方图线性变换。在实际应用中，丢帧显示也是常用的显示手段。这主要发生在待显示的数据流带宽相对于显示带宽较大的场合。

显示缓存及其控制是比较麻烦的一件事情。在实际应用中，除了基本的时序功能测试，一般不会存在不需要显示缓存的场合。这是由于待显示视频流的带宽往往和显示模块带宽不是严格匹配的。不匹配主要由两个因素引起：一是对于固定分辨率和刷新频率的显示时序，显示时钟是固定的（参见 CVT 标准），这个时钟往往与上游的待显示数据流不同域。因此，至少需要一个缓存器来作为跨时钟域的转换器和带宽匹配器。二是即使上下游的时钟是同步的，待显示的视频流的有效带宽与显示带宽通常情况下也不是一致的：待显示的六个时序参数通常情况下与标准时序不一致，在部分情况下还很有可能是动态变化的。

显示缓存可以放在片内或片外，这主要取决于实际的应用场合。对于分辨率较低的显示缓存，即使前后带宽速率差别较大，所需缓存空间也不会很大，通常情况下会将其放在片内。对于分辨率较高的显示缓存，如果前后带宽速率差别不大，就将其放在片内也是可行的：这时需要的缓存空间也不会很大。若带宽差别比较大，则所需的缓存空间相对较大。此时，将缓存放在片内不太合适。

5. 基于 Verilog 的 VGA 控制器

以下的代码是一个 VGA 时序发生器的示例：（显示时钟 40MHz，视频分辨率 800×600，刷新频率 60Hz）。

```
'timescale 1ps/1ps
module vga_timing(
      clk,
```

```
        reset_n,
        din_valid,          //输入有效
        din,                //输入数据
        vsync,              //输出场同步
        hsync,              //输出行同步
        video_w,            //输入视频宽度
        video_h,            //输入视频高度
        scan_freq,          //输入扫描频率
        rgb_out,            //输出像素
        col,                //输出列计数
        row,                //输出行计数
        frame_cnt           //输出帧计数
    );

    parameter   dw = 8;
    parameter   dw_iw = 13;
    //6 个主要的时序参数（参见 CVT 标准 800*600）
//vertical parameter
    parameter   vfront_porch = 1;
    parameter   vsnyc_pulse  = 4;
    parameter   vback_porch = 23;
    //horizon parameter
    parameter   hfront_porch = 40;
    parameter   hsnyc_pulse  = 128;
    parameter   hback_porch = 88;

    localparam dw_freq = 8;

    input   clk;
    input   reset_n;
    input   din_valid;
    input [dw*3-1:0]  din;
    input [dw_iw-1:0] video_w;
    input [dw_iw-1:0] video_h;
    input [dw_freq-1:0] scan_freq;

    output  reg  vsync;
    output  reg  hsync;
    output  reg  [dw*3-1:0] rgb_out;
    output [dw_iw:0]  col;
    output [dw_iw:0]  row;
    output [dw_freq-1:0] frame_cnt;

    reg                is_video_active;
    reg [dw_freq-1:0] frame_cnt_r;
```

```
wire [dw_iw-1:0]  iw;
wire [dw_iw-1:0]  ih;
wire [dw_freq-1:0]hz;

wire [dw_iw:0]    vwhole_col;
wire [dw_iw:0]    hwhole_line;

wire [31:0]    vwhole_col_tmp;
wire [31:0]    hwhole_line_tmp;

reg [dw_iw:0]    in_line_cnt;
reg [dw_iw:0]    line_counter;

wire [dw*3-1:0]  rgb_in;

assign iw = video_w;
assign ih = video_h;
assign hz = scan_freq;

assign vwhole_col_tmp = (vfront_porch + vsnyc_pulse + vback_porch
                    + {{32-dw_iw{1'b0}},video_h});
assign hwhole_line_tmp = (hfront_porch + hsnyc_pulse + hback_porch
                    +{{32-dw_iw{1'b0}},video_w});

assign vwhole_col = vwhole_col_tmp[dw_iw:0];
assign hwhole_line = hwhole_line_tmp[dw_iw:0];

always @(posedge clk or negedge reset_n)
if (reset_n == 1'b0)
    rgb_out <= {dw*3{1'b0}};
else
begin
    if (is_video_active == 1'b1 & din_valid == 1'b1)
        rgb_out <= #1 din;
    else
        rgb_out <= {dw*3{1'b0}};
end

//frame counter
always @(posedge clk or negedge reset_n)
begin: frmae_conut
    if (reset_n == 1'b0)
        frame_cnt_r <= {dw_freq{1'b0}};
    else
```

```
        begin
            if ((in_line_cnt == 1) & (line_counter == (ih + 1)))
            begin
                if (frame_cnt_r == hz - 1)
                    frame_cnt_r <= {dw_freq{1'b0}};
                else
                    frame_cnt_r <= frame_cnt_r + 1'b1;
            end
        end
  end

assign frame_cnt = frame_cnt_r;
assign col = in_line_cnt;
assign row = line_counter;

  //in line(horison)counter
  always @(posedge clk or negedge reset_n)
  begin: in_line_count
      if (reset_n == 1'b0)
          in_line_cnt <= {dw_iw+1{1'b0}};
      else
      begin
          if (in_line_cnt < (hwhole_line - 1'b1))
              in_line_cnt <= in_line_cnt + 1'b1;
          else
              in_line_cnt <= {dw_iw+1{1'b0}};
      end
  end
//line(vertical)counter
  always @(posedge clk or negedge reset_n)
  begin: line_count
      if (reset_n == 1'b0)
          line_counter <= {dw_iw+1{1'b0}};
      else
      begin
          if (in_line_cnt == (hwhole_line - hback_porch - 1))
          begin
              if (line_counter < (vwhole_col - 1'b1))
                  line_counter <= line_counter + 1'b1;
              else
                  line_counter <= {dw_iw+1{1'b0}};
          end
      end
  end
//vsync signal output
```

```verilog
    always @(posedge clk or negedge reset_n)
    begin: vsync_output
        if (reset_n == 1'b0)
            vsync <= 1'b1;
        else
        begin
            if (line_counter >= (ih + vfront_porch) & line_counter <=
                (ih + vfront_porch + vsnyc_pulse-1))
                vsync <= 1'b0;
            else
                vsync <= 1'b1;
        end
    end
//hsync signal output
    always @(posedge clk or negedge reset_n)
    begin: hsync_output
        if (reset_n == 1'b0)
            hsync <= 1'b1;
        else
        begin
            if (in_line_cnt <= (iw + hsnyc_pulse + hfront_porch - 1) &
                in_line_cnt >= (iw + hfront_porch - 1))
                hsync <= 1'b0;
            else
                hsync <= 1'b1;
        end
    end
//video active signal
    always @(posedge clk or negedge reset_n)
    begin: pixel_valid_signal
        if (reset_n == 1'b0)
            is_video_active <= 1'b0;
        else
        begin
            if (in_line_cnt <= iw - 1 & line_counter <= ih - 1)
                is_video_active <= 1'b1;
            else
                is_video_active <= 1'b0;
        end
    end

endmodule
```

仿真结果如图 11-25 和图 11-26 所示。

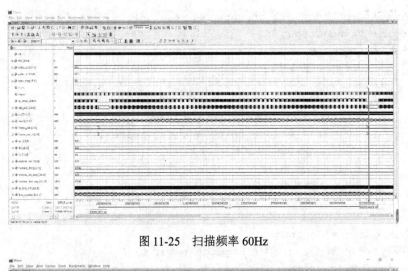

图 11-25　扫描频率 60Hz

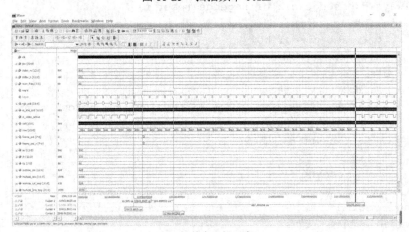

（a）场前肩和场后肩

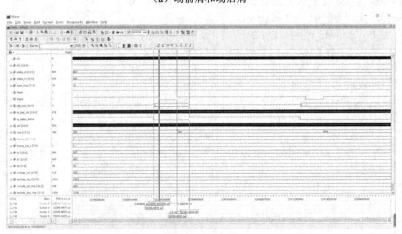

（b）行前肩和行后肩

图 11-26　场前肩和场后肩，行前肩和行后肩

11.2.3 PAL

1. PAL 简介

PAL 电视标准每秒 25 帧，电视扫描线为 625 线，奇场在前，偶场在后，标准的数字化 PAL 电视标准分辨率为 720×576，24 比特的色彩位深，画面的宽高比为 4∶3，PAL 电视标准用于中国、欧洲等国家和地区，供电频率为 50Hz，场频为每秒 50 场，帧频为每秒 25 帧，扫描线为 625 行，其中，帧正程 575 行，帧逆程 50。采用隔行扫描方式，每场扫描 312.5 行，场正程 287.5 行，逆程 25 行。场周期为 20ms。行频为 15625Hz。图像信号带宽分别为 4.2MHz、5.5MHz、5.6MHz 等。

PAL 制式中根据不同的参数细节，又可以进一步划分为 G、I、D 等制式，其中 PAL-D 制是中国大陆采用的制式。接下来我们将重点介绍 PAL-D 制式标准。

2. PAL-D 制标准

1）视频信号和同步脉冲基本特性

PAL-D 视频信号和同步脉冲基本特性如表 11-7 所示。

表 11-7　PAL-D 视频信号和同步脉冲基本特性

序号	特性项目		参数值
1	每帧行数		625
2	扫描方式		2∶1 隔行扫描
3	扫描顺序		水平（行）：自左至右；垂直（场）：自上至下
4	每秒场料（标称值）		50（50 场频 f_V：50 Hz）
5	行频及其容差		f_H：15625Hz±0.0001%
6	图像宽高比		4∶3
7[1]	全电视信号标称值和峰值	消隐电平（基准电平）	0V；0%[2]
		峰值白电平	0.7V；100%
		黑电平与消隐电平之差	0~50mV；0~7%
		同步电平	−0.3V；−43%
8	视频带宽（标称值）		6MHz

注：（1）全电视信号波形见图 11-27 所示。
　　（2）百分数是以消隐电平（0V）为 0%、峰值白电平（0.7V）为 100% 给出的；另有一种表示法是以同步电平为 0%，消隐电平为 30%，峰值白电平为 100%。

2）全电视信号波形

全电视信号波形如图 11-27 所示。

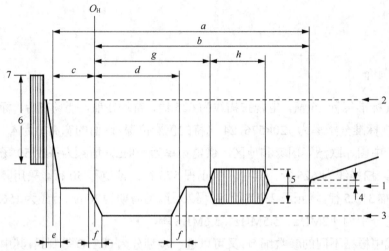

1—消隐电平 2—峰值白电平 3—同步电平 4—黑电平与消隐电平之差 5—色同步信号峰峰值
6—色度副载波峰峰值 7—包括色度信号的峰值电平 O_H—行（同步）时间基点

图 11-27 全电视信号波形

3）行场同步脉冲时间参数细节

PAL-D 行场同步脉冲时间参数如表 11-8 所示。

表 11-8 PAL-D 行场同步脉冲时间参数

序号	特性项目	符号	参数值
1	行周期（标称值）	H	64μs
2	行消隐脉冲宽度	a	12μs±0.3μs
3	行同频前沿（O_H）至行消隐后沿时间间隔（标称值）	b	10.5μs
4	行消隐脉冲前肩宽度	c	1.5μs±0.3μs
5	行同频脉冲宽度	d	4.7μs±0.2μs
6	行消隐脉冲边沿建立时间	e	0.3μs±0.1μs
7	行同频脉冲边沿建议时间	f	0.2μs±0.1μs
8	场周期（标称值）	v	20ms
9	场消隐脉冲宽度	j	25H+a
10	场消陷脉冲边沿建立时间	k	0.3μs±0.1μs
11	前均衡脉冲序列持续时间	l	2.5H
12	场同步齿脉冲序列持续时间	m	2.5H
13	后均衡脉冲序列持续时间	n	2.5H
14	均衡脉冲宽度	p	2.35μs±0.1μs
15	场同频齿脉冲宽度（标称值）	q	27.3μs
16	场同步齿脉冲之间槽脉冲宽度	t	4.7μs±0.2μs
17	场同步齿脉冲和均衡脉冲边沿建立时间	s	0.2μs±0.1μs

注：（1）脉冲宽度按前沿、后沿 50%幅度点之间的时间计算。

（2）脉冲边沿建立时间按 10%～90%幅度点之间的时间计算。

PAL-D 奇数场相关信号如图 11-28 所示。

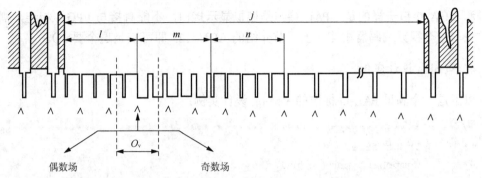

第一个场同步齿脉冲前沿与行同步点 "∧" 相重合处为奇数场第 1 行的起始点；O_v 为奇数场时间基点

图 11-28　每一奇数场起始前、后的信号

PAL-D 偶数场相关信息如图 11-29 所示。

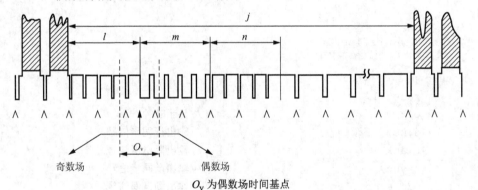

O_v 为偶数场时间基点

图 11-29　每一偶数场起始前、后的信号

PAL-D 均衡脉冲和场同步脉冲时间参数细节如图 11-30 所示。

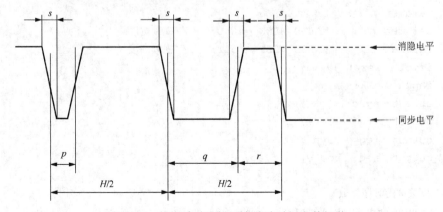

图 11-30　均衡脉冲和场同步脉冲时间参数细节

3. PAL 与 FPGA 的接口

和 VGA 接口一样的是，PAL 接口是模拟显示接口，不能直接与 FPGA 相连，需要首先与一个视频编码器相连（上一节介绍的 ADV7123 即可满足这个要求）。

4. Verilog 设计实例

以下是一个满足 PAL-D 标准的 Verilog 设计实例：

```verilog
/*******************************************************************
**      Input file     :
**      Component name : pal_d_sync.v
**      Author         : ZhengXiaoliang
**      Company        : WHUT
**      Description    : pal-d standard timing generator
********************************************************************
*/


'timescale 1ps/1ps

module pal_d_sync(
    reset_l,
    clk,                            //显示时钟
    sync,                           //输出行同步信号
    blank,                          //输出黑电平信号
    vsync,                          //输出场同步信号
    odd_even_flag                   //输出场奇偶信号
);

    parameter       CLK_FREQ = 13.5;
    parameter       DW = 8;
    parameter       VALID_HLEN = 640;   //视频宽度
    parameter       VALID_VLEN = 512;   //视频高度
    input   reset_l;
    input   clk;
    output  sync;
    output  reg   blank;
    output  reg   vsync;
    output  reg   odd_even_flag;

    //关键的时序参数
    parameter       H_TOTAL        = 864;
```

```
parameter      H_SYNC          = 63;
parameter      H_BP            = 76;
parameter      H_FP            = 23;
parameter      H_ACT           = 702;
parameter      H_HALF          = 432;
parameter      H_SYNC_HALF     = 32;
parameter      H_START         = H_SYNC + H_BP + 30;
parameter      H_END           = H_START + VALID_HLEN;
parameter      V_TOTAL         = 625;
parameter      V_HALF          = 313;
parameter      V_START         = 38;
parameter      V_END           = V_START + ((VALID_VLEN >> 1));
parameter      H_MAX           = ((H_TOTAL - 1));
parameter      V_MAX           = V_TOTAL;


reg [9:0]      h_cnt;
reg [9:0]      v_cnt;
reg            normal_sync;
reg            v_sync;
reg            v_sync1;
reg            v_sync2;
reg            v_sync3;


//horizon counter
always @(posedge clk or negedge reset_l)
  if (((~(reset_l))) == 1'b1)
     h_cnt <= {10{1'b0}};
  else
  begin
     if (h_cnt == H_MAX)
        h_cnt <= #1 {10{1'b0}};
     else
        h_cnt <= #1 h_cnt + 10'b0000000001;
  end

//vertical counter
  always @(posedge clk or negedge reset_l)
  if (((~(reset_l))) == 1'b1)
     v_cnt <= 10'b0000000000;
  else
  begin
```

```
            if (h_cnt == H_MAX)
            begin
                if (v_cnt == V_MAX)
                    v_cnt <= #1 10'b0000000001;
                else
                    v_cnt <= #1 v_cnt + 10'b0000000001;
            end
        end


    always @(posedge clk or negedge reset_l)
    if (((~(reset_l))) == 1'b1)
        normal_sync <= 1'b1;
    else
    begin
        if ((v_cnt >= 10'b0000000110 & v_cnt <= 10'b0100110110) |
(v_cnt >= 10'b0100111111 & v_cnt <= 10'b1001101110))
        begin
            if (h_cnt == 10'b0000000000)
                normal_sync <= #1 1'b0;
            else if (h_cnt == ((H_SYNC - 1)))
                normal_sync <= #1 1'b1;
        end
        else
            normal_sync <= #1 1'b1;
    end


    always @(posedge clk or negedge reset_l)
    if (((~(reset_l))) == 1'b1)
        v_sync <= 1'b1;
    else
    begin
        if (v_cnt == 10'b0000000100 | v_cnt == 10'b0000000101 | v_cnt
== 10'b0100110111 | v_cnt == 10'b0100111000 | v_cnt == 10'b0100111100 | v_cnt
== 10'b0100111101 | v_cnt == 10'b1001110000 | v_cnt == 10'b1001110001)
        begin
            if (h_cnt == 10'b0000000000 | h_cnt == ((H_HALF - 1)))
                v_sync <= #1 1'b0;
            else if (h_cnt == ((H_SYNC_HALF - 1)) | h_cnt == ((H_HALF
+ H_SYNC_HALF - 1)))
                v_sync <= #1 1'b1;
```

```
                end
                else
                        v_sync <= #1 1'b1;
        end


        always @(posedge clk or negedge reset_l)
        if (((~(reset_l))) == 1'b1)
            v_sync1 <= 1'b1;
        else
        begin
                if (v_cnt == 10'b0000000001 | v_cnt == 10'b0000000010 | v_cnt
== 10'b0100111010 | v_cnt == 10'b0100111011)
                begin
                    if (h_cnt == 10'b0000000000 | h_cnt == ((H_HALF - 1)))
                            v_sync1 <= #1 1'b0;
                    else if (h_cnt == ((H_HALF - H_SYNC - 1)) | h_cnt == ((H_TOTAL
- H_SYNC - 1)))
                            v_sync1 <= #1 1'b1;
                end
                else
                        v_sync1 <= #1 1'b1;
        end


        always @(posedge clk or negedge reset_l)
        if (((~(reset_l))) == 1'b1)
            v_sync2 <= 1'b1;
        else
        begin
            if (v_cnt == 10'b1001101111)
            begin
                if (h_cnt == 10'b0000000000 | h_cnt == ((H_HALF - 1)))
                        v_sync2 <= #1 1'b0;
                else if (h_cnt == ((H_SYNC - 1)) | h_cnt == ((H_HALF +
H_SYNC_HALF - 1)))
                        v_sync2 <= #1 1'b1;
            end
            else if (v_cnt == 10'b0000000011)
            begin
                if (h_cnt == 10'b0000000000 | h_cnt == ((H_HALF - 1)))
```

```
                        v_sync2 <= #1 1'b0;
                else if (h_cnt == ((H_HALF - H_SYNC - 1)) | h_cnt == ((H_HALF
+ H_SYNC_HALF - 1)))
                        v_sync2 <= #1 1'b1;
            end
            else if (v_cnt == 10'b0100111001)
            begin
                if (h_cnt == 10'b0000000000 | h_cnt == ((H_HALF - 1)))
                        v_sync2 <= #1 1'b0;
                else if (h_cnt == ((H_SYNC_HALF - 1)) | h_cnt == ((H_TOTAL
- H_SYNC - 1)))
                        v_sync2 <= #1 1'b1;
            end
            else
                v_sync2 <= #1 1'b1;
        end


    always @(posedge clk or negedge reset_l)
    if (((~(reset_l))) == 1'b1)
        v_sync3 <= 1'b1;
    else
    begin
        if (v_cnt == 10'b0100111110)
        begin
                if (h_cnt == 10'b0000000000)
                    v_sync3 <= #1 1'b0;
                else if (h_cnt == ((H_SYNC_HALF - 1)))
                    v_sync3 <= #1 1'b1;
        end
        else
                v_sync3 <= #1 1'b1;
    end

    assign sync = normal_sync & v_sync1 & v_sync2 & v_sync3 & v_sync;

    always @(posedge clk or negedge reset_l)
    if (((~(reset_l))) == 1'b1)
        blank <= 1'b0;
    else
    begin
```

```
        if ((v_cnt >= V_START & v_cnt <= ((V_END - 1))) | (v_cnt >=
((V_START + V_HALF)) & v_cnt <= ((V_END + V_HALF - 1))))
        begin
            if (h_cnt == H_START)
                blank <= #1 1'b1;
            else if (h_cnt == H_END)
                blank <= #1 1'b0;
        end
        else
            blank <= 1'b0;
    end


    always @(posedge clk or negedge reset_l)
    if ((((~(reset_l))) == 1'b1)
    begin
        vsync <= 1'b1;
        odd_even_flag <= 1'b0;
    end
    else
    begin
        if ((v_cnt <= 10'b0000000101 | v_cnt >= 10'b1001101111))
            vsync <= #1 1'b1;
        else
            vsync <= #1 1'b0;

        if (v_cnt <= 10'b0100111001 & v_cnt >= 10'b0000000101)
            odd_even_flag <= #1 1'b0;
        else
            odd_even_flag <= #1 1'b1;
    end

endmodule
```

VGA 信号和 PAL 信号均为模拟信号，对噪声相对比较敏感，在较高的分辨率下，像素时钟频率更高，噪声问题也就越严重。数字视频接口则可以克服这一局限性。

11.2.4 DVI/HDMI

1. DVI 简介

DVI 的英文全名为 Digital Visual Interface，中文称为"数字视频接口"。它是一种数字视频接口标准，设计的目的是用来传输未经压缩的数字化视频。目前广泛应用于

LCD、数字投影机等显示设备上。此标准由显示业界数家领导厂商所组成的论坛——"数字显示工作小组（Digital Display Working Group，DDWG）"制定。DVI 接口可以发送未压缩的数字视频数据到显示设备。

DVI 的数据格式来自于半导体厂商 Silicon Image 公司所发展的 PanelLink 技术（此技术最早应用于笔记本电脑），并使用了最小化转移差动信号（Transition Minimized Differential Signaling，TMDS）技术来确保高速串列数据发送的稳定性。一个"单通道"（Single Link）DVI 通道包括了四条双绞缆线（红、绿、蓝和时钟频率信号）。

单通道 DVI 最大可发送的分辨率为 2.6 百万像素，每秒钟更新 60 次。新版的 DVI 规格中提供一组额外的 DVI 链接通道，当两组链接一起使用时可以提供额外的发送带宽，称为双通道（Dual-link DVI）运作模式。DVI 规格中规定以 165MHz 的带宽为界，当显示模式需求低于此带宽时应只使用单通道运作，以上则应自动切换为双通道。另外第二组链接也可作为发送超过 24 位的像素色彩数据使用。

2. HDMI 简介

伴随着数字高清影音技术的发展，DVI 接口也开始逐渐暴露出种种问题，甚至在一定程度上成为数字影像技术进步的瓶颈。DVI 标准并不支持音频信号的传输，同时，出于兼容性考虑，DVI 预留了不少引脚来支持模拟视频，因此接口体积较大。

HDMI 不仅可以满足 1080p 的分辨率，还能支持 DVD Audio 等数字音频格式，支持八声道 96kHz 或立体声 192kHz 数码音频传送，可以传送无压缩的音频信号及视频信号。

和 DVI 接口一致，HDMI 在物理层也采用 TMDS 标准。

3. TMDS 链路

首先我们给出 TMDS 的链路拓扑图，如图 11-31 所示。

4 个通道的串行数据组成了 DVI 或 HDMI 的传输通道。对于 DVI 接口来讲，视频数据为 RGB4：4：4 格式；HDMI 默认情况下也采用 RGB4：4：4 颜色空间，但是也可以采用 YCrCb4：4：4 格式或者 YCrCb4：2：2 格式。第 4 个通道则传输像素时钟信号。

对于 24 色彩深度的视频流，每个色彩通道由 8 位数据组成。TMDS 将每个 8 位输入数据转换成一个 10 位的二进制序列，编码原则是使得高低电平之间的转换次数最少，同时也使得直流分量在长时间跨度上趋于平稳。编码后的信号在一个差分端口上传输即可。由于进行了串行化处理，传输二进制位的时钟频率是像素时钟的 10 倍。又由于时钟频率的范围可以很宽（取决于分辨率和刷新率），所以同时也通过另一个通道来传输像素时钟。

此外，出于同步化的需要，保留了 4 个 10 位的编码字，在消隐时间内进行传输。这些控制信号自然有场同步信号 VSYNC 和行同步信号 HSYNC 而具体传输哪一个编码字，则由一对控制信号决定。控制信号一般为 0，但是在蓝色通道内，控制信号由水平和垂直方向上的同步信号构成。此外还有用于字边界等同步控制信号。

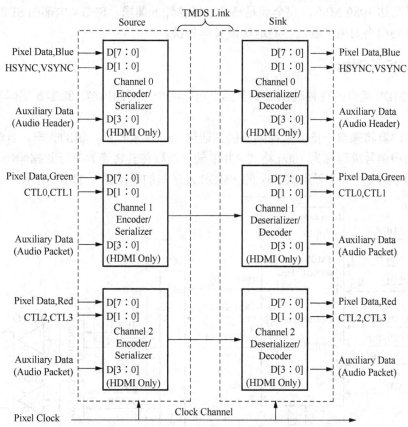

一个完整的 TMDS 链路由源数据流 Source 和目标数据流 Sink 组成，数据流由 Source 流向 Sink。链路由 RGB 三路 24 位像素数据 Pixel Data，辅助数据（音频数据）Auxiliary Data，场行同步信号 VSYNC，HSYNC（随从蓝色通道），其他控制信号 CTL[0:3]（随从红色通道和绿色通道），以及像素时钟组成

图 11-31　TMDS 链路拓扑图

对于 DVI 传输，视频消隐时间仅被用来传输控制信号。而由于 HDMI 同时包括音频通道，因此，在消隐时间内，HDMI 也同时传输音频信号，同时 HDMI 也传输辅助数据。这些复制数据包括帧信息和其他的描述性的数据包。这也是 DVI 和 HDMI 协议的主要区别。

4. DVI/HDMI 的 FPGA 实现

DVI 和 HDMI 的编解码实现主要有两个方面的工作：视频 8b/10b 编码和 10：1 串行化输出。目前市场上也有很多 DVI 和 HDMI 的编解码芯片，可以在一定程度上降低 FPGA 的设计复杂度和资源消耗。然而带来的问题也是显而易见的：成本的提升和设计体积的增加。

目前的 FPGA 很好地提供了对 DVI 和 HDMI 的接口支持。Xinlinx 的 Spartan 3A 系列之后的 FPGA 均支持满足 TMDS 标准的 IO 电气标准，最高速率等级器件的数据传输带宽可高达 1080 Mb/s，完全满足高清视频传输的需求。FPGA 内部的 SERDERS 串行化编解码模块则也可以很容易地实现并串转换。

5. TMDS 视频输出

通过 TMDS 接口的视频输出器需要至少包括两个方面的内容：8b/10b 编码器和并串转换器。

视频编码器将来自待显示视频流的三通道 8bit 像素数据，辅助数据，音频数据以及行场同步信号编码称为 10bit 格式。并串转换器则将其转换为串行数据输出。串行化的比例为 10∶1。一个采用 Xilinx 的 TMDS 发送器的框图如图 11-32 所示。

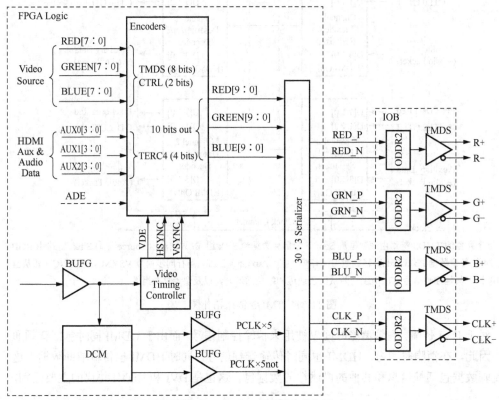

Xilinx 的 TMDS 发送器主要由视频编码器 Encoders，视频时序发生器 Video Timing Controller，以及 30∶3 串化器 Serializer 组成

图 11-32　Xilinx TMDS 发送器

上述电路的实现需要 Xilinx FPGA 的双倍速率数据输出寄存器 ODDR2 和 TMDS 差分输出缓冲器的硬件支持。

6. DVI 编码器

输入的视频有效信号 VDE（Video Data Enable）决定了视频的有效区域和消隐区间，正如前面所述，控制信号只在消隐区间传递。其编码时序和编码结构如图 11-33 和图 11-34 所示。

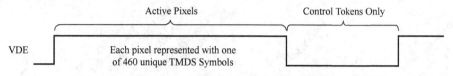

VDE：Video Data Enable，此信号只是当前 DVI 通道是否进入消隐区；

Active Pixels：有效像素区；Control Tokens Only：视频消隐区，只传输控制令牌

图 11-33　DVI 传送时序（消隐时间传送控制令牌）

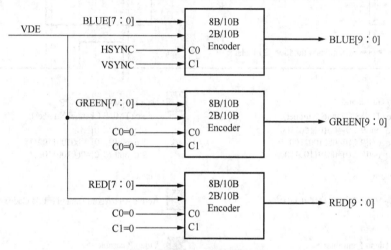

图 11-34　DVI 编码器结构

其编码主要包括 3 通道的 8bitRGB 通道数据，以及控制信号 HSYNC，VSYNC，控制信号 C0，C1。对于 DVI 接口，控制信号 C0 和 C1 并没有用到，因此编码为 0。HSYNC 和 VSYNC 信号被编码到蓝色通道的消隐区间内，而 C0 和 C1 信号被分别编码到绿色和红色通道的消隐时间内。

输入的 8 位视频信号按照 TMDS 标准中规定的编码算法进行编码（8b/10b），每个 8 位的像素值被转换为从 0 到 460 的唯一一个 10 位的数据。

4 个不同的控制数据包被编码为（2b/10b 编码）：10'b1101010100, 10'b0010101011, 10'b0101010100, 10'b1010101011，保证了每两个编码之间都有至少 7 个电平状态翻转。

7. HDMI 编码器

HDMI 编码器除了对 DVI 的相关信号进行编码，还需要对音频信号和一些附加的

控制信号（InfoFrames）进行编码。图 11-35 展示了一个完整的 HDMI 视频流的结构图。
主要包括以下 8 段数据：

（1）控制数据包前导码：Data Island Preamble。数据包前导码指示接下来的数据为
控制数据包，包括辅助数据和音频数据。这个前导码包括 8 个连续的相同控制令牌，
并且只在绿色通道和红色通道有效。

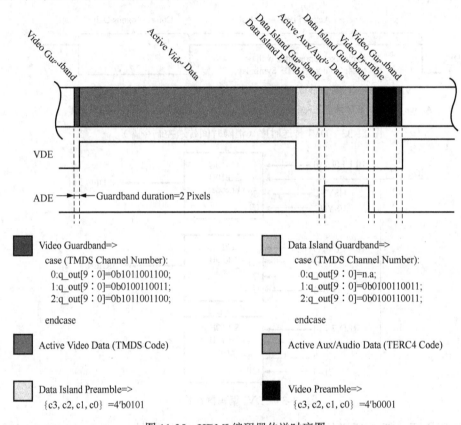

图 11-35　HDMI 编码器传送时序图

（2）控制数据包隔离带（前）：Data Island Guardband (Leading)。收发器的一种同
步方式——在控制数据包前导码和控制数据包之间的 2 个像素宽的隔离像素。

（3）有效的控制数据：Active Aux/Audio Data，包括音频数据和辅助控制数据。音
频数据编码方式为 10bit TERC4(TMDS 降错码)。TERC4 编码方式包括 16 个特定的
4b/10b 编码，只在绿色通道和红色通道进行传输。

（4）控制数据包隔离带（后）：Data Island Guardband (Trailing)。收发器的一种同
步方式——在控制数据包和视频前导码之间的 2 个像素宽的隔离像素。

（5）有效视频前导码：Video Preamble。数据包前导码指示接下来的数据为有效的
视频数据包。这个前导码包括 8 个连续的相同控制令牌，并且只在绿色通道和红色通
道有效。

（6）视频隔离带（前）：Video Guardband (Leading)。收发器的一种同步方式——在视频前导码和视频数据之间的 2 个像素宽的隔离像素。

（7）有效视频数据：Active Video Data。视频数据采用和 DVI 相同的 8b/10b 编码方式。

（8）视频隔离带（后）：Video Guardband（Leading）。收发器的一种同步方式：在有效视频数据和控制数据前导码之间的 2 个像素宽的隔离像素。

控制令牌同样是通过 HDMI 编码器来控制的，控制令牌有以下作用：

（1）在蓝色通道提供场行同步信息。

（2）指示控制数据包前导码消音区间的起始时刻。

（3）在绿色和红色通道输出保留的控制令牌{C0,C1}。

（4）指示控制包的{C0,C1}状态。

（5）在绿色和红外通道输出控制数据前导码。

和 DVI 编码器类似，场行同步信号 HSYNC 和 VSYNC 在蓝色通道区间被传送。和 DVI 编码器不同的是 HDMI 的编码器利用另外两个通道，即红色通道和绿色通道传输控制令牌。

在视频流从消隐区域到达有效视频区域之前，必须首先传送至少 8 个视频前导码再跟随两个视频起始隔离带。同样，对于辅助数据或是音频数据，在传送之前也必须加上相应的前导码和隔离带。

为了能在正确的时刻传送视频数据和控制数据，必须检测视频消隐转换时刻及辅助数据转换时刻。这个可以通过在视频数据/音频数据和控制总线之间加上特定的延时来实现。图 11-36 展示了 HDMI 的编码结构图。

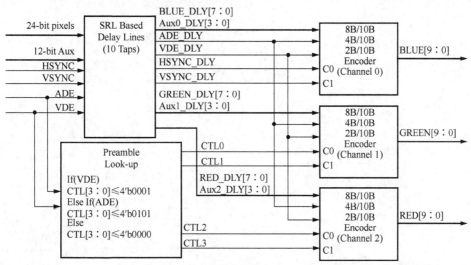

SRL Based Delay Lines：基于 SRL16 移位寄存器的延时；Preamble Look-up：前导码查找表

图 11-36　HDMI 编码器结构

视频时序产生器将会生产 24 位的视频数据，12 位的辅助控制数据，2 位的场行同步控制信号，1 位视频有效信号 VDE，1 位辅助有效信号 ADE，共 40 位输入数据。编码器首先利用 Xilinx 的 SRL16 移位寄存器将其延迟 10 个 tap（这其中包括 8 个连续的前导码和 2 个内部的输出潜伏期）。

不经过移位寄存器延迟的控制信号查找表则会预先提供 video/blank/auxiliary 等信号的时序转换信号。

图 11-37 的仿真波形展示了一个绿色通道内的前导码的产生。在数据隔离带到来之前，8 个连续的前导码首先传送。

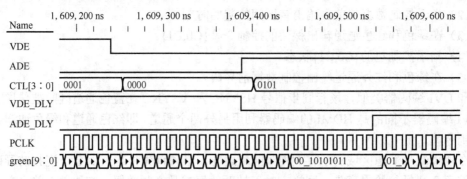

图 11-37　HDMI 前导码仿真波形

参 考 文 献

[1] （美）Donald G.Bailey. 基于 FPGA 的嵌入式图像处理系统设计[M]. 原魁，何文浩，肖晗，译. 北京：电子工业出版社，2014.

[2] 牟新刚，张桂林，周晓等. 基于 DSP+FPGA 的红外多目标检测系统设计[J]. 红外与激光工程，2007，36(S2):173-176.

[3] Mou Xingang, Zhang Guilin, Hu Ruolan. A design of real-time scene-based nonuniformity correction system. MIPPR 2009: Multispectral Image Acquisition and Processing,749422-5.

[4] 牟新刚，张桂林，胡若澜，等. 一种红外图像采集与校正系统的设计与实现[J]. 激光与红外，2008,38(8):830-833.

[5] 牟新刚，张桂林. 基于 DVI 接口的红外平板显示系统设计[J]. 微计算机信息,2009,26(25),4-5.

[6] （英）Clive, Maxfield. FPGA 权威指南[M]. 杜海生，译. 北京：人民邮电出版社，2012.

[7] （美）冈萨雷斯. 数字图像处理(第三版)[M]. 阮秋琦，译. 北京：电子工业出版社,2003.

[8] 杨诚. 基于 FPGA 的 SIFT 算法架构实现[D]. 电子科技大学，2015.

[9] 李涛. 基于 FPGA 的 Sobel 算子实时图像边缘检测系统的设计[D]. 北京交通大学，2013.

[10] 孔壮. 雾天图像增强方法研究及 FPGA 实现[D]. 电子科技大学，2015.

[11] Haghi A, U. U. Sheikh, M. N. Marsono. A Hardware/Software Co-design Architecture of Canny Edge Detection[J]. 2012:214-219.

[12] Si T, Gao Y, Qiao J, et al. A Kind Of Real-time Infrared Image Enhancement Algorithm[C]// Infrared Materials, Devices, and Applications. 2007.

[13] Altera Video System,Building / implementing video systems. Altera Corporation,2012.

[14] Chandrashekar N S, Nataraj K R. DESIGN AND IMPLEMENTATION OF A MODIFIED CANNY EDGE DETECTOR BASED ON FPGA[J]. International Journal of Advanced Electrical & Electronics Engineering, 2013.

[15] Digital Visual Interface Specification Revision 1.0.DDWG,1999.

[16] Bates G L, Nooshabadi S. FPGA implementation of a median filter[C]// Tencon '97. IEEE Region 10 Conference. Speech and Image Technologies for Computing and Telecommunications. Proceedings of IEEE. 1998:437 - 440.

[17] GB-3174-1995-PAL-D 制电视广播技术规范.国家技术监督局，1996.

[18] 孙宇峰，陈国军，王大鸣，等. 一种高精度正余弦函数的 FPGA 实现方法[J]. 信息工程大学学报，2007，8(3):368-370.

[19] 师廷伟，金长江. 基于 FPGA 的并行全比较排序算法[J]. 数字技术与应用，2013(10):126-127.

[20] Mattoccia S, Marchio I, Casadio M. A Compact 3D Camera Suited for Mobile and Embedded Vision Applications[C]// IEEE Conference on Computer Vision and Pattern Recognition Workshops. 2014:195-196.

[21] Seo Y H, Yoo J S, Kim D W. A new parallel hardware architecture for high-performance stereo matching calculation[J]. Integration the Vlsi Journal, 2015, 51(C):81-91.

[22] Amaricai A, Boncalo O, Iordate M, et al. A moving window architecture for a HW/SW codesign based Canny edge detection for FPGA[C]// Microelectronics (MIEL), 2012 28th International Conference on. IEEE, 2012:393-396.

[23] Rupalatha T, Leelamohan C, Sreelakshmi M. Implementation Of Distributed Canny Edge Detector On Fpga[J]. International Journal of Innovative Research in Science Engineering & Technology, 2013, 2(7).

[24] Ngo H, Shafer J, Ives R, et al. Real Time Iris Segmentation on FPGA[C]// IEEE, International Conference on Application-Specific Systems, Architectures and Processors. IEEE Computer Society, 2012:1-7.

[25] 华清远见嵌入式培训中心. FPGA 应用开发入门与典型实例[M]. 北京：人民邮电出版社，2008.

[26] （美）巴斯克. Verilog HDL 入门（第 3 版）[M]. 夏宇闻，甘伟，译. 北京：北京航空航天大学出版社，2008.

[27] Roesler E, Nelson B. Debug methods for hybrid CPU/FPGA systems[C]// IEEE International Conference on Field-Programmable Technology. 2003:243-250.